U0304835

国家出版基金项目
NATIONAL PUBLICATION FOUNDATION

世界技术编年史

SHIJIE JISHU BIANNIAN SHI

通信　电子　无线电　计算机

编著　姜振寰

山东教育出版社

图书在版编目（CIP）数据

世界技术编年史. 通信 电子 无线电 计算机 / 姜振寰编
著 . — 济南：山东教育出版社，2019.10（2020.8重印）
　ISBN 978-7-5701-0803-9

　Ⅰ. ①世… 　Ⅱ. ①姜… 　Ⅲ. ①技术史-世界 　Ⅳ. ①N091

　中国版本图书馆CIP数据核字（2019）第222934号

责任编辑：李广军　韦素丽
装帧设计：丁　明
责任校对：赵一玮

SHIJIE JISHU BIANNIAN SHI
TONGXIN　DIANZI　WUXIANDIAN　JISUANJI

世界技术编年史

通信　电子　无线电　计算机
姜振寰　编著

主管单位：山东出版传媒股份有限公司
出版发行：山东教育出版社
　　　　　地址：济南市纬一路321号　邮编：250001
　　　　　电话：（0531）82092660　网址：www.sjs.com.cn
印　　刷：山东临沂新华印刷物流集团有限责任公司
版　　次：2019年10月第1版
印　　次：2020年8月第2次印刷
开　　本：710毫米×1000毫米　1/16
印　　张：32.75
字　　数：536千
定　　价：100.00元

（如印装质量有问题，请与印刷厂联系调换）印厂电话：0539-2925659

《世界技术编年史》编辑委员会

顾　　问：（按姓氏笔画为序）

卢嘉锡　任继愈　李　昌　柯　俊　席泽宗　路甬祥

主　　任：姜振寰
副 主 任：汪广仁　远德玉　程承斌　李广军

编　　委：（按姓氏笔画为序）

王思明　王洛印　巩新龙　刘戟锋　远德玉　李广军
李成智　汪广仁　张明国　陈　朴　邵　龙　赵翰生
姜振寰　崔乃刚　曾国华　程承斌　潜　伟

本卷撰稿：姜振寰

总序

　　人类的历史，是一部不断发展进步的文明史。在这一历史长河中，技术的进步起着十分重要的推动作用。特别是在近现代，科学技术的发展水平，已经成为衡量一个国家综合国力和文明程度的重要标志。

　　科学技术历史的研究是文化建设的重要内容，可以启迪我们对科学技术的社会功能及其在人类文明进步过程中作用的认识与理解，还可以为我们研究制定科技政策与规划、经济社会发展战略提供重要借鉴。20世纪以来，国内外学术界十分注重对科学技术史的研究，但总体看来，与科学史研究相比，技术史的研究相对薄弱。在当代，技术与经济、社会、文化的关系十分密切，技术是人类将科学知识付诸应用、保护与改造自然、造福人类的创新实践，是生产力发展最重要的因素。因此，技术史的研究具有十分重要的现实意义和理论意义。

　　本书是国内从事技术史、技术哲学的研究人员用了多年的时间编写而成的，按技术门类收录了古今中外重大的技术事件，图文并茂，内容十分丰富。本书的问世，将为我国科学技术界、社会科学界、文化教育界以及经济社会发展研究部门的研究提供一部基础性文献。

　　希望我国的科学技术史研究不断取得新的成果。

路甬祥 2012/11/02

前言

　　技术是人类改造自然、创造人工自然的方法和手段，是人类得以生存繁衍、经济发展、社会进步的基本前提，是生产力中最为活跃的因素。近代以来，由于工业技术的兴起，科学与技术的历史得到学界及社会各阶层的普遍重视，然而总体看来，科学由于更多地属于形而上层面，留有大量文献资料可供研究，而技术更多地体现在形而下的物质层面，历史上的各类工具、器物不断被淘汰销毁，文字遗留更为稀缺，这都增加了技术史研究的难度。

　　综合性的历史著作大体有两种文本形式，其一是在进行历史事件考察整理的基础上，抓一个或几个主线编写出一种"类故事"的历史著作；其二是按时间顺序编写的"编年史"。显然，后一种著作受编写者个人偏好和知识结构的影响更少，具有较强的文献价值，是相关专业研究、教学与学习人员必备的工具书，也适合从事技术政策、科技战略研究与管理人员学习参考。

　　技术编年史在内容选取和编排上也可以分为两类，其一是综合性的，即将同一年的重大技术事项大体分类加以综合归纳，这样，同一年中包括了所有技术门类；其二是专业性的，即按技术门类编写。显然，两者适合不同专业的人员使用而很难相互取代，而且在材料的选取、写作深度和对撰稿者专业要求方面均有所不同。

　　早在1985年，由赵红州先生倡导，在中国科协原书记处书记田夫的支持下，我们在北京玉渊潭望海楼宾馆开始编写简明的《大科学年表》，该年表历时5年完成，1992年由湖南教育出版社出版。在参与这一工作中，我深感学界缺少一种解释较为详尽的技术编年史。经过一段时间的筹备之后，1995年与清华大学汪广仁教授和东北大学远德玉教授组成了编写核心组，组织清华大学、东北大学、北京航空航天大学、北京科技大学、北京化工大学、中国电力信息中心、华中农业大学、哈尔滨工业大学、哈尔滨医科大学等单位的同行参与这一工作。这一工作得到了李昌及卢嘉锡、任继愈、路甬祥、柯俊、席泽宗等一批知名科学家的支持，他们欣然担任了学术顾问。全国人大常委会原副委员长、中国科学院原院长路甬祥院士还亲自给我写信，谈了他的看法和建议，并为这套书写了序。2000年，中国科学院学部主席团原执行主席、原中共中央顾问委员会委员李昌到哈工大参加校庆时，还专门了解该书的编写情况，提出了很好的建议。当时这套书定名为《技术发展大事典》，准备以纯技术事项为主。2010年，为了申报教育部哲学社会科学研究后期资助项目，决定首先将这一工作的古代部分编成一部以社会文化科学为背景的技术编年史（远古—1900），申报栏目为"哲学"，因为我国自然科学和社会科学基金项目申报书中没有"科学技术史"这一学科栏目。这一工作很快被教育部批准为社科后期资助重点项目，又用了近3年的时间完成了这一课题，书名定为《社会文化科学背景下的技术编年史（远古—1900）》，2016年由高等教育出版社出版，2017年获第三届中国出版政府奖提名奖。该书现代部分（1901—2010）已经得到国家社科基金后期资助，正在编写中。

2011年4月12日，在山东教育出版社策划申报的按技术门类编写的《世界技术编年史》一书，被国家新闻出版总署列为"十二五"国家重点出版规划项目。以此为契机，在山东教育出版社领导的支持下，调整了编辑委员会，确定了本书的编写体例，决定按技术门类分多卷出版。期间召开了四次全体编写者参与的编辑工作会，就编写中的一些具体问题进行研讨。在编写者的努力下，历经8年陆续完成。这样，上述两类技术编年史基本告成，二者具有相辅相成，互为补充的效应。

本书的编写，是一项基础性的学术研究工作，它涉及技术概念的内涵和外延、技术分类、技术事项整理与事项价值的判定，与技术事项相关的时间、人物、情节的考证诸多方面。特别是现代的许多技术事件的原理深奥、结构复杂，写到什么深度和广度均不易把握。

这套书从发起到陆续出版历时20多年，期间参与工作的几位老先生及5位顾问相继谢世，为此我们深感愧对故人而由衷遗憾。虽然我和汪广仁、远德玉、程承斌都已是七八十岁的老人了，但是在这几年的编写、修订过程中，不断有年轻人加入进来，工作后继有人又十分令人欣慰。

本书的完成，应当感谢相关专家的鼎力相助以及参编人员的认真劳作。由于这项工作无法确定完成的时间，因此也就无法申报有时限限制的各类科研项目，参编人员是在没有任何经费资助的情况下，凭借对科技史的兴趣和为学术界服务的愿望，利用自己业余时间完成的。

本书的编写有一定的困难，各卷责任编辑对稿件的编辑加工更为困难，他们不但要按照编写体例进行订正修改，还要查阅相关资料对一些事件进行核实。对他们认真而负责任的工作，对于对本书的编写与出版给予全力支持的山东教育出版社的领导，致以衷心谢意。本书在编写中参阅了大量国内外资料和图书，对这些资料和图书作者的先驱性工作，表示衷心敬意。

本书不当之处，显然是主编的责任，真诚地希望得到读者的批评指正。

姜振寰

2019年6月20日

一、本书收录范围

本书包括通信（声光电通信设备、信息记录设备等）、电子无线电（半导体材料、电子元器件、电路、无线电、广播、电视、多媒体、激光等）、计算机（计算器具、电子计算机硬件软件及其相关技术等）三大类。原计划编成各自独立的三部分，但是在编写中发现，这三部分在19世纪后，许多内容交叉，分开编写重复部分很多，故采取混合编写。每年收录的事件按通信、电子无线电、计算机顺序排列。

二、条目选择

与上述三大类有关的技术思想、原理、发明与革新（专利、实物、实用化）、工艺（新工艺设计、改进、实用化），与技术发展有关的重要事件、著作与论文等。

三、编写要点

1. 每个事项以条目的方式写出。用一句话概括，其后为内容简释（一段话）。

2. 外国人名、地名、机构名、企业名尽量采用习惯译名，无习惯译名的按商务印书馆出版的辛华编写的各类译名手册处理。

3. 文中专业术语不加解释。

4. 书后附录由英语缩略语、人名索引、事项索引组成，均按罗马字母顺序排列。

人名、事项后加注该人物、事项出现的年代。

四、国别缩略语

［英］英国　　［法］法国　　［德］德国　　［意］意大利　　［奥］奥地利

［西］西班牙　［葡］葡萄牙　［美］美国　　［加］加拿大　　［波］波兰

［匈］匈牙利　［俄］俄国　　［中］中国　　［芬］芬兰　　　［日］日本

［希］希腊　　［典］瑞典　　［比］比利时　［埃］埃及　　　［印］印度

［丹］丹麦　　［瑞］瑞士　　［荷］荷兰　　［挪］挪威　　　［捷］捷克

［苏］苏联　　［以］以色列　［新］新西兰　［澳］澳大利亚

目录

概述

（远古—1900年）

1. 远古至17世纪

通信即信息的传递和交流。在中国，"信息"（information）一词是20世纪80年代后传入的，此前通用的是信、消息、情报。

自然界大多数动物之间都存在信息的交流，或用肢体，或用声音，或分泌某种化学物质。人类起源后，在漫长的生存奔波中，人际间用不同的声音及其组合表达一定的信息进行交往，由此促成了语言的形成。可以说，语言是人类最早的信息传递工具。历经上百万年的演变，人类的语言在不断丰富。地理环境的阻碍以及原始部族自身传统的维持，造成了不同的种族有不同的语言，甚至同一种族在不同地区会有不同的地方性语言，即方言。

B.C.4000年左右，古埃及、美索不达米亚地区的原住民进入奴隶制社会，在这些地区最早出现了文字。文字是可以长期流传的信息记录符号，古埃及人将象形文字书写在莎草纸上，在美索不达米亚地区则出现了刻制象形文字和楔形文字的泥土版。几乎所有的原始民族的文字都起源于"绘画"，之后演变为将图形简约成的象形文字。中国的古汉字则保持了图画和示意的传统，形成了独特的方块字，而其他各民族的文字大多由象形文字转变为拼音文字。

在古代，许多民族远距离通信采用烽火。在可视距离内筑起高耸的烽火台，按预先约定的方式，可以将简单而确切的情报进行远距离传递。这在古希腊、罗马以及中国商周时期均有设立，即使在古长城上也设有烽火台。

同一时期，还采取人或人骑马奔跑的方式传递情报，距离较远则采取接力的方式传递，这种方法后来演变成邮驿。驿站的设立有些模仿烽火台，在马匹快速奔跑将累的距离设驿站，信使可以换上新的马匹继续快速奔向下一个驿站。这样传递的速度基本上相当于马快速奔跑的速度，用这种接力形式快速传递信息的方式直接影响了后来在欧洲兴起的悬臂通信系统。在欧洲中世纪，一些国家邮驿通信相当发达，出现了用邮政马车或信使的方式定期传递邮件，这种方式后来发展成邮政系统。

古代人类对电磁的认识还停留在对现象的观察阶段，对自然界的雷电现象多用神灵来解释。古希腊和中国古代人均对摩擦琥珀、兽角类物体会吸引微小物体的现象有所了解，中国更发现了磁石（磁铁）具有吸引铁的现象和磁针的指向性，在10世纪发明了指南针。

1600年，英国的吉尔伯特（Gilbet，W.）对磁现象进行了系统的观察和研究，将这一时期人们对磁现象的认识加以汇总，并认为地球本身就是一个大磁铁，发表了《论磁》一书，这是人类历史上首次对电磁现象进行综合性研究的成果。

欧洲经历了千余年的中世纪后，到17世纪出现了伽利略（Galileo，G.）、笛卡尔（Descartes，R.）、培根（Bacon，H.）、牛顿（Newton，I.）、莱布尼茨（Leibniz，G.W.）等一批自然科学家和哲学家，在他们的努力下，近代以系统的观察与实验同严密的逻辑体系相结合的自然科学开始诞生，力学最先成为严密的自然科学。微积分的形成、力的概念的形成和扩展、质量概念的引入、牛顿力学三定律的确立等对当时乃至后来自然科学的发展起了奠基性作用。同时，欧洲的资本主义正处于蓬勃的发展中，传统的封建势力、教会势力不断被削弱，为资本主义市场经济所急需的矿山技术、运输技术、机械技术、军事技术等实用技术，不但利用了新兴的自然科学，也为自然科学的探索提出了新的要求。

2. 18世纪

18世纪在人类历史上是一个重要的历史转折时期，其重要事件是英国产业革命（又称工业革命）和法国大革命。

16世纪后，在文艺复兴的基础上，欧洲资本主义生产方式开始形成，加之航海探险活动的高涨，各国的海外殖民地迅速扩张。而英国又是最早产生近代自然科学的国家，用力学知识、热学知识去发明、改革生产工具的热潮，随着英国纺织业的机械化、蒸汽机的发明与应用、近代机械制造业的兴起而使英国在生产工具方面最先开始了变革，由此使英国很快成为"世界工厂"。英国产业革命自1733年开始，到1830年左右完成，机械化生产取代了传统的手工劳动，使英国最早进入了工业社会，之后的工业化浪潮很快推向欧洲。而在近代工业体系的推进中，对化学、电学、热学等新的知识需求在不断增加，又促进了近代科学的进一步发展。

在英国产业革命兴起的同时，法国在路易十四（Louis-Dieudonné）的统治下，仍然顽固地维持封建专制，对英国产业革命兴起的各种新兴技术几乎茫然不知。然而在自然科学领域，由于受牛顿力学的刺激，却出现了如伯努利（Bernoulli，J.）、达朗贝尔（Dalembert，J.R.）、拉格朗日（Lagrange，J.L.）、拉普拉斯（Laplace，P.S.）等一批力图用数学方法研究天文学、力学的数学家以及热衷于探求机械唯物论和启蒙哲学的休谟（Hume，D.）、伏尔泰（Voltaire）、狄德罗（Diderot，D.）、孟德斯鸠（Montesquieu，Ch.L.）、卢梭（Rousseau，J.）等启蒙思想的先驱人物，他们历经30余年完成的《法国大百科全书》，总结了当时的科学、技术知识成果，强调了科学技术对推动产业发展和社会进步的重要性，提出了科学、民主、自由等口号，以唤醒民众投入反封建主义的行列。这一过程也称作法国启蒙运动，在这一过程中，法国市民阶级采取暴力革命手段推翻了法国封建王朝，建立了共和制的资产阶级政府，产业革命随即在法国展开。

在自然科学方面，18世纪是牛顿力学解析化的时期，许多数学家创造了许多新的数学方法，以求解运动学、动力学中由实验所总结的规律，形成了一门新的学科——解析力学。化学学科由于拉瓦锡（Lavoisier，A.L.）等人的努力，在化学界流行多年的"燃素说"被彻底否定，氧化燃烧理论及化学元素学说的形成，使化学学科的基础得以确立。

对电与磁的研究在18世纪一直处于低迷状态，人们热衷于对静止电荷以及电磁本质的形而上的讨论。值得一提的成果是对导体和绝缘体的认识，避雷针、莱顿瓶、静电感应起电机的发明以及库仑定律的确立，这些成果使人们对电现象有了较深的认识。作为盛装静电荷容器的莱顿瓶则成为后来电容器的原型。到1786年，意大利生物学家伽伐尼（Galvani，L.）发现了不经摩擦即可发生电现象的"动物电"。

1800年，意大利物理学家伏特（也译为伏打，Volta，A.）在对伽伐尼动物电研究的基础上，发现不同种类金属之间可以产生电压，由此发明了伏打电堆。伏打电堆的发明是自然科学发展中的一项划时代事件，此前人们对电磁的研究属于静电静磁阶段。伏打电堆的发明可以产生流动的电荷即电流，使电磁研究进入了蓬勃发展的动电动磁阶段。到19世纪末，经典的电磁理论在麦克斯韦（Maxwell，J.C.）、洛伦茨（Lorentz，H.A.）等人的努力下得以确立。

在通信方面的一个重要发明是18世纪末夏普（Chappe，C.）的悬臂通信机。在法国大革命高潮中，夏普发明的悬臂通信机，在电通信应用前的欧洲，对军事、经济、交通曾起过重要的作用。

1790年夏季，夏普着手为法国革命政府制造一种可以快速进行信息传递的通信机。法国国民议会将之称为tèlègramme，夏普自称为tachygraphe。次年7月完成了由15个中继站组成的通信线路。普鲁士在1793年，英国和瑞典在1795年，美国在1800年，丹麦在1802年均开始引进夏普悬臂通信机，建立本国的通信网。

用悬臂通信机进行的通信仍属于视觉通信，它的结构是在一根竖立的木杆顶端安装一个可以绕中轴旋转的横杆，横杆两端各有一个可旋转的悬杆。由横杆和悬杆的不同角度组合，表达一定的字母或数字，由此可以较为完整地传递信息。这种悬臂通信机安装在较高建筑物上或塔楼上，人在地面用与悬臂相连的绳索调整，在望远镜可达的距离（10千米左右）设立安有悬臂通信机的塔楼，这样可以实现信息的接力传送。晚间在悬臂上安上灯，也可以照常使用。

悬臂通信机到19世纪40年代后，由于电报的进步而逐渐被淘汰，其后简化的单臂信号机在铁路车站作为进出站指示应用了100多年。

这一时期，帕斯卡（Pascal，B.）和莱布尼茨机械式计算器的发明，引起了人们力图通过机械方式求解数学问题的兴趣。到19世纪，出现了机电式计算机和巴贝奇（Babbage，C.）对计算机进行程序设计的成果。

3. 19世纪

19世纪是近代自然科学和技术全面发展的世纪，到19世纪末，经典的自然科学理论已经形成，数学、物理学、天文学、地学、生物学已经各自成为体系，大部分自然现象都可以用近代的科学知识做出描述，而且科学的数学化、实验化和系统化已经成为近代自然科学研究的基本出发点。

在电磁学方面，19世纪上半叶各种化学电池被发明出来，电流磁效应、安培定律、电磁感应定律的提出，使电与磁的关系得以确立，高斯单位制和电磁单位制使电与磁的精确数量表征成为可能。麦克斯韦电磁感应方程的建立，揭示了光的本质和电磁波的存在，为19世纪末利用电磁波进行通信提供了理论基础。1895年后电子及阴极射线、X射线和放射性的发现，为20世纪的物理学，以及以电为基础的电工技术、电子技术、无线电技术的形成提供了理论支持。

高真空抽气机的发明，使斯万（Swan，J.W.）和爱迪生（Edison，Th.）可以用抽成真空的玻璃灯泡制成白炽灯，而白炽灯的结构形式成为20世纪真空电子管的原型，真空二极管就是在白炽灯的灯丝外面包一层阴极，阴极外面再环绕金属阳极制成的。

电池出现后，电通信技术随之出现，从最早的电解式电报机到1837年莫尔斯（Morse，S.F.B.）发明的电磁电报机，这期间应用较多的还是库克（Kooke，W.F.）和惠斯通（Wheatstone，C.）发明的指针式电磁电报机。由于这种电报机具有直读性，在铁路运输中应用了很长时间。莫尔斯的电报机及其设定的用来表示所传递信息的电码，使接收的电报内容可以用纸带打印出来，这种电报形式很受商界和军界的欢迎。

电话是19世纪后半叶出现的另一种重要的通信工具。1876年贝尔（Bell，A.G.）电话的发明，解决了人们直接用语言进行远距离通信的需要。到19世纪末自动电话交换机的出现，使电话通信更为方便。

与电报、电话通信同时发展的，则是绝缘导线的发明和线路的架设以及线路增音器的发明。到19世纪中叶，除了用电线杆架起的明线外，还出现了地下及海底电缆，这种电缆是由外加铠装的多条绝缘导线合并而成的。

19世纪末，波波夫（Попов，А.С.）和马可尼（Marconi，G.M.）的无线电通信的成功，使远距离的电磁波通信成为一种有效、低成本的通信方式，不过这一通信进入20世纪后才发展起来，而且一开始是以无线电报的形式实现的。

纽约街头对比图（左图为1890年左右电报电话电线纵横交错的图景，右图为1910年左右线路埋入地下后的图景）

远古

人类语言产生　1809年，法国博物学家拉马克（Lamarck, Jean Baptiste 1744—1829）在其《动物哲学》一书中，最早确立了生物进化及人是由猿进化来的学说。英国生物学家达尔文（Darwin, Charles Robert 1809—1882）在《物种起源》（1859）及《人类起源及性选择》（1871）两书中，提出了人猿同祖论，系统地论证了人类和类人猿间的亲缘关系，指出人类是由古代的一种类人猿进化而来的。在这一基础上，1876年恩格斯（Engels, Friedrich 1820—1895）在《劳动在从猿到人转变中的作用》一文中认为，由于直立行走使人的手获得自由，由此产生了劳动，而劳动又使人类进行社会性的协作。在这种社会性的劳动中产生了语言，大脑以及各感觉器官也随之进化。由于意识、抽象思维能力、推理能力的发展又对劳动和语言产生反作用，进一步促进了劳动和语言的丰富发展。人类最早的声通信显然就是人的语言，在需要向更广的范围传布信息时，古人采用了鼓和锣，中国古代战争中就常常"击鼓进军""鸣锣收兵"。后来出现了号角，猎人吹兽角号，渔民吹螺号互相联络。

肢体语言（body language）　指人类用自身肢体部位的动作或姿态以及面部表情表示一定的信息，以进行相互沟通。肢体语言属于视觉通信，其起源比有声语言可能要早得多，有声语言起源后肢体语言并未消失而作为有声语言的辅助手段一直延续至今，如挥手致意、点头示意、摇头等，甚至汉语中一些成语反映的就是一种肢体语言，如怒目而视、温情脉脉、情不自禁等。肢体语言有很强的随意性、民族性、地区性，而且随着时代的变迁而丰富变化。

约B.C.6000年

苏美尔出现记号书写　文字的书写是古人类在生产、生活中为了记载的需要偶然产生的。约B.C.6000年，居住在美索不达米亚的苏美尔人由于物品交易的发展，在交易中用削尖的芦苇或细木棒在湿软的黏土坯上印记一些记号，以记录物品交易的种类和数量，由此开始了记号（文字）的书写。

约B.C.4000年

古埃及人发明象形文字 人类的文字起源于图画，由对图画的抽象形成象形文字，进而发展成文字系统。B.C.5000年左右，一支处于新石器时代的民族入侵埃及，并向尼罗河三角洲推进。B.C.4000年左右古埃及人发明了象形文字，为了书写象形文字，使用了各种色料、石板制成的调色

埃及象形文字

板和芦苇笔。到B.C.3000年左右出现书写容易的象形义字简化的变体字。

古埃及人发明莎草纸 古埃及人用尼罗河产的一种称作纸莎草的植物茎做成莎草纸（papyrus），用芦苇茎制成的笔蘸墨或色料书写。当时在尼罗河中下游盛产一种称作纸莎草的芦苇类植物，其茎直而且长度可达5米，直径5厘米，由于生长环境已经被人类破坏，今天已经很难见到。古埃及人造纸时将新鲜纸莎草茎切成30厘米左右长的段，去掉外皮，将白色芯切1～2毫米厚的薄片，在平面光滑的木板或石板上铺上第一层薄片，再以十字交叉方式放上第2层、第3层，捶打使几层植物薄片的纤维绞合在一起，晒干后即成表面光滑的莎草纸。这种莎草纸很利于书写和保存。

苏美尔人发明楔形文字 B.C.4000年左右，居住在美索不达米亚的苏美尔人为了记载神庙活动及日常生活事件，将象形文字用尖状硬物刻画在黏土制成的半干状态的泥土板上，泥土板晾干即成为可以保存的泥板书。由于在黏土板上刻制象形文字较为困难，B.C.3500年左右，苏美尔象形文字开始向楔形文字过渡，到B.C.3000年末，苏美尔楔形文字已经包括500～600个符号。

苏美尔象形文字的泥土板

苏美尔楔形文字的泥土板

B.C.3200—B.C.2700年

古印度创用文字 古印度的文字是一套用图画向线形文字过渡的符号体系，符号总数在400个以上。迄今发现的古印度文字都是刻画在印章上的，这些印章与苏美尔印章相似，其上的文字至今尚未被解读。

古印度带有象形文字的印章

约B.C.2800年

美索不达米亚出现黏土板书物　美索不达米亚的苏美尔人在湿软的黏土板上用削尖的芦苇或细木棒书写（压印）楔形文字，当书写内容较多、一块黏土板写不下时，则用多块黏土板记载，像书籍一样，每块黏土板上标上序号，由此形成了一部黏土板书物。

约B.C.2000年

赫梯文字出现　进入小亚细亚的赫梯人借用苏美尔人的楔形文字，创用了赫梯语的楔形文字，其音节表包含130个字符，这些文字被刻制在特制的泥土板上。当时赫梯人有两套文字体系，与楔形文字并行的是他们传统的象形文字，约有220个符号，是以碑文的形式被考古学家发现的。

赫梯象形文字

约B.C.1500年

中国出现甲骨文　19世纪前，河南安阳地区的农民在耕地时常会挖掘出一些甲骨片，当时中医称之为"龙骨"，碾碎入药。19世纪末，著有《老残游记》的北京学者刘鹗（字铁云，1857—1909）发现这些"龙骨"上刻有文字，他大为惊奇，这是"甲骨文"的最早发现。他开始大量收集"龙骨"并于1903年出版了他所收集的甲骨汇集《铁云藏龟》。京师大学堂的罗振玉（字叔蕴，1866—1940）自1906年派人去安阳收集甲骨。辛亥革命后逃去日本的考古学家王国维（字伯隅，1877—1927）对甲骨文进行了精心的研究，并初步判读，由此揭开了商朝文化的历史。1928年后，中央研究院历史语言研究所的董作宾（字彦堂，1895—1963）开始有计划地对安阳进行发掘，到1937年日军大举侵华为止共进行了15次大规模发掘，得到10万余甲骨片，从中推算出商朝各王朝的更迭时间，确认了被传说中所忽略的殷代。

甲骨文

刘 鹗

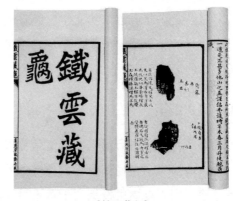

《铁云藏龟》

腓尼基人创造腓尼基字母 B.C.1500年左右，腓尼基人创造了腓尼基字母（Phoenicia Alphabet，闪米特字母体系），这是一种线形文字。腓尼基字母共有22个辅音字母，没有代表元音的字母或符号，字的读音须由上下文推断。腓尼基字母主要依据古埃及的象形文字制定，是在楔形文字基础上将原来的几十个简单的象形文字字母简化形成的。腓尼基字母是世界字母文字的开端，除朝鲜的谚文外，所有字母都起源于腓尼基字母。在西方，它派生出古希腊字母，后者又发展出拉丁字母和斯拉夫字母，成为西方所有民族字母的基础。在东方，演化出印度、阿拉伯、希伯来、波斯等民族字母。蒙文、满文字母也是由腓尼基字母演化而来。

腓尼基字母

腓尼基线形文字

约B.C.1300年

腓尼基线形文字铭文　从出土的B.C.1300年左右的Ahiran石棺上刻画的铭文可以断定，北方闪米特文字已经采用表达语音的字母，这些字母形成具有22个字母的腓尼基字母表。腓尼基字母影响到希伯来、古希腊和欧亚许多民族字母的形成。

约B.C.1000年

希腊人用烽火进行通信　视觉信号经中继站向远处传递的方法起源相当早，烽火通信属于光通信，是人类最早的远距离通信方式。在人眼可视距离内顺序建造用于点燃可发烟的干草木材或动物粪便的烽火台，当位于最前方的烽火台发出浓烟报告敌情时，其后的烽火台依次点燃，可以将信息迅速传向远方。古希腊人最早将烽火信号与水钟相结合传递信息，他们沿途设立烽火中继站，各站安置同样的水钟，当第一个烽火台发出信号时，接收到信号的中继站将水栓打开，当接

烽火台

收到第一个烽火台发出的第二个信号时即关闭，由水面高度差来得知预先约定的信息内容。希腊人在与特洛亚人的战争中，已经用烟光从战场向远方报告消息，进行通信。

中国在西周时期用烽火进行通信 中国在西周时即确立了用烽火传递信息的制度。所谓"狼烟四起"中的狼烟，即边疆烽火台发出的烟火信号。

B.C.10世纪

阿拉米字母

阿拉米文字盛行 阿拉米文字（又称阿拉米字母、亚兰字母，Aramaic alphabet）是B.C.10世纪左右影响极为广泛的闪米特拼音文字。阿拉米语属于北闪米特语，起源于今叙利亚及伊拉克以北地区，之后向周边地区扩展，印度和波斯都曾经使用过阿拉米文字，在波斯阿契美尼德第二王朝和印度孔雀王朝时期，曾作为官方语言使用。

B.C.900年

腓尼基在石碑上刻写文字 考古发现一块B.C.900年的石灰岩片上，刻有腓尼基农夫一年中每个月的农活情况。还出土了B.C.850年腓尼基摩押王米沙（Mesha）为纪念反抗暗利王朝（Omri dynasty，圣经《列王记上》第16章）的统治而修建的"摩押石碑"，碑文刻制精细清晰，并有断句标志。

B.C.850年

西亚古城尼尼微已经使用喇叭话筒

摩押石碑（B.C.850）

B.C.8世纪

中国发明圭表 圭表是中国古代用来测量日影长度的仪器,春秋时期已经用圭表测量连续两天日影最长或最短之间所经历的时间,以定回归年的长度。圭表由圭与表两部分组成,圭为按南北方向置放的水平的尺,表是放在圭端与其垂直的标杆,正午时表影投落在圭面上,夏至日表影最短,冬至日表影最长。

中国设邮驿 春秋战国时期,各诸侯国都设有邮驿,还有作为传信、调兵、通信凭证用的铜马节、虎符等。秦朝筑驰道,统一法度,车同轨,书同文,开河渠,兴漕运,为邮驿的发展创造了条件。汉朝继承秦制,每30里置驿(中继站),每驿设官掌管,邮驿得到进一步发展。唐代邮驿分为陆驿、水驿、水陆兼办三种邮驿,共1639处,唐驿在中央由兵部管辖,在地方各节度使下设馆驿巡官4人,进行管理。宋代设急递铺传递信息,此外还颁布对于邮驿特别编定专令《嘉祐驿令》74条。元代驿政有蒙古站赤和汉地站赤之分,前者属通政院,后者属兵部。明清邮驿大都承袭旧制。近代邮政形成以后,古代邮驿制度被淘汰。

B.C.7世纪—B.C.6世纪

拉丁字母出现 拉丁字母是B.C.7世纪—B.C.6世纪,从希腊字母经过埃特鲁斯坎(Etruscan,B.C.9世纪—B.C.8世纪从小亚细亚到达意大利半岛的一个民族)文字(形成于B.C.8世纪)作为媒介发展而成的。最初只有21个字母:16个辅音字母(B、C、D、F、Z、H、K、L、M、N、P、Q、R、S、T、X),4个元音字母(A、E、I、O)和1个既可以表元音也可以表辅音的U。在其使用过程中由于语音的变化又增加了字母G、J、K、V、W,字母总数达到26个,同时为了书写方便出现了小写字母。拉丁语(Latinitas)最初是意大利半岛中部西海岸拉丁部族的语言,B.C.5世纪初成为罗马共和国的官方语言。随着罗马帝国的强盛,拉丁语在其征服的西欧地区广为流传并导致意大利语、法语、西班牙语、葡萄牙语和罗马尼亚语等印欧语系(即印度–日耳曼语系,indogermanische Familie)的出现。

拉丁语铭文出现　拉丁文字是古代希腊字母表演进的产物，已经成为欧洲各民族字母表的基础，也是印刷体中"罗马体"（正体）和"意大利体"（斜体）的始祖。最早的拉丁语铭文出现在普勒尼斯特的饰针上，是从右向左书写的。

写有拉丁文字的饰针

约B.C.600年

泰勒斯［希］研究静电现象　古希腊哲学家泰勒斯（Thales B.C.624—B.C.546）对静电现象进行观察研究，发现用丝绸摩擦过的琥珀具有吸引绒毛、麦秆等轻小物体的能力，他把这种不可理解的力量叫作"电"。他认为摩擦可以使琥珀磁化，由此吸引微小物体。并认为磁铁矿天然具有磁性，而琥珀的磁性是经毛皮摩擦才具有的。由于琥珀在古希腊与金银一样贵重，琥珀在古希腊称作"琥珀金"（ηλεκτρον，electyon），由此演化出"电"（electricity）一词。

泰勒斯

中国发明算筹　人类发明的计算工具，最早的可能是中国春秋战国时代的算筹，算筹又称为算、筹、策、筹策等。算筹一般用竹、木刻制而成，也有用铁制、骨制或象牙制的，是用来记数、列式和进行各种数与式演算的一种工具。使用算筹进行数值运算，称为筹算法。算筹可用来进行加、减、乘、除、开方、开立方以及解多元一次方程组等运算。

约B.C.500年

中国出现毛笔　中国最早是用硬的竹尖或石器在龟甲、兽骨、木板上刻画文字。B.C.500年左右，出现在竹竿前端用兽毛制成的可蘸墨水在竹简或绢布上书写的毛笔。毛笔的发明，是中国书写方面的一大变革，为配合毛笔的书写，除使用天然石墨及各种颜料外还发明了用燃烧木材、煤、油等生成的烟制造的人工墨。毛笔除了可以在竹片、木板上书写外，还可以在绢以及后来发明的纸上书写，而且毛笔特别适合笔画复杂的汉字的书写。此后逐渐改良，与烟墨和纸一起成为主要的书写和绘画工具。

B.C.380年

柏拉图［希］发明报警水钟　古希腊哲学家柏拉图（Plato，约B.C.427—B.C.347）发明的报警水钟，使用两个瓶子和一个连接这两个瓶子的虹吸管。处于高水位瓶子中的水慢慢地流入虹吸管，同时水又由虹吸管输送到另一个瓶子中。另一个瓶子由于口径较小水面上升很快，水面上升时会使空气迅速流动带动发声器发出声响。

古希腊出现笔匣　古希腊人的书写方法是用一种削成笔尖的芦苇秆蘸墨水在莎草纸上书写或绘画。为了能储存墨水，芦苇秆笔尖还开有小口。这种芦苇笔装在木制的笔匣中保存，在笔匣头部设有小墨池。

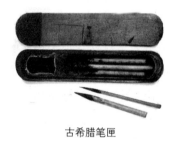

古希腊笔匣

B.C.280年

古埃及建成灯塔　灯塔起源于古埃及的烽火信号。埃及最著名的灯塔是亚历山大里亚港外的"法罗斯岛"灯塔。该塔楼由白色大理石砌成，高130多米，上层开有供瞭望的天窗。日夜燃烧木材，以火焰和烟柱作为海船进出港的助航标志，夜间火焰的光亮照射海上可达数十千米。该灯塔被誉为

亚历山大城灯塔

古代世界七大奇迹之一，14世纪毁于地震。

B.C.263年

帕加马国王改良羊皮纸 羊皮纸作为书写材料起源很早，出土有B.C.3000年古埃及的《亡灵之书》羊皮卷。经改良的羊皮纸的拉丁文为carta pergamena，起源于小亚细亚的希腊文化中心帕加马（pergamon，今土耳其Bergama）。埃及托勒密王朝为了阻碍帕加马在文化事业上与其竞争，严禁向帕加马输出埃及的莎草纸，帕加马开始制造羊皮纸。羊皮纸是以羊皮经石灰水浸泡脱去羊毛，再两面刮薄、拉伸、干燥、打磨，制成的书写材

《亡灵之书》羊皮纸残片
（古埃及，B.C.3000）

料。羊皮纸两面光滑，都能书写，而且书写方便。在欧洲和阿拉伯地区，羊皮纸一直使用到中世纪中国造纸术的传入。把用鹅毛笔书写后的羊皮纸订成小册子，成为留传后世的羊皮纸典籍。

约B.C.221年

汉字开始标准化 汉字出现后几经演变，到春秋战国时期，诸侯割据，各诸侯国的文字笔画、形制均不统一。秦始皇（嬴政，B.C.259—B.C.210）统一中国后（B.C.221年），推行"书同文，车同轨"，由宰相李斯（约B.C.284—B.C.208）负责，以秦国的"小篆"为标准，取消其他六国的异体字，创制了统一的汉字书写形式，在中国一直流行到西汉末年（约公元8年），才逐渐被隶书所取代。篆体又称"篆书"，是大篆、小篆的合称，习惯上把籀文称为大篆，故后人常把"篆文"专指小篆。中国文字发

小篆（碑拓）

展到小篆阶段，逐渐开始在字体的轮廓、笔画、结构方面定型，象形意味减弱，使文字更加符号化。

约B.C.73年

中国出现麻纸 汉宣帝时期民间制造出一种麻纸，纸的色泽白净，薄而均匀，一面平整，一面稍起毛，质地细密坚韧，由大麻纤维制成，但还不适合书写。当时中国的书写材料主要是竹片、木片和绢。

约B.C.47年

罗马建立驿站通信系统 罗马为了征战和经济的需要，修筑了大量的公路（大道）。罗马的驿站是供沿公路长途旅行者居住休息的房舍，重要的公路路段每五六千米设一处驿站，其中设施完备精良，信使或奔跑或骑马到驿站更换信使或马匹，以保证信息传递的速度，这些驿站成为重要的通信中继站。"条条大路通罗马"即由此而来。

105年

蔡伦［中］改革造纸术 公元105年，在西汉皇宫中任尚方令的蔡伦（约61—121），凭借宫廷充足的人力和物力监制并组织生产了一批质地优良的纸张，其技术是先将麻绳头、破布、渔网等原料用水浸湿使之润胀，再用刀斧剁碎放在

手工造纸工艺图

水中洗去污泥杂质，然后再用草木灰浸透并蒸煮，以除去原料中的木素、果胶、色素、油脂等杂质，再用清水洗涤后进行春捣，捣碎后的纤维在水槽中配成悬浮的浆液，用滤水的纸模捞取纸浆，滤水后取出压平晾干即为成品纸。经研光后的纸可用于书写。在蔡伦以前的西汉已造出麻纸，但不宜书写。

约147年

罗马人利用烽火台传递消息 罗马历史悠久，地域辽阔，常年征战不断，随着疆域的扩展和全国公路网的形成，在各地大量修建烽火台，采取烽火接力的方式，以用于边境各哨所间以及边境与都城间长距离的烽火通信。

2世纪

中国发明拓印 中国自汉代开始采用拓印的方法印制刻于碑石上孔子（B.C.551—B.C.479）的文句，这种方法后称墨拓。碑石上的字为凹刻的，拓印时

郑板桥《难得糊涂》墨拓

将纸润湿铺在碑上，将有字处压凹，晾干后平刷墨水，揭下来晾干即成，字迹处因凹下未上墨而形成黑底白字的墨拓字帖，即拓片。到宋朝时文物研究盛行，此法又用于拓印古代的浮雕物品。

250年

玛雅人创造文字 居住在南墨西哥和中美洲的玛雅人，在公元250—900年间进入玛雅文化的鼎盛期，创造了独特的象形文字。这些象形文字代表音节和声音的组合，由专职的抄写员用火鸡翎毛制作的管状笔在无花果树皮上书写，还在石块上雕刻以长期保存。

玛雅象形文字

阿拉伯文硬笔书法

4世纪

阿拉伯文字形成 阿拉伯语（عربى或عربية/عربي）是阿拉伯人的语言，属于闪含语系闪米特语族，主要通行于西亚和北非地区，现为19个阿拉伯国家及4个国际组织的官方语言。阿拉伯文字4世纪由闪米特语族西支的音节文字发展而来，共有28个辅音字母，元音没有字母，需要标识时，可在字母上方、下方加符号表示。自右而左书写。7世纪后随着伊斯兰教经典《古兰经》的传播，阿拉伯语言开始规范化。9—13世纪阿拉伯语还曾是保存希腊文化和沟通东西方文化的媒介语，用阿拉伯语写成的哲学、医学、天文学、数学、化学、光学等方面的著作传入欧洲后，其中不少成为高等学校的教科书，为欧洲近代自然科学的兴起奠定了基础。其硬笔书法已经成为阿拉伯人的重要艺术品。

5世纪

博伊西斯［罗马］记载算盘 B.C.2400年巴比伦可能已经使用算盘，B.C.5世纪古希腊的历史学家希罗多德（Herodotus，B.C.484—B.C.425）记录了埃及人使用的一种带槽的罗马金属算盘，槽中放石子，上下移动石子进行计算。这种罗马算盘运算笨拙，未能流行。罗马人博伊西斯（又译波爱修，Boethius，Anicius Manlius Severinus 480—524）在《几何学》（*Geometria*）一书中记载了一种罗马算盘的构造及用法，这种算盘不用卵石小珠球一类的东西做算子，而是用一种锥体状小圆台（apices）当算子，顶部标有1～9的数码字，以表示各自代表的值，使用时放入算盘的不同档中。

罗马算盘

约690年

中国发明雕版印刷术 据《隋书》和《北史》等记载，雕版印刷发明于隋代的可能性较大。雕版印刷用的板料一般选用适合雕刻的枣木、梨木，先把字写在薄而透明的纸上，字面朝下贴到板上，再用刀把字刻出来。在刻成的版上加墨，把纸张盖在版上，用刷子均匀揩拭，文字就转印到纸上成为正字。最初刻印的书籍，大多是农书、历书、医书、字帖等。约762年后，长安的商业中心东市已有商家印的字帖、医书出卖。1944年，发现于成都龙池坊的《陀罗尼经咒》，用薄茧纸印制，为中国现存最早的雕版印刷品之一。

雕版

雕版印刷的《天工开物》

700年

欧洲出现鹅毛笔 欧洲在中世纪之前多用芦苇笔书写，书写的材料为羊皮纸、莎草纸（或纸）。鹅毛笔大约在公元700年时普及，最强韧的鹅毛笔大多取自于鹅翅膀最外层的五根羽毛，左侧翅膀的羽毛更佳，因为其生长的角度较能符合右手写字使用者的握笔习惯。除了家鹅之外，用天鹅羽毛制成的鹅毛笔更是稀有且昂贵。

鹅毛笔

751年

朝鲜完成现存最古老的雕版印刷物《无垢净光大陀罗尼经》 1966年在韩国的庆州佛国寺释迦佛塔内发现一卷汉文《无垢净光大陀罗尼经》，为唐武周时期（690—704）刻本，系木雕版印刷品。该经书的放入年代应早于751年，是目前存世最古老的印刷品。

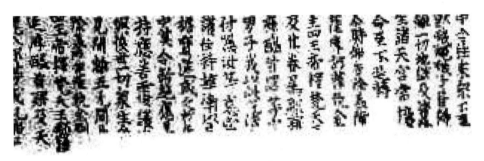

《无垢净光大陀罗尼经》（朝鲜）

中国造纸术传至阿拉伯 造纸术传至阿拉伯始于公元751年，唐朝安西节度使高仙芝率军与大食（阿拔斯王朝）军队在今哈萨克斯坦首都塔什干东北的江布尔（旧称奥里阿塔，Aulie-Ata）激战失败后，唐朝随军的造纸工匠被俘，把造纸术传入撒马尔汗，并在那里开办了阿拉伯世界的第一家造纸厂，其后在阿拉伯各地陆续开办造纸厂。

770年

日本印制日本现存最早的雕版印刷物《百万塔陀罗尼经》 孝廉天皇于天平宝字八年（764）至宝龟元年（770）因平息惠美押胜之乱，为消灾而制成一百万座小木塔，将所刻印的《无垢净光大陀罗尼经》分藏此中因而得名。现日本奈良法隆寺尚有部分保存。经卷高约50毫米，长170～500毫米。为世界现存早期印刷品之一。

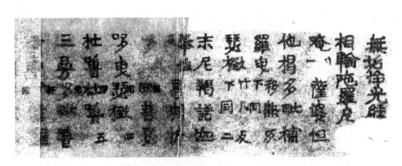

《无垢净光大陀罗尼经》（日本）

794年

巴格达设立造纸厂　巴格达在中国匠人指导下创办了造纸厂，生产的都是麻纸。阿拉伯人的造纸工艺大体为：麻布去污、碱水蒸煮，再用石臼、木棍或水磨碾烂，纸料与水配成浆液，以细孔纸模抄制成湿纸。用重物压平，晒干成纸。与中国中原麻纸制造工艺基本相同。

阿拉伯造纸工

862年

基里尔［拜占庭］、梅福季［拜占庭］创造基里尔字母原型的格拉哥里字母　出生于拜占庭帝国的斯拉夫人、基督教传教士基里尔（也译作西里尔，Кирилл 827—869）和梅福季（也译作美多德，Мефодий 815—885）兄弟863—866年间为了在东欧斯拉夫人间传教，于862—863年间创造格拉哥里字母（Глаголица，Glagolitic）。后来其继承者根据起源于4世纪的希腊安色尔书信体，将之改造成基里尔字母，由此使基里尔和梅福季成为斯拉夫文字的奠基者。为了纪念基里尔与梅福季兄弟，东正教会将每年的5月24日定为圣基里尔与圣梅福季日。

圣基里尔与圣梅福季

格拉哥里字母（左）与基里尔字母（右）

868年

中国存世最早的印有日期的雕版印刷物　在甘肃敦煌千佛洞里发现一本印刷精美的《金刚经》，末尾题有"咸通九年四月十五日"等字样。咸通九年为公元868年，这是世界上迄今发现最早的有确切日期记载的雕版印刷物，比欧洲现存最早、有确切日期的雕版印刷物《圣克里斯托夫》画像约早600年。《金刚经》是长卷，全长一丈六尺（4.88米），由7个印张粘接而成。最前的一张扉页是释迦牟尼在祇树给孤独园说法的图，其余是《金刚经》全文。这卷印品雕刻精美，刀法纯熟，图文浑朴凝重，印刷的墨色浓厚匀称、清晰，显示出当时的刊刻技术已经达到了高度熟练的程度。

《金刚经》（868）

900年

中国制成宣纸　宣州府（安徽省宣城泾县）把本地出产的上等纸，作为贡品奉献朝廷，宣纸因地得名。东汉蔡伦（约61—121）之后，其弟子孔丹曾在宣州一带以造纸为业。他发现倒在溪水中的枯檀树树皮经刷洗蒸煮后又白又烂，取其为原料，造出的纸洁白、细腻。宣纸一词最早见于唐大中元年（847），唐代画家、绘画理论家张彦远（815—875）所著的《历代名画记》，载有"好事家宜置宣纸百幅，用法蜡之，以备摹写"，表明至迟在唐朝时，宣纸已经用于书写和绘画。宣纸于1915年获巴拿马国际博览会金奖。

932年

冯道［中］主持《九经》雕版印刷 后唐长兴三年（932），宰相冯道（882—954）在中原地区首次利用雕版印刷术刻印儒学《九经》，开创了中国历史上利用雕版印刷术大规模印刷儒学经典著作的新纪元。

986年

苏易简［中］著《文房四谱·纸谱》 北宋翰林学士苏易简（958—997）写成《文房四谱·纸谱》一书，这是一部关于造纸术的早期专著，书中记载了长江以南地区用竹、稻和麦秆为原料的造纸情况。

约1041年

毕昇［中］发明活字印刷术 北宋沈括（1031—1095）的《梦溪笔谈》记载："庆历中，有布衣毕昇，又为活板。其法用胶泥刻字，薄如钱唇，每字为一印，火烧令坚。先设一铁板，其上以松脂、腊和纸灰之类冒之。欲印，则以一铁范置铁板上，乃密布字印，满铁范为一板，持就火炀之，药稍镕，则以一平板按其面，则字平如砥。若止印三二本，未为简易；若印数十百千本，则极为神速。常作二铁板，一板印刷，一板已自布字，此印者才毕，则第二板已具，更互用之，瞬息可就。"毕昇（？—1051？）的活字印刷方法虽然原始，但已具备制字、排版、印刷三个基本步骤。据记载，毕昇曾用木活字印书，但效果不理想，故改用泥活字。后人对木活字继续研究取得成功，西夏用木活字印刷的西夏藏传佛教经典《吉祥遍至口和本续》，其刊印时间不迟于1180年。

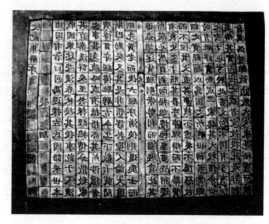

毕昇泥活字版（模型）

1150年

欧洲出现造纸厂　欧洲最早的造纸
厂是1150年在阿拉伯治下的西班牙萨迪瓦
（Xativa）建立的，西班牙独立（1035）
后于1157年在维达隆（Vidalon）又建
立了第二家造纸厂。1276年，意大利在
蒙地法诺（Montefano，今称Fabriano，
Marehe）建立第一家造纸厂，于1282年
首创带水印的纸，1293年又在波伦亚建第
二家造纸厂。此后造纸术在欧洲迅速传
播，到17世纪各国几乎都拥有自己的造纸
厂，中国传到欧洲的造纸工艺在很长时间
内几乎没有什么改变。将亚麻、棉花、麦

欧洲的造纸作坊（1568）

秆、木材等原材料捣碎，用水混合煮制成纸浆，用金属网捞取纸浆并晃动以
使纸浆中的纤维铺展开来，水从网眼中滤掉后留下最终能形成纸的纤维，凉
（烘）干后即成，纸幅最大的为2.4英尺×4英尺左右。

1269年

佩尔格里奴斯［法］发表《关于磁的通信》　磁（Magnet）一词起源
于古希腊一个发现磁铁矿的牧羊人名字

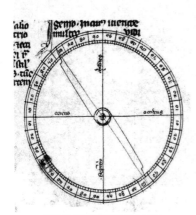

佩尔格里奴斯设计的指南针

Μαγνης。最早对磁现象进行系统研究的是
曾参加十字军远征的法国古典学者佩尔格里
奴斯（Petrus Peregrinus de Maricourt？—约
1270），1269年他发表了《关于磁的通信》
（*Epistola de magnete*）一书，在该书中记
述了他对磁石实验的结果：磁石异极相吸与
同极相斥；一个磁石分成两半会变成两个磁
石，不可能得到单一磁极。记述了铁的磁化

法以及地磁等概念，还设想通过磁力运动获得能量。认为天球上有磁极，从而造成磁石具有指向性。发明了将磁石放在软木上再放入水中，以及将磁针放在支架上以制作指南针的方法。佩尔格里奴斯被同时代的英国哲学家罗吉尔·培根（Roger Bacon 1214—1294）称作最伟大的实践科学家。

1298年

王祯［中］改进木活字印刷术　在王祯《农书》卷二二的附载中详细记叙了元代农学家王祯（1271—1368）改进的活字印刷术："今又有巧便之法，造板木作印盔，削竹片为行，雕板木为字，用小细锯锼开，各作一字，用小刀四面修之，比试大小高低一同。然后排字作行，削成竹片夹之。盔字既满，用木楔楔之，使坚牢，字皆不动。然后用墨刷印之。"记载了刻字法、修字法、制造转轮排字架、取字法、排字印

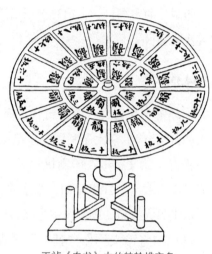

王祯《农书》中的转轮排字盘

刷法，尤其是转轮排字架的发明解决了排字效率低的难题。转轮排字盘又叫"韵盘"，即按不同的音韵将木活字置放在两个能转动的韵盘之上，人坐在两轮之间，根据排字需要随时转动轮盘拣字排版。大德二年（1298年），王祯用木活字排印《旌德县志》，不到一个月就印了一百部。

1341年

中国出现雕版多色套印技术　多色套印是在一张纸上印出几种不同颜色的图案或文字。早期套色技术是在一块雕版的不同部位涂以不同颜色，印出彩色图案。《金刚般若波罗蜜经》印刷于1341年，经文印朱，注文印墨，为中国现存最早的朱、墨双色套印实物。当时的技术是印黑色部分时盖住红色部分，反之亦然。在佛经中也有雕版版画插图，卷尾处绘有朱墨套印的写经图。

1376年

朝鲜用木活字印制《通鉴纲目》 中国的活字印刷术传入朝鲜后被称为陶活字，印数不多。朝鲜自创木活字、瓢活字，15世纪初又创制铜活字。1376年，朝鲜用木活字印制《通鉴纲目》，1436年用铅活字刊印《通鉴纲目》。

朝鲜活字印刷版

1443年

朝鲜创用谚文 朝鲜古代没有自己的文字，书写借用汉字。1443年，李氏朝鲜第4代世宗大王利用汉字笔画创制谚文，称作"训民正音"，1444年颁布推行。谚文字母在印刷拼写时，很容易将拼一个字的字母合拼在一起，凑成一个方块字。20世纪初，学术界曾将谚文称作"韩文（한글 hangeul）"。第二次世界大战后，朝鲜民主主义人民共和国将谚文称作"朝鲜文（조선글）"，大韩民国将谚文称作"韩文"。朝鲜民主主义人民共和国在1948年禁用汉字；大韩民国从1970年停止在学校教授汉字，但是许多人还在用汉字表示姓名或招牌。

1455年

古腾堡

古腾堡［德］发明活字印刷术 德国首饰匠人约翰·古腾堡（Gutenberg, Johannes Gensfleisch zur Laden zum 1394—1468）于1434年开始研究活字印刷术，他用钢铁材料手工雕刻成字模，将字模用锤子敲入铜板中制成阴模，再将铜板四边折合起来制成铸字模，将熔化的铅浇入铸字模即制成铅活字。为解决纯铅字模硬度的不足，他发明了一直应用了500余年的专门用于铸字的铅锡锑合金——三元合金。他还发明了印刷用的黑色油墨，这种油墨是用烟黑或炭粉粉碎后拌入黏性亚麻油制成的，具有很好的黏性和干燥性，印刷效果良好。古腾堡完成铅活字和印刷油墨的发明后，又模仿全木结构的亚麻压榨机，发明了螺旋加压的可以双面印刷的平版印刷机。由此确定了近代活字印刷的完整生产过程，约于1455年在美因兹成功地印刷了

古腾堡印刷机

1000多页精装本的《42行圣经》。从此，活字印刷术在欧洲得到迅速发展，到1500年，欧洲已有250个地方开设了大约1000家印刷厂。古腾堡的印刷术约于16世纪传入日本、印度，17世纪传入美国，18世纪传入加拿大，19世纪传入中国、澳大利亚。

《42行圣经》

古腾堡的活字印刷作坊

1457年

舍费尔［德］、富斯特［德］首次套色印刷《圣诗集》　最早获得套色印刷商业成功的是德国印刷商人舍费尔（Schöffer，Peter 约1425—约1503）和富斯特（Fust，Johann 约1400—1466），他们于1457年套色印制了《圣诗集》，该书是第一部标明确切印刷日期的著作。

1464年

鲁施［德］创用罗马字体　德国印刷业者鲁施（Rusch，Adolf）为了印刷方便，创制罗马字体。此前印刷字体混乱多变，更有许多异形体和笔画各异的手写体，增加了刻制铅字字模的困难。这种罗马体实际上早在9世纪就被英国一位修道士用过，1465年德国开始用罗马字体印刷书籍。

用罗马字体印刷的哲学书籍

1477年

英国开设活字印刷厂　英国企业家卡克斯顿（Caxton，William 1422—1491）在皇家资助下，1477年在伦敦开设印刷厂，将活字印刷术从德国引入英国，印刷的第一本书是里弗斯（Rivers，Earl 1442—1483）的《哲学家的名言》（*Sayings of the Philosophers*）。他一生中印出100多个版本的书，许多书都是他亲自从法语、荷兰语、拉丁语翻译成英语的。

1478年

印刷作坊（15世纪）

活字印刷术在欧洲开始普及　古腾堡（Gutenberg，Johannes Gensfleisch zur Laden zum 1394—1468）发明的活字印刷术在欧洲的一些国家迅速普及，1478年，英国剑桥大学创设出版局，1474年西班牙、1489年葡萄牙均开设了印刷厂。当时的印刷主要是为大学和宗教服务的，大量印刷的是宗教书籍，特别是圣经，其次是哲学、语言学、医学、法律等教科书。

1490年

中国出现铜活字印刷本 明孝宗弘治年间，无锡人华燧（1439—1513）用铜活字印刷的《宋诸臣奏议》（1490）和《容斋随笔》（1495），是中国现存最早的套色活字印刷物。

马涅其乌斯［意］设立活字印刷厂、创始意大利斜体字 1490年左右，意大利的印刷业者、古典学者马涅其乌斯（Manutius，Aldus 1450—1515）在威尼斯设立印刷厂，并于1494年创始意大利斜体字，印制了大量古希腊文献。

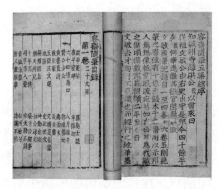

《容斋随笔》（1495）

There are four seasons in a year: spring, summer, autumn and winter. Spring is the best season of the year. The weather gets warmer. The trees turn green and flowers come out.

意大利斜体字

约1500年

原始的滚筒印刷机

欧洲出现双辊式印刷机 这种印刷机是在早期的滚筒印刷机上发展起来的，像一个滚压机，在坚固的木边框之间安装两个相距1.5英寸的滚筒，两边是与下滚筒顶部处于同一水平的桌子。上滚筒颈部伸出两边的边框，另有数个手柄插入其中。印刷时，一个大木板放在桌子的一边，将刻好的印版放在木板上预先做好记号的地方。涂上油墨，再把纸、垫纸和一些较软的填料放在上面。通过上滚筒手柄的强大杠杆作用，带动整个木板在两个滚筒间滑动并穿过。

约1507年

巴迪乌斯［法］改革印刷机 法国印刷商巴迪乌斯（Badius, Ascensius Jodocus 1462—1535）的木版画描绘了他自用的将螺旋加压方式的亚麻压榨机，改成用长金属杆转动方式的印刷机，这种印刷机的印刷压板被固定在作为滑套的中空木块上，以防止压板下降时发生扭动，用手柄转动施压，增加了印刷的速度。由此使印刷效率大为提高。这一时期，不少法国印刷工匠对印刷机的设计做出了贡献。

巴迪乌斯印刷机

1540年

比林古乔［意］对铸字做了记载 意大利冶金学家比林古乔（Biringuccio, Vanoccio 1480—1539）去世后（1540年）出版的《火工术》（*Pirotechnia*）一书中，最早对铸字工艺做了简短的记述。他描述了一种用黄铜或青铜制作的扁平阴模，印模由两个可以一起滑动并可以根据字母宽度进行调整的扁平部件构成，可以快速铸字。

1550年

欧洲在印刷机上引入压纸格 这种压纸格是一个与放置印版的版台相连的铰接框架，16世纪中期发展为一种由内外边框组成的压纸格，边框间用毛毯等柔软材料取代了最初的疏松背衬。

1565年

格斯纳［瑞］发明最早的铅笔 瑞士博物学家格斯纳（Gesner, Conrad 1516—1565）认为石墨（时称"黑铅"，plumbago）是一种炭，他将细石墨杆置入细木棒芯中，制成最早的铅笔。由于英国石墨丰富，这种铅笔在英国首先得到应用。

1568年

安曼［意］绘制出灵巧的铸字印模　意大利木刻家安曼（Amman，Jost 1539—1591）在1568年刻印的书中，绘制出一种灵巧的铸字印模。铸字工人手中的印模是铰接的，使用时闭合，在接近底部的地方有一个孔，用于阴模的横向插入。

铸字工

印刷工

造纸工

1589年

中国明代徽州开始刊印墨谱　徽州（休宁、歙县、婺源）制墨历史悠久，技术精良，宋朝时已是名声显赫，出现了油烟墨、漆烟墨等新品种，在选料、配方、烧制、捣杵、用胶、造型等工艺方面，更有许多独到之处。明万历十七年（1589），方氏美荫堂刊印《方氏墨谱》（6卷），收录方于鲁（字建元）所造名墨图案和造型385幅，分国宝、国华、博古、法宝、洪宝、博物六类。万历二十三年（1595）滋兰堂刊印

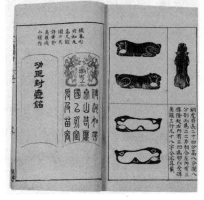
《方氏墨谱》

方于鲁墨

《程氏墨苑》，收录程大约（字幼博）所造名墨图案520幅，分玄工、舆地、人官、物华、儒藏、锱黄六类，并首创五色赋彩印刷。此后，万历四十年（1612）刊印主要记载制墨工艺的《潘氏墨谱》（2卷），万历四十六年（1618）刊印《方瑞生墨海》（12卷）。以上墨谱号称明代徽州"四大墨谱"。

1600年

吉尔伯特［英］发表《论磁》 英国皇家医学院教授吉尔伯特（Gilbet，William 1540—1603）发表了他对磁现象的研究成果《论磁》（*De Magnete*，*Magneticisqve Corporibvs*，*et de Magno Magnete Tellure*，*Physiologia Noua*，*plurimis & argumentis & experimentis demonstrata*），认为地球本身就是一个大磁体，否定了佩尔格里奴斯（Petrus Peregrinus de Maricourt？—约1270）认为天球上有磁极的错误认识。描述了铁的磁化和指南针的原理，指出地磁倾角的存在，以及铁在磁化后，只能在冷态保持磁性，受热会失去磁性（即后来的居里温度）的特点。研究了摩擦起电，发现不仅是琥珀、硫黄、树脂、玻璃、水晶等均会因摩擦带电，并用琥珀的希腊语Vis Electrica来表述其性质，Vis表示静电力。还认为行星是在磁力的作用下保持其轨道的，电和磁除了具有类似性外，还有很大的本质差别。

吉尔伯特

吉尔伯特《论磁》扉页

欧洲出现了蚀刻雕版制版法 1600年后，欧洲出现了蚀刻制版法，这种方法是在金属版上需要保留处涂上防腐蚀的石蜡、树胶后，用稀硝酸腐蚀，金属版的材料是容易被稀硝酸腐蚀的铜。经精细处理的铜雕版，可以印制出精美的插图来。用于这种铜雕版凹版印刷的最早的滚筒印刷机，早在1500年左右即被制造出来。这一时期，荷兰的凹版印刷技术一直处于领先地位。

1614年

书籍中开始出现索引 克罗地亚主教扎拉（Zara，Antonio）在其编写的《关于知识与工艺的分析》一书中，编制出可供读者检索用的术语以及文献出处的索引，这是书籍后部加索引的开始。

1615年

沙伊纳［德］制成开普勒望远镜 德国僧侣沙伊纳（Scheiner，Christoph 1575—1650）根据德国天文学家开普勒（Kepler，Johannes 1571—1630）的理论，用两个凸透镜制成开普勒折射望远镜，这种望远镜极大地增加了旗语的通信距离。

1617年

耐普尔［英］发明"耐普尔算筹" 英国数学家、对数发明者耐普尔（Napier，John 1550—1617）根据"格子算法"发明了一种计算工具——"耐普尔算筹"，即算筹。这种算筹有几种形式，但一般都是每套有十根矩形木杆，每根木杆有四个平整的表面，每个面分为9个方块，最顶端的方块写上一个数字，下面诸方块依次填写顶端那个数字与2～9各数的乘积。

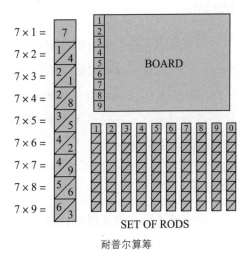

耐普尔算筹

1621年

冈特［英］制成对数刻度尺　英国数学家冈特（Gunter，Edmund 1581—1626）根据对数的性质制成了对数刻度尺。从一端开始与1～10间各个数的对数成比例地截取线段，每一线段的端点标上该线段等于其对数的数，这样，标尺两端所标的数字就是1和10。线段在尺上的加和减等于相对应的数的乘和除。这些运算借助一个分规来进行。

1622年

奥特雷德［英］设计圆形计算尺　英国数学家奥特雷德（Oughtred，William 1575—1660）设计了一种圆形计算尺，刻度标在两个同心圆盘的边缘上，计算时借助两根可绕圆心转动并横跨这两把圆尺的指针来实现对数运算。1632年，奥特雷德的学生威廉·福斯特（Forster，William）在其著作《比例圆和水平仪》中记述了这种计算尺。

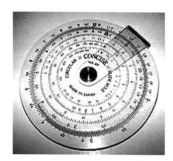

圆形计算尺

1623年

科克拉姆［英］编写出最早的英语辞典　英国人科克拉姆（Cockeram，Henry ? —1658）编写出最早的辞书《英语辞典，或艰苦的英语单词翻译》（*The English Dictionarie*，*Or An Interpreter Of Hard English Words*），该书除收录通用词语外，还收录了不少生僻的词语。1626年出版第二版，在规范英语方面做出了贡献。

1624年

席卡德［德］提出机械计算机设计　1623—1624年，德国图宾根大学的席卡德（Schickard，Wilhelm 1592—1635）教授设计出由加法器、乘法器和记录中间运算结果的机构构成的带有进位机构、可以进行四则运算的机械计算机。但是他的工作长期不为人所知。直到1957年发现了他在1623—1624年写给德国天文学家开普勒（Kepler，Johannes 1571—1630）的信件后，才在信中见到了他绘制的计算机草图和说明。

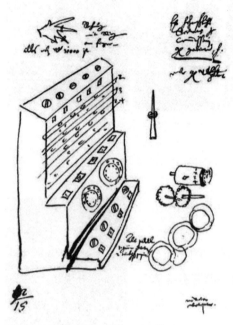

席卡德设计的计算机草图

席卡德设计的计算机（模型）

1629年

卡毕奥［意］发现同种电荷相斥的现象　意大利的卡毕奥（Cabeo，Niccolò 1586—1650）通过实验发现，同种电荷会相互排斥。这是对电荷性质的最早发现。

约1630年

布劳［荷］发明荷兰印刷机　荷兰制图员布劳（Blaeuw，Willem Janszoon 1571—1638）发明了在欧洲曾广为流行的布劳印刷机，也称荷兰印刷机。这是一种木制印刷机，它与此前的印刷机有两处不同：一是对旋压手柄装置做了改进，能更快地调整尺寸；二是对空心管进行了改造，将之制成一个内装机轴的长木盒。这种印刷机经改进在北美广为流行。

布劳印刷机

经改进的荷兰印刷机

1638年

笛卡尔［法］提出"以太"假说 以太（ether）是古希腊哲学家亚里士多德（Aristotle B.C.384—B.C.322）所设想的一种物质，他认为地球上的物质是由上、气、水、火组成的，构成天体的是第五种元素以太。法国数学家、哲学家笛卡尔（Descartes，René 1596—1650）最先将以太引入科学研究中，并赋予它某种力学性质。笛卡尔认为，物体之间的所有作用力

笛卡尔

都必须通过某种中介物质来传递，不存在超距作用。因此，空间不可能是空无所有的，它被以太这种介质充满。以太虽然不能为人的感官所感觉，但却能传递力的作用，如电力、磁力。

1642年

帕斯卡［法］发明机械式加减法计算器 法国数学家帕斯卡（Pascal，Blaise 1623—1662）19岁时制出以数字方式进行加减运算的机械式计算装置。该装置由许多齿轮和平行的水平轴构成，外壳用铜制成，是一个长20英寸、宽4英寸、高3英寸的长方形盒子，有8个可动的刻度盘，最多可把8位长的数字加起来，面板上有一系列显示数字的小窗口，通过机壳上的窗孔可以看到数轮的位置并读出相加数的和。利用一些类似于电话拨号盘的水平齿轮

把数字输入到机器内，而齿轮则通过枢轮传动同数轮耦合，一个进位棘轮把每一数轮耦合到下一个更高位数轮上。大多数数轮都是按十进制计数法传动，但最右面的两个数轮，一个有20档，另一个有12档，分别用于计算以"苏"和"第捏尔"为单位的货币（两者均为当时法国的钱币单位）。

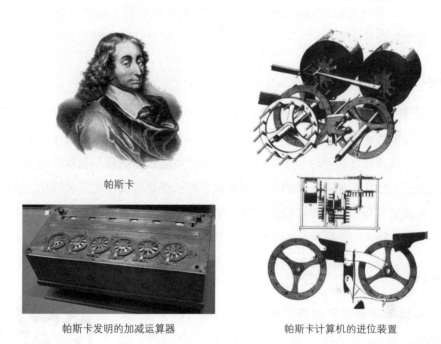

帕斯卡

帕斯卡发明的加减运算器　　　　帕斯卡计算机的进位装置

1654年

居里克［德］证实真空中不能传播声音　德国马德堡市长、科学家居里克（Guericke, Otto von 1602—1686）改进了抽气机，抽成许多真空球。他发现，声音在真空中不能传播，而静电吸引力却可以穿透真空。

居里克

1657年

朔特［德］制成可以显示影像的装置　德国的朔特（Schott，Gaspar 1608—1666）将两个可以相互移动的箱体套在一起，一个箱体上安装有镜头，另一个箱体可以前后移动调焦，在与镜头相对的面上用半透光的油纸或磨砂玻璃可以显示影像。

1660年

居里克［德］发明摩擦起电机　德国马德堡市长、科学家居里克（Guericke，Otto von 1602—1686）发明的这种起电机在棒轴上安装可以旋转的硫黄球，硫黄球在转动时用手接触，产生摩擦就能积蓄电荷。硫黄球的制作过程是用一个球状玻璃瓶，盛满粉末状硫黄，用火烧热玻璃瓶使硫黄熔化，待冷却后打破玻璃瓶硫黄就成球状，在其上钻一小孔，支在一根棒轴上就可自由转动。居里克静电起电机的发明，为静电实验提供了可以产生静电的设备。

1661年

英国邮政总局开始使用毕绍普日戳　1661年，英国邮政总局局长毕绍普（Bishopp，Henry）在任时，英国邮局开始使用一种只标明邮件经办月日的日戳，时称"毕绍普日戳"。这种日戳沿用了100多年。1840年英国发行邮票后，在邮件上除加盖有年、月、日和地名的日

马耳他十字戳

戳以外，同时还用一种"马耳他十字戳"盖销。后来改为直接用日戳盖销，但仍在使用专门盖销戳，或把日戳和盖销戳连在一起的双联戳盖销。

1662年

施德勒［德］建成世界上第一家铅笔厂　德国人施德勒（Staedtler，E.）在纽伦堡建成世界上第一家铅笔厂。当时的铅笔是将采来的石墨块切割成细条，粘上胶水嵌入木条的凹槽中，再粘上另一片木条封起来。这种用天然石墨制成的铅笔，柔软易书写，颜色较深，不过写字时笔芯容易折断。

1666年

莫兰德［英］制作加法和乘法计算器 英国发明家莫兰德（Morland, Sir Samuel 1625—1695）爵士制作的加法器是金属的，面板上有8个刻度盘分别表示英国的8种货币，在各刻度盘中，有一些同样分度的圆盘围绕各自的圆心转动，将一根铁尖插进各分度对面的孔中，可使这些圆盘转过任何数目的分度。一个圆盘每转完一周，该圆盘上的一个齿便将一个十等分刻度的小的计数圆盘转过一个分度，由此将这一

莫兰德制作的加法乘法计算器

周转动记录下来。他的乘法器的工作方式，在一定程度上是根据"耐普尔算筹"的原理，这种乘法器还可以进行开方运算。1673年，莫兰特的《两种算术仪器的说明和用法》出版，书中对他发明的加法和乘法计算器进行了说明。

1671年

莱布尼兹［德］制成步进式机械计算机 德国数学家、哲学家莱布尼兹（Leibnitz, Gottfried Wilhelm von 1646—1716）制成一种能做加、减、乘、除四则运算的步进式机械计算机，这种计算机采用了一种叫作"莱布尼兹轮"的阶梯轴，可以较容易地实现齿轮齿数的变化，从而能进行乘除运算。莱布尼兹最初完成的是个木制模型，因制作粗糙仅能进行加减计算，且不灵敏。

莱布尼兹

1674年

莱布尼兹［德］发明四则运算计算机　德国数学家、哲学家莱布尼兹（Leibnitz, Gottfried Wilhelm von 1646—1716）在1671年制成步进式机械计算机的基础上，1674年他参考帕斯卡计算器的说明，重新制作。该机由两部分组成：第一部分是固定的，用于加减计算，其装置与帕斯卡加法机基本相同。第二部分是乘法计算器和除法计算器，由两排齿轮构成，莱布尼茨首创阶梯式计数器，即步进轮。这种步进轮有一个带有9个嵌齿或齿的滚筒，每个齿均与滚筒的轴平行，其长度以等量递增。当滚轮转满一周时，某些齿便与联结着计数器的嵌齿轮上的某些齿相啮合，这个嵌齿轮可平行于滚动轴移动并借助标尺进行指示。另外还装置一个针轮，它可以随意改变与嵌齿轮啮合的齿数，其圆周上有9个可活动的齿，每当针轮转动一周，便有所希望的个数从中突出，与外部计数器啮合，计数器便可以向前移动任何所希望的数。阶梯式计数器和针轮在现代计算机中仍在应用。

莱布尼兹计算机

莱布尼兹计算机的步进轮

1685年

赞恩［英］制成暗箱　英国的赞恩（Zahn, Johann 1641—1707）用磨砂玻璃代替油纸制成光学暗箱，体积为22.5厘米×22.5厘米×60厘米。该暗箱安有一个远距离组合透镜，包括较厚的凸面镜和较薄的凹面透镜，能显示出放大的图像。1685年他在《人工之眼》中描绘了这种小暗箱，其制作暗箱的方法一直沿用至今。

赞恩发明的暗箱

1709年

霍克斯比［英］改革居里克起电机　英国科学家牛顿（Newton，Isaac 1642—1727）的助手霍克斯比（Hauksbee，Francis 1666—1713）将居里克（Guericke，Otto von 1602—1686）起电机的硫黄球换成玻璃球，使之可以充分观察火花放电现象，他用这个装置研究了电的吸引、排斥和火花放电等电现象。

1714年

米尔［英］获打字机专利　英国人米尔（Mill，Henry 1683—1771）研制的打字机获得英国专利，但是由于其没有实用价值而未能正式生产。1867年，美国报界人士、发明家肖尔斯（Sholes，Christopher Latham 1819—1890）等试制成功实用的打字机，这种打字机已经具备了适用的卷纸筒、卷筒架、字符排列有序的键盘和色带等。1874年，肖尔斯制成第一台雷明顿打字机，并正式进入市场。1872年美国发明家爱迪生（Edison，Thomas 1847—1931）发明了电动轮式打字机，稍后又制成能自动收报电码的带式打字机。

1720年

格斯滕［德］发明一种算数机器　德国吉森大学教授、皇家学会会员格斯滕（Gersten）发明的算数机器，通过一把刻度尺在一条槽内滑移过一个固定指

格斯滕算数机器

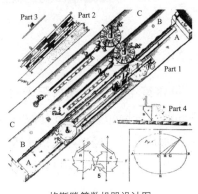

格斯滕算数机器设计图

标进行。这尺移动一根与一个固定小齿轮相啮合的齿条，使之转过相应分度。需计算的数有多少位，就应用多少组小齿轮和刻度尺，每当其中一个齿轮旋转一整圈，从它伸出的一个捕捉器就推进紧挨在它上面的小齿轮转过一个齿完成进位。

1725年

布乔［法］设计出穿孔纸带　法国纺织机械师布乔（Bouchon，Basile）设计出穿孔纸带。布乔首先设法用一排编织针控制所有的经线运动，然后取来一卷纸带，根据图案打出一排排小孔，并把它压在编织针上。启动机器后，正对着小孔的编织针能穿过去钩起经线，其他的则被纸带挡住不动。于是，编织针自动按照预先设计的图案去挑选经线，操作者的"意图"传给了编织机，编织图案的"程序"也就"储存"在穿孔纸带的小孔之中。

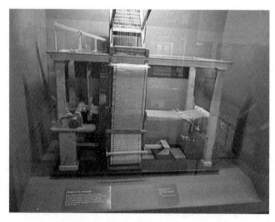

布乔设计的利用穿孔纸带控制的编织机

1727年

舒尔策［德］发现太阳光对银盐的化学作用　德国医学教授舒尔策（Schulze，Johann Heinrich 1687—1744）用一张剪出文字的纸遮盖装有硝酸银溶液的玻璃瓶子，经光照后，液体上被纸遮住的部分仍是白色，而未被遮住的部分变黑。这是世界上最早利用光对银盐作用的实验，他将这一发现向纽伦堡的帝国研究院做了叙述。

格德［英］发明整页铅版制版法 德国的古腾堡（Gutenberg, Johannes Gensfleisch zur Laden zum 1400—1468）发明活字印刷术后，由于每页书版都需要大量铅字，印刷厂要有相当的铅字储备，而且为了再版，还要将排好的书版保存，否则就要重新排版。1727年，苏格兰首饰匠人格德（Ged, William 1699—1749）研究成将排好的书版作为印模用石

黏土制成的字版阴模

膏制成书版阴模，再浇制成整页铅版的铅版制版法。不久后法国工匠沃利尔（Valleyre, Gabriel）用黏土代替石膏，发明了用黏土为材料的铅版制版法。

1729年

格雷［英］进行电的传导实验 英国一位靠养老金度日的业余电学家格雷（Gray, Stephen 1670—1736）自1721年开始进行电传导实验，他用蚕丝制成的绳索把一个人悬挂在空中，发现蚕丝不能传导电荷，但是人体可以。1729年，按物体摩擦后是否带电区分了导体和绝缘体，创始静电、静电力概念，并研究了电荷的传递。

格雷电传导实验

1732年

富兰克林

富兰克林［美］提出正负电概念 美国物理学家富兰克林（Franklin，Benjamin 1706—1790）认为电是一种没有重量的流体，存在于所有物体中。当物体得到比正常分量多的电就带正电，少于正常分量就带负电，"放电"就是正电向负电流动的过程，由此提出正电、负电概念。此后富兰克林做了多次实验，又提出电流的概念。

1734年

杜费［法］发表《论电》 法国电学家杜费（Dufay，Charles François de Cisternay 1698—1739）1733年发现，不仅绝缘体，金属摩擦也会带电。1734年在其《论电》一书中提出电可以区分为正、负电荷的二流体假设。他发现存在两种电，他将用玻璃棒和丝带摩擦所产生的电称作"玻璃电"，用琥珀和法兰绒摩擦所产生的电称作"树脂电"（这两个名词一直沿用到19世纪）。总结出静电学第一个基本原理，即同性相斥，异性相吸。

杜 费

富尼埃的《活字手册》

1742年

富尼埃［法］设计全套活字字体 法国印刷技师富尼埃（Fournier，Pierre Simon 1712—1768）出版的《活字手册》一书中，对当时流行的活字字体做了分析和订正，列出了他所设计的全套活字字体。

1744年

温克勒［英］用导线传递电荷 英国电学家温克勒（Winkler，J.H.）用金属丝传递电荷到远处的试验获得成功。此前，英国电学家格雷（Gray，Stephen 1670—1736）在1729年发现玻璃管经摩擦所带的电荷可以转移到木塞上，再用一根带有骨质小球的小棒插进带电木塞上，小球也带电，这表明电荷能传递。温克勒还用绳子、铜丝做传递实验，证实不仅摩擦可以使物体带电，用传递方法也可以使物体带电。

温克勒

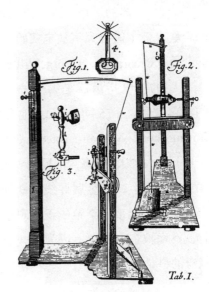

温克勒传递电荷实验

1745年

克莱斯特［德］进行电晕放电试验 普鲁士卡明大教堂副主教、物理学家克莱斯特（Kleist，Ewald Georg von 1715—1748）用装有水银或酒精的玻璃瓶储存电荷，瓶子当中立一超过液面的金属杆，当瓶内充电过量时，金属杆上端就会产生光锥，后来物理学界将这一现象称为电晕放电。

莱顿瓶

克莱斯特［德］、穆森布洛克［荷］发明莱顿瓶 1745年10月和1746年1月，普鲁士卡明大教堂副主教、物理学家克莱斯特（Kleist, Ewald Georg von 1715—1748）和荷兰莱顿大学的物理学教授穆森布洛克（Musschenbrock, Pieter von 1692—1761）先后发明了一种可以存蓄静电电荷的蓄电瓶。这是一种带内层电极和外层电极的玻璃瓶，电极材料可以是水、汞、金属箔等各种物质。它是最初形式的电容器，也是蓄电池的最早形式，称作莱顿瓶。现代的各种介质电容器的工作原理与莱顿瓶是同样的。

李希曼［俄］进行大气放电实验 俄国物理学家李希曼（Richmann, Georg Wilhelm 1711—1753）发明的静电指示器是第一种应用于电学实验的测量仪器。1753年夏天，他和罗蒙诺索夫（Ломоносов, Михаил Васильевич 1711—1765）进行大气放电实验，他们将一根2米长的铁杆树立在屋顶上，用金属导线将铁杆与屋内的静电指示器连接起来。李希曼正在观察大气放电现象时，不幸被雷电击中，成为第一个为研究雷电而献身的科学家。

李希曼大气放电实验

1746年

诺莱［法］进行电荷传导试验 莱顿瓶出现后许多人进行电荷传导试验。法国科学家诺莱（Nollet, Jean-Antoine, Abeé 1700—1770）动员200多个修道士围成一个圆圈，每人手握一条与莱顿瓶相连的铁丝，当莱顿瓶放电时，几乎所有人同时感到电击，确认电的传输速度相当快。此后有人开始设想用电传递信息，研究静电电报机。

诺莱

1747年

富兰克林［美］提出电荷守恒定律 美国物理学家富兰克林（Franklin, Benjamin 1706—1790）在对静电研究的基础上，提出了静电的单元电液理论和电荷守恒定律，并提出用正（＋）、负（－）表示电荷属性。

1750年

爱皮努斯［德］创立电与磁的超距作用理论 德国物理学家爱皮努斯（Aepinus, Franz Maria Ulrich Theodor

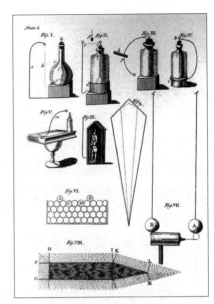

富兰克林研究电荷的设备

Hoch 1724—1802）认为静电作用力与磁的作用力，不需要中间媒介的存在，它们是超距作用的，并认为静电作用力随距离的增大而减小，由此解释了静电感应现象。

米歇尔［英］发现磁力的平方反比定律 英国物理学家米歇尔（Michell, John 1724—1793）通过实验发现，磁力的大小与两个磁力作用物间距离的平方成反比。这在物理学界称作力的平方反比定律。

富兰克林［美］发现电荷流过导体时会发热 美国物理学家富兰克林（Franklin, Benjamin 1706—1790）观察到积蓄在平板电容器中的电荷在细金属丝中流动时，金属丝会因发热而熔断，这一发现导致了后来熔断器的发明。

1752年

富兰克林［美］利用风筝试验，证明闪电具有电的性质 美国物理学家富兰克林（Franklin, Benjamin 1706—1790）进行了著名的用风筝捕捉天电的试验，证明天空的闪电和地面上的电是一回事。在雷雨天，他用金属丝把一个很大的风筝放到云层中，金属丝的下端接了一段绳子，在金属丝上还挂了一串钥匙。富兰克林一手拉住绳子，用另一手轻轻触及钥匙。他立即感到一阵猛烈的冲击（电击），同时手指和钥匙之间产生了小火花。不久后富兰克林制造出了世界上第一个避雷针。

富兰克林风筝试验

富兰克林［美］提出设置避雷针的设想　美国物理学家富兰克林（Franklin，Benjamin 1706—1790）在1747年左右，利用莱顿瓶实验，发现可以进行远距离放电。1752年，富兰克林通过风筝实验，提出云层的闪电与地面的电是同一类现象的假设。根据尖端更易放电的现象，他提出利用尖端放电原理将天空雷电引入地面，以免建筑物、船只遭受雷击。该设想以"电的观察与实验"为题用信函的形式发表，很快引起科学家们的关注，把他的信函译成法文、德文和意大利文。这是发明和应用避雷针的开端。1760年，他在费城的一座大楼上竖起一根避电针，效果十分显著，不久各地竞相仿效，避电针很快得以普及。当时将他发明的避雷针称作"富兰克林棒"，但在实施时受到习俗与宗教习惯的抵制，以致出现1780年英国皇家学会会长因反对给英王詹姆士三世王宫安装避雷针而辞职的事件。

达利巴尔［法］进行引雷实验　法国博物学家达利巴尔（Dalibard，Thomas-François 1703—1799）于5月10日在靠近巴黎的玛尔利镇用一根长40英尺、底部绝缘的铁杆竖立在小桌上，当出现雷云时，经过训

达利巴尔进行引雷实验

练的信鸽嘴含黄铜丝飞近铁杆上端，随即出现电火花并发生噼啪声，为此达利巴尔支持富兰克林的避雷针设计。

1753年

一个署名C.M.的人提出用静电进行通信的设想　一个署名C.M.的人在《苏格兰人》（*Scots*）杂志上发表了一封信，提出较为完整的用静电通信的设想。他设计的电报机的结构是：平行放置互相绝缘的代表26个英文字母的26根导线，发报端用摩擦起电机与相应导线接触，视接收端所连接的小球对其下面写有字母的小纸片的吸引来确定所接收的字母。C.M.是何许人已不得而知。

1759年

西默［英］提倡电的二流体说　英国电学家西默（Symmer，Robert 1707—1763）根据法国杜费（Dufay，Charles François de Cisternay 1689—1739）在1734年发现存在两种电且相互间有吸引、排斥现象，认为电是一种流体，可以分为两类，在导体中这两类电可以自由流动，在绝缘体中这两类电均等混合。

1760年

德雷佩［法］发明手语，创办世界上第一所聋校——法国巴黎聋校　手语（sign language）是一种视觉语言，是以人的手势变化模拟形象或音节以构成一定语意的语言形式，是听障人相互间或正常人与听障人间交际的手段。法国聋哑教育家德雷佩（De L'Epee，Abbe Charles Michel 1712—1789）神父，为了让聋哑儿童能与上帝交流，理解基督的存在，发明了手语，并在法国政府支持下于1760年建立了世界上第一所聋校——法国巴黎聋校（Institut

德雷佩神父

National de Jeunes Sourds de Paris），自任校长。现代手语包括手指语和手势语。手指语是用手指的指式变化和动作代表字母，而手势语多是指示性和形象性的动作。20世纪后，许多国家都制定了本国的用手指表示字母以传达具体信息的手指语，在特殊情况下非聋哑人也在使用手指语通信。

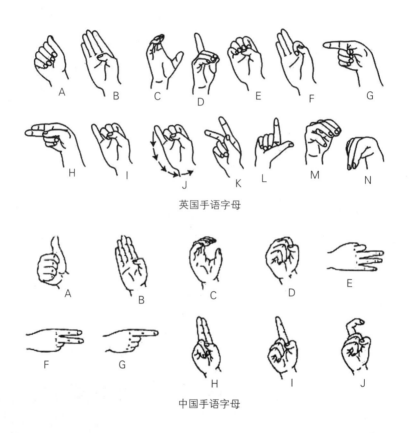

英国手语字母

中国手语字母

1761年

金纳斯利［美］提出"电流"一词　美国物理学家金纳斯利（Kinnersley, Ebenezer 1711—1778）在对电的本质的研究中，认为电是一种流体，创用"电流"一词。

法伯［德］改进铅笔芯制作方法　德国人法伯（Faber, Kaspar 1730—1784）把石墨研成粉末，用水冲洗去掉杂质，再用硫黄等与石墨粉混合加热，用这种方法制造铅笔芯，使铅笔制作工艺前进了一大步。

1772年

奈特［英］研制铁粉芯　英国的奈特（Knight，Gavin）用亚麻仁油将掺水搅拌的铁粉黏合起来，然后进行模压和烧结制成铁粉芯。这种铁粉芯曾用于制造英国海军用的罗盘，直到1779年他的这一工艺才公之于世。

卡文迪许［英］进行静电作用力实验　1772—1773年，英国物理学家卡文迪许（Cavendish，Henry 1731—1810）做了双层同心球实验，精确测量出静电作用力与距离间的关系。发现带电导体的电荷全部分布在表面而内部不带电。他的这个同心球实验结果在当时条件下是相当精确的，可惜他一直没有公开发表。

卡文迪许

1773年

卡文迪许［英］提出电的相关概念和电荷间的力遵从平方反比定律　英国物理学家卡文迪许（Cavendish，Henry 1731—1810）通过大量的电学实验提出电容、电介质、电压、电荷分布等电学概念，并发现电荷间的作用力遵从平方反比定律。

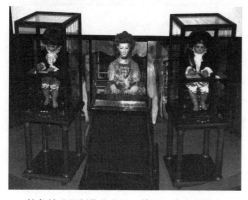

德鲁兹父子制作的书写、绘画、演奏机器人

1774年

德鲁兹父子［瑞］制成会书写、绘画、演奏的机器人　瑞士德鲁兹父子（Jaquet-Droz，Pierre 1721–1790；Jaquet-Droz，Henri-Louis 1752—1791；Leschot–Droz，Jean-Frederic 1746—1824）制成一台有三个自动人偶

的装置。一个人偶能写出约40个字母的一段话；一个人偶能绘路易十五的肖像、一只狗及其他两幅画；一个人偶能弹奏五首不同的短曲。这套机器人现存于瑞士纳沙泰尔的历史艺术博物馆。

1775年

伏特［意］发明起电盘　意大利物理学家伏特（又译伏打，Volta，Alessandro 1745—1827）发明的起电盘，由一块用绝缘物质（石蜡、硬橡胶、树脂等）制成的平板和一块带绝缘柄的导电平板组成。通过摩擦使绝缘板带正电（或负电），然后将导电板放在绝缘板上，由于静电感应，导电板靠近绝缘板一侧出现负电，另一侧出现正电。将导电板接地，地中的负电即与导电板上的正电中和，使导电板带上负电。断开导电板与地的连接，手握绝缘柄将导电板从绝缘板上移开，导电板上即获得负电荷。移去导电板上的负电荷再重复上述过程，就可以不断得到负电荷。

伏特（伏打）

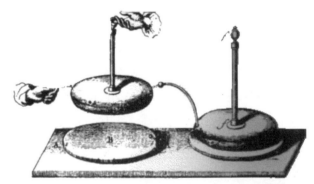

伏特发明的起电盘

1779年

瓦特［英］发明拷贝机　英国发明家瓦特（Watt，James 1736—1819）发明混合阿拉伯树胶或糖的特制墨，把未上浆的薄纸压在一份手写信稿上，用墨湿润该纸得到印像，只要把薄纸翻过来，就可以阅

瓦特发明的拷贝机

读。后来他设计了便于应用这项新发明的一种滚压机，之后改为螺旋加压，成为机械拷贝机的标准形式。

1785年

库仑［法］提出"库仑定律"　库仑定律是一个实验定律，法国物理学家库仑（Coulomb, Charles-August de 1736—1806）模拟万有引力的大小与两物体的质量成正比的关系，认为两电荷之间的作用力与两电荷的电量也成正比关系。库仑用扭秤实验测量两电荷之间的作用力与两电荷之间距离的关系，发现两个带有同种类型电荷的小球之间的排斥力与这两球中心之间的距离平方成反比。同年，他在论文《电力定律》中介绍了该实验装置、测试经过和实验结果。

库 仑

1786年

本尼特［英］发明金箔验电器　英国电学家本尼特（Bennett, Abraham 1749—1799）在一金属匣顶部装一个橡皮塞，塞中插入一根铜棒，铜棒上端有一个金属盘，下端有一对细长的金箔片。当带电体与金属盘接触时，箔片便会张开一定角度，移去带电体，金箔片仍保持张开状态。这种验电器还可以用来鉴别带电体所带电荷的正负。

汉尼［法］设计用凸出的字母供盲人阅读的方法　法国盲人教师汉尼（Haüy, Valentin 1745—1822）设计出一种凸起的可以用手触摸来识别的字母，方便了盲人的阅读。

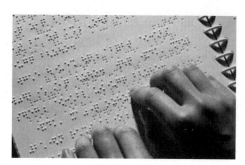

盲 文

1790年

传统铅字版上涂墨法

尼科尔森［英］获得滚筒印刷机专利 18世纪在活字印刷中，铅字上墨是用沾有墨水的皮制垫片轻打铅字，墨水均匀是个很难控制的问题。英国工程师、作家尼科尔森（Nicholson，William 1753—1815）研究出用墨辊上墨、由圆筒卷带纸张在上墨印版上转印的印刷方法：让纸张从两个滚筒之间通过，其中一个滚筒的表面装有印版，另一个滚筒则将纸张对着印版施压，印版的上墨则由第三个滚筒完成。

夏普［法］实验电报机 法国工程师夏普（Chappe，Claude 1763—1805）在1790年开始实验电报机，他设计了在发射和接收端各设置一台表盘上有10个数字刻度、摆锤同步的钟，用莱顿瓶瞬间放电，接收者记录放电瞬间钟的指针位置以确定接收到的预先规定的信号。

1791年

夏普［法］发明悬臂通信机 在法国大革命高潮中，法国工程师夏普（Chappe，Claude 1763—1805）发明了悬臂通信机，在电通信应用前的欧洲，对军事、经济、交通曾起过重要的作用。用悬臂通信机进行的通信属于视觉通信，它的结构是在一根竖立的木杆顶端安装一个可以绕中轴旋转的横杆，横杆两端各有一个可旋转的悬杆。由横杆和悬杆的不同角度组合，表达一定的字母或数字，由此可以较为完整地传递信息。这种悬臂通信机安装在较高建筑物上或塔楼上，人在地面用与悬臂相连的绳索调整，在望远镜可达的距离

烽火台与悬臂信号机

（10km左右）建设安有悬臂通信机的中继塔楼，这样可以实现信息的接力传送。晚间在悬臂上安上灯，也可以照常使用。这种接力传递信息的方式与古代的烽火台是相似的。1791年7月，夏普建成由15个中继站组成的通信线路。

夏 普

悬臂通信机

伽伐尼［意］发表《论电对肌肉运动的影响》 1786年，意大利波洛尼亚大学教授伽伐尼（Galvani，Luigi 1737—1798）在解剖青蛙过程中，发现蛙腿因某种原因产生剧烈痉挛，同时出现电火花。他认为痉挛起因于动物体上本来就存在的电，即生物电。此后又进行了长期研究，1791年发表研究成果《论电对肌肉运动的影响》。他的这一发现，直接导致伏打电堆的发明和电生理学的建立。

伽伐尼

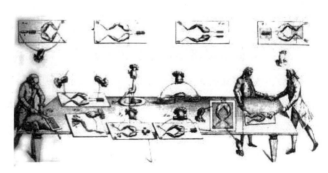

伽伐尼蛙腿实验

1792年

孔泰［法］发明铅笔　法国发明家孔泰（Comte，Jacques Louis 1755—1805）发明的铅笔是用一个木杆包着一根石墨与泥土混合而成的小细棒。因为笔芯最初是由金属铅制成的，故称铅笔，这个名称一直沿用至今。现代铅笔芯是由石墨、泥土和水的混合物通过一个小孔挤压并烘干而制成，石墨越多，铅笔芯越软。

1793年

夏普［法］悬臂通信机开始应用　1793年7月2日，法国国民议会对夏普（Chappe，Claude 1763—1805）发明的悬臂通信机给予很高的评价，将之称为tèlègramme，夏普自称为tachygraphe。会后夏普受命安装从巴黎到里尔144千米的通信装置，在时钟技师宝玑（Breguet，Abraham-Louis 1747—1823）的帮助下，于次年7月完成了由15个中继站组成的通信线路。随着拿破仑（Napoléon Bonaparte 1769—1821）的军事扩张，悬臂通信机被迅速推广开来，到拿破仑帝政结束时，通信线路已达2863千米，建立了224个中继站。

悬臂通信机的应用

1794年

伏打［意］提出不同金属接触产生电的观点　意大利物理学家伏打（Volta，Alessandro 1745—1827）起初同意伽伐尼生物电的观点，后来他认识到蛙腿只是一种探测器，认为产生电流并不需要动物组织，在盐溶液中两种不同的金属接触时就会产生不同的电势。由此创立关于电的金属电学派，引起动物电学派和金属电学派的长期争论。

1795年

萨尔瓦［西］发明最早的静电电报机　西班牙博物学家萨尔瓦（Salva，Francisco Campillo 1751—1828）在西班牙宫廷的支持下，将多条电线与拉丁字母对应，通往收报端的电线终端浸在盛有酸性溶液并标有相应字母的试管中，当发送端用电键按发报内容依次接通伏打电堆时，收报端浸在酸性溶液试管中的电线相应地因电解发出氢气气泡，可以很容易地读出来电内容，由此发明了输送导线达35条的电化学静电电报机。萨尔瓦架设了马德里至阿兰胡埃斯（Aranjuez）26英里的电报线路。当萨尔瓦得知电流具有电解作用后，放弃了静电式电报机的研究，1804年设计出用伏打电堆做电源，根据水电解时出现气泡作为指示器的电报机。

英国开始架设悬臂通信机　1794年11月15日，英格兰的报纸刊登了法国用悬臂通信机建立通信网的消息。第二年，默里（Murray，Lord George 1761—1803）爵士设计成一个由6个可动支杆组成的类似于夏普早期设计的通信机，可以组合成63个不同的信号，花费4000英镑安装了从伦敦到戴尔（Deal）间的通信网。1801年又规划了伦敦到雅茅斯间的通信网，1806年完成了从伦敦到普利茅斯的通信网。普鲁士在1793年，瑞典在1795年，美国在1800年，丹麦在1802年均开始引进夏普悬臂通信机建立本国的通信网。悬臂通信机到19世纪40年代后，由于电报机的进步而逐渐被淘汰。其简化的单臂信号机1795年在铁路车站作为进出站指示在其后应用了100多年。

1796年

塞尼菲尔德［德］发明石版印刷法　德国印刷业者塞尼费尔德（Senefelder，J. Alois 1771—1834）利用水油相克的原理，发明了石版印刷法。后人据此发明了各种平版印刷术。

1798年

罗伯特［法］取得抄纸机专利　法国人罗伯特（Robert，Nicholas-Louis 1761—1828）取得抄纸机专利，后来在英国人的帮助下制造成功，开始了纸张的连续卷绕生产。在此之前，纸是用抄纸盘单张生产的。

18世纪法国造纸作坊

1800年

韦奇伍德［英］进行照相尝试　英国的韦奇伍德（Wedgwood，Thomas）试图把暗箱的影像固定在涂有作为感光材料的硝酸银溶液的纸或白色的皮革上。经试验发现，在太阳光下照射二三分钟后，白色的影像才会在四处变黑的感光材料上形成，但无法保存照片，因为照片继续暴露在光下会全部变黑。

赫歇尔［英］发现红外线　1800年，英国物理学家赫歇尔（Herschel，Frederick William 1738—1822）在研究可见光谱的热效应时发现，最大热效应不是在可见光谱内，而是在红色光谱之外。赫歇尔由此得出结论，太阳除辐射可见光线外，还辐射某些不可见的射线，他把这种射线称为红外线。

伏特［意］发明伏打电堆　1800年3月20日，意大利物理学家伏特（又译伏打Volta，Alessandro 1745—1827）给英国皇家学会主席约瑟夫·班克斯勋爵（Banks，Sir Joseph 1743—1820）的信中写道："用一些不同的导体按一定方式叠置起来，用30片、40片、60片，甚至更多铜片（最好是银片）将它们的每一片与锡片（最好是锌片）相对重叠在一起，并在每两片（铜片和锡片）之间充填被水或比水导电性能更好的液体（如食盐水）浸透的纸壳或皮革等就能产生相当多的电荷。"伏特在盛有盐水的玻璃杯中，将锌片和银片交错放置并连接各自引出的电极，这样串接20片或30片，产生了较强的电流。他将此装置称为电液杯，成为现代电池的雏形。后经改进由一面镀银、另一面涂二氧化锰的圆纸片叠加，在直径为1英寸的这种圆纸片之间能产生0.75伏电压。

伏打电堆

　　卡莱尔［英］、尼科尔森［英］制成实用电堆　英国科学家卡莱尔（Carlisle，Anthony 1768—1840）、尼科尔森（Nicholson，William 1753—1815）制成输出电压较稳定的实用伏打电堆，并进行电解水的实验。

　　斯坦厄普［英］发明铁制印刷机　英国政治家、发明家斯坦厄普（Stanhope，Charles 1753—1816）伯爵将杠杆和螺旋运动相结合，在印刷时产生巨大的压力。该印刷机除了版台下面的粗壮木制T形架外，其他零件均为铁制的。由于这种印刷机具有很大的动力和稳定性，能够将整个铅字版面同时印到纸上，泰晤士报社安装了多台斯坦厄普印刷机。

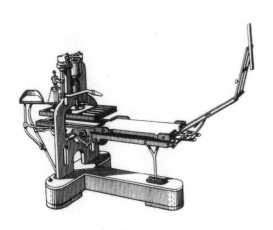

斯坦厄普的铁制印刷机

1801年

里特尔［德］发现紫外线　德国物理学家、化学家里特尔（Ritter, Johann Wilhelm 1776—1810）把一张刚涂上氯化银的纸放到阳光透过三棱镜产生的可见光谱的紫光区顶部，片刻之间纸变黑，在光谱的紫光区域之外黑得最厉害，里特尔把这种不可见的光线称为紫外线。

雅卡尔［法］制成自动提花编织机　法国工程师雅卡尔（Jacquard, Joseph Marie 1752—1834）完成了自动提花编织机的设计制作。在织布过程中，提花图案的编织由纸卡片上事先设计的穿孔的方式控制，从而可实现不同的提花设计。在纸卡片上穿孔进行控制的方法在1822年被巴贝奇（Babbage, Charles 1792—1871）研制带存储器的计算机时所采用。

雅卡尔自动提花编织机

1802年

里特尔［德］发明蓄电池（充电柱）　德国物理学家、化学家里特尔（Ritter, Johann Wilhelm 1776—1810）发明的充电柱是一种在金属制成的圆片之间，夹以对金属无化学作用的某种液体浸湿的圆形布料、法兰绒或纸片的容器。将其两端与一个伏打电池的电极连接后被充电，它能保持所充的电荷，可以代替伏打电堆作电源使用。充电柱当时称二次电池，是蓄电池的原型。

克拉德尼［德］《声学》出版　德国物理学家克拉德尼（Chladni, Ernst Florens Friedrich 1756—1827）的《声学》出版，书中记载了声音在各种气体、固体中的传播速度。

福尔德里尼［英］发明卷筒纸造纸机　当时英国的纸张税收制规定在每张纸上要贴一张印花，为避税英国造纸商福尔德里尼（Fourdrinier, Henry 1766—1854）发明了生产卷筒纸的造纸机。不过该机器结构简陋，制造的纸品质不高。

1803年

唐金［英］设计长网造纸机　英国造纸技师唐金（Donkin，Bryan 1768—1855）设计出一种长网形造纸机。这种造纸机将木浆与添加剂的混合物送到一个可动的带细网眼的传送带上。在传送带上大部分水分被滤掉，形成一层厚薄均匀的湿纸带，再经过一系列辊子的滚压去掉剩余的水分，然后经过一个热圆辊烘干，最后再经过一个更热的辊子压光，即可以制得质地优良的纸。造出的纸可以卷绕成卷，以便于连续印刷。

1805年

纳尔逊

纳尔逊［英］首创海军旗语通信　旗语是悬挂或挥动各种式样和颜色的旗帜传递信息的一种通信方式。旗语通信分为旗号通信和手旗通信。旗号通信是以悬挂各种不同式样和颜色的旗表示通信内容，手旗通信是以两面手旗的不同部位表示通信内容，后者多适用于海上白天通信，夜间则用灯光发送莫尔斯电码。18世纪末，英国一些商船为了进出港方便，开始制定用旗帜和灯光组成的代码与港口或相互间进行通信。1805年爆发的特拉法尔加角海战（英国舰队与法国、西班牙联合舰队），英国舰队司令纳尔逊（Nelson，Horatio 1758—1805）采用不同颜色和图案的信号旗沟通舰队间的联系，创用了海军旗语通信方式。

A or 1　　B or 2　　C or 3　　D or 4　　E or 5

现代手旗旗语（A—E）

1808年

道尔顿［英］创立近代原子论 英国化学家道尔顿（Doltyon，John 1766—1844）经大量实验后提出，化学元素是由称作原子的物质微粒构成的，这种原子是不能再分割的基本微粒。他认为同一种元素的各个原子都是一样的，但是不同元素的原子重量不同，氢原子的重量最轻，而其他原子的重量都是以此为基本单位的整数倍。

道尔顿

佩莱里尼·图里［意］发明打字机 意大利人佩莱里尼·图里（Pellerini Turi）为了帮助自己的失明女友，发明了世界上最早的机械式打字机。虽然这台打字机早已失传，但是使用该打字机打出的信件至今仍保存在意大利勒佐市的档案馆里。

1809年

戴 维

欧洲开始使用蘸水钢笔 英国人设计出一种利用水位差原理供墨水，可在笔杆内贮存墨水的笔，其笔端有一个可启动的小孔，用以控制墨水的流量。这是自来水笔的雏形，逐步取代了在欧洲使用1000多年的羽毛笔。

戴维［英］发现在两根碳棒间通电发生弧光 英国化学家戴维（Davy，Humphry 1778—1829）在进行实验时发现，两根接触的碳棒电极在空气中通电后分开的瞬间，因放电会产生电弧，由此发明了电弧灯。

索默林［德］组装电报机 德国的索默林（Sömrneling，Samuel Thomas von 1755—1830）利用电流对水的分解组装了电解式电报机。把和26个字母同样多的线头做电极，各自浸入同等数量的注入水的标有字母的玻璃管中，当代表不同字母的导线电极通电时，根据在标有字母的玻璃管中产生的水泡次序，可以看出字母顺序，由此读出电报文字。1809年他在慕尼黑科学院做了公开表演。他的设计与西班牙的萨尔瓦（Francisco Salva Campillo 1751—1828）在1795年设

索默林的电报系统

计的多条导线通信的方案基本一样，只是他在收报端安有报警器。开始时用了35根导线，后来简化为8根，但这类电报机由于线路架设费用太高而未能使用。

1810年

柯尼希［德］、鲍尔［德］制成第一台滚筒平版动力印刷机　德国发明家柯尼希（Koenig，Friedrich Gottlob 1774—1833）和鲍尔（Bauer，Andreas Friedrich）为伦敦的著名书籍印刷商本斯利（Bensley，Thomas ? —1833）研制的这种印刷机，安装有一个大滚筒，其下是前后驱动的版台，大滚筒有三个互相分开的印刷表面，每转动一整圈印出三个印张。当滚筒处于静止时，纸从滚筒顶部放入，印纸随即被一只夹纸框夹住。然后滚筒旋转1/3圈，将第二印刷面带到顶端，待第二张印纸放入后，滚筒再旋转1/3圈，印出第一印张，随后将第三张印纸放在第三印面上，滚筒转完一周，又将第一印面转到顶部，如此往复循环。该机首次使用墨辊上墨、滚筒带纸在上过墨的印版上滚过的方法完成印刷工序，每小时以800印张速度印刷。这台动力印刷机的主要特点是，一系列的输墨滚筒由墨斗供墨，并能自动给印版上墨。其他结构如同用动力代替手工操作的普通印刷机，其原理奠定了后来圆压平版印刷机的基础。

1811年

泊松［法］《力学》出版　法国数学家泊松（Poinsot，Louis 1777—1859）的《力学》出版。在书中他最早将数学应用于磁学、电学的研究中，为电磁学研究的数学化奠定了基础。

1813年

**克莱默［美］制成美国第一台铁制手动印刷
机** 美国第一台铁制印刷机是由费城的木工克莱
默（Clymer，George 1754—1834）精心制造的哥
伦比亚印刷机。该机的特点是装潢精致，机器顶
端安有一只铁鹰。这是第一台不用螺旋压力的手
动印刷机，它通过平衡良好的杠杆和配重系统将
动力传递到一个直放的柱塞上将压印版下压，动
作平稳，不需要费很大的气力便可以获得良好的
印刷效果。

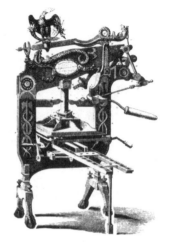

哥伦比亚印刷机

培根［英］、唐金［英］获轮转印刷机专利 英国印刷商培根（Bacon，
Richard Mackenzie 1755—1844）和技师唐金（Donkin，Bryan 1768—1855）发
明的轮转印刷机，采用在主轴四面装四只浅盘，每只浅盘装有一页印版，四
面棱柱体在墨辊和压印筒之间转动，墨辊上下运动与四块平面印版相配合，
压印滚筒四面呈四叶形。这种印刷机虽然没能制造成功，但它在印刷史上占
重要地位，因为胶墨辊很快得到普遍应用。他们使用装在旋转主轴四个面上
的四只盘子，每只盘子定位一块印版，一个四棱柱体在输墨滚筒和压印装置
之间转动，输墨滚筒上下运动从而与这四块平面印版相配合，其设计思想及
橡胶墨辊为后来的印刷机所采用。

加劳德特

1814年

美国第一所聋校创立 美国耶鲁大学毕
业的加劳德特（Gallaudet，Thomas Hopkins
1787—1851）传教士参观巴黎聋校后，创
立美国第一所聋校——美国聋校（American
School for the Deaf）。1864年，在加劳德特儿
子E.M.加劳德特（Edward Miner Gallaudet）
的努力下，美国总统林肯（Lincoln，Abraham

1809—1865）签署法令成立国立聋哑学院。1894年，为纪念加劳德特父子，学院改名为加劳德特学院，后改名为加劳德特大学（Gallaudet University）。

柯尼希［德］制成用蒸汽机驱动的双滚筒印刷机　第一台双面印刷机是由单滚筒印刷机发展而来的，它实际上是同一台蒸汽机驱动下的两台单滚筒印刷机的结合。德国印刷匠柯尼希（Koenig，Friedrich Gottlob 1774—1833）在1810年制造单滚筒平板印刷机的基础上，为了进一步提高印刷效率，为伦敦印刷商本斯利（Bensley，Thomas ？—1833）制造了一台这样的印刷机，由于它过于庞大和笨重，不适合印刷书籍。该机滚筒下面装有可以前后驱动的用于安装铅字版的平台，利用铅字版的往复运动，通过旋转滚筒引导纸张，外包皮革的墨辊由墨斗供墨，每小时可以印刷1100个印张。泰晤士报社购得该机，于11月29日开始用这种印刷机印制《泰晤士报》。《泰晤士报》采用了这种双面印刷机后经过该报社工程师阿普尔加思（Applegath，Augustus 1788—1871）和考珀（Cowper，Edward 1790—1852）多次改进，直到1828年，这种印刷机才获得了令人满意的印刷效果。

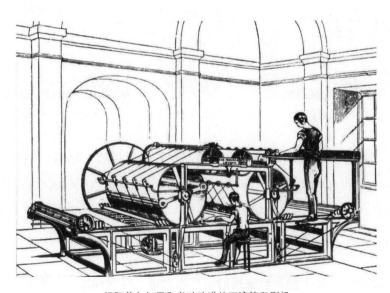

经阿普尔加思和考珀改进的双滚筒印刷机

1816年

**罗纳尔兹［英］发明静电电报机并铺设地下电报
线** 早年立志从商的罗纳尔兹（Ronalds, Sir Francis
1788—1873）自1812年开始转向研究电报通信，1816
年制成一种静电电报机。他在发报端设置一个带小孔
可以旋转的圆盘，其下有拉丁字母与数字并列的字
盘，在收报端也有同样的圆盘和字盘，用时钟控制其
同步。发报时转动圆盘，圆盘小孔中见到要发送的字
母时即对导线放电，收报处则记录圆盘小孔中的字

罗纳尔兹

母。同一时期，罗纳尔兹在伦敦架设架空电报线路8英里，在室内和庭院里
则将外部套装玻璃管的电报线埋入地下4英尺深、525英尺长盛有沥青的木槽
中，成为地下电报电缆的雏形。

罗纳尔兹电报机

罗纳尔兹字盘

罗纳尔兹的地下电报线

尼普斯［法］发明可以对照片局部定影的照相机 法国发明家尼普斯
（Niépce, Nicéphore 1765—1833）利用银盐见光变黑效应制成原始照相机，
并用涂有氯化银的感光纸拍摄了第一张照片，但只能对照片局部进行定影。

1817年

马里亚特［英］创用较完整的信号旗旗语 英国作家、海军舰长马里亚
特（Marryat, Frederick 1792—1848）制定了一套商船用信号旗标志码，使
用17面信号旗表达语句，但它仅用数字而没有字母，即使如此，马里亚特的
信号旗标志码一直应用到19世纪70年代。19世纪末20世纪初，英、美、法、

葡等国的航海家各自订立了自己的旗语信号。1931年，英国政府提议修订万国旗语通信标志码，经万国电信会议审查后的"国际信号编码"（International Code of Signals，ICS）于1934年1月1日正式生效，国际信号旗（万国旗）正式使用。现在通用的国际信号旗有40面，其中26面字母旗（长方形或燕尾形），10面数字旗（梯形），3面代用旗（三角形）和1面回答旗（梯形），由红、黄、白、黑4种颜色制成。

马里亚特

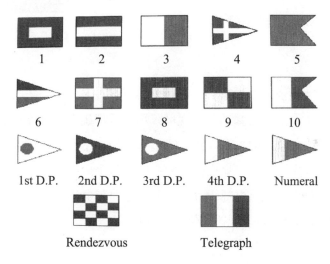

马里亚特的信号旗标志码

1818年

　　德科尔马［法］制成台式机械计算器　法国发明家德科尔马（De Colmar, Charles Xavier Thomas 1785—1870）制成的台式四则机械计算器，采用了莱布尼兹计算器的梯形轴，在其上安装有长度按比例布置的齿，通过齿轮传动可以将

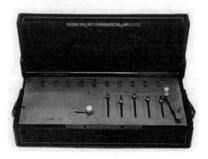

德科尔马机械计算器

由表面按钮输入的数字进行计算。这是一种比较实用的计算器，1819年建厂进行生产，从此开创了计算器的制造业。这台机器在1862年伦敦世界博览会上获奖，被命名为"四则计算器"，此后30年里大约制造了1500台。

1819年

赫歇尔［英］发明摄影的定影法 英国天文学家赫歇尔（Herschel，John Frederick William 1792—1871）发现，硫代硫酸钠（俗称大苏打）可以使已被感光的氯化银固定下来，从而可以长时间保存影像。用硫代硫酸钠作为定影液的定影方法一直使用到20世纪80年代。

赫歇尔

1820年

安培［法］提出安培定则 法国物理学家安培（Ampére，André Marie 1775—1836）以实验为基础，发现可以用右手螺旋表示电流和该电流激发的磁场的磁力线方向间的关系。对于通电直导线，用右手握住通电直导线，让大拇指指向电流的方向，那么四指的指向就是磁力线的环绕方向；对于通电螺线管，用右手握住通电螺线管，使四指弯曲与电流方向一致，拇指所指是通电螺线管的N极。这一规律称作安培定则。

安 培

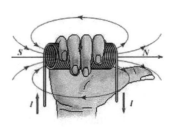

安培定则图示

阿拉戈［法］发现电磁铁原理　法国天文学家阿拉戈（Arago，Dominique Francois 1786—1853）发现向绕在铁棒上的线圈中通入电流时，铁棒会被磁化，而且切断电流后铁棒仍保持磁性，由此发现了电磁铁原理。

奥斯特［丹］提出电流的磁效应　丹麦物理学家奥斯特（Oersted，Hans Christian 1777—1851）在实验中发现通电导线周围的磁针发生偏转，发表《关于磁针上电流碰撞的实验》，提出电流的磁效应，揭示了电与磁的关系。

奥斯特［丹］利用电流的磁效应制成电流计　丹麦物理学家奥斯特（Oersted，Hans Christian 1777—1851）在1820年报道了电流的磁效应的发现并根据这一发现制成最早的电流计。

奥斯特

施韦格尔［德］发明动圈电流计　德国物理学家施韦格尔（Schweigger，Johann Salomo 1779—1857）发现，当磁针上方导线通有电流，磁针下方导线通有相反电流时，可以得到两倍的磁针偏转强度，由此他用电磁铁和磁针制成动圈电流计，用于测定电流感度（当时对电流强度尚未量化）。

毕奥［法］、萨伐尔［法］提出"毕奥–萨伐尔定律"　法国物理学家毕奥（Biot，Jean Baptiste 1774—1862）和萨伐尔（Savart，Felix 1791—1841）经过大量实验，总结出反映电流和由该电流引起的磁场之间相互关系的数学表达式，提出反映这一关系的"毕奥–萨伐尔定律"。

毕　奥

萨伐尔

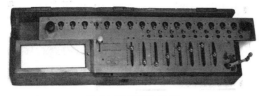

带木匣的黄铜加法器

德科尔马［法］发明加法器 法国保险代理人德科尔马（De Colmar，Charles Xavier Thomas 1785—1870）取得加法器专利。虽然德科尔马刚制造出来的加法器性能不佳，但是19世纪50年代后出现了经改良的加法器，80年代后出现制作精良的带木匣的黄铜加法器，许多保险业都在使用加法器计算保险费用。

柯普［英］发明Albion印刷机 英国印刷机制造商柯普（Cope，R.W.）推出了命名为Albion的印刷机。将这架印刷机上的钢制横杆下压到垂直位置时压印板向下运动，横杆的低端从压印板的顶部上面滑过。当横杆竖直时，压印板可获得最大压力。与其他铁制印刷机相比，这种印刷机重量轻，操作简单，转印压力大，在英国颇受印刷界的好评。

柯普发明的Albion印刷机

1821年

塞贝克［德］发现热电效应 柏林大学的塞贝克（Seebeck，Thomas John 1770—1831）发现，当两种不同金属组成闭合回路且接点处温度不同时，指南针的指针会发生偏转，他认为温差使金属产生了磁场。塞贝克并没有发现金属回路中的电流，所以他把这个现象叫作"热磁效应"。此后，法国物理学家帕尔帖（Peltier，Jean-Charles Athanase 1785—1845）发现，当电流通过两种不同金属（铜和锑）构成的结时，结的温度升高；改变电流的方向，结的温度则下降，这是对塞贝克发现的一个重要补充。丹麦物理学家奥斯特（Oersted，Hans Christian 1777—1851）重新研究了这个现象并称之为"热

塞贝克温差电池

电效应"，由此制成的电池称作塞贝克温差电池。

铁路运输业兴起 1821年，英国筹建从斯托克顿到达林顿供轨道马车拉煤的铁轨路，4年后完成了全长21英里的这一铁路的铺设，于1825年9月27日交付使用。这是世界上第一条正式的铁路。书信传递方式最初是用善于长途奔跑的人来传递的，后来用马或马车代替人的奔跑。铁路的兴起，加速了书信的传递，不久后出现了专门的邮政车厢。

世界上第一条正式的铁路——斯托克顿到达林顿铁路通车（1825）

1822年

安培［法］创立安培环路定理 法国物理学家安培（Ampére，André Marie 1775—1836）通过实验发现，在稳恒磁场中，磁场强度沿任何闭合路径的线积分，等于这闭合路径所包围的各个电流之代数和乘以磁导率。这个结论称为安培环路定理。他还认为物质的磁性是由分子电流产生的。

巴贝奇［英］制成差分机 1819年英国剑桥大学数学教授巴贝奇（Babbage，Charles 1792—1871）开始设计用于编制各种函数值表格的差分机，1822年制成。他采用了法国雅卡尔（Jacquard，Joseph Marie 1752—1834）设计的供织机用于编织图案的穿孔卡片，研制了存储器和各种运算装置，制成一种具有三个存储器的计算机。该机可以按照由多项式的数值差分规律而得出的固定格式进行运算，已经具有程序设计的思想萌芽。巴贝奇差分机使用的是十进制系统，采用齿轮结构。十进制数字系统的每一组数字都刻在对应的齿轮上，每项计算数值由互相啮合的一组数字齿轮的旋转方位显示。巴贝奇用这台机器模拟计算了平方表、函数的数值表等。

巴贝奇

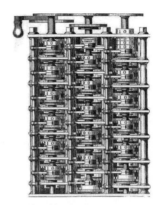

巴贝奇的差分机模型（1991年）

丘奇［美］发明自动排字方法　旅居英国的纽约人丘奇（Church，William 1778—1863）宣布，他发明了一种自动排字的方法，不过他除了制造出一个木制机器模型外，并没能制造出实物。

阿拉戈［法］、盖–吕萨克［法］发明人造永磁铁　法国巴黎理工学院教授、物理学家阿拉戈（Arago，Dominique Francois 1786—1853）、法国化学家盖–吕萨克（Gay-Lussac，Joseph Louis 1778—1850）发现铁芯可以被环绕它的金属线圈中的电流所磁化。当绕在熟铁芯上的线圈中通以电流时，铁芯被磁化，对铁磁体产生吸力；电流不通时铁芯去磁，吸力就消失。但是铁芯是钢时，铁芯会被强烈磁化，切断电流时铁棒的磁性也不消失，由此发明了人造永磁铁的制造方法。

1823年

柏采留斯［典］制得硅元素　早在1811年，法国化学家盖–吕萨克（Gay-Lussac Joseph Louis，1778—1850）和泰纳尔（Thenard，Louis Jacques 1777—1857）加热钾和四氟化硅得到不纯的无定形硅。1823年瑞典化学家、奠定现代化学基础的柏采留斯（Berzelius，Jons Jacob 1779—1848）发现硅是一种独立元素，同年，柏采留斯也采用用金属钾还原四氟化硅方法制得无定形硅，随后用反复清洗的方法将单质硅提纯。由于硅和锗具有半导体性质，成为20世纪主要的半导体材料，特别是硅所具有的热稳定性，在微电子技术方面得到广泛应用。

盖-吕萨克

柏采留斯

斯特金［英］发明电磁铁 英格兰工程师斯特金（Sturgeon，William 1783—1850）在进行安培发明的螺线管通电试验时，将一个通电18匝的线圈与单匝线圈接触，发现产生很大的磁力，进而发现其磁力大小与通电电流大小、匝数多少成正比，而且磁力集中在线圈中央部分。用单个电解电池给铜线通以电流时，这块仅7盎司的铁棒吸持了9磅的铁块，电流一断开，铁块即刻跌落。当时用的是裸线圈，他为了进一步证明这一现象，将导线与铁芯间涂上清漆以绝缘。第二年，他又将铁芯折成U字形，通过将导线缠绕在铁棒上通电演示了电磁铁。这是世界上最早发明的电磁铁，所产生的磁力达自身重量的12倍。这一发明后经美国的亨利（Henry，Joseph 1797—1878）于1829年进行了改进，制成实用的电磁铁。

斯特金

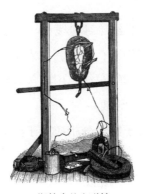

斯特金的电磁铁

亨利电磁铁

1826年

欧姆［德］提出欧姆定律　德国物理学家欧姆
（Ohm，Georg Simon 1789—1854）发现，在同一电
路中，通过导体的电流跟导体两端的电压成正比，
跟导体的电阻阻值成反比，即I=U/R，这一规律称为
欧姆定律。1827年，反映其研究成果的《电路的数
学研究》出版。

尼普斯［法］进行摄影实验　法国的尼普斯
（Niépce，Joseph-Nicéphore 1765—1833）用照相机

欧　姆

从窗口把景物拍摄在白蜡片上，蚀刻成印刷干板，由此制造出照相凸版。同
年他将熔解的犹太沥青涂在蜡纸上，用单镜头暗箱曝光8小时拍摄出第一张日
光照片，成为世界上第一张永久性照片。

1827年

安培［法］《电动力学现象的数学理论》出版　1821年，法国物理学家
安培（Ampére，André Marie 1775—1836）提出了著名的分子电流假设，认
为每个分子的圆电流形成10个小磁体，这是形成物体宏观磁性的原因。安培
对比了静力学和动力学的名称，把研究动电的理论称为"电动力学"，并于
1827年出版了《电动力学现象的数学理论》一书。

1828年

亨利［美］发明绝缘导线（纱包线）　美国电学家亨利（Henry，Joseph
1797—1878）在其夫人帮助下，将从其夫人裙子上拆下来的纱线缠绕在裸金
属线表面制成绝缘导线，即纱包线，用纱包线绕成线圈。后来纱包线在很长
时期内成为主要的电工绝缘导线。

格林［英］发表《关于数学分析应用于电学和磁学理论》　英国物理学
家格林（Greene，George 1793—1841）的《关于数学分析应用于电学和磁学
理论》出版，书中引进"势"概念。

诺比利［意］研制成无定向电流计　意大利物理学家诺比利（Nobili，Leopoldo 1784—1835）对德国物理学家施韦格尔（Schwigger，Johann Salomo 1779—1857）1820年发明的动圈电流计（当时称作倍增器）进行了改进，采用无定向磁针系统来减弱地磁阻尼效应，这种无定向电流计在当时是精度最高的电流计。

1829年

贝克勒尔［法］发明能产生较稳定电流的电池　法国物理学家贝克勒尔（Becquerel，Edmond Alexandre 1820—1891）用两块金箔把一个玻璃槽分成三部分，中间部分装盐，两旁装入溶液后分别浸入铜板和锌板，制成能产生较为稳定电流的电池。用这种电池观察切线电流计的偏转，在半小时内从84度降到68度。

伯特［美］获打字机专利　美国底特律的伯特（Bert，Peter）发明的打字机是第一架获得美国专利的打字机，时称"排印工"。该打字机的字头装在一个小型的半圆金属带上，移动这个半圆金属带，可以将所需要的任何字母送到打印位置。

达盖尔［法］、尼埃普斯［法］合作研究日光胶版摄影法　法国物理学家达盖尔（Daguerre，Louis-Jacques Mandé 1787—1851）与法国发明家尼埃普斯（Niépce，Joseph Nicéphore 1765—1833）合作，研究用受光后分解较快的碘化银作为感光材料的可能性，由此发明了日光胶版摄影法。

尼埃普斯

尼埃普斯用自制照相机进行试验

布拉耶［法］设计盲文阅读体系 美国的布拉耶（Braille, Louis 1809—1852）设计的盲文阅读体系是由突出的6个点组成的，这6个点的不同组合代表了每个字母，经过训练的盲人用手指触摸即可以进行盲文阅读。

1831年

法拉第［英］提出电磁感应定律 1820年，科学界已经发现了电流会产生磁场和电流对电流的作用。英国物理学家法拉第（Faraday, Michael 1791—1867）认为，既然磁铁可以使近旁的铁块感应带磁，静电荷可以使近旁的导体感应出电荷，那么电流也应当可以在近旁的线圈中感应出电流。经过实验研究，1831年11月24日，法拉第向英国皇家学会报告了实验情况，他把可以产生感应电流的情形概括为五类：变化着的电流、

法拉第

变化着的磁场、运动的稳恒电流、运动的磁铁、在磁场中运动的导体。他指出，感应电流与原电流的变化有关，而与原电流本身无关。法拉第把上述现象正式定名为"电磁感应"。

法拉第［英］设计最早的变压器 英国物理学家法拉第（Faraday, Michael 1791—1867）为研究电磁感应定律设计的在软铁圆环一侧绕2个线圈，另一侧绕1个线圈的装置，实际上是一种变压器，他在1831年8月29日的日记中对此做了说明。直到1883年电工学界才使用"变压器"一词，在此以前一直用的是"感应线圈"。

1832年

法拉第［英］提出经典电磁场理论 1832年，英国物理学家法拉第（Faraday, Michael 1791—1867）对欧姆（Ohm, Georg Simon 1789—1854）在1826年得出的，相同条件下不同金属导体中产生的感应电流与导体的导电能力成正比这一定律加以分析，认为在电磁感应中产生了感应电动势。这个电动势与导体的性质无关，只取决于导线和磁力的相互作用。在闭合回路中

感应电动势产生了感应电流，开路中没有感应电流但存在感应电动势。

亨利［美］发现自感现象 美国物理学家亨利（Henry，Joseph 1797—1878）在对电磁铁进行实验时，发现绕有铁芯的通电线圈在断路时有电火花发生，1832年他发表论文《在长螺旋线中的电自感》，宣布发现了自感现象。他进一步实验后弄清了产生这种现象的规律，于1835年又发表了解释自感现象的论文。

亨 利

皮克希［法］发明永磁手摇式交流发电机 法国仪表制造商皮克希（Pixii，Hippolyte 1808—1835）将绕有线圈的铁芯（电枢）固定在支架上，当将马蹄形磁铁靠近线圈并相对于线圈垂直轴旋转时，线圈中产生感生电流，由此发明了永磁式手摇交流发电机。

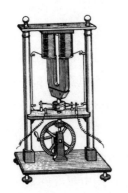

皮克希的永磁手摇式发电机（约1832）

高斯和韦伯研制的电报机

高斯［德］、韦伯［德］发明电磁式有线电报机 德国数学家高斯（Gauss，Johann Karl Friedrich 1777—1855）和物理学家韦伯（Weber，Wilhelm Eduard 1804—1891）制成了电磁式有线电报机。1833年，他们通过1.5千米长的电线在格廷根大学和气象台之间进行通信联系，之后他们向莱比锡至德累斯顿铁路公司提供该项发明，遭到冷遇，直到1839年英国铁路才开始用电报传递列车运行信息。

美国开始使用球形固定铁路信号
装置 1825年世界上第一列车在英
国运行,当时为保证行车安全需要一
个人手持信号旗骑马引导列车前行。
1832年,美国在铁路线路上开始使用
球形固定信号装置,以此传达列车运
行信息。如果列车能准时到达就悬挂
白球,晚点则悬挂黑球。这种信号装

球形铁路信号装置

置每隔5千米安装1架。铁路员工用望远镜瞭望,沿线互传消息。1841年,英
国铁路安装了臂板信号机。

席林〔俄〕发明电磁电报机 观看索默林(Sömrneling,Samuel Thomas
von 1755—1830)在1809年电报演示的俄国大使馆工作人员席林(Schilling,
Paul von Canstatt 1786—1837),对电报机产生了兴趣,此后他用了多年时间
研究电报机,1822年后制成几种电报机进行试验。1832年,席林制成由16个
控制电流的黑白键组成键盘的发报机,黑白键的组合表示字母或数字。收报
机由6个用丝线吊挂磁针的检流计组成,根据6个磁针组合表示收到的字母。
收发报机间用8条导线连接,6条连检流计、2条用于返回电流和呼叫的线。当
年10月21日,席林在自家公寓短距离通信获得成功,其后几经改良,8条导线
减为2条,用二进制编码输送信号。1836年,席林应俄皇尼古拉一世邀请,在
圣彼得堡的海军司令部周围,通过地下和水下电缆进行5千米的通信试验,之
后开始圣彼得堡到喀琅施塔得(Kronshtadt)海军基地的电报线路架设。这一
工程次年因席林去世而终止。

席 林

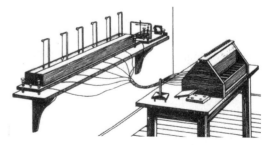

席林的电磁电报机(1825)

1833年

楞次［俄］提出"楞次定律" 俄国物理学家楞次（Lenz，Heinrich Friedrich 1804—1865）发表论文《论动电感应引起的电流方向》，在综合法拉第电磁感应定律和安培定律的基础上，以"电动机发电机原理"为题提出：导线回路在磁场中运动时，产生感应电流（即发电机的电流）的方向，与通电导体回路在磁场力作用下做相同运动时应通过的电流方向相反。即感应电流的磁场总要阻碍引起感应电流的磁通量的变化，这一规律称作"楞次定律"。

楞 次

巴贝奇［英］提出分析机的设计构想 英国剑桥大学数学教授巴贝奇（Babbage，Charles 1792—1871）提出分析机的设计方案，他自费进行研究直到1871年逝世也未能制造出来。巴贝奇的设计已具备了现代通用数字计算机的所有基本部分，即存储器、运算器、控制器和输入/输出装置。计数轮存储器能存储1000个字，每个字长50位的十进制数。计算时利用雅卡尔穿孔卡片序列控制，并能根据中间计算结果改变运算过程，即执行条件转移指令。

巴贝奇分析机模型

皮克希［法］发明手摇永磁式直流发电机 法国仪表制造商皮克希（Pixii，Hippolyte 1808—1835）采用法国化学家安培（Ampére，André Marie 1775—1836）的建议，在1832年发明的永磁式手摇交流发电机上加装一种简单的换向器。它由两片相互隔开的与发电机相连的圆瓦状金属板组成，用弹簧片（后来改为石墨刷）与其接触，再通过导线向外引出电流。当线圈中的电流方向改变时，换向器的金属板也正好转过半圈而改换了电流方向，这样输出的电流就成为方向不变的脉动直流电。

1835年

塔尔博特［英］把氯化银涂在纸上进行拍照　英国化学家塔尔博特（Talbot，William Henry Fox 1800—1877）将植物标本、花边、图版直接放在涂有氯化银的纸上，在阳光下曝光，还用显微镜来拍摄较小的图片和物体，均取得了较好的效果。

1836年

法拉第［英］研究真空放电现象　1831—1835年，英国物理学家法拉第（Faraday，Michael 1791—1867）在研究低气压放电时发现辉光放电现象和法拉第暗区。辉光放电的特征是电流强度较小（约几毫安），温度不高，放电管内形成特殊的亮区和暗区。

丹聂耳［英］发明丹聂耳电池　英国化学家丹聂耳（又译丹尼尔Daniell，John Frederic 1790—1845）发明的电池是最早采用两种溶液的铜锌电池。他将浓硫酸铜和稀硫酸用牛的气管隔开，后来改用多孔的陶土坯代替牛的气管，其特点在于可以产生一个恒定的电动势。这是第一个较可靠实用的

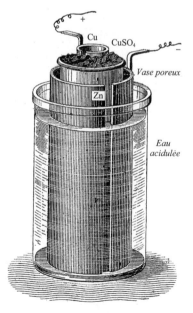

丹聂耳电池

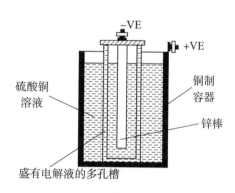

丹聂耳电池的剖面图

电源，克服了伏打电堆使用时电压迅速下降的缺点，适用于当时正在兴起的电报通信。

斯泰因海尔［德］发明音响式电报机　德国的斯泰因海尔（Steinheil，Carl August von 1801—1870）受高斯（Gauss，Johann Karl Friedrich 1777—1855）、韦伯（Weber，Wilhelm Eduard 1804—1891）研制电报机的启发，于1836年将电流计型和指针型电报机加以组合，研制出在收报端安有两个不同音调的振铃以专门传递音响符号的实用的声响式电报机，并发现大地可以作为回线（零线）用，由此发展出只用1条传输线的单针式电报机。

1837年

佩奇［法］发表关于电话原理的论文　电话通信是"声—电—声"的转换过程，电话机是语言通信的终端设备。最早设想用电传声的是美国人佩奇（Page，Charles Grafton，1812—1868），1837年他发表通过开闭电磁铁以产生声音的论文。

法拉第［英］引入"场"概念　1837年英国物理学家法拉第（Faraday，Michael 1791—1867）引入了电场和磁场概念，指出电和磁的周围都有场的存在，打破了牛顿力学"超距作用"的传统观念。1838年，他提出了用电力线概念来解释电、磁现象。1852年又引进了磁力线的概念，从而为经典电磁学理论的建立奠定了基础。

库克［英］、惠斯通［英］发明五针电报机　1835年，英国发明家库克（Cooke，William Fothergill 1806—1879）看到席林（Schilling，Paul von Canstatt 1786—1837）的电报机模型后，很受启发。回到英国后即设计出几种形式的电报系统，但是由于其缺乏数理知识而未能实际制造出来。1836年库克与物理学家惠斯通（Wheatstone，Charles 1802—1875）合作，共同研制电报机，于1837年发明了实用的五针电报机，并获得专利。这种电报机很快在铁路运输中被使用。库克创办的电报公司到1855年已经架设了7200千米的电报线路。至1868年，英国已拥有25000千米的电报线路。五针电报机是当时最为实用的一种电报机，但是需要5根电报线和1条回线，有时因线路故障报务员只好用2条线路通报，这成为后来二针式电报机的开端。

早期的架空电报线

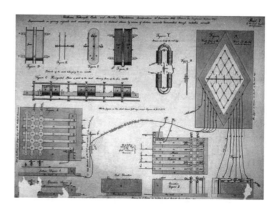

五针电报机设计图

库 克

惠斯通

库克和惠斯通的五针电报机

朔伊茨父子［典］研制差分机　1834年《爱丁堡周报》（*Edinburgh Review*）叙述了巴贝奇差分机的有关情况，引起了斯德哥尔摩一本技术杂志总编兼印刷商乔治·朔伊茨（Scheutz, George 1785—1873）的兴趣。3年后他和儿子——斯德哥尔摩皇家理工学院的学生爱德华·朔伊茨（Scheutz, Edward 1821—1881）设计出连同打印装置的差分机，该机能使用二阶或三阶差分计算5位数的函数。朔伊茨还设计了一台可以计算到15位数和四阶差分的较大机器，该机器能够在普通的十进制系统中进行计算，也能调整为混合六进制系统

朔伊茨父子研制的差分机

（度、分、秒及秒的十进位小数），被用于航海、天文学以及三角表格的计算。朔伊茨机器以每小时120行的速度工作，并能完成匀称的8位数的铅版打印。1854年在英国举办了展览，在1855年的巴黎世界博览会上获金奖。

莫尔斯［美］发明电磁式电报机　美国画家、发明家莫尔斯（Morse，Samuel 1791—1872）在纽约州铁工厂主的儿子维尔（Vail，Alfred Lewis 1807—1859）的协助下，完成了由电磁铁、记录器以及记录用的钢笔组成的莫尔斯电报机。莫尔斯电报机利用电流的断续组合，即电码来表示字母，将断续的电流用继电器转换成机械运动，用记录装置记下所传的信号，发报速度达每分钟30个单词。发

莫尔斯

报端由经改革的打字机以及电池装置构成。它可以把以长短电流脉冲形式出现的电码馈入导线，在接收端电流脉冲启闭电报装置中的电磁铁，使笔尖断续地压在匀速移动的纸带上，将电码记录下来。1838年，莫尔斯又发明了一套用点画代表字母和数字的符号——莫尔斯电码，由此代替26个字母符号，简化了电报系统。电报机制成后，在纽约进行了试验，然后向国会提出由政府出钱架设电报的意愿，国会未予确认，莫尔斯继续努力于1843年3月得到国会的承认，1844年在美国政府资助下莫尔斯设计的电报系统获得成功。从此，莫尔斯电报由实验阶段进入实用阶段。

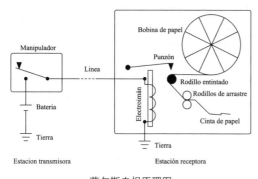

莫尔斯电报原理图

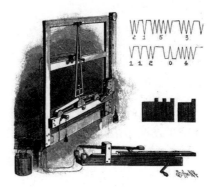

莫尔斯电报

库克［英］、惠斯通［英］、戴维［英］发明电报振铃继电器　1837年，库克（Cooke，William Fothergill 1806—1879）和惠斯通（Wheatstone，Charles 1802—1875）申请了一种电磁继电器专利，这种电磁继电器可以使远距离接收站警铃发声。戴维（Davy，Edward 1806—1885）早在1836年就从事电报研究，1838年取得"利用电流驱动的金属线路继电器产生电报信号或实现从远距离外的一地到另一地的通信"的专利。美国的莫尔斯（Morse，Samuel 1791—1872）在1840年获得的一项专利同戴维的专利极为相似。

达盖尔［法］发明达盖尔感光片　法国物理学家达盖尔（Daguerre，Louis-Jacques Mandé 1787—1851）在铜版上涂一层亮银制成感光片，用碘蒸汽处理亮银产生一层碘化银。经30分钟的曝光后，因反应的银量不同而产生一个隐现的影像，然后用碘蒸汽处理显影，再用海波（五水合硫代硫酸钠）除去未反应的碘化银露出亮银来。这种照片称为达盖尔银板法照片。

达盖尔

1838年

英国在铁路上配备邮政车厢　这是一种编挂在铁路列车上供邮政部门运输邮件的专用车厢，英国第一次在伯明翰—利物浦—伦敦—普雷斯顿的铁路线上用火车邮厢运输邮件，并在运输途中进行分拣封发作业。这一方式被许多国家相继采用。

恩德比兄弟公司［英］制造多芯电报电缆　格林尼治的恩德比兄弟公司（Enderby Brothers）制造出电报电缆，这是一种由5条外面用麻包裹的铜线组成的多芯电缆，当时称作"电报绳"，是最早适合地下铺设的电报电缆。

戴维［英］发明化学电报机　英国化学家戴维（Davy，Edward 1806—1885）发明了最早的实用化学电报机。这种电报机是用带电的针与经过化学处理的靠时钟机构转动的纸卷相接触来收发电报的，它在伦敦公开展出了数月之久，后来因资金困难，戴维被迫放弃这项研究而移居澳大利亚。

布鲁斯［美］获得机械铸字机专利 美国实业家布鲁斯（Bruce，David 1802—1892）发明了第一台实用的机械铸字机，并于1838年获得美国专利。该机在工作时，回转架以摇动的方式，使铸模朝着熔化锅的喷嘴来回移动。同这个摇动相配合，铸字机适时开启和关闭铸模，并使字模倾斜着脱离新铸铅字的表面，使新铸铅字能完全出坯。这种机器既可以用人力驱动，也可以用蒸汽作动力。美国印刷业不久就用上了这种机器，在欧洲很快被仿制。

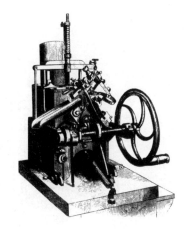

布鲁斯发明的机械铸字机

1839年

法拉第［英］发现某些物质具有半导体性质 英国物理学家法拉第（Faraday，Michael 1791—1867）在实验中发现，硫化银（Ag_2S）在温度较高时具有金属一样的电传导性，而在低温时由于阻抗增大出现一种金属所不具备的电传导性。硫化银的电导率随温度而变化，具有负电阻系数，即后来的半导体特性。他把这一性质作为区别导体和半导体的主要根据。

达盖尔［法］发布银版摄影术 法国物理学家达盖尔（Daguerre，Louis-Jacques Mandé 1787—1851）发明了达盖尔银版摄影术。他利用水银蒸汽法使曝光时间缩短到20～30分钟，并设计出箱型照相机。这种照相机机箱的外形尺寸为31厘米×37厘米×26.5厘米，由两个箱子组成，后箱装有用于调焦的磨砂玻璃滤光镜，将一面镜子固定在磨砂玻璃后面与光轴成45°角，摄影师可以从磨砂玻璃上看到被摄影者的正立图像。他发明的照相机曝光时间过长，因此人物摄影十分困难。1839年，法国自然科学研究院和美术研究院将其全套设备（共重50千克）公之于世。

达盖尔银版照相设备

舍瓦利耶［法］研制出消色差镜头　法国的舍瓦利耶（Chevalier，Ch.）在巴黎为达盖尔照相机研制出一种光圈为1∶18，由一组相互胶合的凸透镜和凹透镜组成的消色差镜头。这种镜头能够有效地纠正色差和球面像差，但还不能改变像场边缘的歪曲形变和色散现象。

塔尔博特［英］发明银版摄影术　英国化学家塔尔博特（Talbot，William Henry Fox 1800—1877）用硝酸银的铬盐制成的乳剂涂在纸上，将其作为负片或正片使用，由此发明了有别于达盖尔的银版摄影术。

格罗夫［英］发明燃料电池　燃料电池的原理是通过某种途径使化学能直接转变成电能，从而不受卡诺定理对转变效率的热力学限制。1839年，英国物理学家格罗夫（Crove，Sir William Robert 1811—1896）勋爵提出用硫酸作电解液，用铂催化电极使氢和氧化合而产生电的燃料电池。这种电池在微小的电流下可以产生1伏的电压，其主要缺陷是耗用电流稍大电压便会明显下降。

丹瑟［英］创意缩微胶卷记录　法国物理学家达盖尔（Daguerre，Louis-Jacques Mandé 1787—1851）发明的照相术在1839年公布后不久，丹瑟（Dancer，J.B.）在英国摄制了缩小（1∶160）的文件照片。英国天文学家赫歇尔（Herschel，John Frederick William 1792—1871）得知摄制缩微照片的可能性之后，于1863年建议只要摄制过程不会损坏原件，可以以微缩形式储存通用性文件。

1840年

英国发行邮票，实行均一邮资制　1837年，有"近代邮政之父"誉称的英国教育学家、邮政制度改革者希尔（Hill，Rowland 1795—1879），向国会提出《邮政制度改革：其重要性和实用性》（*Post Office Reform: its Importance and Practicability*），其中提出国内邮件重量在0.5盎司以内统一收1便士邮费的均一邮资制。1840年，英国国会按希尔的建议开始邮政改革，采用均一邮资制，并发行了世界上第一枚印有维多利亚女王头像的邮票"黑便士邮票"，这是近代邮政的开端。1843年，瑞士、巴西发行邮票。1847年毛里求斯、1852年印度、1855年新西兰开始发行邮票。清政府海关1878年7月发行海关大龙邮票。

黑便士邮票

希　尔

18世纪欧洲的邮政马车

塔尔博特［英］制成碘化银纸　　1840年9月，英国化学家塔尔博特（Talbot，William Henry Fox 1800—1877）利用所研制的碘化银相纸，通过显影、定影后得到影像稳定的纸质照片。

卡伦［爱尔兰］发明感应线圈　　爱丁堡大学教授卡伦（Callan，Father Nicholas Joseph 1799—1864）制作出一种感应线圈，这种线圈能在空气中产生40厘米长的电火花。感应线圈后来在阴极射线和X射线的发明中起了重要作用，还用于内燃机的高压点火。

贝恩［英］、惠斯通［英］各自独立发明了电钟　　英国钟表匠贝恩（Bain，Alexander 1810—1877）和惠斯通（Wheatstone，Charles 1802—1875）发明的电钟用电力取代了传统的重力或盘簧的弹力，由于当时电能获取还不方便，未能普及。直到1906年干电池出现后，第一个内置电池的电钟才得以问世。

惠斯通［英］、库克［英］制成ABC电报机　　英国物理学家惠斯通（Wheatstone，Charles 1802—1875）、库克（Cooke，William Fothergill 1806—1879）于1840年研制成使用电磁铁文字盘的直读电报机，也称ABC电报机，次年又研制出纸带式印刷电报机。英国当时电报公司各有各的电报通信网，并采用了不同形式的电报机。

贝塞麦［英］设计排字机　　1822年，侨居英国的美国人丘奇（Church，William 1778—1863）宣布发明了一种能自动排字的方法，但只做出一个木制模型，这是关于排字机的最早记载。1840年英国冶金学家贝塞麦（Bessmer，Henry 1813—1898）设计出类似钢琴键盘的检字排字机，亦称钢琴式排字机。

扬［法］、德尔康布尔［法］获得排字机专利　　法国里尔的扬（Young，James Hadden）和德尔康布尔（Delcambre，Adrien）获得了类似贝塞麦（Bessmer，Henry 1813—1898）的排字机专利。这种机器以这两位专利获得者的名字命名，也称钢琴式排字机。这种机器需要一个人操纵键盘，另

扬和德尔康布尔排字机

一个人在铅字滑道的终端收集铅字，并按照给定的尺寸调整铅字间隔使全行排满。1842年12月17日出版的第一期《家庭先驱报》所用的铅字，就是在这架机器上以每小时6000个字母和衬字的速度进行排版的。

佩策沃尔［奥］发明人像摄影镜头 维也纳的佩策沃尔（Petzval，Josef M. 1807—1891）教授通过数学计算发明的人像摄影镜头，是一种双组合透镜，利用大光圈（f/3.6）和短焦距（15厘米）能拍出画面中心十分清晰的照片。安装这种镜头的照相机可以采用最大的光圈，这使它的成像速度比达盖尔照相机快30倍。

1841年

英国铁路装设臂板信号机 英国在伦敦克洛顿铁路纽克罗斯车站上装设了世界上第一架臂板信号机。1904年，美国在东波士顿隧道里安装了世界上第一架近射程的色灯信号机。铁路信号机用臂或灯光的颜色、形状、数目、位置等向机车司机指示运行条件和行车设备状况，对于保证行车安全，提高行车效率具有重要作用。

1842年

库克［英］提出悬空架设电报线方法 由于地下电缆的维护费用昂贵，库克（Cooke，William Fothergill 1806—1879）在1842年申请了一项关于悬空架线方法的专利，就是将铁线、铜线或者由许多铁线缠绕在一根中央铜芯线上构成的绞合导线，用一根根木杆悬吊着伸展出去。这种架设方法已由莫尔斯（Morse，Samuel 1791—1872）在美国提出，库克有可能受到了他的启发。

本生［德］发明本生电池 早期的伏打电池为单种溶液电池，极板很容易产生极化，使电池在投入使用后的短时间内即引起电压的显著降落。德国化学家本生（Bunsen，Robert Wilhelm Eberhard 1811—

本生电池

1899）发明的电池也是单种溶液的电池，用碳棒作阳极，锌板作阴极，用稀硫酸作电解液，输出电压可达1.9伏，但是其结构复杂而且价格昂贵，输出电压随电解液浓度而变化。

库克［英］、惠斯通［英］发明双针电报机　此前他们发明的5针电报机，虽然有直接读取的特点，但是用5条传输线成本很高。库克（Cooke，William Fothergill 1806—1879）和惠斯通（Wheatstone，Charles 1802—1875）于1842年发明了双针式电报机，不久又改为单针式电报机，以指针向左或向右偏离定为点和划，使用莫尔斯（Morse，Samuel 1791—1872）电码收发报。

库克和惠斯通的双针电报机

库克和惠斯通的单针电报机

1843年

惠斯通［英］发明惠斯通电桥
英国物理学家惠斯通（Wheatstone，Charles 1802—1875）发明的电桥，通过让几路电流互相平衡的方法，精确地测出电路中的电阻值。这种精密仪器为实验室广泛采用，被称为惠斯通电桥。

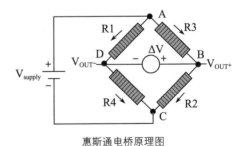
惠斯通电桥原理图

贝恩［英］发明自动电化学记录电报装置　"传真"指通过通信电路传送资料，并以原件形式接收。英国钟表匠贝恩（Bain，Alexander 1810—1877）取得了"自动电化学记录电报"的专利。贝恩的这种装置可以通过通信电路传送文字和图形，并以摹本的形式接收。1842年，贝恩制作了一个用电控制的钟摆结构，将若干个钟互连起来达到同步。他发现这个时钟系统里的每一个钟的钟摆在任何瞬间都在同一个相对位置上，由此想到如果能利用主摆使它在运行中通过由电接触点组成的图形或字符，这个图形或字符就会同时在远离主摆的一个或几个地点复制出来。根据这一设想，他在主钟摆上加上一个扫描针，另加一块用时钟驱动的信息板，板上有由电接触点组成的要传送的图形或字符。在接收端的信息板上铺一张电敏纸，当指针在纸上扫描时，如果指针中有电流脉冲，纸面上就出现黑点。当发送端的钟摆摆动，信息板在时钟的驱动下缓慢向上移动，使指针逐行在信息板上扫描，把信息板上的图形变成电脉冲传送到接收端，接收端的信息板也在时钟的驱动下缓慢同步移动，这样就在电敏纸上留下与发送端同样的图形。这是一种原始的电化学记录方式的传真机。其后，贝克维尔（Bakewell，Frederick 1800—1869）的圆筒和螺旋式传真装置问世，后来的许多传真系统都是以这种装置为基础的。1903年，德国人科恩（Korn，Arthur 1870—1945）研制成使用光电池的传真机。

贝 恩

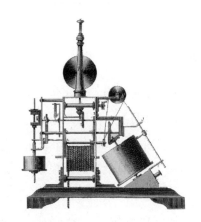

贝恩改进的传真机（1850）

英国传教士在上海开设西式印刷所 第一次鸦片战争清朝战败后与英国签订《南京条约》（1842），条约要求中国开放广州、厦门、福州、宁波、上海为通商口岸，实行自由贸易。英国首任驻沪领事巴富尔（Balfour，

George 1809—1894）带来两名传教士，其中之一是精通西方印刷术、曾在马六甲创办巴达维亚印刷所的汉学家麦都思（自号墨海老人 Medhurst，Walter Henry 1796—1857），他到上海后于1843年在麦家圈（现山东路）建立墨海书馆，引进西式印刷机印刷书籍。该印刷机设在屋内，通过几个相互啮合的铜齿轮与通往屋外的动力轴相连，屋外的动力轴由牛拉曳运转。曾在墨海书馆工作的王韬（1828—1897）记有："刷书用牛车，范铜为轮，大小八九事。书板置车厢平处，而出入以机推动之……皮条从墙隙拽出，安车处不见牛也。西人举动，务为巧妙如此。"

用牛为动力的印刷机

1844年

电报机投入使用 1844年，在美国政府资助下，美国画家、发明家莫尔斯（Morse，Samuel 1791—1872）将他设计的电报系统安装在华盛顿到巴尔的摩之间的64千米的试验电线上获得成功。从此，莫尔斯电报由实验阶段进入实用阶段。

电报局

1856年，莫尔斯和西布里（Sibley，Hiram 1807—1888）将65家电报公司合并为威斯坦·埃尼翁电报公司，经营电信业。

塔尔博特［英］发表溴化银干版照相法　英国化学家塔尔博特（Talbot, William Henry Fox 1800—1877）发明溴化银干版照相法后，提出"摄影""负片""正片"等概念，编著加解说的摄影文集《自然之笔》于1844年出版，由此奠定了照相技术的基础。

1845年

布雷特［美］发明家用电报机并提出电报电缆制作方法　1845年末，英国发明家布雷特（Brett, Jacob W.）取得印字电报机的专利，该机后来在美国以"家用电报机"（House's Telegraph）而闻名。在这一专利中，还有一种"海洋线路"的发明。这一发明是先将导线涂上清漆，用涂蜡的或干燥的棉织物包裹，再与涂蜡或涂脂的细绳编结起来，制成一条浸透柏油的编结电缆。在1848年的一项专利中，他首次提出用溶解在苯、甲苯或某种类似的溶剂中的生橡胶作电报线的绝缘介质。

1846年

克希霍夫［德］提出克希霍夫定律　德国物理学家克希霍夫（Kirchhoff, Gustav Robert 1824—1887）提出两条有关闭合电路特性的定律。即克希霍夫电流定律，简记为KCL：在任一瞬时，流向某一结点的电流之和恒等于由该结点流出的电流之和；克希霍夫电压定律，简记为KVL：在任一瞬间，沿电路中的任一回路绕行一周，在该回路上电动势之和恒等于各电阻上的电压降之和。

韦伯［德］创立电磁量的绝对电磁单位制　德国物理学家韦伯（Weber, Wilhelm Eduard 1804—1891）创立的绝对单位制（CGSM）又称绝对电磁单位制，其基本量是长度L、质量m和时间t，基本单位是cm、g、sec。由此确定了磁感应强度B、磁场强度H、电位移D、电场强度E等电磁量的CGSM单位。在CGSM制中，B和H单位相同，磁导率μ无量纲，真空磁导率$\mu=1$。

美国制成霍氏轮转印刷机　费城公众纪事报（*Philadelphia Public Ledger*）印刷所制成霍氏轮转印刷机。在这种机器上，铅字印版固定在水平滚筒周围的铸铁版台上，一个版台印一页。铅字的栏与栏之间用楔形金属条卡住，在中心滚筒的周围安装有四个小压印滚筒，当印张送入机器时，由自动叼纸牙传递到四个压印滚筒和旋转的中央印版滚筒之间印刷。一版印一页。霍氏轮转印刷机首先安装在费城公共记事报印刷所内，可带4、6、8或10个续纸机构，每小时可以印刷2万个印张。但仍是单张印刷，且需要较多的熟练工人同时操作。

霍氏轮转印刷机

1847年

焦耳［英］发现磁致伸缩　磁致伸缩指磁性材料的机械尺寸随磁化强度的变化而改变，反之，磁化强度随磁性材料的机械尺寸的改变而改变。英国物理学家焦耳（Joule，James Prescott 1818—1889）发现磁致伸缩现象时进一步发现，如果向绕在铁芯周围的线圈通入交变电流，就能使铁芯产生机械振动；反之，使铁芯产生机械振动，绕在铁芯周围的线圈里会产生交变电流。

西门子［德］用杜仲胶制造绝缘导线　1843年身在亚洲的英国外科医生蒙哥马利（Montgomerie，William 1797—1856）送了一些杜仲胶的样本到英格兰，威廉·西门子（Siemens，Karl William 1823—1883）把杜仲胶送给在德国的哥哥沃纳·西门子（Siemens，Ernst Werner von 1816—1892），当时沃纳·西门子正在寻找包覆电线的绝缘材料，他注意到杜仲胶的绝缘性，1847年发明了一种利用杜仲胶制造电线和海底电缆的方法。

布兰沃特-伊瓦［法］发明改进的照相机　法国摄影师布兰沃特-伊瓦

（Blanquart-Evrard，Louis Désiré 1802—1872）发明的照相机，把利用碘化银照相法的达盖尔式照相机所需的曝光时间缩短了四分之一，在法国这种改进的照相机开始全面取代达盖尔式照相机。

豪［美］发明圆筒印刷机 美国印刷技师豪（Howe，Elias 1819—1867）发明的这种印刷机，将铅字置于大圆筒上，周围配有10个压印用小圆筒，需要10个印刷工续纸，印刷速度达每小时2万张。但是只能单张印刷而不能用卷纸，属于单张式印刷机。

1848年

贝克韦尔［英］发明滚筒式传真机 英国发明家贝克韦尔（Bakewell，Frederick 1800—1869）采用滚筒和丝杠装置代替了1843年亚历山大·贝恩（Bain，Alexander 1810—1877）发明的传真机中的时钟和钟摆结构。这种滚筒丝杠结构中的滚筒作快速旋转，传真发送的图稿卷在滚筒上随之转动。而扫描针则

贝克韦尔的滚筒式传真机

沿着滚筒轴向运动，对滚筒表面上的图形进行螺旋式的扫描。经改进的这种滚筒式传真机，一直沿用了一百多年。

汉考克［英］发明制造古塔波胶包覆导线的机器 致力于橡胶工业的英国化学家汉考克（Hancock，Thomas 1786—1865）于1845年创立伦敦古塔波胶公司，即后来的电报机制造维修公司，致力于地下电报电缆的开发。1848年7月，汉考克发明了用古塔波胶包覆地下导线的机器。在取得这项专利之后，又设计出在一根古塔波胶腔芯子内包覆数根导线的机器。

1849年

西门子［德］敷设第一条长距离大陆电报线 为了能快速传递1849年

3月29日在法兰克福举行的德国皇帝选举消息，德国于1848年开始修建从柏林到法兰克福的500千米长电报线，工程于1849年完工。在1849年3月29日德国皇帝选举结果出来之后，该消息在一个小时内传到了柏林。此工程由Siemens&Halske公司负责，该公司是由德国电气工程师西门子（Siemens, Ernst Werner von 1816—1892）和机械工程师哈尔斯克（Halske, Johann Georg 1814—1890）在1847年建立的。

1850年

法拉第［英］发现负温度系数物质　英国物理学家法拉第（Faraday, Michael 1791—1867）发现硫化银具有很高的负温度系数，这是离子导电而非电子导电，所以材料会受极化效应的影响，这一发现导致了后来热敏电阻的发明。对温度敏感的非线性电阻器通常称为热敏电阻，这个名称是美国贝尔电话实验室在1930年后研究锰、镍氧化物热敏性质时创用的。

布兰沃特–伊瓦［法］、阿切尔［英］发明玻璃干板摄影法　法国的布兰沃特–伊瓦（Blanquart-Evrard, Louis Désiré 1802—1872）和英国的阿切尔（Archer, Frederick Scott 1813—1857）将溶解于乙醚中的火棉胶和碘化钾溶液倒在玻璃板上，当乙醚大量蒸发剩下一层薄膜时，将玻璃板浸在硝酸银溶液中，在薄膜中形成碘化银。尽管这种玻璃板能产生好的照片，但它们必须在黑暗中制作和立即曝光，再立即在黑暗中显影，而且拍一张照片要20分钟。

1851年

杜蒙［英］提出电报交换机的设想　英国发明家杜蒙（Dumont, Francois M. A.）在他的专利中宣称，他发明了"一种在大城镇的内部传送信息的特殊的电线组合法。在使用这种方法的大城镇中，有个中心站与一定数量的房屋相连，各个房屋或用户可以不公开地与中心站通信。任何希望与其他用户通信的用户都可以通过中心站直接连通。"这是最早关于电报交换机的设计。

科克伦［英］取得包覆电报电缆专利　对特立尼达的沥青湖拥有产权的英国人科克伦（Cochrane, Thomas 1775—1860）伯爵，在1851年取得利用特立尼达的天然沥青来包覆电报电缆的专利。但是经过试验后发现,电缆长时间暴露在大气中,沥青会变得易于开裂,因此用沥青包覆电缆不如用古塔波胶那样令人满意。

布雷特兄弟［英］主持的第一条海底电缆铺设成功　随着电报的广泛应用,英国电学工程师布雷特兄弟(Brett, Jacob 1808—1898 & John Watkins 1805—1863)于1845年创办了通用海洋电报公司(General Oceanic Telegraph Company),制造了可以经受海水侵蚀的电缆。为了建立英、法两国间的电报通信,在得到法国政府的特许之后,1850年在英吉利海峡铺设了世界上第一条海底电缆,因为没有铠装保护而于第二天就被外力损坏。在机械师克兰普顿(Crampton, Thomas Russell 1816—1888)的帮助下,制造了用硬铜线作芯线外覆树胶和麻线再用铁线缠绕的电缆。1851年,用这种铠装保护的电缆替换了损坏的电缆,这条电缆线路使用了近20年。此后,其他的海底电报电缆工程迅速开展起来。通用海洋电报公司决定建立一个从不列颠群岛出发,跨过大西洋到达新斯科舍省及加拿大各省、原英属北美殖民地,以及到达大陆各王国的电报通信网络。

铺设第一条海底电报电缆的巨人号拖船(1850年8月28日)

阿切尔［英］发明湿板照相法 英国人阿切尔（Archer，Frederick Scott 1813—1857）发明的湿板照相法，这种方法是将珂罗琔溶液和可溶性碘化物的混合物涂在玻璃板上，在暗室中把涂有混合物的玻璃板浸在硝酸盐溶液中，再将生成了碘化银的湿玻璃板装入照相机进行摄影。湿玻璃板曝光后立即用焦椟酸溶液显影，再用硫代硫酸钠溶液定影。

鲁姆科夫［德］发明能产生高压放电的感应线圈 德国电工技师鲁姆科夫（Ruhmkorff，Henrch Daniel 1803—1877）发明的这种线圈，通电后发出了长达40多厘米的电火花，又称鲁姆科夫线圈。

1852年

格罗夫［英］发明用溅射法淀积薄膜 英国物理学家格罗夫（Crove，Sir William Robert 1811—1896）发明用阴极溅射作为淀积薄膜的方法，不过后来更为广泛应用的是真空蒸发法，对于许多材料用真空蒸发法淀积薄膜更为方便，且都能获得更高的淀积率，但是有些材料只能用溅射法淀积薄膜。

菲齐克［英］改进包覆电报电缆 英国的菲齐克（Physick，H.V.）提出一种新的方法改善电报线绝缘。这种方法是用一种像平纹布那样的纤维材料作为承载古塔波胶、柏油、沥青或其他绝缘物质的媒介，菲齐克还于1854年提出在多芯电缆中以不同颜色的绞合线来区分各路导线。

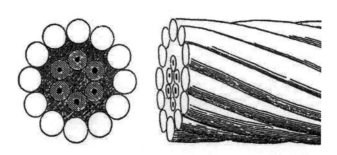

菲齐克电报电缆

1853年

英国设立路边邮筒 英国于1840年发行印有维多利亚女王像的黑便士邮票后，邮政管理仍混乱和低效，不适应英国工业革命后蓬勃发展的工业和商业的通信需求。英国邮政制度改革者希尔（Hill，Rowland 1795—1879）指派当时在邮局工作后来成为著名作家的特罗洛普（Trollope，Anthony 1815—1882）进行邮件收集情况的调查，在此基础上英国邮政部门开始在城镇街区设立邮筒，以集中收集待发邮件。这一收集邮件的方式很快在世界各国传开。早期的邮筒形状、颜色各异。1857年英国上议院通过了科学与艺术委员会关于邮筒结构、尺寸的标准设计，1874年确定采用绿色，邮筒开始了标准化。

早期的八角形路边邮筒　　　　　　　　　第一个外观标准化的邮筒

亨利［美］提出用铁丝对电缆进行外部铠装　美国电气工程师亨利（Henley，William Thomas 1813—1882）在1853年获得的专利中，提出用铁丝对电缆进行外部铠装，他认为这样可以对地下和海底的电缆都起到保护作用。

布赖特［英］主持的第二条海底电缆铺设成功　1851年，第一条海底电缆在英吉利海峡铺设成功后，在英格兰和爱尔兰磁力电报公司的工程师布赖特（Bright，Sir Charles 1832—1888）爵士的指挥下第二条海底电缆从威格敦郡的帕特里克港到都柏林铺设成功。这一工程的成功促使他打算铺设一条大西洋海底电缆。1853年到1855年，布赖特进行了一系列实验，将英国各地已有的电报线路都串联起来，线路总长超过2000英里。

1854年

梅乌奇［美］发明电话　电话一词是日本人在19世纪末为翻译telephone用日语汉字创造的一个术语，传入中国时音译为"德律风"。移居美国的意大利人梅乌奇（Meucci, Antonio Santi Giuseppe 1808—1889），为了在自己的工作室与病重的妻子联系，1854年制成在铁芯外缠绕线圈的电磁式电话系统。1860年，梅乌奇向公众展示了他自称为"电传声装置"（teletrofono）的系统，并在纽约的意大利语报纸上介绍了这项发明。经过几年改进后于1871年向美国专利局提出以teletrofono为名的专利申请，由于付不起200美元的永久专利注册费，只能申请为期3年、每年付10美元的专利预告书。1873年，他向纽约的美国西部电报公司寄去该发明的技术材料，可惜未引起该公司的重视。1876年，贝尔（Bell, Alexander Graham 1847—1922）取得电话专利后梅乌奇提起上诉，最终法院错误地判定梅乌奇是机械式电话，贝尔是电磁式电话，贝尔胜诉。2002年6月11日，美国众议院的269号决议称，梅乌奇于1860年在纽约展示的名为teletrofono的机械，已经具备了电话的功能，电话的发明者应当是梅乌奇而不是贝尔。只是贝尔获取了梅乌奇的成果，才在16年后申请了专利。由于贝尔后来移民加拿大，加拿大众议院效仿美国国会于6月21日正式通过决议，重申贝尔是电话的发明者。显然，贝尔取得专利后致力于电话的改进和推广，对于电话的迅速普及，其贡献是巨大的。

梅乌奇

梅乌奇的电话机（teletrofono）

塑伊茨［典］发明差值计算机 瑞典数学家塑伊茨（Scheutz，Pehr Georg 1785—1873）在巴贝奇（Babbage，Charles 1791—1871）启发和协助下，在斯德哥尔摩制造出一台差值计算机，并于1854年在伦敦展出。这架计算机计算的数字可达14位，可以计算四种差值并能印出表格。

布瑟尔［法］提出电话原理并进行设计 法国的布瑟尔（Bourseul，Charles 1829—1912）提出利用膜板的振动将声音信号转变成脉动的电信号进行远距离传递的设想。他设想通过声音使膜板振动引起电路的开闭，在接收端通过同样的电路开闭使电磁铁作用于膜板发出声音，并绘制了草图。

1855年

戈甘［法］发明冷阴极辉光放电管 法国物理学家戈甘（Gaugain，J.M.）于1835年发现，电极直径很小的辉光管能对感应线圈产生的振荡电流进行整流，由此发明了冷阴极辉光放电管，但是在其后很长时间里这种辉光放电管仅被用作光源。早期的辉光管需要高压激励，后来使用氖和氩以及逸出功很小的阴极，研制出低压辉光管。

休斯［美］设计出印刷电报机 莫尔斯电报机由于没有直接传送字母的电报机方便，在一些铁路车站仍在使用惠斯通的ABC直读电报机。1855年，从英国移居美国的一位音乐学教授休斯（Hughes，David Edward 1831—1900）发明了可以直接打印文字的印刷电报机，1856年获美国专利。这种电报机用一个像钢琴键盘式的字母键盘，经过一套机械机构将传送的信号打印在纸带上，每分钟可以处理250～300个字母。这种电报机与莫尔斯（Morse，Samuel Finley Breese 1791—1872）电报机不同，可以直接用拉丁字母印刷。西部联合电报公司（Western Union Telegraph Company）采用了他的专利建构了休斯的电报系统，这一系统一直使用到20世纪30年代。休斯取得专利后不久返回英国，于1878年发明了微音器（麦克风，Microphone）。

休 斯

休斯的琴键式印刷电报机

1856年

盖斯勒［德］发明低压放电管（盖斯勒管） 德国波恩的玻璃吹制工盖斯勒（Geissler, Heinrich 1814—1879）利用水银槽的升降发明了水银真空泵，进而发明低压放电管。低压放电管是一根内径很小、长度很长的玻璃管，将它弯曲多次以减短外形长度，管内充有低压气体，密封的玻璃管两端各镶有金属电极。通电后，管内气体即发出辉光，其颜色随气体种类而异。由于电极会溅射而且气体会被吸收，盖斯勒管的寿命很短，主要用于频谱分析。盖斯勒管的发明，为日后霓虹灯的发明奠定了基础。

1857年

基尔霍夫［德］提出沿导线传播的电信号的传播速度 德国物理学家基尔霍夫（Kirchhoff, Gustav Robert 1824—1887）证明沿导线传播的电信号的传播速度，等于电流的静电单位与电磁单位之比，后来发现该比值与光速相等。

韦依［英］发明汞弧灯 英国的韦依（Way, J.T.）获得了关于汞弧灯的两项英国专利。汞弧灯属于冷阴极弧光放电灯，阴极由低熔点的汞制成，阴极表面蒸发出的蒸气被电离，在阴极表面附近堆积成空间正电荷层，此电荷层与阴极间极为狭窄区域内形成的强电场引起场致发射产生电弧。1860年9月3日，韦依在伦敦亨格福德吊桥上公开演示了汞弧灯。弧光可用作强光光源，在光谱分析中用作激发元素光谱的光源，在工业上用于冶炼、焊接和高熔点金属的切割，在医学上用作紫外线源。

大西洋电缆公司［英］开始铺设爱尔兰和纽芬兰之间的大西洋海底电缆 以布赖特爵士（Bright，Sir Charles 1832—1888）为工程师的大西洋电缆公司（Atlantic Cable Company）于1856年登记注册，在美国巨富费尔德（Field，Cyrus West 1819—1892）的资助下于1857年8月开始铺设爱尔兰和纽芬兰之间大西洋海底电缆。铺设电缆的准备工作进展迅速，线路所需的2500英里电缆的制造工作，在6个月内完成，为此拉制和绞合了17000英里长的铜

费尔德

线。铺设工作于1857年8月从爱尔兰的西海岸开始进行，铺设工作是从大西洋当中的电缆连接处开始的，两艘船从此处出发向相反方向进行铺设。但是铺了不到300英里线路断裂，其端部掉入了1万多英尺深的海底，损失达50万英镑。在第二次尝试中，载着电缆的"阿加门农"（Agamenmon）号轮船险些毁于一场猛烈的暴风雨，电缆断裂了5次以上，每一次不得不使两艘电缆铺设船和它们的护航船回到起始地点。1858年8月5日，第三次铺设终于获得成功，但是信号电流波形严重失真。直到1866年，在英国物理学家汤姆生（Thomson，William 1824—1907）为克服海底电缆过长所造成的信号电流波形失真问题，发明了灵敏度极高的收报机，并在他亲自指挥下于7月27日才最终铺设成功。

HMS Agamenmon

大西洋海底电缆纪念碑

1858年

普吕克［德］发现阴极射线及其在磁场中的偏转现象　德国数学家、物理学家普吕克（Plücker, Julius 1801—1868）利用盖斯勒放电管研究气体放电效应，发现阴极射线及其在磁场中发生偏转，该研究导致后来电子的发现。

普吕克

斯特恩斯［美］提出双工通信法　美国的斯特恩斯（Stearns, Joseph Barker 1831—1895）研究成功在一条电报线上可以同时进行往返通信的双工通信法（差动继电器法）。这一方法很快得到普及，到1878年实现了大西洋海底电缆的双工通信。与此同时，沿同方向可以同时双路往返通信的四工通信（四路多工电报）自1855年斯塔克（Stark, J.B.）开始研究后，直到1874年爱迪生才最终完成了四工通信。

美国出现采用莫尔斯电码的高速自动收发报机　这种收发报机的收发报方式是，由发报局用专用的凿孔机先在纸带上凿出与电文字符相对应的圆孔，再把这种凿孔纸带在莫尔斯电码自动电报机上发送，收发局则用波纹收报机在纸带上录出点划电码，其通报速度比人工发报约快20倍。

1859年

普朗泰［法］发明铅蓄电池　法国物理学家普朗泰（Planté, Raimond Louis Gaston 1834—1889）研制的铅酸蓄电池，由两块卷成螺旋形的铅皮组成，中间用橡皮隔开，浸在浓度为10%的硫酸溶液中，然后接上电源，使其中一块铅皮镀上一层PbO_2薄膜，另一块铅皮为粗糙的多孔表面。这种电池比当时其他电池的电动势高，但由于成形过程复杂，难以批量生产。1881年，法国的福尔（Faure, Camille Alphonse 1840—1898）设法回避"成形"工序，将Pb_3O_4直接涂布在铅板上。同年，英国的斯旺爵士（Swan, Sir Joseph Wilson 1828—1914）发明蜂窝状的铅极板，其内可填充铅绒填料，使得蓄电池的容量大大增加。这些改进使铅蓄电池获得商业上的应用而迅速得以普及。普朗泰发明的铅蓄电池属于二次电池即蓄电池，放电之后如果通以反方向的电流，这种电池就能恢复到初始的化学状态。二次电池的基本构成虽然与原电池相同，但是其电极反应必须是可逆反应。经实验发现二次电池只能用铅、镉、铁、锌等作为阳极材料和二氧化铅、二氧化镍、氧化银等作为阴极材料制造。

普朗泰

普朗泰蓄电池

1860年

惠斯通［英］创用"电话"一词　英国物理学家惠斯通（Wheatstone，Charles 1802—1875）对于传递声音的电类装置创用"电话"（phone）一词。

赖斯［德］制成最早的电话机　德国物理学家赖斯（Reis，Johann Philipp 1834—1874）用制作啤酒桶的木板做了一个人耳形的东西，耳蜗处蒙上猪肠衣薄膜，将声音引起的膜振动变为强弱变化的电流，制成最早的送话器，又将固定在小提琴琴身上的缝纫针绕上线圈制成简单的受话器。1861年，他将这一发明在法兰克福物理学年会上发表，并创用telephon一词。但由于德国当时政治军事混乱，使赖斯的电话并未引起社会重视，认为只是个玩具而已。受赖斯电话机送话器的启发，后来发明的静电传声器是用金属或很薄的金属化塑料制成的绷紧平膜，用圆环把振膜周边固定，并用一个带螺纹的圆环调节振膜张力。

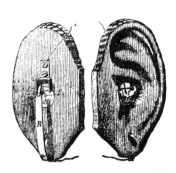

赖斯研制的电话

Minerva零件印刷机

克罗珀公司［英］生产Minerva零件印刷机　为了印刷小批量甚至几页的印刷品，1851年美国印刷业者戈登（Gordon，George Phineas 1810—1878）研制成一种小型印刷机，当时称作零件印刷机。经改进后引进欧洲，伦敦的克罗珀公司于1860年生产出可以用手脚或蒸汽为动力的这种机器，称之为Minerva零件印刷机。

1861年

麦克斯韦［英］提出位移电流概念　英国物理学家麦克斯韦（Maxwell，James Clerk 1831—1879）发表论文《论物理力线》，提出位移电流的概念，并认为位移电流会产生磁场。位移电流是电位移矢量随时间的变化率对曲面的积分，即穿过某曲面的电位移通量的时间变化率。位移电流只表示电场的变化率，与传导电流不同，它不产生热效应、化学效应等。麦克斯韦将位移电流项加入到磁场的安培定律中，创立麦克斯韦-安培方程。

麦克斯韦

帕克斯［英］发明赛璐珞 1856年，英国化学家帕克斯（Parkes，Alexander 1813—1890）将硝化纤维素溶解在乙醚、酒精和樟脑混合液中，制成一种可塑性很强的固态物质，这种物质有热塑性。1861年他公开了这一发明，并认为可以作为象牙的替代品。这种物质最早被称为"帕克斯"，1873年美国的海厄特（Hyatt，John Wesley 1837—1920）改称为赛璐珞，这是人类发明的第一种热熔塑料。

1862年

米诺托［意］对丹聂耳电池进行改进 意大利电学家米诺托（Minotto，Jean）制成以丹聂耳电池原理为基础的"重力电池"。他用一层砂子代替丹聂耳电池的陶土环。这样，容器就可以用玻璃或其他绝缘材料制成，容器下方放一个薄铜板，用一根绝缘导线引出，铜板上交替添加硫酸铜粉末和砂子，最后加盖锌板作为另一极。使用时往锌板上浇水即

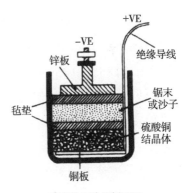

米诺托电池的剖面图

可，一直可用到硫酸铜耗尽为止。这种电池曾在印度、南亚等热带地区长期用作电报机的电源。

1864年

麦克斯韦［英］的《电磁场的动力学理论》出版 1820年，奥斯特（Oersted，Hans Christian 1777—1851）、安培（Ampére，André Marie 1775—1836）等人提出了电场产生磁场的理论，1831年法拉第（Faraday，Michael 1791—1867）提出了磁场产生电场的法拉第电磁感应定律。在这些理论的基础上，英国物理学家麦克斯韦（Maxwell，James Clerk 1831—1879）在提出"位移电流"假说的基础上，在《电磁场的动力学理论》中构建了由四个方程组成的麦克斯韦方程组。麦克斯韦利用这四个方程计算出电磁波的传播速度，并发现电磁波的速度与光速相同，预言光的本质是电磁波，后来赫兹用实验证明了这一预言的正确性。1873年，麦克斯韦的《电磁学通论》出版，完成了经典电

磁场理论，至此电和磁达到了完全的统一，形成了全新的电磁场理论。

贝恩［英］获自动发报装置的专利 英国的贝恩（Bain，Alexander 1810—1877）采用了戴维（Davy，Edward 1806—1885）的化学电报机设计方案，并于1864年获得了一项自动发报装置的专利。在这种装置中，穿孔纸带被送入一个发报机构中，而所传电文则在线路远端由一台化学记录仪记录下来，他还演示了每小时传送多达400份电文的实验。

1865年

麦克斯韦［英］确立无线电波传播理论 英国物理学家麦克斯韦（Maxwell，James Clerk 1831—1879）在关于电磁学的论文《论法拉第的力线》（1855—1856年）中，确定了电力线、磁力线两者与不可压缩液体的流线之间的部分相似性。在1861—1862年间撰写的论文中，依据法拉第（Faraday，Michael 1791—1867）的场论和汤姆生（Thomson，William 1824—1907）关于磁具有旋转性的见解，提出了一个完善的电磁现象模型，利用这一模型可以对电磁现象做出满意的定性解释。麦克斯韦引入弹性说对模型中出现的骚动的传播做出定量描述，即电磁场中骚动（即后来的电磁波）的传播速度等于电磁单位与静电单位之比。

布洛克［美］发明轮转印刷机 单张续纸是影响印刷速度的主要原因，解决的办法是使用连续卷筒纸进行印刷。美国费城的发明家布洛克（Bullock，William 1813—1867）发明了使用连续卷筒纸的轮转印刷机，于1865年首先为《费城探询者报》（*Philadelphia Inquirer*）所采用。《泰晤士报》也完成了同一试验，1865年取得了沃尔特印刷机（the Walter Press）的专利，并于1868年投入生产。两者的主要区别在于布洛克印刷机的卷纸在进入机器前就被切断，实际上还是单张印刷，而沃尔特印刷机是在印完之后才被自动裁切成单张。英国利物浦的邓肯-威尔逊公司（Duncan&Wilson）于1870年为《格拉斯哥星报》（*Glasgow Star*）制作了维克托里轮转印刷机，该机在印刷和裁切卷纸后能够自动折叠报纸。

布洛克制作的使用连续卷筒纸的印刷机

1866年

蒂尔曼［美］取得用木材制造纸浆的专利 美国发明喷砂清理法的蒂尔曼（Tilghman，Benjamin Chew 1821—1901）取得将木材用亚硫酸氢钙和二氧化硫溶液在受压系统中制造纸浆的专利。用这种制纸浆法所制的纸浆颜色较浅，可以不经漂白直接用于生产许多品种的纸，且成本较低。1874年在埃克曼（Ekman，C.D.）努力下，世界上第一家亚硫酸

蒂尔曼

盐制浆厂在瑞典投产。1884年，德国化学家达尔（Dahl，C.F.）发明了硫酸盐木材制浆技术。这些发明开辟了木材作为造纸主要原料的道路。

1868年

欧龙［法］把减色法原理用于摄影 法国科学家欧龙（Hauron，Louis Arthur Ducos du 1837—1920）把减色法原理用于摄影，通过红、绿、蓝三色滤镜拍摄出的负片复制成透明正片，分别染以各自的补色青、品红、黄，再将三张透明正片重叠和对正，便得到与原物相符的彩色影像。

勒克朗谢［法］发明勒克朗谢电池　这是在伏打电堆基础上研制的一种碳–二氧化锰–氯化铵溶液–锌体系的湿性电池。法国电化学家勒克朗谢（Leclanché，Georges 1839—1882）把固体的二氧化锰装在陶杯中，中间插上一根碳棒作为正极，为减少放电时在阳极上形成的氢气泡，将它放置在装有氯化铵、二氧化锰、乙炔黑、氯化锌、铬抑制剂和水组成的去极化剂混合溶液的玻璃杯内，并在溶液中放入一根高纯度（99.99%）锌棒作负极。端电压1.5伏，内阻仅0.2～0.8欧姆。后来将锌棒改为锌筒，既做电池的负极又做容器，成为后来常见的锌锰干电池。

勒克朗谢电池

肖尔斯、格利登、索尔［美］研制成通用的打字机　美国的肖尔斯（Sholes，Christopher Latham 1819—1890）、格利登（Glidden，Carlos 1834—1877）和索尔（Soulé，Samuel Willard 1830—1875）在1860年制成了打字机原型，该打字机带有由重物牵动的水平压印板和印字用的墨色带，但是这台打字机只要打字速度稍快，字母杆就会夹挤在一起。为了解决这一问题，肖尔斯将最常用的几个字母安置在相反方向，以放慢敲键速度避免卡键，由此发明了QWERTY布局形式的键盘，1868年申请专利，1873年使用QWERTY布局的第一台商用打字机投放市场。这种键盘的排列方法后来几乎被所有的打字机采用，现代计算机键盘也采取了QWERTY的布局方式。1878年发明专利被批准，由于资金困难，他们将专利卖给雷明顿公司，开始批量生产雷明顿打字机。

肖尔斯

肖尔斯打字机

早期雷明顿打字机

1869年

奥地利发行明信片　1865年，在德意志邮政联合会的会议上，有人提议使用不用信封的单页纸信件，可惜未被邮政部门采纳。1869年10月，奥地利邮政部门在维也纳邮局正式发行明信片。由于明信片使用简便，邮资便宜，仅3个月就投寄了300多万张。德国于1870年7月也开始发行明信片，其后英、美、法等国相继发行明信片。明信片在尺寸、用纸（纸板）格式上趋于统一，有的还印有邮资（邮票），背面印有图片，成为一种具有邮政功能的宣传品和艺术品。

海厄特［美］制成赛璐珞台球　1868年，美国新泽西州纽瓦克的海厄特（Hyatt, John W. 1837—1920）为了赢得美国政府为奖励象牙台球替代品材料的发明而设的13美元奖金，采用了帕克斯（Parkes, Alexander 1813—1890）制作赛璐珞的技术，制造出廉价的台球。这是世界上最早的人造塑料制品，1869年申请专利，次年获准，由此开创了对现代人类生活影响深远的塑料工业。

1871年

麦克斯韦［英］确立光的电磁波说　1864年，英国物理学家麦克斯韦（Maxwell, James Clerk 1831—1879）发现光与电磁波具有相同的性质。1867

年，他提出传播光和电磁波是同一种媒体"以太"。1871年，他通过对电磁波传播速度的精确测定，断言光是一种波长很短的电磁波，从而确立了光的电磁波说。

西门子公司［德］制成铂热敏电阻　德国西门子公司用纯铂制成测温用的热敏电阻，这种热敏电阻具有良好的重复性和稳定性，精度较高。西门子公司于1876年又制成第一支铂电阻温度计，可以进行远距离的高温测量。

马多克斯［英］发明溴化银感光干版　英国摄影爱好者马多克斯（Maddox, Richard Leach 1816—1902）把感光物质溴化银涂布在玻璃底片上，用含有少量硝酸银的连苯三酸溶液显影，制造出可以长期保存的底版，1871年9月发表了实验成果。马多克斯的明胶感光剂比湿胶棉显影慢，经贝内特（Bennett, Charies ？—1927）在1878年3月改进后的明胶感光剂，具有极强的感光性，感光的速度与珂罗玎湿版法相比，由9秒钟拍一张照片缩短到几十分之一秒。在这一发明基础上，1880年美国人伊斯曼（Eastman, George 1854—1932）创办了照相干版和胶片制造厂，即后来的伊斯曼–柯达公司（Eastman Kodak）前身，标志着近代感光材料工业的诞生。

中国开始有线电报业务　丹麦大北电报公司在中国铺设水线（海底电缆），并在上海租界设立电报局，开办电报业务。1881年，上海英商瑞记洋行在英租界内创立华洋德律风公司装设电话。1897年，德国在青岛设立邮电局，经营邮政、电报、市内电话业务。1900年，丹麦商人濮尔生（Powlsen, Valleman 1869—1942）在天津装设电话，直通塘沽、北塘，1901年又把电话线延伸到北京。从1905年起，中国清政府收回了京津、津沽电话，淞沪岸线，上海至烟台、大沽和烟台至威卫（今威海市）的水线，以及大东、大北、太平洋三家电报公司在上海设立的电报收发处等。

日本长崎—中国上海海底电缆架通

1872年

德雷珀［美］发明天体光谱摄影术　美国天文学家德雷珀（Draper, Henry 1837—1882）发明天体光谱摄影术，并拍摄到最早的恒星（织女一）光谱照片，编写的《亨利·德雷珀星表》把天空各部分恒星的位置、光度和光谱类型编制成表，最早使用现在的字母系统根据光谱类型对恒星进行分类。

穆布里奇［英］进行连续摄影试验　19世纪初有人利用人的"视觉暂留"生理特征，制作各种旋转影像玩具。1872年，英国摄影学家穆布里奇（Muybridge，Eadweard 1830—1904）将24个照相机排成一排，每两个间相距1英尺，在加利福尼亚的帕洛阿尔托拍到奔马的照片。当马冲过24根齐胸高的细线时，这些照相机依次被启动。穆布里奇把24张照片进行旋转放映时，就能描绘出马运动的方式来。

穆布里奇

穆布里奇拍摄的奔马照片

澳大利亚—印度间海底电缆接通

1873年

维格尔［法］制定中文电码本《明密电报新书》　中文电码，又称中文商用电码、中文电报码或中文电报明码，是用电报传送中文信息的一种编码。自1835年莫尔斯发明电码后，一直只能用来传送以拉丁字母拼写的文字。19世纪70年代，电报通信技术传到中国。
为了解决汉字传递问题，1873年法国驻华人员维
格尔（Viguer，S.A.）参照《康熙字典》的部首排
列方法，挑选了常用汉字6800多个，编成第一部
汉字电码本，名为《明密电报新书》。后由郑观应
（1842—1922）将其改编成《中国电报新编》，被
清政府邮传部电报总局采用。1911年辛亥革命后，
汉字电码本的名称和内容作了多次变更和修订。
1933年版的汉字电码本增加了罗马字母电码和代日
代时电码等。

《明密电报新书》

克拉克［英］发明标准电池 英国电气工程师
克拉克（Clark，Josiah Latimer 1822—1898）发明
了一种电池，这种电池由外涂硫酸亚汞膏的汞阳极
和锌负极组成，电解液是硫酸锌饱和溶液。克拉克
经过多次测定，确定了该电池在15.5℃下的平均电
压值为1.457伏。这种克拉克电池的电动势温度系
数非常大（1200微伏／℃）。尽管如此，1891年在
芝加哥举行的国际电工大会上，还是采用克拉克电
池以及银质电量计来确定安培和伏特的电量单位。

克拉克

海厄特［美］发明赛璐珞摄影胶片 美国新泽西州纽瓦克的海厄特
（Hyatt，John Wesley 1837—1920）以"赛璐珞"之名，对其进行了商标注
册，并大量生产赛璐珞胶片。应费城制版商卡尔巴特（Carbutt，John）的要
求，海厄特于1888年生产出厚度为百分之一英寸均匀清晰的赛璐珞胶片，满
足了摄影界对照相底版材料的要求。

沃格尔［英］研究颜色感光敏化 英国的沃格尔（Vogel，Hermann W.
1834—1898）从事摄影干片的颜色感光敏化工作并获得成功，使色彩准确重
现成为可能，导致彩色摄影的出现。1906年，伦敦的莱坦和温赖特有限公司
（Wratten and Wainwright Ltd.）首次将全色干片推向市场。

1874年

鲍德温［美］发明手摇式计算器 美国人鲍德温（Baldwin，Frances Jane 1830—1894）利用自己发明的齿数可变齿轮，制造了一台手摇式计算器，并申请了专利，之后鲍德温开始大量制造这种供个人使用的计算器。

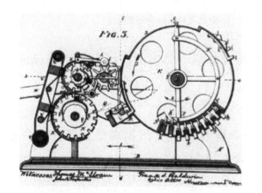

鲍德温发明的手摇式计算器

鲍尔［德］发明云母电容器 德国的鲍尔（Bauer，M.）用云母作介质发明了云母电容器。作为电容器介质的云母片，不仅在承受机械冲击方面优于玻璃，而且还能使电容器的尺寸大为缩小，而性能却相同。

1875年

贝尔［美］研制出多工电报系统 美国发明家贝尔（Bell，Alexander Graham 1847—1922）研制出用一根传输线同时传送多个不同频率电流，在收报端用共鸣继电器独立收报的多工电报系统。

1876年

克鲁克斯［英］确认阴极射线是一种带电的粒子流 英国物理学家克鲁克斯（Crookes，Sir William 1832—1919）利用在1875年设计的经改进的盖斯勒管进行阴极射线实验，确认阴极射线是一种带电的粒子流（当时欧洲学界普遍认为阴极射线是一种非粒子的波）。

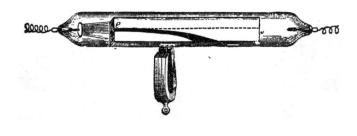

克鲁克斯　　　　　　　　　　　克鲁克斯阴极射线实验

汤姆生［英］研制成机械式模拟计算机　英国的汤姆生（Thomson，William 1824—1907）研制成一种模拟计算机"潮汐调和分析仪"，可以计算傅立叶级数。

菲茨杰拉德［英］发明卷式纸介电容器　英国物理学家菲茨杰拉德（Fitzgerald，George Francis 1851—1901）研制的这种电容器，是用几层相互交替的纸和导体（通常是锡箔），卷绕在一个圆柱体上，然后再用石蜡浸渍而成。纸介电容器由于制造容易，价格较低，虽然误差较大，但在20世纪后得到大量应用。菲茨杰拉德于1876年提出的专利说明中写道："这种电容器用几层互相交替插入的纸和导体（通常是锡箔）卷绕在一个圆柱体上制成，然后再用石蜡浸渍。"

贝尔［美］、格雷［美］发明电话　1664年，胡克（Hooke，Robert 1635—1703）曾做过在拉紧线上传送声音的实验。1837年，美国的帕杰（Page，Charles Grafton 1812—1868）发现急剧改变电磁铁的磁力可以发出不同声音。1861年，德国的赖斯（Reis，Johann Philipp 1834—1874）在研究助听器时，曾设计制造出能传递乐音的声电转换装置。1876年，美国声学生理学家和聋哑语教师贝尔（Bell，Alexander Graham 1847—1922）在亨利（Henry，Benjamin Tyler 1821—1898）的支持和电工

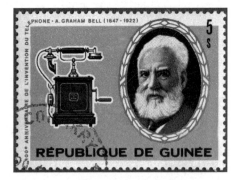

贝　尔

沃森（Watson，Thomas Augustus 1854—1934）的帮助下，发明用放在绕有线圈的铁芯上的膜片振动引起线圈电流变化的方法制成送话器，以及用同样装置但使电流变化引起膜片振动发声的受话器。在1876年3月10日的实验中，贝尔与邻屋的沃森首次成功通话："沃森先生，请到我这里来！"这是人类用电话系统传递的第一句话。同一时期格雷（Gray，Elisha 1835—1901）也独立地发明了第一台电话，同年

贝尔电话试验

2月14日，两人同时向美国专利局提出专利申请，贝尔获胜在费城世界博览会上展出了他的电话并做了演示。1877年，贝尔架设了8千米长的电话线进行通话，与商人托马斯·桑德斯（Thomas Sanders）和律师加德纳·格林·哈伯德（Gardner Green Hubbard）共同创办了贝尔电话公司。1878年，美国建立了世界上第一个电话交换台——中央电话局。1880年，美国拥有48000台电话，到1900年发展到1355900台。

格雷电话实验

贝尔发明的电话   经改进的贝尔电话机

1877年

爱迪生［美］发明圆柱形留声机　1876年贝尔电话的发明引起人们对语言再现的关注。1877年8月13日，美国发明家爱迪生（Edison，Thomas 1847—1931）发明的这种留声机的结构是，在直径10厘米表面覆有锡箔的黄铜柱上，安装着一个飞轮，当用手使其绕水平轴转动时，它同时也发生横向移动。一个钢制唱针被连到圆锥形喇叭末端的膜片上，在铜柱转动时切入锡箔，切入的深度与膜片的震动对应。当唱针再次经过切痕时，对喇叭讲的话就被放出来。但是这种留声机只能记录短暂的信息，声音重现亦不够协调，而且锡箔很快就会被磨破。这种唱机后来被1887年美国发明家柏林纳（Berliner，Emile 1851—1929）发明的圆盘形留声机代替。

圆柱形留声机刻录音乐   爱迪生和他发明的圆柱形留声机

爱迪生留声机

经改进的圆柱形留声机（约1899）

爱迪生［美］发明碳精传声器（送话器）　最早能将振动变为电脉冲的器件，是德国的赖斯（Reis，Johann Philipp 1834—1874）于1861年发明的金属屑换能器，这种换能器可以发送不同频率的单音，但不能发送可听懂的语音。发送可听懂的话音是1875年6月3日贝尔（Bell，Alexander Graham 1847—1922）用电磁传声器首先实现的。但是贝尔传声器的灵敏度不高，不能在电话中使用。爱迪生设计出使用碳化硬煤粒的换能器，碳粒是用深黑色的"纯木煤"制成的，先将纯木煤研碎，用60～80号筛子筛选，经过化学处理后再在氢气流下分几个阶段进行焙烧，以除去易挥发的物质和外部的化合物，使煤碳化，最后进行磁屏蔽和气流筛选，以消除带铁的和扁平形粒子。

西门子［德］发明动圈式扬声器　德国发明家西门子（Siemens，Ernst Werner von 1816—1892）设计了将一个圆形线圈套置在径向磁铁上组成的动圈结构，但是所制成的动圈式扬声器频率响应不好。直到1925年，才在动圈式扬声器方面取得了重大突破，弄清了与直接辐射扬声器的动作和设计有关的三个因素：扬声器的声功率输出等于声辐射产生的机械阻力和振膜速度平方之积；小振膜产生的声辐射会产生与频率平方成比例的机械阻力；振动系统的质量要加以控制。因此如果基波谐振发生在所需的最低频率以下，则控制第一个因素给出的声功率输出，再由第二、第三个因素加以补充，就能使频率响应均匀一致，这成为后来设计直接辐射扬声器的基本规则。

克罗［法］设计声音录放装置　法国人克罗（Cros，Charles 1842—1888）设计出把声波记录在有螺纹的转盘上的装置。用这种转盘通过光蚀刻复制一种钢制转盘，可以通过与振动膜相连接的唱针，使这转盘上的录音重放出来。此前英国的斯科特（Scott，L.）设想通过线条的横向波动，把声波记录在涂有油烟的固态介质上，并于1856年描述了他设计的"声波记录仪"。

1878年

克利克［捷］发明照相凹版印刷术　波希米亚的克利克（Klíč，Karel）将含重铬酸钾的明胶涂在纸基上，曝光后将其转移到另一纸基上，将纸基剥离后用热水把可溶性胶层洗去，这样就可以通过一次腐蚀获得深浅不同的滚筒。这种方法能取得与原稿图像色调层次完整一致的印刷效果，是转轮凹版印刷用得最多的一种方法。用照相凹版印刷的名画，曾盛行一时。

世界最早的电话交换台在康涅狄格州的哈特福德开始工作

马哈利斯基［俄］设计炭粉送话器　俄国电工学家马哈利斯基（Махальский，M.）设计的炭粉送话器为送话器的广泛应用奠定了基础。送话器最初应用于电话，以后应用于无线电广播、电视、录音系统等。

休斯［美］发明微音器　发明印刷电报机的美国人休斯（Hughes，David Edward 1831—1900）发明了用炭块和炭棒组成的远高于爱迪生送话器的炭精接触型送话器（微音器），使电话的通话效果大为改善。炭精送话器和变磁阻受话器相结合，成为后来电话机的基本形式。

休　斯

休斯的微音器

徐华封［中］制成中国最早的电话机　据《格致汇编》1878年1月卷载："徐君祝三（即徐华封，字祝三）曾于日前见西洋之传声器（即电话机）图，遂按图仿造，三日而成。""再者徐君更作一副，较前尤佳，彼此传言，声声不谬，与两人所制者相去几希。""本馆借徐君所作之一副，带至数洋行家用之，无不佩服者。"徐华封制造的电话机是中国最早仿造的电话机。

英国建设电话线路　美国的贝尔（Bell，Alexander Graham 1847—1922）受英国政府邀请协助英国建设电话线路，1879年在伦敦建立了第一个电话交换台。

梅谢［法］开发锌空气干电池　法国的梅谢（Maiche，

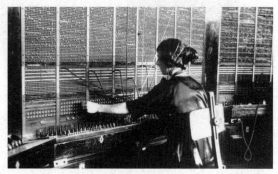

电话接线员

Lois）在锌锰电池中用含铂的多孔性炭电极代替二氧化锰炭包，开发了锌空气干电池新技术。1917年，法国的费里（Féry，Charles 1865—1935）用活性炭代替铂以吸收氧，使锌空气电池实用化。

克鲁克斯［英］发现阴极射线　英国物理学家克鲁克斯（Crookes，Sir William 1832—1919）1878年宣布了"分子射线"的各种惊人的特性：分子射线能产生阴影，能使障碍物温度升高和能被磁场偏转。他于1879年提出"辐射物质"概念，认为这是一种新形态的物质，在这种形态中分子平均自由程很长，分子间的碰撞可以忽略不计。

斯旺［英］发明碳丝白炽灯　自1860年，英国发明家斯旺爵士（Swan，Sir Joseph Wilson 1828—1914）即研究白炽灯，终因真空技术不过关而未成功。1865年斯普伦格尔（Sprengel，Hermann 1834—1906）发明了水银真空泵后，斯旺在斯特恩（Stearns，Charles Henry 1854—1936）、托珀姆（Topham，F.）和克鲁斯（Cross，C.F.）的帮助下，发明了碳丝白炽灯和用作灯丝的硝化纤维的喷射工艺。斯特恩是产生高真空的专家，托珀姆是吹制灯泡的玻璃工，克鲁斯发明了灯丝胶粘工艺，由于他们的合作，斯旺制成了白炽灯。

斯旺

斯旺发明的碳丝白炽灯

中国清政府发行海关大龙邮票　1840年鸦片战争后，各列强在中国的一些通商口岸设立"工部局"，开始了中国近代邮政业务。1865年，上海工部局书信馆发行最早的"大龙邮票"，1867年海关总税务司的赫德（Hart, Robert，1835—1911）发布《邮政通告》，海关邮政开始办理京、津、沪间及欧美的邮政业务。此后烟台、汉口、镇江、芜湖、九江等地商埠也开始发行邮票。这些邮票是商埠邮局发行，通称商埠邮票。1878年，北京、天津、烟台、上海、牛庄五处海关试办邮政实行统一邮资，7月，上海海关税务司造册处印刷了一套邮票发行，邮票图案正中绘五爪金龙，面值用银两计算：一分银（绿色，寄印刷品邮资），三分银（红色，寄普通信函邮资），五分银（橘黄色，寄挂号邮资）。这是清政府首次发行的邮票，习称"海关大龙"。1896年大清国邮政局成立后又发行"小龙"（俗称海关小龙，1885），以及全套9枚的中国第一套纪念邮票"慈禧寿辰"邮票（俗称万寿票，1894）。1888年，台湾废弃驿站制设邮政总局，印制龙马邮票（未发行）。

上海工部局大龙邮票

海关大龙邮票

万寿邮票

台湾龙马邮票

1879年

詹森［法］设计用照片再现单一动作连续阶段的仪器　法国天文学家詹森（Janssen，Pierre 1824—1907）设计的这一仪器成功地观察了金星经过太阳的图像。他将一个涂有感光乳剂的卡放在一个射线状小孔的卡后面，这两个卡在时钟机械的推动下不间断地移动，整个装置同天文望远镜的目镜相连，用定日镜对准太阳，在感光乳剂上连续拍摄到金星缓慢经过太阳的过程。

爱迪生［美］发明耐用的碳丝白炽灯　美国发明家爱迪生（Edison，Thomas 1847—1931）为试制耐用的白炽灯，从1877年开始利用真空泵提高灯泡真空度，用碳化灯丝制成灯泡进行实验。1879年10月21日接通电源后稳定地点亮了45个小时。1880年获专利并开始批量生产。1880年2月，爱迪生的电灯传到英国伦敦。1898年，英国布拉什公司推出卡口灯头，成为英国灯泡的特征，而美国从一开始就使用螺旋灯头。

爱迪生碳丝灯（1881年）

克鲁克斯［英］发明阴极射线管　英国物理学家、化学家克鲁克斯（Crookes，Sir William 1832—1919）发明的阴极射线管，是一个内部装有两个金属极的真空玻璃管。当电极与高压电源联结时电极间会有电流出现，从阴极发出的射线碰击玻璃管壁时会产生荧光。他发现阴极射线在磁场中会发生偏转，证明阴极射线是由高速运动的微小的带负电的粒子流构成的。该管又称克鲁克斯管。

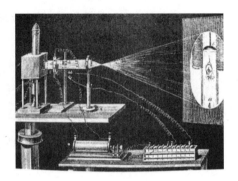

阴极射线实验1　　　　　　　　　　　　　　阴极射线实验2

克莱芬［美］、默根特勒［美］发明铸排机　美国法院书记官克莱芬（Clephane，James Ogilvie 1842—1910）和从德国符腾堡移居美国的钟表匠默根特勒（Mergenthaler，Ottmar 1854—1899）制造出铸排机，使字母的铸造与排版一体化，提高了排版的速度。

1880年

兰利［美］制成热敏型红外探测器　美国物理学家兰利（Langley，Sanuel Pierpont 1834—1906）制成热敏型红外探测器，亦称辐射计。这种辐射计利用金属细丝的电阻随温度变化的特性制成，可以测出1℃～100000℃的温度变化，被用于天体物理学、光谱学、电子学等研究领域。

美国贝尔电话公司［美］研制电话交换机　美国贝尔电话公司采用了一种由一系列水平连杆和垂直连杆交叉排列而成的电话交换机。其中，每根垂直连杆与每条电话线路的终端相连接，把播塞插入任何一个水平连杆与两条需连接的电话线路之间的交叉口，就可以实现互连。在英国，爱迪生电话公司使用的装置与此相似，不过这种电话交换机不能利用和发挥复接式电话，不久被淘汰。

早期的电话交换台

爱迪生电话交换机

贝尔电话交换机

莱布朗克［法］提出将图像进行分解和再现的方法　法国的莱布朗克（Le Blank）提出使一个镜面在两个不同轴线上以不同速度振动，形成往返直线扫描，从而对图像进行分解和再现的方法。

明胶照相法（明胶干板照相法）问世　明胶感光剂是1871年马多克斯（Maddox，Richard Leach 1816—1902）发明的，明胶为乳状，含有硝酸、溴化镉和硝酸银。明胶干版照相法是用明胶感光银盐涂布材料的照相方法，它代替了以前的火棉胶湿板照相法。将明胶感光银盐乳剂涂在玻璃板上晾干后，在防光条件下可以贮存数月之久。这种方法的发明是摄影技术的一大进步，使摄影变得非常简单，普通的爱好者稍加学习便能掌握。瞬时摄影正是从明胶干版的出现开始的。

1881年

威克斯［英］发明转轮铸字机　英国印刷工程师威克斯（Wicks，Frederick 1840—1910）发明的转轮铸字机有一百只铸模，每小时能铸造铅字6万个，创造了机械铸字的最高速度，给印刷作业带来方便，免去了印刷后的拆版，只需将用过的铅字倒回熔铅锅就可以重铸铅字，每天都可以用新铸铅字进行印刷。

阿代尔［法］获改善剧场传声装备的专利　法国的阿代尔（Ader，Clément 1841—1925）将两组麦克风置于剧场舞台两边，使戴着受话器的观众首次听到了立体声。这一发明在同年举办的巴黎博览会上首次演示，播送巴黎剧场的演出获得成功。

中国清政府建成长距离电报线路　1877年，清政府在台湾台南至旗后（今高雄）兴建军用电报线。1879年又在天津与大沽口、北塘海口炮台之间架通军用电报线。1881年，建成沿大运河天津至上海的电报线，全长1537.5千米，这是中国最早建成的长距离架空明线线路，电报局设在天津，沿途分设7个电报分局，自1881年12月28日开始办理公众电报业务。这是中国经营公众电信业务的开端。1882年，清政府召集商股，收回政府投资，把电信建设和经营改为官督商办。

1882年

欧洲出现共电式电话系统　贝尔电话系统通话距离短、音质差，1877年爱迪生（Edison，Thomas Alva1847—1931）发明的炭精送话器、休斯（Hughes，David Edward 1831—1900）发明的微音器（麦克风，Microphone），使电话传输效率大为提高，出现了靠自备电池供电，用手摇发电机发送呼叫信号给交换台，由接线员接通被叫用户的磁石电话（magneto telephone set）。磁石电话机由通话、信号发送和信号接收三部分组成，其内部通话电路由送/受话器、电感线圈（消音用）、干电池等构成；信号发送功能由手摇发电机完成。1882年后出现了由共电交换机集中供电，省却电话机中的手摇发电机和干电池，由话务员人工接续的共电式电话系统（ectric telephone）。

磁石电话机

共电式电话机

马雷［法］研制出摄影枪　法国摄影学家马雷（Marey，Étienne-Jules 1830—1904）研制出以发条为动力，1秒钟可连续拍摄12次的称作"摄影枪"的摄影机，这种摄影机能从一个镜头里在1秒钟内摄取若干底片。他拍摄了海鸥飞翔的照片。这是第一台连续摄影的机器。他进而于1888年制成用绕在轴上的感光纸代替感光盘的实用摄影机，使电影摄影成为可能。

马　雷

马雷的摄影枪

维姆舒斯［英］发明维姆舒斯起电机　英国电学家维姆舒斯（Wimshurst，James 1832—1903）发明的起电机是利用摩擦来产生静电的，它由两个以相反方向旋转的圆盘组成，这两个圆盘用绝缘材料（如玻璃）制成，在圆盘的四周装有一段段很小的导电片，由于电刷在圆盘旋转

起电机

时轻轻擦过导电片，在导电片上就产生出静电荷，并被电梳收集起来贮存在电容器中。

雷瑟尔贝盖［比］设计电报线路用的扼流圈　比利时的雷瑟尔贝盖（Rysselberghe，Francois van 1846—1893）研究成在电报线路中加设扼流圈，以防止电报线路因电脉冲急剧升降对单线式电话线路干扰的方法，使长途电话的架设成为可能。

1883年

埃尔斯特［德］、盖特尔［德］发现加热的灯丝放出带电粒子　德国物理学家埃尔斯特（Elster，Johann Philipp Ludwig Julius 1854—1920）和盖特尔

（Geitel，Hans F. 1855—1923）设计出一套电传导实验装置，在抽成真空的玻璃灯泡中，安装一横向的通电灯丝，灯丝上方有一不与灯丝接触但与灯外验电器相连的金属板，经实验发现加热的灯丝放出带电粒子。1889年，英国物理学家汤姆生（Thomson，William 1824—1907）通过高真空实验，确认了热电子发射现象。

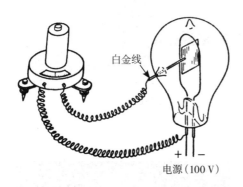

白金线

电源（100 V）

爱迪生效应

爱迪生［美］发现真空中热电子发射现象　1877年美国发明家爱迪生（Edison，Thomas 1847—1931）发明碳丝电灯后发现，碳丝在高温下会"蒸发"，由此缩短了灯泡寿命。1883年爱迪生为延长灯泡寿命，在灯泡内另行封入一根铜线以阻止碳丝蒸发。经反复试验后发现，碳丝仍在蒸发，但碳丝加热后铜线上竟有微弱的电流通过。爱迪生认为加热碳丝后会有热电子从碳丝里发射出来，然后被阳极电极收集而形成电流。他认为这是一项新的发现，并申请了专利，命名为"爱迪生效应"。这一发现导致英国的弗莱明（Fleming，Sir John Ambrose 1849—1945）于1904年发明真空电子二极管。

斐兹杰惹［爱尔兰］提出振荡电流能产生电磁波　爱尔兰物理学家斐兹杰惹（FitzGerald，George Francis 1851—1901）依据麦克斯韦方程组，认为急速振荡的电流即可以产生电磁波，并设计了产生高频电磁波的装置。

斐兹杰惹

1884年

克拉克［英］设计锌汞电池　美国电工学家克拉克（Clark，Josiah Latimer 1822—1898）设计出一种碱性锌—汞系统，虽然几次尝试想用这一系统来设计实用的电池，但是未能成功，直到第二次世界大战初才由美国的鲁宾（Ruben, S.）发明了商用的氧化汞干电池。

尼普科夫［德］发明尼普科夫圆盘 1884年，德国的尼普科夫（Nipkow, Paul Gottlieb 1860—1940）发明了"尼普科夫圆盘"。这种圆盘有一排按缧线展开的小孔，当圆盘快速旋转时，影像的光线穿过这些小孔被分解为若干像素，将投射到硒光电管而变成强弱电的信号发射出去，接收端则利用类似装置可以得到黑白图像，完

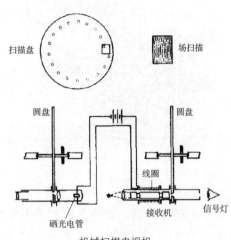

机械扫描电视机

成了最早的电视机械扫描方式。1925年，英国的贝尔德（Baird, John Logie 1888—1946）利用这一圆盘，制成实用的机械电视装置，1929年，英国广播公司开始定期播放电视节目。

1885年

布雷德利［英］取得模压合成电阻专利 英国电工技师布雷德利（Bradley, Charles S. 1852—1911）发明的这种电阻，是由碳和橡胶的混成物经加热、模压成形，再经硫化而固化成坚硬的电阻体的，这种模压杆状合成电阻在无线电设备中得到了广泛应用。

伊斯曼

伊斯曼［美］、沃克［美］发明在纸条上涂感光乳剂制干片的方法 美国摄影学家伊斯曼（Eastman, George 1854—1932）和沃克（Walker, William Hall 1846—1917）研制出在纸条上涂感光乳剂制造干片，由于纸是不透明的，显影时必须揭除，所以称之为剥离胶卷或美国胶卷。1886年，伊斯曼雇用药剂师赖兴巴赫（Reichenbach, Karl Ludwig Freiherr von 1788—

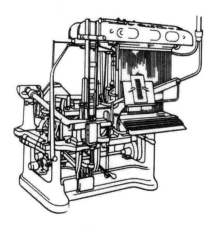

莱诺铸排机

1869）协助其工作，1888年他们制成用赛璐珞为基层的70毫米长的胶片。赛璐珞是透明的不用剥离就可以显影，柯达公司把它以卷状出售，以便容易装入照相机。1888年还生产出伊斯曼发明的使用胶卷的轻便的箱式照相机。

默根特勒［德］制成莱诺铸排机 德国印刷机械师默根特勒（Mergenthaler，Ottmar 1854—1899）发明一种由竖条组成的铸排机，这些竖条由键盘控制，竖条上所刻字母充作阳模，当字母形成一行文字时，把一条纸型带压上，形成字模纸型，由这个字模纸型可以铸出整行铅字。还可以用它的键盘打出代表字符和间隔的穿孔纸带，铸字机能根据纸带上的穿孔逐个铸出单个字符来。莱诺印刷公司买下其专利。开始试制，铸排样机于1885年完工，并于1886年7月3日首次在纽约论坛报印刷所投入使用。

伯勒斯［美］发明印刷计算器 在美国圣路易斯一家机械厂工作的伯勒斯（Burroughs，Seward William 1855—1898），用了4年时间于1885年制成可以印刷的计算器（加法器）。这台计算器安装了排成9列的80多个按键。第二年他创立美国计数器公司继续开发，1892年经改进的计算器开始作为商品出售。

伯勒斯

伯勒斯发明的印刷计算器

温克勒

1886年

温克勒［德］发现并制得锗元素　德国分析化学家温克勒（Winkler, C1emens Alexander 1838—1904）在分析硫银锗矿石时制得硫化锗（GeS），再用氢还原硫化锗制得锗（Ge）。锗具有半导体性质，是人类最早使用的半导体材料。

1887年

赫兹［德］发明天线进行电磁波发射与接收实验　1864年，英国物理学家麦克斯韦（Maxwell, James Clerk 1831—1879）认为光波是一种电磁波，推导出电磁波与光具有同样的传播速度。依照麦克斯韦理论，电扰动能辐射电磁波。德国物理学家赫兹（Hertz, Heinrich Rudolf 1857—1894）致力于用实验证实这一预言，赫兹根据电容器经由电火花隙会产生振荡的原理，让

赫　兹

感应高压使电火花隙间产生火花，设计了一套电磁波发生器。最早的天线是赫兹为验证电磁波的存在而设计的，其发射天线是两根约30厘米长，位于一根直线上的金属杆，靠近的两端分别连接两个金属球，两球间留有7毫米长的火花隙，火花隙由鲁门阔夫感应线圈激励。另两端分别连有两个约40平方厘米的正方形金属板，利用金属球之间的火花放电来产生振荡。为了检测辐射的电磁波，赫兹使用一个用断开极微小间隙的金属线圆环组成的接收电路，圆环的半径为35厘米，通过实验证明与振荡器谐振的尺寸适当，根据环状金属间隙处出现的电火花指示对电磁波的接收。赫兹先求出振荡器的频率，又用检波器量得驻波的波长，二者乘积即电磁波的传播速度。正如麦克斯韦预测的那样，电磁波传播速度等于光速。1888年，赫兹的实验成功，从而证实了麦克斯韦理论的正确性。赫兹系统所用的电磁波波长约24厘米，因此能揭示电磁辐射的"光"特性，如反射和偏振。

费尔特［美］制成的键控计算器投产　早在1850年，帕米利（Parmelee,

J.M.）就尝试制造键盘式计算器，但是只能将单列数字相加，不很成功。第一台成功的键盘式计算机器是由美国人费尔特（Felt，Dorr Eugene 1862—1930）设计的，他把计算器安装在一个老式的雪茄烟盒中。几年后他又研制出一台实用的计算器，称为键控计算器，这种计算器在1887年投产。费尔特的计算器仅能用来做加法，是"全键盘"式的，10个键对应10个数位，从0到9均编了号，通过一个机械联动装置，键盘可以直接驱动寄存器。

费尔特发明的键盘式计算器

霍列里斯［美］制成用于人口统计的制表机　美国人口普查局于1880年雇用统计学家霍列里斯（Hollerith，Herman 1860—1929）为当年的人口统计做准备。该统计工作花费了7年半的时间才完成，霍列里斯决定使统计工作机械化，效仿巴贝奇采用在提花机上使用的穿孔卡片，1887年制造出第一台经改进的机器，这台机器使用了一种带穿孔的连续纸带以取代单独的卡片。利用穿孔卡上的一组孔纪录数据，如男人或女人、黑人或白人、年龄等，穿孔卡尺寸为美钞尺寸，每张穿孔卡有288个可穿孔的位置。用"活销装置"读卡，用机电技术传输和处理信息，取代了纯机械的计数装置，它加快了数据处理的速度，能避免手工操作引起的差错。这是一种实用的程序控制计算机，在1890年美国的人口普查统计中发挥了重大作用。

霍列里斯

霍列里斯的机电制表机

柏林纳［美］发明圆盘形留声机　在美国工作的德国技师柏林纳（Berliner，Emile 1851—1929）提出了一份他称为留声机（Gramophone）的专利申请书，这种留声机用圆盘代替1877年爱迪生发明的留声机中的锡箔滚筒。圆盘由裹着蜂蜡的金属制成，唱针的震动被两面记录下来。录音完后，用酸将原型蚀刻在金属中，然后他用这个圆盘制作镀镍的永久性的底版录音片，由此可以大量复制唱片。一开始时用橡胶印制，后来用虫胶化合物印制。通常采用以78转/分的速度转动直径为10英寸（25厘米）的唱盘。虫胶后来被硬质橡胶或塑料取代。1895年，柏林纳利用圆盘唱片研制出一台留声机，这种留声机作为工业标准达半个世纪之久。

柏林纳

柏林纳的圆盘形留声机

古德温［美］申请用赛璐珞制作透明胶卷的专利　1887年5月，美国纽瓦克的古德温（Goodwin，Hannibal 1822—1900）申请了用赛璐珞制作透明胶卷的专利，由于规范标准不完备，直到1898年9月，专利才被批准。

柴门霍夫［波］发明世界语（Esperanto）　在国际交流中，各国语言的不同成为很大的障碍，在多个民族杂居的地区，相互交流更为困难，为此许多人在研究通用性的世界性语言，唯一获得成功的是波兰眼科医生犹太人柴门霍夫（Zamenhof，Lazarz Ludwik 1859—1917），他设计的世界语（Esperanto）以欧洲语言为基础，语法简单而有规律，得到语言学界的认同。

柴门霍夫

1888年

劳德［美］发明圆珠笔 美国人劳德（Loud，John 1844—1916）把一个小球放在滚珠座圈内滚动，让其中一面浸在蓄墨水处，向另一面传送墨水，用于在皮革等粗糙物上做记号，由此发明了圆珠笔。

伊斯曼［美］发明胶卷 美国柯达公司（Kodak）生产出由美国发明家伊斯曼（Eastman，George 1854—1932）发明的将卤化银感光乳剂涂在透明的赛璐珞片基上的"胶卷"。此后15年中，伊斯曼公司几乎包揽了全世界的胶卷生产。

伊斯曼［美］发明柯达照相机 1888年8月，伊斯曼（Eastman，George 1854—1932）发明柯达（Kodak）照相机。该种照相机能把以前曝光所必需的十步或十几步操作步骤减少到三步，减少了照相器材的重量和体积，并能连续拍摄100张照片而不必更换胶片。柯达照相机是一种可以大批量生产的简单手提式照相机，尺寸只有6.5英寸×3.5英寸×3.5英寸，重量2英磅3盎司。这是

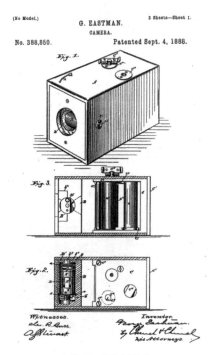

伊斯曼照相机设计图

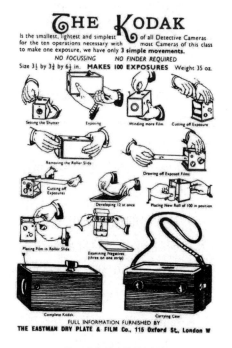

第一台柯达照相机广告

第一个带内置式胶卷装置的照相机，其上装有一个固定焦距的无畸变透镜，对8英尺之外的所有景物都有很高的清晰度，还有一个速度键和一个停止键。

爱迪生［美］研制成摄影机和观影机 美国柯达公司（Kodak）研制成将卤化银感光剂涂在明胶片上的胶片和胶卷后，爱迪生（Edison，Thomas 1847—1931）研制成用电动机驱动胶片的摄影机。他还研制成一种可供单人观看的观影机，这种观影机使胶片在放大镜后面移动而形成活动画面。但由于每幅画出现的时间仅为1/700秒，亮度不足，画质较差。

观影机

1889年

鲁道夫［德］提出像场边缘像散会聚原则 德国蔡斯公司（Zeiss）设计师鲁道夫（Rudolph，Paul 1858—1935），提出像场边缘像散会聚原则，第二年即研制成功一种2组4片结构的广角镜头。

蒙德［英］制成氢氧燃料电池 英国化学家蒙德（Mond，Ludwig 1839—1909）和他的助手兰格（Langer，Carl 1859—1935）用多孔的铂板作电极，用铂黑作催化剂制成氢氧燃料电池。这种电池在0.75伏电压和50%左右效率下，功率为1.46瓦。由于含有1.3克的铂，造价太高，而且只有使用纯氢和纯氧才能正常运作，因此这种燃料电池难以推广。

1890年

布冉利［法］发明金属粉末检波器 法国物理学家布冉利（Branly，Edward 1844—1940）观察到，在通常情况下金属之间有空隙是不导电的，但当金属粉末受"赫兹波"（无线电波）作用时会稍稍联合在一起，足以提供传导电流的通路。他将金属粉末装在小玻璃管中制成了"金属粉末检波器"，这是最早的一种电磁波检波器。

爱迪生［美］、迪克森［英］发明被称为活动物体连续摄影机的照相机 美国发明家爱迪生（Edison，Thomas 1847—1931）、迪克森（Dickson，William Kennedy 1860—1935）将70厘米的伊斯曼胶卷从中间切开，利用法国人雷诺（Reynaud，Charles-Émile 1844—1918）的胶片打孔术，在两边打上长方形小孔，这些小孔使35厘米的胶卷在过卷时保持一条直线，利用电驱动的链轮，使其通过后来成为照相机快门的机构。让胶卷间歇地移过快门，能得到一系列的照片。

勒罗依［美］研制成放映机　爱迪生获观影机专利后不久，美国人勒罗依（LeRoy，Jean Aimé 1854—1932）将幻灯机与观影机相结合制成放映机，并尝试于1894年2月5日在纽约放映影片。

斯托莱托夫［俄］发现光电流　俄国物理学家斯托莱托夫（Столетов，Александр Григорьевич 1839—1896）用紫外线光照射锌板产生了连续光电流。这是最原始的光电装置。

1891年

斯通尼［英］创造"电子"术语　英国物理学家斯通尼（Stoney，George Johnstone 1826—1911）将英文electric加上后缀on，创造出electron（电子）一词，表示当时已发现的不可再分的带负电的最小微粒。

韦斯顿［美］发明韦斯顿标准电池　美国新泽西州的电气工程师韦斯顿（Weston，Edward 1850—1936）提出关于标准电池的专利申请，1893年获专利。韦斯顿发明的电池用饱和硫酸镉溶液代替克拉克电池中的电解液，用镉汞合金代替锌负极，极化剂仍用硫酸亚汞。其电动势温度系数仅为40微伏/℃左右，比克拉克（Clark，Josiah Latimer 1822—1898）电池有较大改进。后又经进一步完善于1908年在伦敦举行的电工会议上，被认定其电压值在20℃下为1.01830国际伏特。

斯特罗杰

斯特罗杰［美］建成步进制电话自动交换机　步进制电话交换机是由选择器和继电器组成的一种自动电话交换机。当用户拨号时，交换机内相应的选择器就随着拨号时发出的脉冲电流一步一步地改变接续位置，将主叫和被叫用户间的电话线路自动接通。美国人斯特罗杰

（Strowger，Almon Brown 1839—1902）发明的步进制电话交换机的关键部件，是三磁铁上升旋转型选择器，能自动接通99个电话机。电话机上设有两个按钮，按一定数按动电话按钮，交换机即可以自动接通所要接通的电话。1892年，最早的步进制电话局投入使用。1909年，德国西门子公司对这种电话机作了改进，将三磁铁上升旋转型选择器改为二磁铁选择器，研制成西门子步进制电话交换机。1925年，中国在天津装用西门子步进制电话交换机。

斯特罗杰的步进制电话交换机

1892年

洛伦兹［荷］确立经典电子论 荷兰物理学家洛伦兹（Lorentz，Hendrik Antoon 1853—1928）主张电磁场独立于物质存在，并认为一切物质分子都含有电子，阴极射线的粒子就是电子。1896年，洛伦兹用电子论成功地解释了莱顿大学塞曼（Zeeman，Pieter 1865—1943）发现的原子光谱磁致分裂现象。洛伦兹断定该现象是由原子中负电子的振动引起的，他从理论上导出的负电子的荷质比，与汤姆生（Thomson，Joseph John 1856—1940）1893年通过阴极射线实验得到的结果相一致。

洛伦兹

布隆代尔［法］发明双线悬置电磁示波器　法国电工学家布隆代尔（Blondel，André 1863—1938）发明的双线悬置电磁示波器，是最早的一种示波器，为观测交流电的电流强度提供了有力的手段。

1893年

汤姆生［英］提出波导理论　英国物理学家汤姆生（Thomson，Joseph John 1856—1940）于1893年在作为麦克斯韦《论电与磁》的续篇而写的《电与磁的新近研究》一书中，提出关于通电的空心导管内存在电磁波的理论，并用数学方法分析了通电空心金属容器内的共振问题。

英国制成珂罗版印刷机　珂罗版是一种利用油水不相容原理的平板印刷法，特别适合照片和图画的印刷。1893年，由英国弗尼瓦公司（Furnival Company）制造的第一台珂罗版印刷机投入使用，用这种工艺制作的彩色印版效果极佳。但三色工艺不适用于珂罗版，所以为了保留原稿中所有的颜色，经常需要8块或更多的印版。

1894年

派克［美］发明墨水输送装置　1888年，派克（Parker，George 1863—1937）在钢笔和墨水供给装置上取得第一项专利。1892年，派克与他人合作创立派克笔公司。1894年，派克为钢笔"幸运环"发明的墨水输送装置获得专利，使派克笔迅速成为钢笔市场上的主要品牌。此装置的设计原理是，当笔尖直立浸入墨水，根据虹吸原理通过吸水管的作用把墨水抽到笔管的储存部分，这后来成为派克笔的主要设计。

洛奇［英］制成灵敏的检波器　英国物理学家洛奇（Lodge，Oliver Joseph 1851—1940）得知法国物理学家布冉利（Branly，Edward 1844—1940）实验金属粉末检波器的消息后，立刻进行追加实验并进行改进，制

洛　奇

成灵敏度极高的金属粉末检波器，并将这种装置命名为"检波器"。同年，赫兹（Hertz，Heinrich Rudolf 1857—1894）利用这种检波器进行了电磁波实验，次年波波夫（Бобов，Александер Степанович 1859—1906）和马可尼（Marconi，Guglielmo Marchese 1874—1937）的无线电通信实验均使用了这种检波器。

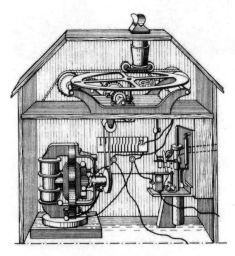

爱迪生的放映影片装置

爱迪生［美］将放映影片的电影视镜公之于世 美国发明家爱迪生（Edison，Thomas 1847—1931）设计的"电影视镜"外形是一个木制箱子，上面装有放大镜，利用法国人雷诺（Reynaud，Charles-Émile 1844—1918）的胶片打孔术将胶片打孔，用一个小马达不停地以每秒46格画面的速度输运胶片，观者在投入一枚硬币后，就可以通过放大镜看到暗箱中放映的连续运动的影片节目。爱迪生采用了赛璐珞薄膜胶片的形式，使电影机械达到近于完成的阶段。

吕米埃兄弟［法］研制成功活动电影机 对电影技术起了决定性作用的是法国的吕米埃兄弟（Lumiere，Louis Jean 1864—1948 and August Marie Louis Nicolas 1862—1954），他们于1894年研制成功"活动电影机"，1895年申请专利。他们在工程师穆瓦松（Moisson，Charles 1864—1943）的帮助下，用间歇拉片机的抓片机构移动胶片，用带缺口的圆盘作为胶片移动时的遮片装置。他们用每秒16格画面拍摄了许多影片。1895年3月22日，他们在里昂首次用这种机器放映电影。1895年12月28日在巴黎卡普辛大街的"咖啡馆"公开放映影片，标志着电影的正式诞生。

吕米埃兄弟

吕米埃兄弟研制的活动电影机

电影摄影机

电影放映机

1895年

洛伦兹 [荷] 发现洛伦兹力　荷兰物理学家洛伦兹（Lorentz，Hendrik Antoon 1853—1928）认为电具有"原子性"，电的本身是由微小的实体组成的（后来这些微小实体被称为电子）。洛伦兹以电子概念为基础解释物质的电性质，从电子论推导出运动电荷在磁场中要受到力的作用，即洛伦兹力，并把运动电荷所受到的电磁场的作用力归结为一个公式：$F=qv \times B+qE$，创立了洛伦兹电子论。

卢瑟福 [英] 进行电磁波发射实验　英国物理学家卢瑟福（Rutherford，Ernest 1871—1937）在剑桥借助于自己在新西兰发明的一种新型检波器，成功地将电磁信号发射到四分之三英里远的地方。

波波夫 [俄] 进行无线电通信试验　俄国无线电发明家波波夫（Бобов，Александер Степанович 1859—1906）设计了能接收闪电信号的接收检波器，并用导线作天线，取得了成功。他在圣彼得堡

卢瑟福

物理学分会上，展示了他创制的"雷电计"，这是世界上第一部无线电接收机。不久，他又创制了可以接收声音又可以传出声音的仪器，并于1896年3月完成了无线电通信。

波波夫纪念邮票

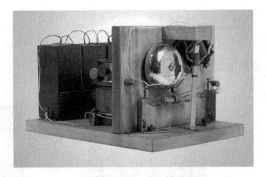

波波夫开发的无线电接收机

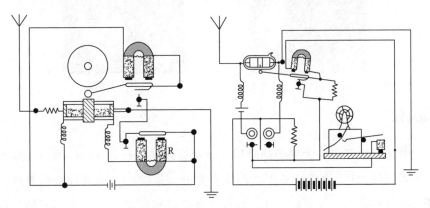

波波夫无线电发报（左）、接收（右）线路图

马可尼［意］进行无线电通信试验　意大利工程师马可尼（Marconi, Guglielmo Marchese 1874—1937）于1894年制成金属粉末检波器，又在发射机和接收机上安装天线和地线，极大地提高了接收和发射的效率。1895年，马可尼利用无线电通信把信号发送到1英里远处，随后又扩展到9英里处。1897年，马可尼的无线电通信达到12英里。

马可尼纪念邮票

列别捷夫［俄］制成产生和接收毫米电磁波设备　俄国物理学家列别捷夫（Лебедев，Пётр Николаевич 1866—1912）研制的能产生和接收毫米电磁波设备，成功地扩展了电磁波的研究范围，促进了电子通信的发展。

伦琴［德］发现X射线　1895年11月8日，德国物理学家伦琴（Röntgen，

Wilhelm Conrad 1845—1923）用一个被不透明的黑色硬纸板遮住的克鲁科斯管做实验时，发现当电流流过时，附近一片涂以铂氰化钡的纸放出荧光。由于弄不清楚这是什么射线，他将这种新发现的射线称作X射线。

伦　琴

人手的X射线照片

1896年

中国清政府成立大清国邮政局　随着近代邮政业务在中国的迅速发展，1896年3月20日，清政府总理衙门准奏开办国家邮政，邮资计费由银两改银圆，发行海关小龙、慈禧寿辰、红印花加字改值邮票。1897年后开始发行蟠龙（分值）、跃鲤（角值）和宫门（元值）的普通邮票（俗称蟠龙邮票），以及"宣统登基"纪念邮票（1909）和欠资邮票（1904）。到20世纪初，中国已形成较为完整的邮政体系。

蟠龙邮票

红印花加字改值邮票

欠资邮票

马可尼［意］无线电报获专利　1896年6月2日，马可尼（Marconi，Guglielmo Marchese 1874—1937）在英国获得了首例无线电报专利。马可尼采用长波，在伦敦中央邮局的屋顶上将一个管状接收器（金属粉末检波器）一端接地，一端接天线。其信号首次传输到一百码（1码=3英尺）以外。次年，马可尼建立了船只与海岸的通信，并于1897年在伦敦创办无线电报公司，在意大利以外的国家推行自己的专利。1899年，英法两国之间成功地进行了无线电通信。跨越大西洋的无线电通信，于1901年12月12日由康瓦尔的波德胡传到纽芬兰的约翰大街。

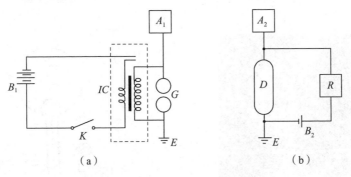

马可尼无线电收（a）发（b）报机电路图

莱布兰［法］设想用声音信号调制高频交流电　1896年，法国的莱布兰（Leblanc，Maurice 1857—1923）设想用声音信号调制高频交流电。1902年，费森登（Fessenden，Reginald Aubrey 1866—1932）试用话筒对电磁波进行调制。1911年，洛文斯坦（Löwenstein，Fritz）发现真空三极管可以对输出信号进行正反馈而使信号进一步放大，当信号放大到一定限度时，则会产生振荡。

1897年

汤姆生［英］发现电子　英国物理学家汤姆生（Thomson，Joseph John 1856—1940）通过提高赫兹的阴极射线实验的真空度，实现了用磁铁使阴极射线产生偏转，确定了假想粒子的荷质比。这一荷质比竟比已知的质量最小的原子即氢原子的电荷质量比大1000多倍。1897年4月30日，在英国伦敦皇家学院"星期五晚会"上以《阴极射线》为题，宣布他对阴极射线的荷质比测定结果，提出阴极射线是由比氢原子小得多的带电粒子组成。汤姆生认为，具有这种很小质量的粒子是构成一切物质的一种成分。他还研究了带负电的热导线的放电和在紫外线照射下带负电的锌板的放电，在这两种放电现象中，他都发现了荷质比与阴极射线相同的带电粒子，而且还能使水滴凝结在这种粒子上以形成雾，再由水滴的下降速度求出水滴的大小，从而测得粒子的实际电量，测量结果与当时假设的氢原子电荷值相符。汤姆生把这些新发现的质量很小的粒子称为"微粒"，后来改称为"电子"。"电子"一词是此前由英国物理学家斯托尼（Stoney，George Johnstone 1826—1911）提出的，用来表示作为电荷单位的氢原子的电。

汤姆生

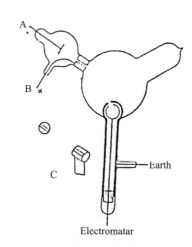

汤姆生测定阴极射线的示意图

布劳恩［德］发明布劳恩管（阴极射线示波器） 最早的阴极射线管是英国物理学家和化学家克鲁克斯（Crookes，Sir William 1832—1919）首创，这种阴极射线管可以将电信号转变为光学图像，被称为克鲁克斯管。德国物理学家布劳恩（Braun，Karl Ferdinand 1850—1918）对克鲁克斯管作了改进，在阴极射线管上涂布荧光物质制成用荧光屏以观测电子运动以及用电场控制电子束，在斯特拉斯堡大学研制成研究电子流随时间变化用的第一台阴极射线示波器。

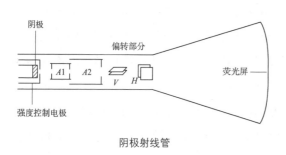

阴极射线管

将从阴极射出的电子依次经过两个中心有小孔的正极，从而使电子加速形成电子束，再用磁场控制电子束，打到荧光屏上显出亮点。示波器中保有一定量的氩气，以便通过离子聚焦效应形成细长的电子束。这种阴极射线管主要由极板网栅、阳极、偏转线圈、加热器、阴极、电子束、聚集线圈、荧光屏等构成，具有很高的灵敏度和直观性，也称布劳恩管。这项发明为电视技术的发展奠定了基础。

甘布里尔［英］、哈里斯［英］发明碳膜电阻器 在无线电出现前，碳膜电阻器就被发明出来。英国的甘布里尔（Gambrell，T.E.）、哈里斯（Harris，A.F.）又重新研制了专门为无线电通信用的碳膜电阻器。这种碳膜电阻器是用喷射或导体涂层的方法，使碳沉积在电阻丝上，经烘焙后装在玻璃管中，两端用金属帽密封并与管内电阻丝连接而成，是一种精度不高但制造简单、应用广泛的电阻。

克里德［加］研制成第一台电传打字电报机 加拿大发明家克里德（Creed，Frederick George 1871—1957）研制的电传打字电报机，缩短了将字母变成莫尔斯电码并将电码打在纸带上的过程，操作人员按打字机的键，机器就对字母进行编码。

1898年

勒纳［德］发明新型阴极射线管 德国实验物理学家勒纳（Lenard，Phillipp 1862—1947）发明的阴极射线管，其特点是带有一个铅箔窗，被称作勒纳窗，对研究阴极射线的性质有重要作用。

尤格涅尔［典］发明镉镍电池 瑞典物理学家尤格涅尔（Jungner，Waldemar 1869—1924）发明的镉镍电池（即镉镍碱性蓄电池），其正极活性物质是高价的氢氧化镍，负极活性物质是海绵状的金属镉，电解液是氢氧化钾或氢氧化钠的水溶液。

浦耳生［丹］发明磁记录技术 丹麦人浦耳生（Powlsen，Valleman 1869—1942）发现，用来自微音器的电流通过一个电磁铁，同时拉动导线使之很快地经过电磁铁，或者使电磁铁很快地沿导线移动，声音便可以记录在导线上。而且导线或磁带用退磁的办法能够反复使用，记录在导线上的信号复放多次也不损害质量。他按此原理制成了一种"留声电话"，随后在欧美许多国家申请了专利。这些专利推荐采用铁丝或涂有可磁化的金属粉末层的带或盘作为记录媒质，可以复放多次而不损害质量，为录音机的出现创造了条件。

1899年

马可尼［意］在英法海峡成功试验无线电通信 意大利的马可尼（Marconi, Guglielmo Marchese 1874—1937）在英国多佛海峡附近的南福亚兰德灯塔与法国布罗纽附近的韦姆洛电报局之间，无线电通信试验获得成功。数周后用无线电救助了遇难的马西乌姆号商船，由此使人们对无线电通信的重要性的认识大为提升。

卢瑟福［英］发现 α 射线和 β 射线 1898年英国物理学家卢瑟福（Rutherford, Ernest 1871—1937）到加拿大的麦吉尔大学担任麦克唐纳实验室的物理学教授。此间，他按放射性物质发出射线的贯穿能力将射线分类为 α、β 两类，并且完成了放射性衰变的学说。

汤姆生［英］确认电子的存在 在直线行进的阴极射线外面加上电场或磁场，射线会发生偏折。英国物理学家汤姆生（Thomson, Joseph John 1856—1940）对阴极射线同时施加电场和磁场，并调节到电场和磁场所造成的射线的偏转互相抵消，即射线仍做直线运动。这样，从电场和磁场的强度比值就能算出射线粒子的运动速度。速度确定后靠磁偏转或者电偏转就可以测出射线粒子的电荷与质量的比值。经测定，这种粒子的质量比氢原子的质量要小得多，前者是后者的1/1836。汤姆生将实验结果加以总结，发表论文《论存在比原子还小的质量》。

布劳恩［德］发明新型无线电发射机和接收机 德国物理学家布劳恩（Braun, Karl Friedrich 1850—1918）采用无火花电路和可调谐电路，发明了新型无线电发射机和无线电接收机，增大了信号的传播距离。

维埃耶［法］制成激波管 法国电气学家维埃耶（Vieille, Paul Marie Eugène 1854—1934）研制的激波管，是一种能产生激波和利用激波压缩实验气体，以模拟所需工作条件的装置。维埃耶用它成功地进行了爆炸实验，促进了对冲击波物理性质的研究和认识。

1900年

　　普朗克［德］提出能量量子化假说　　1900年，德国物理学家普朗克（Planck，Max Karl Ernst Ludwig 1858—1947）为了解释经典物理学理论对解释黑体辐射的困难，引入能量量子概念，提出了电磁辐射和吸收能量量子化的假设，成功地解释了黑体辐射问题。1900年12月14日，普朗克在柏林的物理学会上发表了题为《论正常光谱的能量分布定律的理论》的论文，提出了著名的普朗克公式，创立了经典量子论。

普朗克

　　奥德纳（典）研制台式机械计算机　　在俄国工作的瑞典发明家奥德纳（Odhner，Willgodt Theophil 1845—1905）研制出一种计算机，其外观与结构已接近现代台式机械计算机。这种计算机的特点是采用了被叫作"奥德纳齿轮"的齿数可变齿轮，以取代"莱布尼兹的阶梯形轴"，其中字轮与基数齿轮之间没有中间齿轮，数字直接刻在齿数可变齿轮上，设置好的数在外壳窗口中可以显示出来，其结构简单而且尺寸较小。

奥德纳

奥德纳研制的台式机械计算机

格里莫–桑松［法］设计环形屏幕　法国的格里莫–桑松（Grimoin-Sanson, Raoul 1860—1940）用10个投影仪在一个环形屏幕上放映出运动的画面，观察者位于球幕中央，看到的是四周移动的影像。1953年，类似的构想重现于宽银幕电影系统。

格里莫–桑松

格里莫–桑松的环形屏幕

伯斯基［俄］创用电视一词　俄国科学家伯斯基（Пельский, Константин 1854—1906）在巴黎国际电子大会上起草的报告中创用了"电视"（television）这个英文单词，意指"远距离观看"。

爱迪生［美］发明镍铁电池　美国发明家爱迪生（Edison, Thomas 1847—1931）用活性物质汇集成负极板，用填充镍及氢氧化镍的镍管组成正极板，制成镍铁电池。这种电池机械性能优良，能够超负荷充放电。1908年开始市场销售。

琼格尔［典］、伯格［典］发明镍镉电池　瑞典的琼格尔（Junger）和伯格（Burger, Franz）发明的镍镉电池组与爱迪生的镍铁电池不同之处在于，镍镉电池用镉阳极代替铁阳极，机械性能优良，能够超负荷充放电。

隆巴迪［意］发明陶瓷电容器　陶瓷材料是在大约1200℃的温度下烧制的，化学性能非常稳定，可以承受额定工作电压的多次冲击，在正常条件下其形状和物理性能不会变化。用陶瓷材料作为电的绝缘体已经应用多年。意大利物理学家隆巴迪（Lombardi, L.）发明的陶瓷电容器在无线电线路中得到广泛应用。

19世纪末

英国基士得耶（GESTETENR）公司发明油印技术 油印技术又叫"誊写印刷"，是一种简便的孔版印刷方法。这种方法是先在特制的蜡纸上用打字机打字，或者将蜡纸放在有网纹的钢板上用铁笔刻画出文字图画，打字或铁笔划过的地方就形成了网眼，然后让蜡纸附在普通纸面上，在上面用油滚涂施油墨，油墨透过蜡纸的网眼印刷到下面的纸上。后来出现一种手摇转轮油印机，20世纪50年代，英国的基士得耶公司发明4130型双滚筒机械高速油印机。1962年，日本理光公司研制出性能稳定的理光（RICOH）一体机。油印技术在20世纪是办公室必备的主要办公技术。

手推油印机

高速油印机

概述

（20世纪前半叶）

经历了19世纪经典自然科学的全面发展和钢铁、电力、热机、化工技术的划时代进步之后，20世纪的科学技术进入了一个全新的发展时期，在科学技术史学界一般将20世纪称作现代。

20世纪上半叶，爆发了两次世界大战。1914年首先爆发了第一次世界大战，1939年又爆发了第二次世界大战。战争会造成物质财富的巨大破坏、人口的大量伤亡，但同时战争又经常是应用新技术、促进某些特殊技术迅速发展的最好的动力。在战争中新兴的许多新技术，经常成为战后经济起飞的重要技术力量。

如果说第一次世界大战是个准机械化的战争，骑兵还是一种重要的机动部队的话，那么第二次世界大战则是一个陆海空一体的机械化战争，各种新式兵器广泛用于战场，参战国特别是美国，动员了国内的一切力量和物资，投向军工生产，使得许多技术难题得以迅速突破。

20世纪科学技术的迅猛发展是与两次世界大战及与战后各国军备竞争密切相关的。

20世纪初，经典量子论、原子结构和相对论为现代自然科学理论的形成提供了基础。20世纪20年代后，量子力学、基本粒子理论、现代数学、现代宇宙论和现代生物学和化学均开始形成，由此构成了现代科学理论的基本框架，与技术直接相关的各类技术科学、工程科学开始大量出现，使技术进一步实现了科学化。

1. 电子与无线电技术

电子元器件　电子与无线电技术是20世纪发展起来的新技术，是信息技术的基础，是当代高新技术的核心。

电子元器件是电子技术的重要组件，电子元器件包括电阻、电容以及电感器、滤波器等无源元件和电子管、晶体管等电子器件。碳膜电阻、金属膜电阻、TaN薄膜电阻的发明，使电阻的体积不断缩小，有较好的环境适应性，阻值更趋稳定。由于20世纪60年代后电阻制造工业的改革，使电阻几乎可以制成电路所需的各种形状。电容器是一种能存储电荷的电子元件，1745年德国卡明大教堂的克莱斯特和荷兰莱顿大学的穆森布洛克（Musschenbroek，P.von）制成的莱顿瓶，就是最早的电容器。后来，云母电容器、低介电容器、瓷介电容器、电解电容器相继被研制成功，并很快用于电子电路。

最早的电子器件是真空电子管。早在1883年，爱迪生（Edison，Th.A.）在研究白炽灯时就发现了真空中热电子发射现象，即爱迪生效应。电子真空二极管是马可尼无线电公司（RCA）的英国技师弗莱明（Fleming，J.A.）于1904年发明的，他在真空管中用筒形金属片作阳极，把灯丝围起来，发现它有很好的整流和检波效能。1906年，美国发明家德·福雷斯特（De Forest，L.）在真空二极管的阳极、阴极间加入一锡箔片构成第三极，制成可以对信号放大的三极管，后来他将第三极改成网状，又叫栅极。此后不少人对电子管进行研究和改革，四极管、五极管，以及用于微波通信的磁控管、速调管、行波管都被发明出来。1923年，美国工程师兹沃里金（Zworykin，V.K.）发明的光电摄像管，成为摄像的主要设备。

20世纪30年代，固体能带理论的完成，为半导体技术的形成提供了科学理论。由于电子管耗能大、发热严重、体积大，严重地制约了电子技术的发展。1947年，贝尔电话实验室的肖克利（Shockley，W.B.）、巴丁（Bardeen，J.）、布拉顿（Brattain，W.H.）等人发明的锗晶体三极管，成为半导体技术发展的先声。1949年，肖克利进一步提出了PNP和NPN结型晶体管理论。1950年，贝尔实验室的蒂尔（Teal，G.K.）和利特尔（Little.W.）成功地烧结出大型锗晶体。1952年蒂尔与斯帕克斯（Sparks，M.）等人发明了能精确控制掺入到晶体的杂质量和掺入厚度的扩散工艺，同年得克萨斯公司制成扩散型硅晶体管。1959年肖克利创始的仙童公司的霍尔尼（Hoerni，J.A.）发明了平面工艺并制成平面型晶体管。1962年，仙童公司利用平面工艺制成金属–氧化物–半导体场效应晶体管（MESFET）。这种晶体管开关速度快，工作频率高、噪声小，适用于放大电路、数字电路和微波电路。

由于晶体管有效地取代了电子管，使复杂电子线路有可能得以实现，但是由于复杂的电子线路焊点过多，工艺复杂，且占用空间过大，严重地束缚了电子制品向小型化、多功能化、可靠性强的方向发展。1958年2月，得克萨斯公司的杰克·基尔比（Kilby，J.）用扩散工艺在一块半导体材料上制作成具有完整电路的集成电路（IC）。1959年7月，仙童公司的诺依斯（Noyce，R.）用平面工艺制成集成电路。1968年后出现了大规模集成电路和超大规模集成电路，这种电路可以在一块很小的芯片上，集成10亿个以上的晶体管。用集成电路装配的电路，使引线数大为减少，极大地缩小了体积，简化了工艺，提高了使用寿命和可靠性。

真空二极管和三极管发明后，德·福雷斯特、阿姆斯特朗（Armstrong，E.H.）等人于1912年研究成功利用输出正反馈的再生电路，阿姆斯特朗和费森登（Fessenden，R.A.）于1913年又研究成功超外差电路，使收音机与无线电广播迅速发展起来。

1920年，康拉德（Conrad，F.）在匹兹堡为西屋公司（Westinghouse Electric Corporation）建立了第一座广播电台KDKA。1926年美国即建成全国性的广播网。至1930年，无线电广播已经在世界各国普及。1933年，阿姆斯特朗发明了调频制广播方式，1941年美国开始了调频广播（FM）。这种广播方式比调幅广播有很强的抗干扰性，接收的音质大为提高。

无线电通信 19世纪末，马可尼（Marconi，G.M.）、波波夫（Попов，A.S.）的无线电通信实验的成功，加之20世纪电子技术的进展，使无线电通信迅速发展起来。

第一次世界大战中，出于战争的需要，无线电通信为各国所重视。由于当时还没有用于无线电通信的放大线路，远距离通信只能靠大功率发射机（多极交流发电机），采用长波，发送的是莫尔斯电码，这种通信即无线电报。电报在许多大城市中虽然已经普及，但是当时电报使用的是载波传输，为借助星罗棋布的电话线路，电报信号被调制到载波频率上，由此进一步促进了无线电报的普及。

无线电报向无线电话的转换，是无线通信的一大变革。

早在1896年，法国的莱布兰（Leblanc，M.）即设想用声音信号调制高频交流电。1911年，洛文斯坦（Löwensteinz，F.）发现真空三极管可以对输出信号进行正反馈而使信号进一步放大，当信号放大到一定限度时，则会产生振荡。

20世纪初，一般的电话只能传输200千米左右。1913年后，美国在电话线路上安装用真空三极管制成的可以使信号放大的中继器后，电话通信距离大为增加。1915年，美国架设了覆盖全国的有线电话通信网。1927年，贝尔实验室的布莱克（Black，H.S.）发明了负反馈线路，有效地解决了通话失真的难题。20世纪30年代后，布莱克为解决多路通话问题，研制成多路载波系统和同轴电缆，使全球瞬间通话成为可能。

20世纪50年代后，同轴电缆被广泛采用，最高频率达4兆赫，一个电缆可容纳960路。70年代后，形成了经电缆和卫星可达几千话路的全球电话通信网络。随着微电子技术、电子计算机技术的进步，到20世纪末，数字电话很快代替了模拟电话，极大地提高了抗干扰性和保密性。

20世纪20年代后，传输距离远、容量大、保密性强的微波超视距通信也发展起来。微波只能直线传播，一般在50千米左右需设一个中继站，20世纪末，微波通信开始被光纤通信取代。

2. 音像技术

电视　最早的电视是采用机械扫描的。1924年，英国的贝尔德（Baird，J.L.）利用尼普科夫（Nipkow，P.G.）圆盘，制成实用的机械电视装置，1929年英国广播公司开始定期播放电视节目。

在同一时期，不少人在研究电子式电视系统，美国工程师兹沃里金利用自己发明的光电摄像管和电视显像管，制成了全电子的电视设备。1936年，英国电气与公共事业公司改进了这一设备，英国广播公司正式播放全电子式电视节目。1939年后，美国亦开始了电视广播。

彩色电视几乎是与电子式黑白电视系统同时被研制的。1928年，贝尔德进行了将三原色图像依次传送的机械式彩色电视实验。1929年，美国贝尔电话实验室也研制成将三原色同时传送的彩色电视。1949年美国开始了彩色电视广播，采用的是顺序制式（CBS），但这种制式不能与黑白电视兼容。美国无线电公司（RCA）的劳（Law，H.B.）发明了三枪式阴罩显像管并制成了与黑白电视兼容的彩色电视机。1953年，美国批准了这种电视标准，即正交调制式（NTSC）。后来法国、德国对此进行了改进，形成了SECAM和PAL制式，这三种制式成为世界彩色电视系统的三大制式。中国在1959年采用PAL制式开始了彩色电视广播。

20世纪80年代出现了高清晰度的电视，其扫描线比通常的电视增加了一倍，为1250行。1988年，法国汤姆生公司与荷兰飞利浦公司合作研制成功16∶9的宽屏幕显像管。日本于1991年开始了模拟方式的高清晰度电视的广播（Hi-Vision）。美国则研制成成本低、图像稳定、抗干扰能力强的数字化高清晰度电视（HDTV）。此外，在20世纪80年代后，液晶背投电视机、等离子电视机、场致发射电视机亦被相继研制成功并投放市场，它们比传统的阴极射线管式的电视机有耗电少、屏幕大、清晰度高、体积小的特点，成为电视发展的一个重要方向。

摄像与录像　摄像机是通过光子系统将被摄物的光像投射到摄像器件上，再转变成电信号加以输出或保存的装置。摄像器件随着电子技术的发展而不断变化，已经由电子式向固体式发展。1923年，兹沃里金发明了光电摄像管后，利用光电摄像的摄像机在20世纪30年代制造出来，但其摄像质量不高。1943年美国无线电公司（RCA）研制出高灵敏度的超正析摄像管，不过虽然图像摄制质量大为提高，但体积过大，结构复杂，十分笨重。1963年，荷兰飞利浦公司研制成灵敏度高、体积较小的氧化铅摄像管。20世纪70年代后，日本研制成成本低廉的硒砷碲摄像管，美国贝尔实验室研制成采用金属氧化物半导体（MOS）、电荷耦合器件（CCD）等固体器件的摄像机。

摄影术　摄影俗称照相，其关键技术是照相机的发明与改进。照相的原理是暗箱的小孔成像。1657年，朔特（Schott，G.）将两个可相互移动的箱体套在一起，一个有镜头，另一个可以用油纸或磨砂玻璃显示影像。

照相机的一个重要里程碑是35毫米相机的发明。1913年，德国的巴纳克（Barnack，O.）发明了使用35毫米胶卷的小型相机（莱卡相机），使照相机成为高级光学和精密机械制造技术的重要产品，其镜头可以替换，且换卷容易，成为后来光学照相机的基本形式。

1948年，美国的兰德（Land，E.H.）发明了一步成像的照相机"波拉罗伊德"（宝丽来，Polaroid），即俗称"拍立得"相机。它采用特殊相纸，能直接感光并生成照片。由于没有底片，虽然省去冲洗的麻烦，但是每次只能获得一张相片，且不能修版和放大。

这一时期，在镜头上亦有了许多改进和发明，出现了变焦镜头、远摄镜头、广角镜头、微距镜头等，还出现了针对不同光线和产生特殊效果的镜片。

20世纪60年代，随着单片机的进步和电子测光系统在照相机上的应用，出现了自动测光、自动调整快门速度和光圈的小型智能化相机，俗称"傻瓜"相机。20世纪90年代，数码影像技术的发展使照相技术发生了一次新的变革，一种全新的照相机——数码相机由美国于1995年开发成功，这种照相机的镜头部分采用传统的技术相当成熟的光学镜头，用CCD或CMOS器件接受光信号，通过对信号的扫描、放大、数模转换成数字量，存储在磁盘上，可以以数字文件形式保存或经由计算机进行存储、编辑、显示、传输，也可以经打印机打印成黑白或彩色照片。

电影 电影是当代流传最广的一种综合性影像艺术，但其发明仅有百余年的历史。

1888年，美国柯达公司（Kodak）研制成将卤化银感光剂涂在明胶片上的胶片和胶卷后，美国的爱迪生即研制成用电动机驱动的摄影机。不久后，美国人勒罗依（LeRoy）将幻灯机与观影机相结合制成放映机，并于1894年2月5日在纽约放映了两部影片。

19世纪末20世纪初，许多人投入了对电影机的改进和电影的拍摄。法国人梅里斯（Méliès，G.）创立的大众电影公司到1910年已经拍摄了4000余部电影。

进入20世纪后，电影有了进一步发展。1927年，法国人克雷蒂安

（Chrétien，H.J.）发明了变形镜头，可以将宽场景摄入正常胶片中，放映时再用这种镜头放出宽银幕影像，由此出现了宽银幕电影。20世纪30年代后，出现利用影片边缘的"光迹"进行录音的技术，使早年的无声电影及场外实地配音电影变成声影同步的有声电影。20世纪40年代后，出现了利用人工在黑白胶片描色的办法放映的彩色电影。20世纪50年代后，由于彩色拷贝的出现，彩色电影成为电影的主流。同时，一些特殊的摄影机也相继被发明出来，如高速摄影机、水下摄影机、立体摄影机、环幕摄影机等。

20世纪末，随着电子技术由电模拟向数字化的发展，电影的摄制和放映也开始了数字化。

3. 电子计算机的发明

电子计算机是人类最伟大的发明之一，它的出现导致了20世纪中叶发生了一次重大的技术革命和产业革命，它的推广应用极大地解脱了人的脑力劳动，成为20世纪后半叶生产自动化、管理自动化和生活自动化的核心装备。电子计算机起源于人类用机械方式进行数字计算的设想和发明，而当代的计算机已远远超出数字计算的功能，几乎具有了人脑的许多功能，这也是有人将电子计算机称作电脑的原因。

计算机从出现到现代经历了机械式、机电式和电子式三大阶段。

最早的机械式计算机是1642年法国19岁的帕斯卡（Pascal，B.）为减轻作为收税官父亲的繁杂计税而制成的。德国数学家、哲学家莱布尼兹（Leibniz，G.W.）为了研制计算机专门到法国学习考察，于1671年研制成一种能做加、减、乘、除四则运算的步进式机械计算机。这种计算机也是用手摇的，但是采用了一种叫作"莱布尼兹轮"的阶梯轴，可以进行乘除运算。1822年，英国的巴贝奇（Babbage，Ch.）发展了用于编制各种函数值表格的差分机，他采用了法国雅卡尔（Jacquard，J.M.）设计的供织机用于编织图案的穿孔卡片，研制了存储器和各种运算装置。

20世纪初，不少人对计算机进行了改进，加之当时电力技术的进步，以电为动力采用继电器为器件的机电式计算机开始出现。1927年，美国电学家布什（Bush，V.）利用电度表中电压与电流的关系，设计出"积分机"，这是第一台用电流与电压模拟变量的"模拟式"计算机。1939年，美国数学家艾肯（Aiken，H.H.）设计成利用继电器为器件的通用电子计算机，在IBM公司的支持下，于1944年制造成功Mark I型自动数字计算机。这台Mark I计算机由穿孔纸带控制整台机器的运算与存储，但运算速度较慢。最早的程序控制通用计算机是德国的朱思（Zuse，K.）完成的。他自1936年制成从全机械的Z-1型直到1943年的机电式Z-3型计算机。这是最早的程序控制通用电子计算机，使用了2600个继电器，存储容量为64个字节。

电子计算机的研制也是和战争的需要分不开的。电子计算机一般指电子数字存储程序计算机，这种计算机具有自动控制、自动调整、自行操作的能力，还能够大量存储信息并对信息进行加工，在预定的程序下可以进行逻辑推理和判断。

第二次世界大战中，由于喷气式飞机和导弹在战争中的大量应用，出现了许多需要在短时间内完成的复杂计算工作。原有的机械式的防空测量、测算系统已经远远不能适应这一要求，对高速飞机和导弹的控制和导航，地面防空系统针对敌机的防空火力布置和弹道计算，都需要有一种快速、准确的计算工具。

为解决机电式计算机运算速度慢的缺点，德国数学家朱思等人提出制造用电子管为器件、运算速度达每秒1万次的电子计算机方案，但是未得到德国政府的支持。在战争中，纳粹德国利用波兰人发明的一种有3个齿轮、可瞬间复杂变换密码的"恩尼格玛"密码机编制密码。英国数学家、逻辑学家图灵（Turing，A.M.）设计出"炸弹破译机"，后来为了破译德国改进了的密码机，又发明了电子计算机前身的"巨人"电子破译机。

1942年，美国的莫奇里（Mauchly，J.W.）在研制模拟计算机的基础上，于同年8月提出制造ENIAC（电子数字积分机，Electronic Numerical Integrator and Computer）计算机方案。1943年4月，美国军事部门与莫尔学院的莫尔小组和阿尔丁弹道研究室签署了投资40万美元试制ENIAC的合同，但是直到二战结束也未能制成。1945年底总算完成了ENIAC的总装调试工作，1946年2月15日试运行，运算速度是继电器式计算机的1000倍。这台计算机采用10进位制，因此不但结构复杂，也限制了运算速度的提高。

ENIAC是由于战争的需要而用最短时间研制出来的，虽然制成后第二次世界大战已经结束，但是它的出现却影响了后来科研、生产、经济、文化、社会各个领域，导致了20世纪后半叶信息技术革命的产生。

4. 无线电探测和定位技术

雷达（radar）是无线电探测和定位（radio detecting and ranging）的简称。

1924年及1925年，美国和英国在对大气层高度测量中，首次应用了无线电波的反射特性和脉冲原理。

1935年，时任英国国家物理实验室无线电分部负责人的沃森–瓦特（Watson-Watt，R.），在向英国空军递交名为"用雷达探查飞机"的报告后，在几位助手的协助下设计了用短脉冲调制的大功率发射机、捕捉脉冲的接收机和实用的发射与接收天线，研制成功第一套用于探测索沃克海岸上空飞机的实用雷达装置。

雷达的研制在美国也获得进展。1935年，海军实验室无线电分部研究室很快研制出当时最为先进的雷达设备。该设备使用28.3赫5微秒的脉冲波，探测距离达4000米，在实验室实验成功后美国海军船只开始配装。

1939年后，英国与美国合作研制成频率高达1万兆赫的H2X雷达系统。微波雷达在二战中很快取代了超短波雷达，成为雷达的主流。英国先进的海岸雷达系统，曾成功地防御了德国对英国本土的轰炸。

第二次世界大战结束后，除军事领域外，雷达在航空、航海、航天等诸多领域都有广泛的应用。美国于1946年用雷达探测了月球，由此开辟了"射电天文学"这一新的研究领域。雷达与计算机相结合，出现了自动雷达侦测系统，可以对快速运动物体如高速飞机、导弹等进行预警。

1901年

马可尼［意］试验跨大西洋洲际无线电通信　意大利的马可尼（Marconi, Guglielmo Marchese 1874—1937）试验跨大西洋洲际无线电通信，他在美洲大陆的圣约翰收到从英国发射出的无线电字母"S"，这是首次跨越大西洋的无线电报传输，由此排除了当时人们认为无线电波像光一样是直线传播的，不可能绕过弯曲的地球表面的担心。此后，无线电报通信很快普及开来。

马可尼进行横跨大西洋无线电通信试验

理查森［英］提出热电子学的基本定律　英国物理学家理查森（Richardson, Owen Willans 1879—1959）提出的热电子学定律，确定了热电子发射的饱和电流密度与阴极表面温度的关系，使真空管的发明与改进成为可能，后被称为理查森定律。

费森登

费森登［美］发现差频振荡器原理　美国电子学家费森登（Fessenden, Reginald Aubrey 1866—1932）提出差频振荡器原理：当接收端有两个无线电信号被混合，会产生与这两个信号的频率都不同的第三个信号频率。这个原理成为后来美国无线电学家阿姆斯特朗（Armstrong, Edwin Howard 1890—1954）设计超外差接收的理论基础。差频式振荡器的可变频率振荡器和固定频率振荡器分别产生可变频率的高频振荡 f_1 和固定频率的高频振荡 f_2，经过混频器产生两者差频信号 $f=f_1-f_2$。这种方法虽然电路复杂，频率准确度、稳定度较差，波形有失真，但是容易做到在整个低频段内频率可连续调节而不用更换波段，输出电平较均匀，常用在扫频振荡器中。

墨里［新］发明了一套五单元的电报代码　新西兰的墨里（Murray, Donald 1865—1945）发明了由五个单元组成的电报代码，这套电码成为1930

年开始广泛使用的自动电传打字电报的基础，使用这套电码的电报可以通过电话线进行传递。

杜德尔［英］发现电弧会产生电磁波　英国物理学家杜德尔（Duddell，William Du Bois 1872—1917）在实验中发现电弧会产生电磁波，但是他得到的这种电磁波频率不足10000Hz，不能在无线电中应用。

贝尔电话公司［美］购买浦品加感线圈专利发展长途电话　南斯拉夫裔的美国物理学家浦品（Pupin，Michael Idvorsdy 1858—1935），发明了一种能使信号在导线中长距离传输不致失真的方法，就是沿传输线每隔一定距离装置一个电感线圈，它们起到了加强信号的作用，这与英国物理学家亥维赛（Heaviside，Oliver 1850—1925）的提议是一致的。贝尔电话公司于1901年购买了这个设计方案，使长途电话进入实用阶段。

1902年

肯涅利［美］、亥维赛［英］提出大气层外存在电离层假说　1901年，马可尼（Marconi，Guglielmo Marchese，1874—1937）的无线电信号跨大西洋传递成功后，美国的肯涅利（Kennelly，Arthur Edwin 1861—1939）和英国的亥维赛（Heaviside，Oliver 1850—1925）为了解释无线电信号可以跨越大西洋传播的实验事实，提出大气层上层存在能反射无线电波的"导电层"（电离层）的假说，它会使电磁波沿地球的曲度传播，由此解释了电磁波远距离传播的原因。这是关于电离层的最早预言，时称肯涅利-亥维赛层。

科恩［德］设计照片传送方法　德国的科恩（Korn，Arthur 1870—1945）设计出一种传送照片的方法。他先将照片加以分解，然后在接收端用硒单体将其重组，用这一设计思想制造出的传真机，很快成为传送新闻照片的设备。

休伊特［美］发明弧光放电汞灯　美国的休伊特（Hewitt，Peter Cooper 1861—1921）在玻璃壳内装入水银蒸气，发明了弧光放电汞灯。由于这种汞灯在汞蒸气的气压较低时发出的紫外线较多，所以常作为杀菌灯使用。当水银气压较高时，可以发出很强的可见光，后来广泛用于广场照明和道路照明的高压汞灯所发出的光是一种混合光，混合光包括水银电弧放电的光和紫外线照到涂敷在玻璃壳内壁的荧光材料上所发出的光。

鲁道夫［德］取得Tessar非像散镜头专利 德国蔡斯（Zeiss）公司的设计师鲁道夫（Rudolph，Paul 1858—1935）设计出口径为f4.5的天赛（Tessar）镜头，这种镜头由4片镜片组成，两两一组不对称分布在光圈两边，前组是独立的两片玻璃片，后组用一片凹镜和一片凸镜黏合而成。光线经前组镜片会聚，再由后组镜片投射到底片平面上。这种镜头不仅可以校正像散，还可以得到平坦的像场。1902年由蔡斯公司出售，称作蔡斯镜头。

布朗克［德］申请彩色电视机专利 德国的冯·布朗克（Von Bronk，Otto 1872—1951）在德国申请彩色电视机专利。

布利肯斯德弗［美］发明电动打字机 早在1808年，一位意大利人为其失明女友发明了一台打字机，可惜已失传。19世纪末，市场上已出现各种形式的打字机。1902年，美国斯坦福大学的布利肯斯德弗（Blickensderfer，George Canfield 1850—1917）发明了一种电动打字机，但是直到1923年后，美国东北器具公司才开始在世界范围内销售电动打字机。

1903年

浦耳生［丹］开发出产生高频电磁波的技术 丹麦电子学家浦耳生（Poulsen，Valdemar 1869—1942）利用电弧放电产生高频电磁波，制成一种无线电发报机，这种发报机能产生连续的无线电波，频率100kHz，发射距离达240km。物理学家彼得森（Pedersen，Peder Oluf 1874—1941）对其进行了改进，制成输出功率达到1kW的装置。其后，德国设计出了机械式高频发生装置，美国的费森登（Fessenden，Reginald Aubrey 1866—1932）等人开发出利用高频交流发电机产生高频波的方法。

浦耳生

贝尔电话公司［美］研制成自动电话交换机 美国贝尔电话公司在1880年研制的电话交换机的基础上，研制出一种自动电话转发器（交换机），安装在美国马萨诸塞州和波士顿之间。这种电话转发器能将接收到的信号触动一块金属膜板，继而连接到碳制的发送机上，但是音质很差。

1904年

赫尔曼［美］、鲁贝尔［美］发明胶印技术 美国人赫尔曼（Herrmann, Caspar 1871—1934）和鲁贝尔（Rubel, Ira Washington）在一次印刷工作中，注意到有一张纸在印刷过程中没有按正常路线行进，胶垫可以把图形文字从石印版上转印到纸上。他们尝试在这张纸的正反面都印上图案，让图像先从印版转印到压印滚筒的橡皮布上，再使充满弹性的橡皮布表面将油墨更加均匀地印到

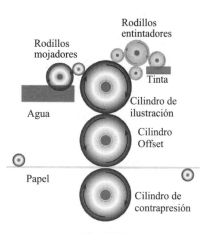

胶印原理

纸上。这种间接压印方式可以印制出质量更高的印刷品。他们设计了单张纸胶印设备，这种印刷方式就是胶印。

弗莱明［英］发明真空二极管 英国发明家弗莱明（Fleming, Sir John Ambrose 1849—1945）1882年担任爱迪生电气公司的电工技师，1884年访问美国拜访爱迪生时，爱迪生表演了一项一年前的发现：在一个白炽灯内焊上一个金属板极，当板极通过一个电流计与灯丝的正极端相连时，有电流流过；而与负极端相连时则没有电流流过（即爱迪生效应）。爱迪生曾用这种器件去调节发电站的供电电压。弗莱明对这一现象非常感兴趣，回国后进一步研究发现，在灯丝和

真空二极管

真空二极管电路符号（左：直热式；右：间热式）

板极间的空间好像是电的单行道。他在真空管中装置了一个筒形的金属片作阳极，把灯丝（阴极）包围起来，用它进行检波实验，取得了良好的效果。弗莱

明把他的发明称作"阀"（valve），意思是它对交变电流具有阀门作用，交流电经过它的整流就变成了脉动直流。由于管内有两个电极，后来把它称为真空二极管。1904年11月16日，弗莱明申请了高频交变电流整流用的真空二极管的英国专利。

莫塞基［英］发明管状玻璃电容器　英国的莫塞基（Moscicki, Ignacy 1867—1946）以管状形式制造出玻璃介质电容器，即莫塞基管。这是马可尼（Marconi, Guglielmo Marchese 1874—1937）进行早期无线通信实验时唯一有效的电容器，其改进型使用了展宽的玻璃板隔开两片锌箔，然后全部浸入油中。第一次世界大战期间，这种电容器广泛用于电火花无线电发送装备中。

美国留声机公司研制出有音频放大系统的留声机　美国留声机公司研制出的设有音频放大系统的留声机，很快投放市场并受到用户欢迎，伦敦的一些集会场所用它播放音乐。

费森登［美］展示语音传送系统　由于无线电波可以以脉冲形式模仿莫尔斯电码的点画记号向外发送。美国电子学家费森登（Fessenden, Reginald Aubrey 1866—1932）设想可以发射连续的电磁波，使其

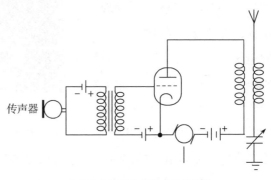

传声器

用高频交流发电机做成的振荡器

振幅随声波的不规则变化而改变（即调制），在接收台站将这些变化了的电磁波选出并还原成声波。费森登根据这一设想通过高频交流发电机产生的无线电波进行调制，研制了语音传送系统，但是几年后利用真空管振荡器产生连续波的装置效果更好，他的设计未能实用。

史密斯［美］制造出新型打字机　美国的史密斯（Smith, Lyman Cornelius 1850—1910）制造的这种打字机设有"上档键"，可以直接打印大写字母，原先的打字机则须备有大、小写两套键盘。

许尔斯迈耶［德］获得雷达专利　1887年，德国物理学家赫兹（Hertz, Heinrich Rudolf 1857—1894）在检验麦克斯韦电磁波理论时发现电磁波具有

反射特性。1898年，俄国的波波夫（Бобов，Александер Степанович 1859—1906）发现障碍物影响无线电波传播，提出用电磁波进行导航。1900年，美国的特斯拉（Tesla，Nikola 1856—1943）阐述了反射无线电波的作用原理，并提出利用无线电反射可以探测行驶的船只的位置，他试制的装置利用无线电反射波探测附近的船只，以防相撞，但因作用距离太近而未得到军方重视。德国电学家许尔斯迈耶（Hülsmeyer，Christian 1881—1957）在这些研究基础上取得最早的雷达技术专利。

1905年

爱因斯坦［德］推导光电效应公式　德国物理学家赫兹（Hertz，Heinrich Rudolf 1857—1894）于1887年发现，在光的照射下，某些物质内部的电子会被光子激发出来而形成电流，即光电效应。德国物理学家爱因斯坦（Einstein，

爱因斯坦

Albert 1879—1955）提出光量子假说，并导出了光电效应公式。他认为物体受光照射而发射电子的能量决定于入射光的频率，增加光的强度只增加光电子数，其动能不会增加。爱因斯坦把普朗克的量子化概念进一步推广，他认为不仅黑体和辐射场的能量交换是量子化的，而且辐射场本身就是由不连续的光量子组成，每一个光量子与辐射场频率之间满足 $\varepsilon=h\nu$，其中 h 为普朗克常数，ν 为光子频率，即它的能量只与光量子的频率有关，而与强度（振幅）无关。

马可尼［意］发明定向无线电天线　意大利的马可尼（Marconi，Guglielmo Marchese 1874—1937）发明一种抛物线定向无线电天线，其左方是发射部分，右方是接收部分。这种天线的设计非常合理，使用达40年之久。

1906年

国际电报联盟制定《国际无线电报规则》　国际电报联盟在德国柏林举行无线电电报大会，制定了第一个关于海上船舶通信和使用遇险呼救信号（SOS）的《国际无线电报规则》：规定9kHz至400kHz频谱范围按地域和业务种类划分频带，规定了各种无线电台（站）使用的频率和登入国际频率图表的程序以及这些台（站）的技术和操作标准。后来这些规定扩展到静止通信卫星。

费森登［美］试验无线电广播　1906年12月24日，在美国电子学家费森登（Fessenden，Reginald Aubrey 1866—1932）指导下，第一次成功的语言及音乐广播于圣诞节前夕在马萨诸塞州的布兰特洛克进行。这一试验使用了一台50kHz的射频振荡器，产生约1kW的功率。这台振荡器是在瑞典裔美国电气工程师亚历山德森（Alexanderson，Ernst Frederick Werner 1878—1975）指导下由通用电气公司（GE）制作的，用传声器完成调制并与天线相接。后来电子学家德·福雷斯特（De Forest，Lee 1873—1961）于1907年在纽约的实验室、1908年在巴黎的艾弗尔托佛及1910年在纽约的玛蒂罗–欧丽丹歌剧院指导了试验性的广播。这些试验配以功率约500W的电火花发射机，并在天线–大地系统中用传声器调制。虽然试验得到成功，但缺点是电火花发射机所固有的噪声电平太高，影响了声音质量。

科恩［德］试验用电话线传送无线电信号　德国物理学家科恩（Korn，Arthur 1870—1945）在1600km远的电话线路上，试验传送无线电信号，收到良好的效果。

照相复制技术得以发展　这一时期发展出一种照片复制技术，利用特制的照相机和有胶膜的纸可以复制出黑白照片、绘画或有印刷效果的纸版。照相复制的复制尺寸与原尺寸同等大小。

德·福雷斯特［美］发明真空三极管　1906年10月25日，美国电子学家德·福雷斯特（De Forest，Lee 1873—1961）申请一项具有放大振荡信号作用的器件——三个电极的真空管（三极管）的专利。其放大作用是靠中间电极（栅极）上的电压去控制板极电流达到的。几个月后，德·福雷斯特又将弗莱明（Fleming，Sir John Ambrose 1849—1945）发明的真空二极管做检波用。弗莱明认为德·福雷斯特的工作依赖于自己的两个电极的真空管；而德·福雷斯特则声明，他在发明前根本不知道弗莱明的专利，为此两人开始了专利论争，诉讼一直持续到1943年美国最高法院判决弗莱明原来的专利无效为止。

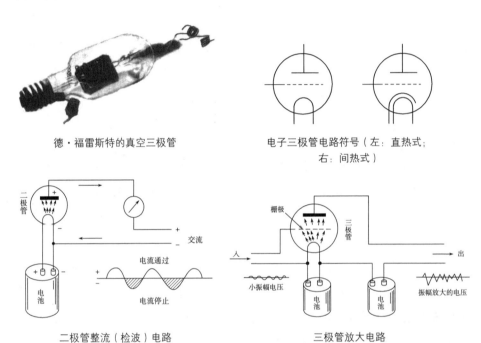

德·福雷斯特的真空三极管

电子三极管电路符号（左：直热式；右：间热式）

二极管整流（检波）电路

三极管放大电路

皮拉尼〔意〕发明电阻真空计　电阻真空计也称热电阻真空计或皮拉尼真空计，由电阻规管和测量仪表单元组成。常用的是定温式电阻真空计，这种真空计利用加热电源的自动补偿功能，在测量过程中保持热丝温度不变，恒定了热丝的电阻。意大利电气工程师皮拉尼（Pirani，Marcello Stefano 1880—1968）的这一发明解决了工业生产中的低真空测量问题。

休利特〔美〕、巴克〔美〕发明悬式绝缘子　绝缘子又称瓷瓶，是一种由陶瓷、玻璃、合成橡胶或合成树脂等绝缘材料制成的电器元件，用于支撑带电导线，但对杆塔保持绝缘。1906年以前，输电线路上使用的是针式绝缘子，只能承受不超过60千伏的电压。休利特（Hewlett，Edward）和巴克（Buck，Harold）发明的悬式绝缘子是输电技术上的一个突破，这种绝缘子输电电压可达110～120千伏。

芝加哥自动机械公司［美］制成预选式自动电唱机 美国芝加哥自动机械公司研制的这种电唱机，又称"加贝尔自动娱乐机"，它有一套设计巧妙的机械装置，可以存放24张25厘米唱片供选择并连续播放。

针式绝缘子（左）和
悬式绝缘子（右）

1907年

中国铁路开始使用臂板信号机 中国东北的中东铁路在大连—长春路段区间，开始装设臂板信号机。

安装臂板信号机

臂板信号机

科恩［德］试验照片传真 德国物理学家科恩（Korn，Arthur 1870—1945）用电报从德国慕尼黑发送一幅照片到柏林，开创了商业传真电报的新纪元。

贝兰［法］发明相片传真机　法国摄影协会工作人员贝兰（Belin，Edouard 1876—1963），于1907年制成了相片传真机，11月8日进行了公开表演。之后经多方改进，于1913年制成了世界上第一部用于新闻采访的手提式传真机。1914年，法国的一家报纸最先刊登了通过这种传真机传送的新闻照片。

贝　兰

皮卡德［美］制成硅晶体检波器　美国电子学家皮卡德（Pickard，Greenleaf Whittier 1877—1956）发现硅晶体具有检波作用，他据此制成硅晶体检波器。硅晶体检波器可以对高频交流电进行整流，是晶体管的前身。

皮卡德

邓伍迪［美］取得碳化硅矿石检波器专利　美国人邓伍迪（Dunwoody，Henry H.C. 1842—1933）制成的这种检波器，由碳化硅（金刚砂）晶体与钢针以点接触形式构成，是一种非常简单的高频振荡检波器，俗称矿石检波器。只要配备一副耳机和矿石检波器等零件，就可组装成一台简易的收音机。

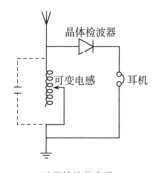

矿石检波收音机

阿尔托姆［意］发明无线电测向仪　意大利电子学家阿尔托姆（Artom，Alessandro 1867—1927）发明的无线电测向仪，能够准确地在远距离测定飞机的方位，还能取代滑尺计算法指挥航海，是雷达的前身。

卢瑟福［英］、盖革［德］发明盖革计数器　英国物理学家卢瑟福（Rutherford，Ernest 1871—1937）和德国物理学家盖革（Geiger，Hans Wilhelm 1882—1945）在进行用正极导线和负极圆筒装置收集电流的实验时，发现在电离过程中电荷数由于电子在导线附近强场区中的电离作用而增强几千倍，发明了用于检测放射线辐射强度的仪器，曾称作盖革-弥勒计数器。它用一个通过氩气的高压载流线圈，1/15大气压的氩气在高压电作用下电离成带电粒子，并在一个显示盘上显示出对应于粒子数的脉冲，再经放大装置以计数并显示。这些脉冲电流可以产生嗒嗒声，或推动计数器而精算出进入金属圆柱体内辐射粒子的数目。1928年又设计出比例型计数器，1929年设计出使各电离过程吻合一致的方案。盖革计数器成为研究宇宙射线和原子核的重要仪器。

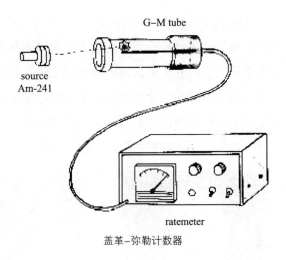

盖革–弥勒计数器

1908年

库利奇［美］完善提高钨丝延性的方法　美国通用电气公司（GE）的库利奇（Coolidge，William David 1873—1975）通过粉末冶金法制得钨坯条，再利用机械加工生产出在室温下具有延性的钨丝，从而奠定了钨丝加工业的基础，也奠定了粉末冶金的基础。用这种方法拉制出的钨丝成为现代照明设备的重要材料，也为X射线管和其他电子器件的发展创造了条件。然而这种具有延性的钨灯丝在灯泡点燃后表现出明显的脆性。

卡希尔［美］发明电子琴　1900年后，许多无线电爱好者进行依靠声、光、磁或静电预先录音，经真空管或氖管振荡器等形成声波振荡来制造电子琴的尝试。1908年，美国的卡希尔（Cahill，Thaddeus 1867—1934）研制出一种叫作泰尔谐波器（Telharmoniam）的双排键电子琴。这是一种功率信号发生器，它包括上百个各种标准频率的交流信号发生器，它用一个开关控制板把综合后的音乐信号直接用电话线传送出去。

坎贝尔–斯温顿［英］提出电子扫描电视系统　1890年，俄国物理学家罗津（Розин，Борис Левкович 1869—1933）曾提出电图像远距离接收系统的设想。该系统中有一个用于发射的帧扫描尼普科夫圆盘和一个作为接收机用的阴极射线管。1908年，英国发明家坎贝尔–斯温顿（Campbell-Swinton，Alan

Archibald 1863—1930）提出了一种电子式电视系统，其中的阴极射线管不仅用于接收，还可以用于发射。在发射站和接收站各采用一只阴极射线管，这两支管子里的电子束，以同步的速度进行扫描。电子束的扫描由两个互成直角的磁场来实现。让两个相差很大的电流分别通过两组电磁线圈，就能产生使电子束扫描的偏转磁场。用这种方法发射的图像可以在1/25秒内分解并复原成40万个不同亮度的点。但他的设想在当时的技术条件下并未能实现。

坎贝尔-斯温顿

坎贝尔-斯温顿设计的电子式电视系统

史密斯［英］、乌尔班［英］研制彩色图片系统　英国的史密斯（Smith，G.）和乌尔班（Urban，C.）研制出只用红绿两种颜色即可再现彩色图片的系统，但是由于颜色品质低劣而未能实用。

1909年

希尔伯特［德］、斯诺克［荷］研究铁氧体　德国的希尔伯特（Hilbert，David 1862—1943）研制出铁氧体并在德国提出铁氧体高频应用的专利申请。荷兰飞利浦实验室的斯诺克（Snoek，J.L.）对锰铁氧体和镍铁氧体这类物质的高频性质进行了广泛的研究，并扩展到超高频区域。

希尔伯特

密立根

密立根［美］精确测定电子电量 从1909年到1912年夏，美国物理学家密立根（Millikan，Robert Andrews 1868—1953）研制出油滴实验装置，在水平的电容器板极中喷入油滴，油滴经X射线照射产生带电离子，分别测量在不加电场时油滴的下降速度，加电场时油滴的上升速度，计算出的电荷总是1.60×10^{-19}库仑的整数倍。

爱因托文［荷］设计心电图仪 荷兰莱顿大学的生理学教授爱因托文（Einthoven，Willem 1860—1927）自1891年开始对心脏动作电流及其记录的心电图进行研究。1903年，他确定了心电图的标准测量，即由三种心电图导联组成的标准心电图导联（lead）。1906年爱因托文开始研究正常心电图中的P、Q、R、S、T各波的生理意义，奠定了心电图学的基础。1909年，爱因托文对自己发明的弦线电流计作了详细的报道。从此，各种不同型号的弦线电流计广泛地应用于医学研究和临床诊断。

爱因托文

拉塔姆［英］尝试在飞机上使用无线电报 英国的拉塔姆（Latham，Hubert 1883—1912）积极参与竞争飞越英吉利海峡，为了获得天气情况，他在购买的安东尼特式飞机上安装了无线电报接收装置，准备从多佛尔飞越英吉利海峡时，了解法国海岸的天气情况。7月19日，他进行了飞越海峡的尝试，但没有成功。

拉塔姆

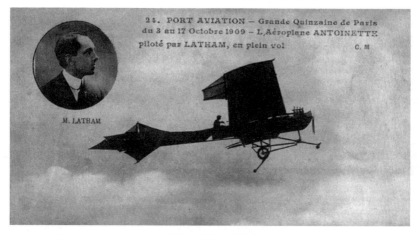

拉塔姆飞越英吉利海峡

1910年

埃尔斯特［德］发明真空光电管 德国物理学家埃尔斯特（Elster, Johann Philipp Ludwig Julius 1854—1920）制成真空光电管，用来测量光的强度。其典型结构是将球形玻璃壳抽成真空，在内半球面上涂一层光电材料作为阴极，球心放置小球形或小环形金属作为阳极。若球内充低压惰性气体就成为充气光电管，光电子在飞向阳极的过程中与气体分子碰撞而使气体电离，以增加光电管的灵敏度。用作光电阴极的金属有碱金属、汞、金、银等，可以适合不同波段的需要。

麦柯迪将无线电安装在飞机上

麦柯迪［英］进行飞机与地面间无线电联络 英国的麦柯迪（McCurdy, John Alexander Douglas）在冠蒂斯双翼机上安装了无线电发射机和接收机，1910年8月27日成功地进行了地面与飞机间的无线电联络。这一试验对飞机远距离飞行、侦察和通信具有重要意义。

英国成立ASDIC研究机构 英国成立反潜–盟军潜艇侦测调查委员会（Anti-Submarine Detection Information Comittiee），利用水晶振子进行反响测距的秘密实验。该机构匿名为ASDIC，后成为英国反响测距（音响测距）的代名词。第二次世界大战中，美国采用Sound navigation and ranging（音响导航与测距）的缩略语Sonar表示音响测距，汉语音译为声呐。声呐分主动型和被动型两类，主动型声呐类似雷达，在水下发出声波，再接受遇到障碍物返回的声波；被动型声呐则用水下听声器接受水下物体如行驶中的舰船发出的声波。

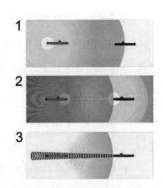

ASDIC（1.被动型；2.主动型广域搜索；3.主动型狭域探知）

克劳德

克劳德［法］发明氖灯 冷阴极放电管大都充有以氖为主要成分的气体，现代冷阴极放电管起源于1898年英国化学家拉姆齐（Ramsay，Sir William 1852—1916）和特拉弗斯（Travers，Morris William 1872—1961）在液态空气中发现氖气。1908年，法国化学家克劳德（Claude，Georges 1870—1960）研究分离氦–氖混合气体，并于1910年展出了两个长38英尺的氖管。这是一种气体放电管，是现代霓虹灯和装饰用灯的前身。1918年后，德国、荷兰均有人研制氖灯。1929年，美国中央电气公司生产出一种微型氖指示泡。

1911年

首次航空邮政在印度飞行 英国海军中校温德姆（Windom）应印度政府邀请，在印度举行了一次飞机展览。在同"三圣教堂"的牧师进行接触时，牧师希望为教堂筹集一笔资金，温德姆设想用飞机携带盖上专门邮戳的邮件以获得资金，印度邮政部门同意了这个建议。1911年2月18日，在印度进行了首次航空邮政试飞，2月22日进行了首次正式飞行。在印度航空邮政取得成功后，温德姆在英国筹办了航空邮政业务。

卡曼林–翁内斯［荷］发现超导现象 荷兰物理学家卡曼林–翁内斯（Kamerlingh-Onnes，1853—1962）在测量金属汞在低温下的电阻率时，发现温度降低到4.2K左右，水银电阻突然为零，由此发现超导现象。现已发现在常压下有27种元素和数千种合金、化合物具有超导性，具有超导特性的物质称为超导体。将超导体经加工制成可供使用的材料称为超导材料，也称超导电材料。

里查逊［美］确定热电子发射源 美国普林斯顿大学教授里查逊（Richardson，Owen Willans 1879—1959）用实验证明，电子是由热金属发射，而不是由周围空气发射的，为整流器和三极管的发明提供了理论。

洛文斯坦［德］发现真空三极管的放大作用 德国物理学家洛文斯坦（Löwensteinz，F.）发现真空三极管可以对输出信号进行正反馈而使信号放大，当信号被放大到一定限度时，会产生振荡。

坎贝尔–斯温顿［英］用全电子扫描系统描述现代电视系统 英国的坎贝尔–斯温顿（Campbell-Swinton，Alan Archibald 1863—1930）首次用全电子扫描系统描述现代电视系统，这种扫描系统在发射端和接收端装有阴极射线管。通过天线接收电视台发射的全电视信号，再通过电子线路分离出视频信号和音频信号，分别通过荧光屏和喇叭还原为图像和声音。

威尔逊［英］制成用于显示放射性粒子电离轨迹的云室 1896—1897年，英国物理学家威尔逊（Wilson，Charles Thomson Rees 1869—1959）进行使潮湿空气绝热膨胀产生人工云的实验，本以为要使蒸气凝聚，每个液滴都要有灰尘作为凝聚核，但是实验发现，即使完全没有灰尘也可以产生一些凝聚，如果用X射线进行照射就能加快凝聚过程，由此他发现带电的原子或离子也可以做凝聚核。经过进一步的实验后于1911年制成了云室。在云室中，单个带电粒子的路径可以由细微水滴的形迹显示出来。威尔逊云室成为现代物理学的重要检测设备。

1912年

中华民国开始邮政业务 1911年，辛亥革命胜利后，为了应急，利用大清邮政印制的蟠龙邮票加盖"临时中立"（1912年1月30日）、"中华民国临

中华民国临时中立邮票　　　　　光复纪念邮票　　　　　　共和纪念邮票

伦敦版普通邮票　　　　　　　　　　　航空邮票

时中立"（1912年3月20日）、"中华民国"（1912年3月）临时使用。1912年12月15日，首先发行全套12枚的"中华民国光复纪念"（孙中山像）和"中华民国共和纪念"（袁世凯像）邮票，到1913年5月开始发行从半分到10元全套19枚的伦敦版普通邮票，其中分值图案为帆船，角值图案为农获，元值图案为宫门（牌坊）。1921年开办航空邮政，同年7月1日发行中国第一套航空邮票。

埃克尔斯［英］提出电离层传播理论　1901年，马可尼的无线电信号跨大西洋传递成功后，美国的肯涅利（Kennelly, Arthur Edwin 1861—1939）和英国的亥维赛（Heaviside, Oliver 1850—1925）认为在地球大气层外存在一个导电层（电离层），它会使电磁波沿地球的曲度传播，由此解释了电磁波远距离传播的原因。1912年，英国物理学家埃克尔斯（Eccles, William Henry 1875—1966）发表论文，提出了基于太阳辐射的电离效果及电离介质有效折射率的无线电波通过电离层传播的理论。他用太阳辐射的影响解释白天和黑夜无线电波的差别，用检波器和放大器做了无线电接收实验，并研究了大气对无线电接收的干扰。1924年，拉摩尔（Larmor, Sir Joseph 1857—1942）研究了埃克尔斯的论文，他把折射效应的主要原因归结为有大量自由电子的存在，由此形成关于电离层传播的埃克尔斯–拉摩尔理论。其后经多人补充，成为公认的无线电波在电离层中传播的基础理论。

斯塔克［德］预言沟道效应　德国物理学家斯塔克（Stark，Johannes 1874—1957）认为，原子束对结晶固体有方向性选择的穿透本领。当带电粒子以小角度射入单晶中的一行行原子时，如果粒子轨迹被限于原子的行和面之间，可以使粒子射程比随机方向射入时显著增加，具有异常的穿透作用。这一现象可用于在硅和其他单晶中掺杂低能重离子，也用于分析晶体中的杂质原子。当注入离子沿着基材的晶向注入时，则注入离子可能与晶格原子发生较少的碰撞而进入离表面较深的位置，这一现象称为沟道效应。这种效应为晶体结构研究和半导体生产开辟了道路。

兰米尔

兰米尔［美］研制成高真空电子管　早期的电子管真空度很低，工作极不稳定且易烧毁。美国通用电气公司（GE）的兰米尔（Langmuir，Irving 1881—1957）博士为延长灯泡的寿命，发明了向灯泡中充惰性气体的技术，之后又研制出一种高真空的泵，制成高真空电子管，使真空电子三极管迅速进入实用阶段。

西格里斯特［德］、菲舍尔［德］研制出彩色摄影技术的简易方法　德国的西格里斯特（Siegrist 1865—1947）和菲舍尔（Fisher 1862—1928）研制出一种彩色摄影技术的简易方法，这种方法将染料置于三层乳剂之中，分为黄、品红、青、黑，由这四种色料完成彩色的复制，成为爱克发和柯达商用彩色摄影系统的始祖。

德·福雷斯特［美］、阿姆斯特朗［美］、兰米尔［美］、迈斯纳［德］设计再生式无线电电路　美国电子学家福雷

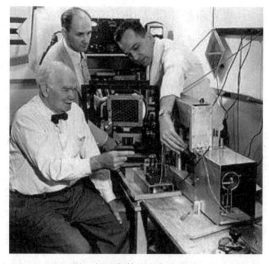

德·福雷斯特（左）和同事

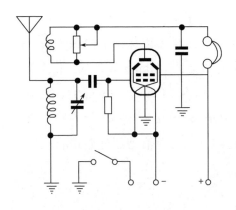

电子管再生式收音机电路图

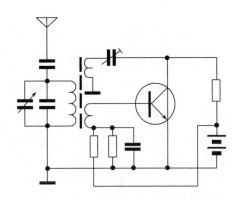

晶体管再生式电路图

斯特（De Forest，Lee 1873—1961）、阿姆斯特朗（Armstong，Edwin Howard 1890—1954）和兰米尔（Langmuir，Irving 1881—1957），以及德国的迈斯纳（Meissner，A. 1883—1958）发明了再生式电路，经过几年的诉讼后德·福雷斯特获胜。在再生检波电路中，射频能量由板极电路反馈到栅极电路，产生载频正反馈，由此使再生接收机灵敏度大为提高。这种电路本身能做到小信号的高增益放大和大信号的低增益放大，在早期的无线电路中得到广泛应用。

兰米尔［美］发明钨氩管整流器　1912年春夏之间，美国通用电气公司的兰米尔（Langmuir，Irving 1881—1957）博士研制充氩气的钨丝白炽灯，这种灯用多重缠绕的钨灯丝构成，灯丝附近的灯泡空间比较小，因而温度极高。兰米尔将这种灯通过一系列电阻与110V直流供电线相接进行试验。但试验中灯丝经常被烧断，而且断裂处发生电弧。一开始兰米尔想用这种电弧做光源，后来在这种充氩的钨丝灯中加装阳极，制成钨氩管整流器。

费森登［美］、阿姆斯特朗［美］设计外差接收法　美国电子学家费森登（Fessenden，Reginald Aubrey 1866—1932）、阿姆斯特朗（Armstong，Edwin Howard 1890—1954）在改进接收机的研究中，于1912年发明了用电弧源做本机振荡器的外差式接收系统。外差式系统是靠接收的

阿姆斯特朗

信号和在接收点产生的本机振荡的联合作用来工作的。这两个交流信号的组合形成了音频的拍音，即两个波的差频。这样可以保证信号在不失真的情况下，稳定地实现调频和放大。在欧美，汉蒙（Hammon，J.H.）、迈斯纳（Meissner，Alexander 1883—1958）、列维（Levy，Lucian）、亚历山德森（Alexanderson，Ernst Frederick Werner 1878—1975）等人均在研究超外差接收系统。到1920年，阿姆斯特朗已完全搞清楚超外差接收机原理并获得专利。

1913年

迈斯纳［德］用反馈原理放大无线电信号　德国无线电学家迈斯纳（Meissner，Alexander 1883—1958）在真空三极管中利用反馈原理放大高频无线电信号，极大地提高了接收机的灵敏度。

美国电气工程师学会发布可靠性标准《电机和电气设备的温度限定额所依据的一般原则》　美国电气工程师学会（American Institute of Electrical Engineers）公布了第一个可靠性标准《电机和电气设备的温度限定额所依据的一般原则》（*AIEE Stan davd No.1*），这个标准开创了鉴定电气材料的可靠性问题。在电工电子学领域，高可靠电子部件的材料失效机理问题曾被一些人所关注，但是直到20世纪50年代，可靠性问题才得到科学技术界的普遍重视。

斯旺［英］发明溅射金属膜电阻器　英国的斯旺（Swan，Sir Joseph Wilson 1828—1914）爵士测量了溅射的白金薄膜的电阻率与溅射时间（用薄膜厚度表示）的函数关系，记录了这些薄膜电阻在液氮温度与100℃之间的电阻温度系数。他发现超薄膜具有异常的高电阻率和负的温度系数，据此发明了溅射金属膜电阻器。

布拉格［英］发明X射线分类计　英国物理学家布拉格（Bragg，William Lawrence 1890—1971）发明了X射线分类计，精确测定了X射线波长和晶体的各项参数，奠定了X射线光谱学的基础。

阿姆斯特朗［美］等发明超外差电路　美国电子学家阿姆斯特朗（Armstong，Edwin Howard 1890—1954）和费森登（Fessenden，Reginald

Aubrey 1866—1932）发明外差接收法后，对外差电路进行改进发明了超外差电路。超外差电路能有效地防止两个频率相近信号在收音机中的相互干扰，能够把不同信号区别开来，使接收机能够分别接受各个不同频率信号，可使接收的信号不管具有怎样不同的载波频率，最终产生的却是统一的中频信号。这样，只要对这个统一的中频信号进行放大、检波即可，不仅简化了接收机的内部结构，而且中频放大器可以按最佳放大特性设计，从而使接收机获得了较高的灵敏度和选择性。

美国开始在电话线路中使用三极管增音器 真空三极管应用于增音器制成的三极管增音器，即音频放大器可以有效地增强电话线路上传输的弱信号。1913年，三极管增音器开始在纽约到巴尔的摩的电话线路上使用，连接美国与欧洲大陆的越洋电话不久即成为现实。

巴纳克［德］发明小型相机 德国的巴纳克（Barnack，Oskar 1879—1936）发明了使用35毫米胶卷的莱卡相机，使照相机成为高级光学和精密机械制造技术的重要产品，其镜头可以替换，且换卷容易，成为后来光学照相机的基本形式。

巴纳克

1914年

费森登［美］研制水下回声测距技术 早在1490年，意大利的达·芬奇就用导管和听诊器制成的器具放在水中听到远处船航行的声音，证明水有很好的传声功能。1827年，瑞士和法国有人在莱曼湖（Lac Leman）进行水中声速的测定实验。19世纪后半叶，许多科学家研究用电转变为声音的方法，确立了电声工程学。进入20世纪后，许多舰船用声波探测船与灯塔、港口的距离。由于电磁波在水中衰减严重，利用声波进行水下探测的水声学开始出现。这都为声呐的发明提供了理论和实践的基础。美国电子学家费森登（Fessenden，Reginald Aubrey 1866—1932）自1912年开始研制水下回声测距技术。1914年，费森登采用与动态扬声器（dynamic speeder）的活动线圈相同的原理，制成一种声波发送接收器，在水下用1100Hz的声波向一定方向发射，可以进行水下回声探测和定位，成功地探测到3千米外的冰山。费森登的声波发送接收器，实际上是一个主动型声呐原型装置。

朗之万［法］利用超声学进行水下探测　早在1883年，英国物理学家惠斯勒（Whistle，Galton）设计出一种仪器能产生比音频更高的声波（超声），可以演示声音的反射、折射、干涉和传播，由此创立超声学。第一次世界大战时各国加紧进行探测潜水艇的研究，使超声学得到了新的应用。在法国物理学家朗之万（Langevin，Paul 1872—1946）指导下，由法国政府进行的研究取得了重要成果。他们利用黏合在钢板上的石英

朗之万

晶体做成的夹层结构，可以获得定向声束，这声束并能由被水浸没的目标反射回来，其工作原理是基于声波的多普勒效应，也称为多普勒型探测器。其发射的超声波的能场分布具有一定的方向性，一般在面向方向区域呈椭圆形能场分布。另一种是将两个换能器分别放置在不同的位置，即收发分置型，称为声场型探测器，它的发射机与接收机多采用非定向型（即全向型）换能器或半向型换能器。非定向型换能器产生半球型的能场分布模式，半向型产生锥形能场分布模式。在第二次世界大战中，这些成果广泛用于探测潜艇和鱼雷。

兰米尔［美］获得用栅压控制整流器（汞弧管）的专利　美国物理学家兰米尔（Langmuir，Irving 1881—1957）提出利用栅极控制汞弧管中电弧的方法，研究了利用栅压来控制每个整流周期中主弧的起动（点弧）时刻，这样在阳极上加交流电压时，流过整流器的平均弧电流是可以被控制的。他在一个密封的铁罐下部盛水银作为阴极，顶部装有阳极，在阳极和阴极之间（接近水银）装有栅极，也叫引弧极，阳极和栅极都经玻璃绝缘子引出。其工作情况和可控硅非常相似，当在阳极加有正电压时，由栅极触发。触发后

兰米尔

栅极至阴极形成一小电弧，小电弧在阴极面形成弧斑，弧斑具有极强的发射电子的能力，促使阳极至阴极导通，电流为零时熄灭。栅极触发功率上百瓦，电压二三百伏。这种装置后来称作闸流管。1922年，法国电子学家图隆（Toulon）用改变栅压相对于阳极电压的相位，而不是改变栅压幅值的方法来进行控制，可以在阳极电压周期内任一时刻点弧。1936年，赫尔（Hull，Albert W. 1880—1966）博士研制出充有低压惰性气体或蒸气的热阴极二极管，不但消除了空间电荷效应，而且使放电压降低到5～10伏。在这样低的弧压下，正离子对阴极的轰击不会造成阴极损坏。

斯佩里［美］发明飞机自动驾驶仪　美国飞机技师斯佩里（Sperry，Elmer Ambrose 1860—1930）用4个陀螺仪组成一个稳定参考平面，用一系列电的、机械的、摆的信号综合以探测飞机的相对平面位置，得到校正角以控制飞机的外部升降舵，由此发明了最早的飞机自动驾驶仪。20世纪60年代后，先进的自动驾驶仪是模仿驾驶员的动作驾驶飞机的。它由敏感元件、计算机和伺服机构组成。当某种干扰使飞机偏离原有姿态时，敏感元件（例如陀螺仪）检测出姿态的变化，伺服机构（或称舵机）将舵面操纵到所需位置。自动驾驶仪与飞机组成反馈回路，保证了飞机稳定飞行。

克兰施米特［德］发明电传打字机　德国的克兰施米特（Kleinschmidt，Edward 1876—1977）发明了由键盘、收发报器和印字机构等组成的电传打字机。发报时，按下某一字符键，就能将该字符的电码信号自动发送到信道。收报时，能自动接收来自信道的电码信号，并打印出相应的字符。装有凿孔器和自动发报器的电传机，能用纸带收录、存储和发送电报。电传打字机操作方便，通报手续简单，因而得到了广泛的应用。

贝兰［法］研制成便携式传真机　法国的贝兰（Belin，Edouard 1876—1963）研制成一种便携式的图片传真机。在第一次世界大战中，他利用这种传真机首次通过电话线远距离传送图片新闻。

美国的Gulf Refining 公司开始免费分送高速公路地图　这种标有加油站

的地图很快享有了"油站地图"的绰号。直到20世纪70年代，高速公路地图在汽车服务站一直都免费派送，由于石油危机和其他经济问题才终止了这项活动。

1915年

卡森［美］试验单边带通信 随着无线电通信的普及，减少频谱拥挤已成为必须解决的问题。调幅载波的任一边带可传输的信息量与两边带同时传输的信息量完全相等，因此可以采用单边带传输。受电话系统单边带传送的启发，美国电话电报公司（ATT）发展和研究部的卡森（Carson，John Renshaw 1886—1940）设计出用一个边带来传送无线电信息的方法，以增加通道容量。3年后，单边带通信首次投入商业使用。到20世纪30年代后，在较高的无线电频率上进行单边带传送也取得成功。

朗之万［法］发明主动式声呐 法国物理学家朗之万（Langevin，Paul 1872—1946）与俄国电气工程师希罗夫斯基（Шиловский，Константин1849—1938）利用水晶的压电效应研制出高性能的超声波发射器，发明了利用真空管放大器的实用声呐。超声波发射器使用直径200mm的水晶振荡器，可以发射频率为100千赫的锐型超声波射束。这一研究得到法国海军的重视，1918年法国海军用这种声呐发现了1500米外的潜艇。这种声呐后称主动型声呐。

二战时期的声呐

北美洲的洲际电话线路通话 在沃森（Watson，Thomas Augustus 1854—1934）指导下，美国在相距4800千米的纽约和旧金山之间，使用2500吨铜丝，13万根电线杆和无线电的装载线圈，架设了电话线路，沿途使用了3部真空光电管扩音机加强信号。

祁暄［中］发明的中文打字机获专利 山东留美学生祁暄研制出中文打字机后，即将自己发明打字机的说明报请中华民国教育部，请教育部转农商部。1915年9月29日，农商部认为祁暄所研制的打字机器运用灵便，构造完备，印字尚鲜明，特准按照暂行工艺品奖励章程，给予专利5年。此后不少人开始研究中文打字机，但多是模仿仅有字母和标点符号键盘的英文打字机，使用不够方便，直到使用汉字铅字盘的打字机出现后，中文打字机才普及。

跨越大西洋的无线电话通话成功　在美国的阿灵顿和法国的埃菲尔铁塔间，首次进行了跨越大西洋的无线电话通话。

本尼迪克斯［美］发现锗晶体的整流性能　美国的本尼迪克斯（Benedicks，Manson）发现锗晶体能将交流电转变为直流电，该发现为以后锗半导体器件的研究开辟了道路。

肖特基［德］制成四极管　德国电子学家肖特基（Schottky，Walter Hermann 1886—1976）在三极管的阳极和栅极之间又加装了一个栅极，用来提高三极管放大系数。这样四极管就有两个栅极，一个和三极管中的栅极功能一样，称为控制栅极或者栅极1号；另一个称为帘栅或者栅极2号，用于减少控制栅极和金属板极间的电容。

肖特基

坎贝尔［美］、瓦格纳［德］发明电磁滤波器　美国贝尔实验室的坎贝尔（Campbell，George Ashley 1870—1954）和德国的瓦格纳（Wagner，Karl Willy 1883—1953），利用法拉第定律研制出最早的LC滤波器，分别发表有关滤波器的论文，被公认为滤波器的发明者。滤波器能选择、通过或抑制某段频率范围的电信号，广泛用于通信、广播、雷达和其他电子设备中。

1916年

爱因斯坦［德］提出受激辐射概念　德国物理学家爱因斯坦（Einstein，Albert 1879—1955）在《关于辐射的量子理论》一文中指出，处于高能态的物质粒子受到一个能量等于两个能级之间能量差的光子的作用，将转变到低能态，并产生第二个光子，同第一个光子同时发射出来。这种辐射输出的光获得放大，而且是相干光，即两个光子的方向、频率、位相、偏振都相同。该理论为激光的诞生和发展奠定了基础。

西方电气公司［美］、贝尔电话实验室［美］提出可靠性控制方案　美国的西方电气公司（Western Electric）和贝尔电话实验室合作，制订出第一个可靠性控制计划，以保证生产出既好用又无故障的公用电话设备。可靠性计划包括制订一个适宜系统要求的研制和发展计划、可以用工程模型实验进行验证的设计，以及部件改进计划、标准化、简单化，产品估价、质量控制、用户提供的情报反馈。

巴克利［美］发明电离真空计　巴克利（Barkley, O.E.）发明的电离真空计由圆筒式热阴极电离规管和测量线路两部分组成。测量时，规管与被测真空系统相连。通电后热阴极发射的电子，在飞向带正电位的加速极的路程中与管内的低压气体分子碰撞，使气体分子电离。产生的电子和离子，分别在加速极和收集极上形成电子流和离子流。当被测气体压力低于10^{-1}帕时，电子流恒定，离子流与被测真空系统中的气体分子密度成正比。因此，离子流的大小就可以作为压力的度量。这种真空计的测量范围为$10^{-1} \sim 10^{-5}$帕。

萨尔诺夫［美］提出让收音机进入家庭　美国的萨尔诺夫（Sarnoff, David 1891—1971）向马可尼公司建议，使收音机成为普通家庭用品，利用无线电给家庭带来音乐。他认为可以把收音机设计成一种简单的"无线电音盒"，使用几个不同的波长，用一个开关或一个按键来控制。

萨尔诺夫

波义尔［加］领导的"ASDIC"小组开始研制主动式声呐　在英国政府的支持下，加拿大物理学家波义尔（Boyle, Robert Willian 1883—1955）领导了一个代号为ASDIC的反潜研究小组，开始研制主动式声呐，后来ASDIC在英国成为主动式声呐的代名词。把新式声呐配备到反潜舰艇一直是秘密进行的，没有申请专利。到了1918年，美、英、法等国都成功建立起主动式声呐系统，但是英国的技术远超美国和法国。

波义尔

1917年

埃尔门［美］发现坡莫合金　美国的埃尔门（Elmen，Gustav Waldemar 1876—1957）发现，含镍30%～90%的镍铁合金在弱、中磁场下具有较好的软磁性能，其中含镍78%的Ni-Fe起始磁导率最高，称为坡莫合金。坡莫合金是一种在较弱磁场下有较高磁导率的镍铁合金。镍含量在30%以上的镍铁合金，在室温时都为单相的面心立方（γ）结构，但含镍30%左右的镍铁合金的单相结构很不稳定，因此实用的镍铁软磁合金，含镍量都在36%以上。镍铁合金在含镍75%左右，单相合金中会发生Ni_3Fe长程有序转变，这时合金的点阵常数和物理性质，如电阻率和磁性等都会发生变化。他还发明了提高50%～90%镍铁合金起始磁导率的特殊热处理工艺，称为"坡莫合金热处理"。

切克拉尔斯基［波］设计直拉法拉制单晶技术　用来做P-N结器件的单晶硅，是以三种技术生产的。最早是1917年波兰物理学家切克拉尔斯基（Czochralski，Jan 1885—1953）发明的利用籽晶从熔体中拉出单晶的直拉方法。这种方法首先把多晶硅料和掺杂剂放在石英坩埚中加热熔化，然后把籽晶放于溶化的硅中，待籽晶周围的溶液冷却后，硅晶体就会依附在籽晶上。在温度达到要求后把晶体向上提拉，在晶体提拉到预定要求后尾部会被拉制成锥形，由此形成一支完整的单晶。直拉法可得到有一定晶向生长的单晶，完整性好，直径和长度很大，生长速率高。其后发展起来的是晶体的浮区熔融生长技术，它使窄熔融区朝多晶硅垂直棒的上方或下方运动。20世纪

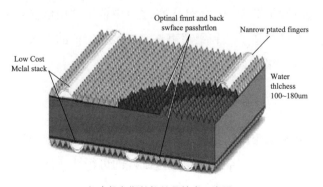

切克拉尔斯基拉单晶技术示意图

50年代后出现了无坩埚拉单晶技术，这是在粗硅棒的顶端形成溶池，再由此熔池结籽晶拉出晶体，它兼容了切克拉尔斯基单晶拉制和浮区熔融生长技术的特点。

本光太郎［日］研制出强磁性的KS磁钢　日本物理学家本光太郎（1870—1954）发现，加钴的钨钢具有强磁性，随后制得具有强磁性、耐腐蚀、耐震、耐温度变化、价格低廉的钨镍钴磁钢（KS磁钢）。

温特［荷］制成电容式话筒（麦克风）　荷兰物理学家温特（Went，Frits Warmolt 1903—1990）研制出具有均匀灵敏度的电容式话筒，这是适当降低灵敏度以提高频率响应均匀度，依靠电子放大来补偿

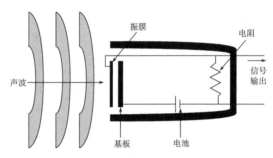

电容式话筒（麦克风）

由于避开谐振而导致音频损失的传声设计。电容式话筒（麦克风）利用电容大小的变化，将声音信号转化为电信号，也称作驻极体话筒。它传送的声音清晰、逼真，经过改进，用于制作高保真录音和广播节目，后来用作录音机内置话筒。电容式话筒有两块金属极板，其中一块表面涂有驻极体薄膜（多为聚全氟乙丙烯）并将其接地，另一极板接在场效应晶体管的栅极上，栅极与源极之间接有一个二极管。电容式话筒价格便宜，体积小巧，效果优良。

朗之万［法］发明的"水下通信和水下目标定位装置"申请专利　法国物理学家朗之万（Langevin，Paul 1872—1946）发明的"水下通信和水下目标定位装置"申请了专利。1920年，朗之万申请了"压电信号装置"专利。1924年，朗之万又申请了"利用超声波实现潜艇定位的方法"专利。这些发明使水下探测迅速得到应用。

1918年

美国政府开展航空邮政业务　1911—1912年，美国邮政部在25个州进行了50余次航空邮政试验，证明飞机运送邮件的可行性。1918年，美国拨款10万美元建立华盛顿与纽约间的航空邮路，5月15日邮路正式开通。此后航空邮

政迅速发展，到1925年，美国航空邮政的主干线建立，美国国会通过了航空邮政法案，并规定承包邮政航线的公司必须购买美国飞机，由此振兴了美国飞机制造业。

肖特基［德］提出散弹效应　第一次世界大战期间，电子线路要想得到高增益就得增加级联放大器的级数，但级数越多噪声就越大，随机噪声成为通信领域中必须克服的一个因素。德国物理学家肖特基（Schottky，Walter Hermann 1886—1976）首次解释了这种效应并以公式表示出真空管板流的随机涨落过程。肖特基认为，电流并不是连续的，它是由在随机时刻到达板极的电子所携带的离散电荷增量组成的，电荷到达的平均速率构成了板流的直流成分，而其上又叠加有由离散电荷到达时的涨落分量（噪声）。此效应称为"肖特基效应"或"散弹效应"。

诺思拉普［美］研究高频感应加热　早在1880年科学家们已经认识到感应电流会产生热，由此解释变压器的铁芯因涡流而发热。用超工频的频率感应加热的实验，是美国普林斯顿大学的诺思拉普（Northrup，Edwin Fitch 1866—1940）教授完成的，他用气体火花振荡器制造了一台实用的高频感应加热炉，频率10千赫以上，而功率高达90千瓦。

沃森［英］研究无线电的地波传播　在所有的频率上，电磁波都能衍射到障碍物后面的几何阴影中去，衍射能量随频率的减小而增加。在射频范围内，通过衍射可以在超出几何地平线外的阴影区产生有用的信号场强。20世纪初，很多数学家计算在地球阴影区内衍射场强的数学问题。1918年，英国的沃森（Watson，George Neville 1886—1965）提出，由处在导电良好的球面上的天线所发射的电磁波，在远距离处是指数衰减的。但是由沃森所预测的场强数值远小于已知的实测值，由此促使人们对电离层的进一步研究。

黑兹尔坦［美］发明中和式高频调谐放大器（射频调谐放大器）　美国电子学家黑兹尔坦（Hazeltine，Louis Alan 1886—1964）根据将板极回路得到的电流，以适当的幅值和相位反馈到栅极以中和电子管内栅极–板极的电容效应的原理，研制出中和式高频调谐放大器电路。这种放大器也称射频调谐放大器，工作稳定且可以防止自激振荡。

亚伯拉罕［法］、布洛克［法］设计多谐振荡器　法国电子学家亚伯拉罕（Abraham，Henri 1868—1943）和布洛克（Bloch，Eugene 1878—1944）设计的多谐振荡器，由两个电子管组成，每个管的板极都经过电容耦合到另一个管的栅极，再经一个泄漏电阻接地。当某一管的板极电流增加时，由于板极负载电阻上的压降增加，会将一负信号传到另一管的栅极，使这个管的板流减少，造成第一个管的板流增加。如此反复会使第一个管的板流迅速达到最大值，同时使第二个管的板流截止。这种电路状态将维持一段时间，直到由于电容器上的电荷经由泄漏电阻泄漏到使第二个管重新导电时为止。这时累积效应将再次发生且方向与上一次相反。因此，多谐振荡器有两个不稳定的极限状态，每个状态都是某一管截止而另一管为零栅压。这种多谐振荡器最初仅用于脉冲发生器，后来在许多电路中都得到应用。

高功率无线电转发器在美国投入使用　在美国新泽西州的新布朗斯威克的NFF站（一个海军站点），一台200kW的无线电转发器投入使用。其第一路径（10到16），用于接收第一频带中的信号，以便将接收到的信号转换为第二频带，并在第二频带中发射；第二路径（20到26），用于接收第二频带中的信号，以便将接收到的信号转换为第一频带，并在第一频带中发射。

阿姆斯特朗［美］研制出超外差式收音机　美国电子学家阿姆斯特朗（Armstrong，Edwin Howard 1890—1954）将收音机收到的广播电台的高频信号，变换为一个固定的中频载波频率（仅是载波频率发生改变，而其信号包络仍然和原高频信号包络一样），然后再对此固定的中频进行放大、检波，再加上低放级、功放级，组成了超外差式收音机。超外差收音机灵敏度高，

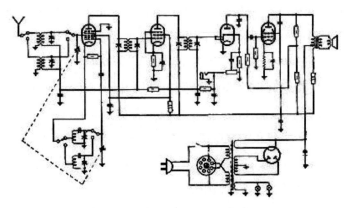

电子管超外差式收音机线路图（20世纪30年代）

选择性好，只用一台收音机就可以接收到许多频率的信号，因而受到了用户的欢迎，美国很快批量生产超外差收音机。

黑兹尔坦［美］在收音机中加装平差电路 美国的黑兹尔坦（Hazeltine, Louis Alan 1886—1964）将一定强度的电流反馈回平差电路，使高频接收信号的不平衡得以解决，提高了收音机接收高频信号的稳定性。

1919年

美国无线电公司（RCA）成立 美国无线电公司（RCA）成立，主要生产电视机、显像管、录放影机、音响及通信产品，批量生产了第一台黑白电视机，带领全球进入影像时代。1985年被美国通用电气公司（GE）并购。

埃克尔斯［英］、乔丹［美］设计触发器电路 在数字电路里，最主要的单元器件是双稳态电路或触发器，它的最初形式是1919年由英国的埃克尔斯（Eccles, William Henry 1875—1966）和美国的乔丹（Jordan, Frank Wilfred 1882—? ）用两只三极管制成了双稳态触发器电路，这是一种应用在数字电路中具有记忆功能的循序逻辑组件，可记录二进位制数字信号"1"和"0"。触发器是构成时序逻辑电路以及各种复杂数字系统的基本逻辑单元。触发器的线路图由逻辑门组合而成，其结构均由SR锁存器派生而来（广义的触发器包括锁存器）。触发器可以处理输入、输出信号和时钟频率之间的相互影响。利用它可以组成寄存器、计数器等，是电子计算机中常用的一种电路，现代所用的都是该电路的变型。1944年，博特尔（Potter, John T.）设计出比例因子为10的计数器，利用反馈使二进制计数器在其16个可能的状态中跳过6个，再用氖灯指示每个触发器的状态以得出十进制每位上的二进制码读数。1946年，格劳斯道夫（Grosdoff, Igor E.）设计出带反馈的二进制计数器所组成的比例为10的电路。在该电路中，配置一个电阻矩阵对应于计数器的每个稳定状态，点燃十个氖灯中相应的一个，使电路可以直接读数。将这些十进位级串接起来，可以做成大容量的直读十进制计数寄存器，成为后来高速电子计数的基础。

克鲁格［德］发明螺线金属膜电阻器 德国的克鲁格（Krüger, Friedrich Wilhelm 1894—1945）提出高稳定度金属膜电阻设计方案，当时用他的方法只能制造阻值相当低的金属膜电阻。后来他利用与制造高稳定度电阻器相似的方法，将被覆面做成螺线形，可以将金属膜电阻的阻值增加到20万欧姆以上。

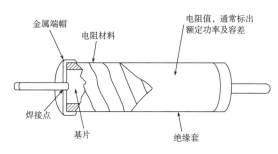

螺线金属膜电阻器

巴克豪森 [德]、库尔兹 [德] 发明减速场微波振荡器　德国德累斯顿大学通信工程学教授巴克豪森（Barkhausen, Heinrich Georg 1881—1956）和库尔兹（Kurtz, K.）在做发射管的气体存在实验中发现，如果发射管的栅极保持较高的正电位，而阳极是负电位，则在连结栅极和阳极的电路中产生振荡。他们认为，这是当电子由阴极向栅极加速时，会有某些电子穿过栅极，在栅极和阳极间减速并返回栅极，此时又会有些电子再次穿过栅极，并被阴极反射和重复上述过程，由此他们发明了减速场微波振荡器。

豪斯基珀 [美] 发明电子管封接方法　在早期电子管封装方面，由于铜的膨胀系数为 $165 \times 10^{-7}/℃$，普通玻璃为 $52 \times 10^{-7}/℃$，不可能匹配封接，只有线状或带状的引线才能穿过玻璃。美国的豪斯基珀（Houskeeper, W.G.）研制的金属基件与玻璃封接方法，使具有高电导率的纯铜类金属可以进行大直径的封接。豪斯基珀的方法是将纯铜一头形成一个刀口形的边，将尖端的薄边铜清洗氧化再与玻璃封接，薄铜的弹性足以补偿玻璃和纯铜间在膨胀收缩时的差异，这样就可以把阳极做成是真空管的一部分，并可以直接冷却其外表面。到1925年，水冷阳极的真空管已投入工业生产，标志着大功率广播发射机时代的来临。

兹沃里金 [美]、法恩斯沃思 [美] 研究电子电视系统　美国的兹沃里金（Zworykin, Vladimir Kosma 1889—1982）在1919年前已经设计了用全电子

兹沃里金

束系统构成电视摄像装置的方法，由于没有电子摄像管而没有实验。1919年兹沃里金到美国西屋公司工作后，设计出电荷存储方法并申请了电视专利，当时西屋公司的实验室主要是搞无线电研究的，1923年他与公司达成一项协议，他保有1919年的电视发明权，而西屋公司有购买此专利的选择权。法恩斯沃思（Farnsworth，Philo 1906—1971）在1919年也独立地设计出全电子的电视系统，并在较简单的设备上进行实验，1927年他提出第一份关于电视的专利申请，其中包括他最主要的发明成果折象管。经过长期的专利交涉后，法恩斯沃思和兹沃里金都得到了相互不同的电视传送系统的专利。

阿斯顿［英］发明磁焦式质谱仪 英国化学家阿斯顿（Aston，Francis William 1877—1945）发明的磁焦式质谱仪，是一种利用电磁分离法鉴别和称量同位素的仪器，使电场系统不但在水平方向有能量聚焦作用，在垂直方向也能校正离子束通过磁场后所产生的球状弯曲，增强了在垂直方向对离子束的利用能力，可以加大磁场、电场的通过气隙，具有极高的灵敏度和精确度。他利用质谱仪发现了200多种同位素。

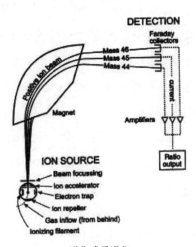

磁焦式质谱仪

尼科尔森［美］发明晶体话筒 美国贝尔电话实验室的尼科尔森（Nicholson，Alexander M.）根据微小的机械变形能在晶体表面产生一个电位差的压电原理制成晶体话筒。这种话筒音质好，成本低，后来在扩音系统和家用录音机方面得到广泛应用，不足之处是对热、湿和震动过于敏感。

詹森［美］、普里德姆［美］发明立体声扩音系统 美国的詹森（Jensen，Peter Laurits 1886—1961）和普里德姆（Pridham，Edwin S. 1881—1963）设计成立体声扩音系统后，在旧金山一家夜总会安装了该系统，五人乐队中的每个人的乐器上接一个传声器，各自连接一个放大器，然后与对应的扬声器相连，通过5个演奏者的扬声器的组合可以产生立体声效果。

1920年

纽科默［美］研制热离子三级放大器　美国的纽科默（Newcomer，H. Sidney）和加塞（Gasser，Herbert Spencer 1888—1963）利用西方电气公司的热离子管制作了一个三级放大器，他们利用这一装置获得了最早的神经动作电流记录。放大器和示波器的出现，促进了神经科学的发展，同时开创了20世纪电生理学的新时代。

斯佩里［美］获船舶自动驾驶仪专利　美国的斯佩里（Sperry，Elmer Ambrose 1860—1930）设计的船舶自动驾驶仪，其工作原理是用一台电动机作位置控制器控制转动舵轮的电动机，再由舵轮机构调整船的航向。位置控制器是根据设定的方向角与船舶实际航向角的偏差进行控制的，通过圆筒测摆动角来控制舵轮的电动机开关，使舵轮偏转，其偏转扭矩与偏航角成正比。为防止"过调"，还设计了一个预测器引入补偿（反馈）。

德·福雷斯特［美］研制成在电影胶卷的独立轨道上与画面同期录音的系统　美国的德·福雷斯特（De Forest，Lee 1873—1961）使用了光电管达到声音的再造。这个系统可以与摄影同步用录音机把现场的全部声音记录下来，录音记录的是现场的真实声音，它比后期的配音要自然、逼真。用同步录音工艺能与拍摄下来的画面一并构成真实的、视听一致的艺术效果。采用同期录音工艺所用的摄影机和录音机，必须同步运转，以确保摄得的画面胶片长度与同时录得的声带胶片长度相同，以求画面和声音相吻合。

英国开始无线电广播　意大利的马可尼（Marconi，Guglielmo 1874—1937）研制成功无线电通信后，反对用无线电进行公众广播，后来迫于舆论压力于1920年2月同意每周广播15分钟。1922年，在切尔姆斯福德（Chelmsford）附近的一个小屋中开始了定期的公众广播，当年10月英国创办英国广播公司（British Broadcasting Company，BBC），开始了正常的公众广播。

美国开始无线电广播　1906年美国就有人试播过音乐节目。移居美国的俄国犹太人萨尔诺夫（Sarnoff，David 1891—1971）于1915年探讨公众广播，1916年设计出"无线电音乐盒"（Radio Music Box)，1919年创立美国无线电公司（Radio Corporation of America，RCA），致力于无线电广播事业。美国的康拉德（Conrad，Frank 1874—1941）在匹兹堡的西屋公司创建广播电台KDKA，于1920年11月2日首次播音，及时向公众播发了美国总统的选举结果。到1922年美国已有600余家广播电台，1926年美国建成全国性的广播网。至1930年，无线电广播已在世界各国普及。当时采用的是振幅调制的调幅广播（AM），这种调制方式在接收时的噪声很难消除，对接收质量有影响。"广播"一词也是康拉德创造的。

萨尔诺夫

无线电台

惠丁顿［英］设计超级测微计　英国利兹大学的物理学教授惠丁顿（Whiddington，R.）设计的超级测微计，以《超级测微计：电子管在测量微小距离中的应用》为题，发表于1920年11月《哲学杂志》专号上。其原理是，用电子管来维持由平行板电容器和电感组成的电路中的振荡，当平行板间距离有微小变化时，必然导致振荡频率的改变，而后者可以用测微计精确测定，精度可达1/200微英寸。

弗勒默［奥］制成塑料磁带　奥地利的弗勒默（Pfleumer，Fritz 1881—1945）研制成录音用的塑料磁带。这种录音磁带在塑料薄膜带基（支持体）上涂覆一层颗粒状磁性材料（如针状 γ-Fe_2O_3磁粉或金属磁粉）或蒸发沉积上一层磁性氧化物或合金薄膜而成。随着生产工艺的提高，录音磁带成为商品投放市场，后来取代了钢丝录音。

1921年

美国和欧洲的无线电业余爱好者研究短波无线电通信 当时曾普遍认为，波长短于200米的电磁波除了可用于短距离传送外，没有其他用处，虽然也发现在相当远的范围内亦可以接收，但被看成是反常现象。在1918年以后将波长短于200米的波段，分配给业余无线电爱好者，这些业余无线电爱好者经过努力，在1921年12月用200米波长由美国向英国发射的试验性广播成功，显示出短波低功率长途通信的可行性。

瓦拉塞克〔美〕发现铁电性 美国的瓦拉塞克（Valasek，Connie）在四水酒石酸钾钠盐中发现了铁电性，这种盐在居里点以上时具有压电性，后来最重要的铁电物质是1942年发现的钛酸钡以及钙钛矿等。铁电体自发极化的产生机制与铁电体的晶体结构密切相关，其自发极化的出现主要是晶体中原子（离子）位置变化的结果。自发极化机制有氧八面体中离子偏离中心的运动、氢键中质子运动有序化、氢氧根集团择优分布、含其他离子集团的极性分布等。

卡迪〔美〕研究频率的晶体控制 美国的卡迪（Cady，Walter Guyton 1874—1974）发现，与自激真空管振荡器电路接在一起的石英晶体，其振动能够在小范围内稳定自激振荡的频率。为了稳频，他将晶体的两对端点作为一个三极管放大器的反馈通道，这时振荡器只在晶体谐振频率处振荡。卡迪于1923年向哈佛大学的皮尔斯（Pierce，George Washington 1872—1956）教授介绍和演示了晶体振荡器，皮尔斯指导他研究了几种改进型的晶体振荡器，其中一种两端点的晶体可以很好地控制一个单管电路的振荡频率。

赫尔〔美〕发明阳极磁控管 美国通用电气公司（GE）的赫尔（Hull，Albert Wallace 1880—1966）发明的整块状的阳极磁控管，可以产生微波振荡，由此开辟了微波技术的研究和应用。这种电子管的特点是功率大、效率高、工作

赫 尔

电压低、尺寸小、重量轻、成本低。磁控管主要由阴极、阳极、能量耦合装置、磁路和调谐装置等五个部件构成。

恰佩克［捷］创造Robot（机器人）一词 捷克作家恰佩克（Čapek，Karel 1890—1938）在《罗其姆的万能机器人》剧本里创造了Robot一词，后来这个词成为二三十年代制造的遥控机器人的同义语。

美国无线电公司（RCA）在杰斐逊港建"无线电中心" 该中心采用的转发器是电弧状的，由于后来出现了性能更好的真空管转发器而未建成。

恰佩克

多尔比［法］发明盲人光电阅读器 法国人多尔比（d'Albe，Edmund Edward Fournier 1868—1933）发明的盲人光电阅读器，由硒片、电话接收机和电池等构成，能将印刷品上的字发出相应的音调，使盲人借助声音阅读。

1922年

马可尼［意］提出利用无线电波反射效应探测障碍物 意大利的马可尼（Marconi，Guglielmo Marchese 1874—1937）认为，正如赫兹（Hertz，Heinrich Rudolf 1857—1894）指出的那样，电磁波完全能够由导体反射回来，他在实验中发现，几英里外的金属物体能反射和折射电磁波。这是雷达的最初构想，但马可尼并没有将这个设想变成实用的装置。

吉尔［英］、莫雷尔［英］制成负阻振荡器 英国的吉尔（Gill，E.W.B.）和莫雷尔（Morrell，J.H.）发现，电振荡的产生主要依赖于真空管中电子的振动，而不是依赖于调谐电路中振荡电流的激发。"减速电场"振荡器是利用真空管中电子的振动产生振荡，当采用合适的电子发射时，真空管可以在一个频段内提供负电阻，以此为原理制成负阻振荡器。在负阻振荡器中，只要负阻所提供的功率大于外电路（谐振回路及负载）正阻所消耗的功率，电路即能起振并持续振荡。由于负阻器件本身的非线性特性，负阻的数值随着振荡幅度的增大而变化。对于电流控制型负阻器件它将变小，而对于电压控制型负阻器件它将变大。两者都会使负阻供给的功率逐渐减小，直到与正阻所消耗的功率相等，使振荡幅度趋于稳定。

1923年

兹沃里金［美］发明光电摄像管　电子束扫描与存储的结合是美国的兹沃里金（Zworykin, Vladimir Kosma 1889—1982）于1923年提出并实现的。靶极是一侧表面氧化的铝膜，用铯蒸汽光敏化，前面有一个金属栅网用做光电子的收集极，作为信号板的金属面（图像靶子）被一束高速电子束扫描，能够存储由于光照而释放的电荷，电子束穿透氧化层形成一个临时导电通路，其中图像投射在一个镶有光敏元件的信号板上，镶嵌物受一高速电子束扫描使镶嵌物恢复均匀电势，并释放出光电存储电荷，以形成图像信号。这是存储摄像管的最早形式。现代的光电摄像管主要由光电转换（光电变换与存储部分）和电子束扫描系统（阅读部分）组成。光电转换系统利用光电发射作用或光电导作用，将摄像机镜头所摄景物的光影像在靶上转换为相应的电位分布图。扫描系统使电子束在靶上扫描，将此电位分布图逐行逐点地转换为电信号。

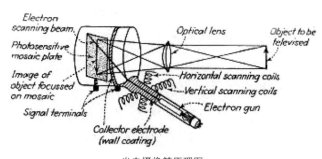

光电摄像管原理图

黑尔［美］发明太阳单色光谱摄影机　美国的黑尔（Hale, George Ellery 1868—1938）发明用一种太阳构成元素对应的元素（如氢或氦）的光波波长对太阳表面照相的太阳单色光谱摄影机。他将这种摄影机的镜头对着太阳缓缓移动，就可以拍下整个太阳的图形。

美国研制成功车内电子管信号装置　这种车内信号装置的主要器件是电子管，可以按信息传递方式分为点式车内信号装置和连续式车内信号装置。

1924年

国际商业机器公司（IBM）［美］创立 美国
纽约州阿蒙克市计算制表记录公司（CTR）总经理
托马斯·沃森（Watson，Th. J. 1874—1956）将公
司改名为国际商业机器公司（International Business
Machines Corporation），简称IBM，该公司创立时
的主要业务是生产商用打字机、打孔卡片以及打孔
机、分类机等，20世纪30年代推出电动打字机。50
年代后致力于文字处理机、计算机及各类信息技
术，是全球最大的信息技术公司。

沃 森

上海亚美股份有限公司成立 上海亚美股份有限公司是由中国人经营的
最早为业余无线电爱好者服务的无线电器材公司，它提出了"业余家必需之
物，亚美公司皆备之"的经营方针，制造并销售一些无线电元器件。

托耳曼［美］提出通过受激辐射实现光的放大作用 美国物理学家托耳
曼（Tolman，Richard Chace 1881—1948）发表论文《分子在处于高量子态期
间》，认为通过受激辐射可以实现光的放大作用。

拉莫尔［英］确立无线电波在电离层中传播的基础理论 英国物理学
家拉莫尔（Larmor，Joseph 1857—1942）研究了埃克尔斯（Eccles，William
Henry 1875—1966）的著作，他把电离层折射效应的主要原因归结为有大量自
由电子的存在，由此形成关于电离层传播的埃克尔斯—拉莫尔理论，其后经
多人补充，成为公认的无线电波在电离层中传播的基础理论。

阿普尔顿［英］证实电离层的存在 英国物理学家阿普尔顿（Appleton，
Sir Edward Victor 1892—1965）用地波和天波干涉法证实了肯涅利
（Kennelly，Arthur Edwin 1861—1939）和亥维赛（Heaviside，Oliver 1850—
1925）在1902年假设的高空电离层的存在，并和另一位英国科学家巴尼特
（Barnett，M.A.F.）利用无线电波的反射特性，测量了电离层的厚度。电离
层（Ionosphere）是地球大气的一个电离区域，是部分电离的大气区域，完全
电离的大气区域称磁层。也有人把整个电离的大气称为电离层，把磁层看作

电离层的一部分。除地球外，金星、火星和木星也有电离层。电离层从离地面约50千米开始一直伸展到约1000千米高度的地球高层大气空域，其中存在相当多的自由电子和离子，能使无线电波改变传播速度，发生折射、反射和散射，产生极化面的旋转并受到不同程度的吸收。

布里特［美］等发明脉冲测距法 脉冲测距法是由测线一端的仪器发射光脉冲，一小部分直接由仪器内部进入接收光电器件作为参考脉冲，

阿普尔顿

其余部分发射出去，再经过测线另一端的反射镜反射回来，也进入接收光电器件，利用测量参考脉冲与反射脉冲相隔的时间，可以求出距离。美国的布里特（Breit，Gregory 1899—1981）等人在研究高层大气时，通过发射一串短脉冲无线电波，测得其返回地球的时间，测定了电离层高度。这种脉冲测距原理，是现代脉冲雷达的基础。

艾德里安

艾德里安［英］发明真空管放大器和毛细管静电计相匹配的技术 英国的艾德里安（Adrian，Edgar Douglas 1889—1977）将能把生物电放大5000倍的真空管放大器和灵敏度极高的毛细管静电计相匹配，创造出能够测量单根神经纤维冲动的关键性技术。1927年，他出版了专著《感觉的基础》，为感觉生理学奠定了神经信息分析的电生理学基础。

布卢姆加特［美］将放射性示踪技术应用于人体研究 美国生理学家布卢姆加特（Blumgart，Leslie H.）在研究机体的生理、病理以及药理状态下的血流速度变化时，利用镭的同位素做示踪剂，首次确立了放射性同位素在医学研究上的应用原理。

赖斯［美］、凯洛格［美］获动圈式扬声器专利 美国WE公司的赖斯（Rice，

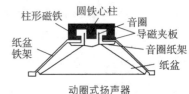

动圈式扬声器

C.W.）、凯洛格（Kellog, E.W.）设计的这种扬声器, 在其线圈中通过交变电流时, 线圈切割磁力线（扬声器有由磁铁等构成的恒磁场）, 线圈将产生运动, 运动的方向和大小根据输入信号的方向和大小而变化。线圈运动就带动振膜振动, 振膜振动将压缩或拉伸空气, 从而传播声波发出声音。这种扬声器可以大幅度减少失真。次年投放市场后, 以其高质量的音响效果受到欢迎。

厄玛诺克斯相机

德国厄尼曼工厂推出"厄玛诺克斯相机" 德国的厄尼曼工厂（Ernemann Works）推出的厄玛诺克斯（Ermanox）相机, 装有厄玛诺克斯f2镜头和帘幕快门, 最高速度为1/1000秒, 使用厄玛诺克斯4.5厘米×6厘米胶卷, 可拍摄36张, 避免了35毫米胶卷放大后出现大颗粒的现象。

德国leitz公司推出第一架24mmX36mm相机 作为莱卡（Leica）公司前身的莱茨（Leitz）公司制造的这种照相机采用36毫米胶卷, 可以连续拍摄。1932年, 公司将Leitz和Camera的两个字头相加形成Leica的名字。

Leitz相机

海洛夫斯基［捷］、志方益三［日］发明极谱仪 这种极谱仪是在1922年海洛夫斯基（Heyrovsk, Jaroslav 1890—1967）创立的极谱分析法的基础上研制的。这是根据溶液中被测物质在汞电极或其他电极上进行电解时, 所得到的电流–电压曲线, 对电解质溶液中不同离子含量进行定性分析及定量分析的一种电化学分析仪器。它的测试结果是一条极谱曲线或称极谱图。极谱图上对应各物质的半波电位是定性分析的依据, 波高（代表极限扩散电流）则是定量分析的依据。

兹沃里金［美］申请彩色电视系统的专利 美国发明家兹沃里金（Zworykin, Vladimir Kosma 1889—1982）申请的彩色电视系统专利, 最终于1928年得到批准。

克雷蒂安［法］发明了歪像镜 法国的克雷蒂安（Chrétien, Henri Jacques 1879—1956）发明的这种歪像镜, 可以从侧面压缩图形, 这种技术从

1952年起用于电影拷贝胶片。

贝尔德［英］制成机械扫描电视装置 英国发明家贝尔德（Baird，John Logie 1888—1946）把钻了许多孔的尼普科夫圆盘，安装在一根织针上旋转进行图像扫描。他将光投射到转动的圆盘上，圆盘按固定的顺序照亮了图像的不同部位并将其转换成电流，后来他又将这些强度不同的电流通过两个同步转动的光学探测器件，一个光敏电池和一个能够迅速改变光通量的受控可变光源变成了图像，用灰色调制作出一幅可识别的人脸的电视画面。1926年1月，他在英国皇家学会进行了电视表演，尽管映出的画面只有2英寸×1英寸，扫描行数30行，但他的简陋装置所达到的效果，仍使观众赞叹不已。

贝尔德　　　　　　　　　　　　　　机械扫描电视

美国西屋公司首次进行光敏电池应用表演 在纽约中心广场上，美国西屋公司表演了如何自动开门以及当人或物遮断光束时如何自动计数，使公众在光敏电池问世20年后，才首次了解它的用途。

安森［英］设计线性锯齿波时基电路 英国电学家安森（Anson，R.）基于安森继电器进行了最早的线性锯齿波时基电路设计。在安森继电器中，用一个氖管产生与电报接收有关的信号波形。氖管是一种具有两个电极充以低压氖气的真空管，管中的电极是冷态的。当在两个电极之间施加约130伏电压时，气体开始电离，当电压降到约100伏时气体电离消失。氖管时基电路包括一个电容器，它通过高电阻充电，当电容器充电到氖管的击穿电压时，则通过氖管放电。

1924—1925年

阿普顿［英］、巴尼特［英］、布里特［美］、图夫［美］研究无线电波反射 阿普顿（Appleton，Sir Edward Victor，1892—1965）和巴尼特（Barnett，M.A.F.）于1924年在英国，卡内基研究所的布里特（Breit Gregory 1899—1981）和图夫（Tuve，Merle Anthony 1901—1982）于1925年在美国，都利用无线电波的反射特性测量亥维赛电离层的高度，布里特和图夫还首次应用了脉冲原理。英国军界已经认识到无线电波束将是对声学警戒装备的一种理想替换物。

1925年

美国出现最早的彩色传真图片 最早用彩色传真记录的图片刊登在1925年4月美国《贝尔系统技术杂志》（*Bell System Technical Journal*）的卷首插图上。这幅图片是用滤色镜按红、绿、蓝顺序分三次独立传送的，然后再重叠合成。其后经多人改进，并采用了自动化的操作技术，研制成彩色图片传真设备。1945年8月，在波茨坦会议上，杜鲁门、斯大林和艾德礼的彩色照片成功地从欧洲通过无线电传到华盛顿。

范·贝兹莱尔［荷］发展商用短波无线电通信 1925年4月23日，奈德兰德–塞因托斯蒂伦工厂（现在的PTI）工程师范·贝兹莱尔（Van Boetzelaer，L.J.W.）利用飞利浦公司的水冷4kW、振荡频率11.5Hz的三极管制成的发射机，通过海岸电台用26米波长成功地与远离海岸的轮船进行通信。这一实验的成功，很快使荷兰与荷属西印度（现在的印度尼西亚）之间的通信线路从长波改为信号清晰的短波。

约翰逊［英］提出热噪声理论 除了真空管造成的涨落效应外，由均匀物质制作的金属电阻器也产生随机噪声信号，这些效应都与温度有关，称之为热噪声。1920—1930年，物理学界对热噪声做出大量研究，英国物理学家约翰逊（Johnson，J.B.）1925年发表的论文认为，热噪声的来源可以归结为因导体中的自由电子存在于热激励分子包围之中而导致随机激发，是由导体中电子的热震动引起的，它存在于所有电子器件和传输介质中，它是温度变化的结果，但不受频率变化的影响。这种效应与悬浮于液体中的粒子的布朗运动很类似。在液体中，热激励的液体分子与悬浮粒子相碰撞，由于粒子是凝聚性的，与它的任何一个分子碰撞都可以使整个粒子处于运动状态，从而引起随机运动。热噪声在所有频谱中以相同的形态分布，是不能够消除的，由此对通信系统性能构成了上限。热噪声又被称作约翰逊噪声。

欧美各国开发静电扬声器　1925—1935年间，静电扬声器在欧美有过广泛的研制，但未能取得商业上的成功。为了防止绝缘被击穿，只能应用较低的电压，限制了输出功率。静电扬声器的膜片材料很硬容易产生谐波失真，而且高频声波的辐射会产生定向性。

德国西门子–哈尔斯克公司发明裂化碳膜电阻器　德国西门子–哈尔斯克公司，根据裂化碳化氢蒸气产生硬质碳层的原理，用裂化碳膜代替金属形成一个高稳定的电阻层，制成名为"西门子电阻器"的裂化碳膜电阻，在德国得到最早应用。

斯特格曼［德］制成大型座式照相机　柏林的细木工斯特格曼（Stegeman）根据奥地利摄影师屈恩（Kcihn，Heinrich 1866—1944）的设计，制成9厘米×12厘米的适用于摄影室用的大型座式照相机。该照相机装有可伸缩的机箱，整个照相机安装在可调角度的底座上，其改进型成为后来照相馆通用的照相机。

屈恩–斯特格曼照相机

1926年

国际集邮联合会成立　1926年6月18日，国际集邮联合会在巴黎成立。该会下设两个总部，一是社会总部即书证处，设在瑞士的苏黎世；一是行政总部即由主席直接领导的常设执行局，设在当选主席所在地，具体地点由代表大会决定。此外，该联合会下设传统集邮、专题集邮等若干个专业委员会。

赫尔［美］、朗德［英］发明帘栅管（四极管）　1918年前，真空三极管是用做检波器、放大器和高频振荡器等一般用途的唯一的一种电子管。

真空三极管内部栅极与板极之间固有的静电电容，导致栅极与板极电路之间的耦合，在输出电路与输入电路之间产生不可控的作用。在控制栅极和板极之间引入一个帘栅极来减少电极之间的耦合，是美国的赫尔（Hull，Albert Wallace 1880—1966）提出的，他建议用帘栅极直接减小栅极和板极之间的电容。1915年德国的肖特基（Schottky，Walter Hermann 1886—1976）也研制过一种四个电极的电子管，他引入附加栅极主要是为了保障提高放大系数。朗德（Round，H.J. 1881—1966）则于1928年将加入帘栅极的真空管投入实际使用。帘栅极的采用能将栅极和板极之间电容减小到0.001 ~ 0.01微微法。

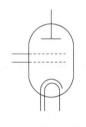

真空四极管电路符号

喷涂金属膜电阻器

洛伊［德］发明喷涂金属膜电阻器　在用贵金属装饰瓷器的传统工艺启发下，1926年洛伊（Loewe，S.）在德国研制成一种电阻性薄膜，并用这种薄膜制成电阻器。这种薄膜是用压缩空气雾化铂树脂的液态溶液，喷涂在绝缘基体上制得的，加热薄膜还可以使金属还原。

华纳兄弟电影公司［美］研制唱盘录音系统（电影录音）　由于公众对于无声电影不感兴趣，成立于1918年的美国华纳兄弟电影公司创始人华纳兄弟（Warner Bros）尝试有声电影。他们在制片厂装置了西方电气公司研制的设备，使盘式录音机与摄影机同

华纳兄弟电影公司标志

步。拍摄的第一部有声影片是《朱安先生》，1927年10月拍摄了影片《爵士歌手》。华纳兄弟在制片厂装设了把声音作为光电图像录制在印有画面图像的同一条影片上的设备，有声电影业由此得到普及。

惠勒［美］发明自动音量控制电路　1926年1月2日，美国无线电学家惠勒

（Wheeler，H.A. 1903—1996）发明了二极管自动音量控制和线性二极管探测器电路，并把这种电路装入他在海兹丁实验室设计的"菲尔柯95型"（Philco 95）接收机上。全自动音量控制用于前两级射频管，为防止第三级失真，该级应用了半自动音量控制。自动音量控制可以用耳朵精确调节，一旦调好就无须再去控制音量了。

八木秀次［日］发明八木天线 日本的八木秀次（1881—1976）博士1913年至1916年在伦敦、哈佛、剑桥大学期间，在弗莱明（Fleming，Sir John Ambrose 1849—1945）、皮尔斯（Pierce，G.W.）指导下从事研究工作。1926年，他任日本东北大学教授时发明了甚高频定向"八木天线"，这种天线广泛用于电视的接收。八木天线有很好的方向性，较偶极天线有更高的增益，可用于测向和远距离通信。如果配上仰角和方位旋转控制装置，可以与包括空间飞行器在内的各个方向上的电台联络，这些性能是直立天线无法实现的。

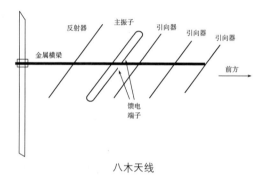

八木天线

贝尔德［英］制作电视移动影像 英国发明家贝尔德（Baird，John Logie 1888—1946）用胶片制作出电视移动影像，并成功地将画面从伦敦传送到苏格兰的格拉斯哥，该画面是人的侧面影像。

比西尼［法］研制成无线电罗盘 无线电罗盘的指针指示的不是相对于磁北极的方向，而是相对于它所调谐到的无线电台的方向，又称为机载无线电测向器。法国的比西尼（Busignies，Henri Gaston 1905—1981）研制的无线电罗盘，是最早实用的无线电导航仪表，它由环状天线、垂直全向天线、罗盘接收机、指示器和控制盒等组成，工作在200～1800千赫频段。

劳里［奥］发明无线电测距仪 奥地利物理学家劳里（Lanry）利用发射的无线电波测量目标的距离，研制出无线电反射测距仪，这是现代雷达的雏形。无线电测距是一种利用电磁波的测距方法。由于电磁波的传播速度为光速，时间计量单位为纳秒级，不可能直接测量出近距离间的电磁波传播时间。近距离的无线电测量通常采用间接测量法。

1927年

美国实现世界上首次电视电话通话 美国商业部长胡佛（Hoover，Herbert Clark 1874—1964）和美国电报电话公司（AT&T）董事长吉福德（Gifford，Walter Sherman 1885—1966）进行了世界上首次电视电话通话。电视电话利用电视摄像机和装有磁盘的接收终端，使通话双方在交谈的同时传送画面成为可能。

美国首次用微波接力线路传送电视节目 20世纪20年代中期，电视只在个别城市播出，收看距离只有几万米。美国在纽约与华盛顿之间，最早利用微波接力线路传送电视节目，开始实现城市间电视节目的即时转播与交换。

布莱克［美］设计负反馈放大器 由输出端送回输入端的信号称为反馈信号，反馈信号在输入端与外加信号相加（或相减）组成放大器的净输入。当反馈信号使净输入增强从而使放大器增益提高时，称为正反馈。当反馈信号使净输入减弱从而使增益下降时，称为负反馈。负反馈的作用是通信史上重要的发现。美国电学家布莱克（Black，Harold Stephen 1898—1983）在贝尔电话实验室做实验时发现，把一个放大器输出的一部分反馈到输入端，虽然增益有所降低，但是可以保证系统在低失真度下稳定地工作。

布什［美］设计积分机 美国麻省理工学院的布什（Bosh，Vannevar 1890—1974）利用电度表中电压与电流的关系，设计出"积分机"，这是第一台用电压与电流关系模拟变量的模拟式计算机。

电影《爵士歌手》代表有声电影时代的到来 由弗雷舍（Fleischer，Richard 1916—2006）导演，奥利弗（Olivier，Laurence 1907—1989）主演华纳兄弟电影公司拍摄的《爵士歌手》（又译《爵士歌王》），在艺术造诣上虽然平庸无奇，但却具备了音乐歌舞类型片的雏形，成为有声电影的先导。

福克斯电影公司［美］发展有声电影 美国的劳斯特（Lauste，Eugen Augustin 1857—1935）于1917年制成可以同时录像和录音的设备，每幅图像

福克斯

占胶卷的一半，另一半用于录制声音。1918年德国的Tru-Ergon公司开始用可变强度的光调制器进行录音，用光电管再现，但这些装置的录音音质都很差。1927年，美国的福克斯（Fox，William 1879—1952）买断了这套装置的使用权，又采用了辉光的电调制管，开始制作福克斯有声新闻胶片录音系统。

美国福克斯有声电影新闻公司研制胶片录音系统（电影录音） 福克斯有声电影新闻公司（Fox Movietone News）使用调制光束强度的方法使负片曝光，制成摄影录音系统。主要元件是一种被称为万次灯的充气灯泡，充气灯泡有一个氧化物涂层阴极，其光强可以在音频范围内用改变阳极电压（200～400V）的方法，在一个较大范围内进行调制。充气灯泡装在一个电子

胶片录音系统

管中，电子管装入摄影机背后，正对胶片的是画面与轮齿孔之间的一个光狭缝，充气灯泡产生的高强度光照射用于获得画面的已感光负片。这一系统可以在一架摄影机上同时获得声音和图像，广泛用于新闻采集。

克雷蒂安［法］发明变形镜头 法国的克雷蒂安发明的变形镜头，可以将宽场景摄入正常胶片中，放映时再用这种镜头放出宽银幕影像，由此出现了宽银幕电影。

舒尔茨钢琴公司生产出自动打字机 德国舒尔茨钢琴公司利用钢琴中的基本机械装置生产出一种自动打字机，这种打字机可以将字母打印到纸轴上，还可以同时打印多份。

1928年

美国开始电视广播 纽约城的WRNY无线电台从1928年8月21日开始电视节目广播。第一天的节目有健康指南、音乐会、厨艺演示和一篇演讲。1929年该公司破产，电视台停止运营。

爱克发公司［德］发明即时冲洗胶片技术 德国摄影材料生产商爱克发

公司（AGFA）发明了即时冲洗胶片的技术，20年后这种思想发展成为宝丽来相机的基本原理。

特勒根［荷］、霍尔斯特［荷］发明真空五极管　为了在较高的板极和栅极电压下，抑制四极管中的二次电子发射，荷兰飞利浦公司的特勒根（Tellegen，Bernard D.H. 1900—1990）、霍尔斯特（Holst）发明了在

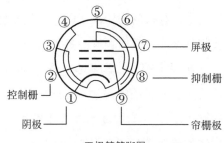

五极管管脚图

帘栅和板极之间引入一个抑制栅极的真空五极管。五极管由屏极、抑制栅极、控制栅极、帘栅极、阴极5个电极组成，电流从屏极流入，阴极流出，由栅极控制，其原理和三极管是完全一样的。五极管发明后普遍用于高频和低频放大。

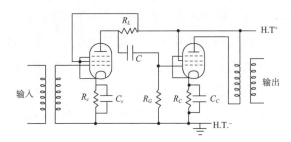

五级管放大电路

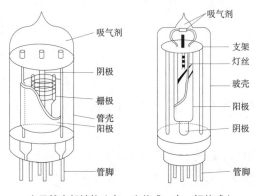

电子管内部结构（左：直热式；右：间热式）

真空电子管

贝弗拉奇［美］、波得森［美］、莫尔［美］研究电报的三重空间分集系统　1928年前后，美国的贝弗拉奇（Beverage，H.A.）、波得森（Peterson，H.O.）和莫尔（Moore，J.B.）研制了一套用于接收断续电报的三重空间分集

系统。这套系统使用三个相距1000英尺的天线，三个分立的接收机检波输出在一个共同的负载电阻上叠加，用电阻两端的电压控制一个本机音调发生器。任何一个接收机的高压高于既定的最小值，就会再现一个适当的音调信号。分集接收是保证对任何频率的各种调制信号稳定接收的基本方法。

霍顿［美］、马里森［美］研制石英钟　石英振荡的频率较高，每秒可达几兆赫。美国的霍顿（Horton, J.W.）和马里森（Marrison, Warren 1896—1980）利用石英振荡的高频率特性，研制出最早的走时准确的石英钟。石英晶体的传感器核心是传感元件压电石英晶片，其工作原理是压电效应，即石英晶体在某些方向受到机械应力后，便会产生电偶极子。若在石英某方向施以电压，则其特定方向上会产生形变，这一现象称为逆压电效应。若在石英晶体上施加交变电场，则晶体晶格将产生机械振动，当外加电场的频率和晶体的固有振荡频率一致时，则出现晶体的谐振。由于石英晶体在压力下产生的电场强度很小，这样仅需很弱的外加电场就可以产生形变，这一特性使压电石英晶体很容易在外加交变电场激励下产生谐振。其振荡能量损耗小，振荡频率极为稳定。石英具有优良的机械、电气和化学稳定性，20世纪40年代以来成为石英钟、电子表、电话、电视、计算机等与数字电路有关频率的基准元件。

兹沃里金［美］研制成电视显像管　美国发明家兹沃里金（Zworykin, Vladimir Kosma 1889—1982）研制的电视显像管采用极板调制、高真空和静电聚焦，是现代电视显像管的雏形。这种显像管是一种电子（阴极）射线管，是电视接收机监视器重现图像的关键器件。它的主要作用是将发送端（电视台）摄像机摄取并转换的电信号（图像信号）在接收端以亮度变化的形式重现在荧光屏上。

贝尔德［英］试验机械扫描彩色电视　英国发明家贝尔德（Baird, John Logie 1888—1946）的机械扫描彩色电视实验获得了初步成功。随后，英国、美国都用机械扫描系统试播彩色电视。

贝尔德［英］研制成功视频唱片　英国发明家贝尔德（Baird, John Logie 1888—1946）研制的这种78转/分的视频唱片上刻有图像信号，把留声机与贝尔德研制的电视接收机连接上后，通过唱针便可以取得图像信号而使图像再现，缺点是图像不够清晰。1936年后这种视频唱片随贝尔德机械式电视系统的淘汰而淘汰。

1929年

英国开始播送电视节目　英国发明家贝尔德（Baird，John Logie 1888—1946）利用其发明的机械扫描电视系统，在英国广播公司（BBC）定期播送电视节目，波长216米，每秒12帧。

美国实验彩色电视系统　同电影类似，电视利用人眼的视觉残留效应显现一帧帧渐变的静止图像，形成视觉上的活动图像。电视系统的发送端把景物的各个微细部分按亮度和色度转换为电信号后顺序传送，在接收端按相应的几何位置显现各微细部分的亮度和色度来重现整幅原始图像。由美国贝尔实验室研制的50线系统，是用三个独立的发射枪分别发送红蓝绿三束基本光，投影合成为彩色图像。

克拉维［法］试验微波通信　1920年，德国物理学家巴克豪森（Barkhausen，Heinrich Georg 1881—1956）研制的正栅极振荡器可以产生40厘米的微波，引起了人们对微波通信的兴趣。1929年，巴黎远程通信实验中心的克拉维（Clavier，A.G. 1894—1956）开始了微波通信试验，发现微波传输是一种经济、质量好、可靠性高和灵活性大的新的通信方式。1930年，他在美国新泽西的两个终端之间用10英尺抛物面天线开始实验。1931年3月，克拉维及助手们设立了法国加来和多佛之间40多千米的微波无线通信线路，使用3米直径的抛物面天线发射17.6厘米的微波，线路可以提供电话和电传打字服务。克拉维于1933年建立由英国的Lympne到法国St.Inglevet的第一条商业微波无线电通信线路。

伯杰［德］研究脑电图　德国神经医学家伯杰（Brger，H.）对人类大脑活动的信号输出进行研究。1902年，他使用李普曼毛细管电流计对颅骨缺损的病人进行脑电活动测量，此后，又使用埃德尔门电流计进行过同样的测量，但结果均不满意。1924年，他将测试方法进行了改进，使用了白金针、真空管放大器以及心电图流计等设备，结果发现了脑电的 α 波和 β 波。伯杰认为两种波型均为脑电图。1929年，他首次公开发表了有关脑电图研究的学术论文。

弗兰克［德］、海德克［德］推出罗莱福莱（Rolleiflex）双镜头反射相机　1920年，德国商人弗兰克（Franke，Paul）和机械工程师海德克（Heidecke，Reinhold 1881—1960）在德国下萨克森州（Lower Saxony）不伦瑞克市创立Franke & Heidecke公司，推出的Rolleiflex双镜头反射相机，底片尺寸6厘米×6厘米，使用120胶卷，安装天塞f4.5镜头，速度为1～1/300秒。这种照相机安有单独的取景镜头，可以将景物通过45°的反光镜反射到

Rolleiflex双镜头反射相机

机身上面的磨砂玻璃取景器上以便于对焦。双镜头反射相机的快门震动小，结构紧凑，成像效果极佳。左侧是调焦轮，右手按动快门，用摇柄卷片。双镜头反射相机后来为许多国家所仿制。

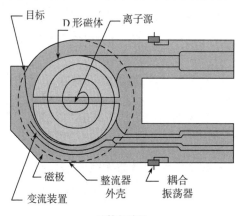

回旋加速器

劳伦斯［美］设计的回旋加速器建成　早期的直线加速器只能使带电粒子在高压电场中加速一次，因而粒子所能达到的能量有限，更由于受到高频技术的限制，这样的装置太大太昂贵，不适用于加速轻离子如质子、氘核等进行原子核研究。1929年，美国物理学家劳伦斯（Lawrence，Ernest Or–Iando 1901—1958）设计的回旋加速器建成，这种加速器采用曲线路径使粒子可以连续做圆周运动，从而可以在一个相对较小的容器内运行较长的距离使粒子加速。一个荷电粒子进入垂直于粒子运动方向的磁场，便以恒定的速度做圆周运动。当磁场强度不断增大时，粒子每运动一周都将进一步如速。

加尔文［美］发明汽车用收音机　美国的加尔文（Garver）发明的这种专为汽车装用的收音机，大小如一个手提箱，喇叭装在车厢底板下面，虽然音质不佳，但大体满足了收听音乐的要求。

1930年

利林菲尔德［德］发明MOS场效应晶体管雏形　莱比锡大学的利林菲尔德（Lilienfeld，Julius Edgar 1882—1963）教授获得一种电子器件的专利，他的专利当时是作为从硫化铜薄膜获得放大作用的方法报道的，但可以看作是现代MOS场效应晶体管（绝缘栅场效应晶体管）的雏形。MOS场效应晶体管由多数载流子参与导电，也称为单极型晶体管，属于电压控制型半导体器件，具有输入电阻高、噪声小、功耗低、动态范围大、易于集成、没有二次击穿现象、安全工作区域宽等优点，在20世纪中叶后成为双极型晶体管和功率晶体管的强大竞争者。

20世纪30年代

拨号式电话系统开始普及　19世纪末美国有人设计出一种适用于电话的旋转式电话拨号系统，用1~0十个阿拉伯数字的组合，确定电话机的本机代码（电话号），旋转电话机上的不同的数字拨号可以产生相应的电脉冲，通过自动交换机与被

拨号式电话机

叫用户接通。拨号式电话系统几经改进，特别是自动交换机的进步，20世纪30年代开始普及。

电话多路通话问题获得解决　20世纪30年代后，美国电学家布莱克（Black，Harold Stephen 1898—1983）为解决多路通话问题，研制成多路载波系统和同轴电话电缆，使远距离瞬间通话成为可能。50年代后，一个电缆可容纳960路。70年代后，形成了经电缆和卫星的几千话路的全球电话通信网络。

格兰杰［澳］创始无线电音乐　20世纪30年代，澳大利亚作曲家格兰杰（Grainger，Percy 1882—1961）基于电声发生器的各种单纯频率，制作出简单的乐曲。这种技术进入实用阶段，是在磁带录音机趋于成熟的50年代后。这种音乐是通过对预先记录的自然音进行控制而得到的。

I.G.Parben公司［德］研制使用磁化塑料录音带的卡带式录音机　德国I.G.Parben公司研制出使用磁化塑料录音带的卡带式录音机，该录音机采用

了早年已在欧洲市场出现的商品塑料磁带，录放声音十分逼真。1935年德国AEG公司生产的磁带录音机开始投放市场。

范·德·格拉夫［美］发明丝带静电起电机　美国物理学家范·德·格拉夫（Van de Graaff, Robert Jemison 1901—1967）发明了一种丝带静电起电机，这种起电机在由空气隔离的两大起电器之间，可以建立起约550万伏的高电压。美国物理学家们为了研究核结构，在恒定电势加速器中采用了范·德·格拉夫丝带静电起电机，这种起电机又称范·德·格拉夫加速器。

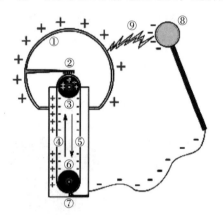

① 中空金属球壳
② 上部电极
③ 上部滚轴
④ 这条带子带有正电荷
⑤ 这条带子带有负电荷
⑥ 下部滚轴
⑦ 下部电极
⑧ 带负电的球型装置，用于将主球壳放电
⑨ 因电位差产生的电花

范·德·格拉夫起电机原理图

福斯曼［德］试验心血管造影术成功　心血管造影术是将在X线照射下透明的造影剂快速注入血流，使心脏和大血管腔在X射线照射下显影，同时用快速摄片、电视摄影或磁带录像等方法，将心脏和大血管腔的显影过程拍摄下来，从显影的结果可以看到含有造影剂的血液流动顺序，以及心脏大血管充盈情况。德国医学家福斯曼（Forssmann, Werner 1904—1979）在心导管插入术获得成功的基础上，第一次在活狗身上进行了心血管造影术的试验。虽然当时没能将这一成功试验过程拍摄下来，但是后来人们在他的工作基础上，将这一技术不断改进并应用于临床诊断和科研领域。

1931年

哥伦比亚广播公司开始电视广播　美国哥伦比亚广播公司（Columbia Broadcasting System）成立于1927年2月18日，总部最初设在费城，自1931年开始电视广播。

美国第一家全电子电视台正式开播　1931年12月23日，位于美国西海岸的W6XAO电视台正式开播，每天有一小时的电影节目。这是第一家使用全电子电视系统的电视台，也是第一批使用超高频信号的电视台之一。

《中国无线电》杂志创刊　《中国无线电》杂志由上海亚美股份有限公司编辑出版，是中国最早的介绍和普及无线电技术知识的刊物。

利特尔顿［美］发明氧化膜固定电阻器　美国的利特尔顿（Littleton，J.T.）发明了一种掺铱的敷在玻璃绝缘体上的导电氧化锡涂层电阻器。由于其电阻率很低，因此减小了电晕效应，但是价格过高。莫契尔（Mochel，J.M.）在这种薄膜中加进氧化锑以稳定其电特性，并通过改变锑的比例得到了负温度系数或正温度系数的电阻器。

克诺尔［德］、鲁斯卡［德］制成高压示波器　德国的克诺尔（Knoll，Max 1897—1969）和鲁斯卡（Ruska，Ernst 1906—1988）用冷阴极放电电子源和3个电子透镜改装成一台高压示波器，他们通过该高压示波器获得放大十几倍的图像，证实了电子显微镜成像放大的可能性。1933年，经鲁斯卡改进，电子显微镜成像的分辨率达到了50纳米，约为当时光学显微镜分辨率的10倍。

弗勒默［德］发明"会发声的纸"　德国工程师弗勒默（Pfleumer，Fritz 1881—1945）发明了一种称作"会发声的纸"，这实际上是一台录音机，可以记录20分钟的声音。1932年，在弗勒默专利的基础上，德国电信AEG公司和德国三大化学公司之一的BASF公司合作建立了磁带实验室，研制出一种使用复合材料的双层磁带模型，底层为$30\mu m$厚的醋酸纤维素薄膜，上层为$20\mu m$厚的羰基铁粉末和醋酸纤维素的混合物，制成了可以实用的磁带。

布鲁姆林［英］、贝尔电话实验室［美］发明立体声重放技术　英国物理学家布鲁姆林（Blumlein，Alan Dower 1903—1942）和美国的贝尔电话实验室，几乎同时发明了立体声重放技术。布鲁姆林设计了适用于唱片录音的完整系统，包括双向和全向话筒阵列、传输电路以及同时利用横向和纵向录音的唱片录音系统，可惜因经济问题未能进一步研究和实用化。1933年4月，贝尔电话实验室完成了实用的立体声重放系统。

布什［美］制成微分分析仪 美国麻省理工学院的布什（Bush，Vannevat 1890—1974），试制出一台微分分析仪的样机。这是最早的解微分方程的模拟计算机。这台用于计算的装置与现代的计算机不同，没有键盘，占地几十平方米。分析仪有几百根平行的钢轴，安放在

微分分析仪

一个桌子一样的金属柜架上，一个个电动机通过齿轮使这些轴转动，通过轴的转动来进行数的模拟运算。使用者必须手持改锥和锤子来为分析仪编制程序。在试制出第一台样机后，布什又采用电子元件取代某些机械零件，制成"洛克菲勒微分析仪2号"，但它仍属于机械式的计算装置。在第二次世界大战中，美军曾用它计算弹道表。

美国海军制成连续波干涉雷达 美国海军实验室提出了"用无线电探测敌舰和敌机"的研究计划，经过一年的努力，研制出一种探测距离达64千米的雷达。它采用连续波，利用发射机发出的直接信号与活动目标的反射信号之间的干涉现象进行检测。由于这种雷达将发射机和接收机分设两地，并相互屏蔽，不适合在舰船上使用。

1932年

卡尔马斯［美］发明天然色电影摄影机 1915年美国技师卡尔马斯（Kalmus，Herbert Thomas1881—1963）与科姆斯托克（Comstock，Daniel Frost 1883—1970）等人创办特艺公司（Technicolor），研究成功红绿双色彩色电影印片法，1932年又研究成功3色带彩色技术。这种技术是用3台电影摄影机用3种颜色同时拍摄，最后将3个胶卷合并而形成天然色影像的电影。

彩色电影放映机

布鲁姆林［英］设计能量守恒扫描电路　英国物理学家布鲁姆林（Blumlein, Alan Dower 1903—1942）设计的能量守恒扫描电路可以产生正弦波形，但要得到锯齿波形还要采用电子管的开关线路，这种电路后来广泛用于电视接收机中。

马可尼［意］捕捉到甚高频的无线电波（微波）　意大利的马可尼（Marconi, Guglielmo Marchese 1874—1937）在无线电实验中捕捉到甚高频的无线电波，即微波，其波长为1米（不含1米）至1毫米。10年后这种无线电波首次应用于雷达。微波频率比一般的无线电波频率高，通常也称为"超高频电磁波"。微波的基本性质通常呈现为穿透、反射、吸收三个特性。对于玻璃、塑料和瓷器，微波几乎是穿越而不被吸收。对于水和食物等就会吸收微波而使自身发热，而对于金属类，则会反射微波。

科克罗夫特［英］、沃尔顿［英］研制倍加速器　英国物理学家科克罗夫特（Cockcroft, Sir John Douglas 1897—1967）和爱尔兰的沃尔顿（Walton, Ernest Thomas Sinton 1903—1995）研制的倍加速器，是一种用人工方法产生高速带电粒子的装置，亦称科克罗夫特—沃尔顿加速器。它可以把质子加速到7×10^5电子伏，是探索原子核和粒子的性质、内部结构和相互作用的重要工具。

科克罗夫特

倍加速器

克诺尔［德］制成透射电子显微镜　1931年，柏林技术大学的克诺尔（Knoll，Max 1897—1969）制成第一台电子显微镜，它有两个串联的电磁透镜。1932年改进后增加了一个电容透镜，在电磁透镜的周围加上一个带狭缝的铁屏。1934年，德国物理学家鲁斯卡（Ruska，Ernst 1906—1988）制作出可以放大12000倍的透射电子显微镜。

塞尔尼克［荷］发明相位差显微镜　荷兰物理学家塞尔尼克（Zernike，Frits Frederik 1888—1966）利用光学中的相位差原理，发明了相位差显微镜，经不断改进，这种显微镜已成为生物学、病理学和金相学领域的重要仪器。

美国无线电公司演示阴极射线管电视接收机　美国无线电公司（PCA）在纽约的帝国大厦进行了试验性广播，演示了阴极射线管电视接收机。

华莱士的频谱分析仪

华莱士［美］制成频谱分析仪　美国物理学家华莱士（Wallace，Marcel）制成的频谱分析仪，是一种自动扫描接收机，具有355～555千赫和25～35兆赫两种频带，是研究电信号频谱结构的仪器，用于信号失真度、调制度、谱纯度、频率稳定度和交调失真等信号参数的测量，是一种多用途的电子测量仪器，又称频域示波器、跟踪示波器、分析示波器、谐波分析器、频率特性分析仪或傅里叶分析仪等。现代频谱分析仪能以模拟方式或数字方式显示分析结果，能分析1赫以下的甚低频到亚毫米波段的全部无线电频段的电信号。

1933年

詹斯基［美］开展射电天文学研究　美国电学家詹斯基（Jansky，Karl Guthe 1905—1950）在寻找跨越海洋传播的无线电信号中的静电干扰源时，发现了来自遥远星体的无线电信号，由此

詹斯基射电天文学接收天线

开始射电天文学研究。由于地球大气的阻拦，从天体来的无线电波只有波长约1毫米到30米的才能到达地面，绝大部分的射电天文学研究都是在这个波段内进行的。射电天文学以无线电接收技术为观测手段，观测的对象遍及所有天体，从近处的太阳系到银河系直到极其遥远的银河系以外的目标。射电天文波段的无线电技术，到20世纪40年代才真正开始发展。

美国无线电公司研制成橡实管　橡实管（acorn tube）即橡子型小型电子管，由美国无线电公司（RCA）研制并投放市场，为以后小型高频真空管的生产打下了基础。

帕克尔［英］设计真空管时基电路　英国物理学家帕克尔（Puckle, O.S.）利用一种多谐振荡器作为电容器的充电媒质，建立了一种时基电路（时间基准电路），这种电路提高了最大的重复频率，工作频率从40kHz到1MkHz。

美国西屋公司［美］研制成引燃管（单阴极汞弧整流管）　美国西屋公司（Westing house）研制成一种钢壳水冷汞弧真空管，即引燃管（单阴极汞弧整流管），后进一步改制成高效大功率整流管。这种引燃管在第二次世界大战中得到了广泛应用。

阿姆斯特朗［美］获得宽频调制器的专利　美国无线电学家阿姆斯特朗（Armstrong, Edwin Howard 1890—1954）在研究减小静电干扰的方法中，发现调频是个很好的解决办法。1933年底，他完成了一个宽带调频系统，这种系统几乎可以克服自然界和人为的静电干扰。在这个系统中，用15kHz的声频可以把载频调制到±75kHz。这种调频系统通常被称作调频无线电，1941年美国开始了调频制广播，但是直到20世纪50年代才被广泛接受。

舍恩海默［德］首次将同位素示踪技术应用于生命科学的物质代谢研究　德国生物化学家舍恩海默（Schoenheimer, Rudolf 1898—1941）在研究脂肪酸在生物体内代谢时，首次将美国化学家尤里（Urey, Harold Clayton 1893—1981）在1931年发现的氘做示踪元素来标记脂肪酸，开辟了同位素标记生命物质，并追踪其在体内变化途径的研究方法。

1934年

德雷尔［英］发现液晶　液晶状态最早在1889年就有人指出过，1934年英国马可尼实验室探讨用液晶制作光电器件。该实验室的德雷尔（Dreyer，John）发现，液晶的有序分子排列可以用来使染料分子定向以作为偏振器。对液晶的大规模研究是20世纪60年代开始的，当时美国RCA实验室开始了这方面的研究工作。

克利顿［美］、威廉姆斯［美］发明原子钟　美国的克利顿（Cleeton，C.E.）和威廉姆斯（Williams，Robert Runnels，1886—1965）在密执安大学的实验室，用无线电波振荡源激发出23870MHz的氨谱线。用以激发跃迁的振荡源是一个磁控管，利用氨谱线的稳定频率作为频率标准来计时，这种原子钟每天可以准确到万分之一秒。

1935年

戈多斯基［美］、曼内斯［美］制成柯达彩色正片　美国从事音乐工作的戈多斯基（Godowsky，Leopold）和曼内斯（Mannes，Leopold）研制出柯达彩色正片。这种彩色正片的每层都采用不同的填充显影剂，在正片的银粒被溶解之后，就可得到保留黄色、绛红色和青绿色的减色照片。

布鲁姆林［英］设计恒定电阻电容中和电路　恒定电阻电容中和电路是由一个电感L、一个电容C和两个等值电阻R组成的两端网络电路，只要$L/C = R^2$，从两端测得的阻抗在任何频率下都相当于一个阻值为R的纯电阻。英国电学家布鲁姆林（Blumlein，Alan Dower 1903—1942）把这种电路作为一个电路（如宽带放大器）中的关节点，以消除浮置电源对地的杂散电容。

海尔［德］发明相当于后来的场效应晶体管的放大器　德国的海尔（Heil，Oskar 1908—1994）获得了一项题为"对于电气放大器和其它控制设备的改进"的英国专利。其原理是，一个长方形薄层半导体如碲、碘、氧化亚铜或五氧化钒，其两边是对接半导体的欧姆接触区，作为控制极的另一个金属薄层紧挨半导体薄层，并与之绝缘。在控制极上的信号可以调制半导体薄层的电阻，得到一个放大的信号。这种器件实际上相当于"绝缘栅单极场效应晶体管"。

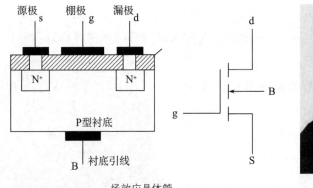

场效应晶体管

霍尔斯特德

霍尔斯特〔荷〕等人制出红外变像管 荷兰的霍尔斯特（Holst）等人研制的红外变像管，工作时在平面阴极与平面荧光屏之间加高电压，阴极与荧光屏之间距离很近，是一种近贴聚焦系统，可以将不可见光图像变成可见图像的真空电子器件，当外来辐射图像成像于其光电阴极时，光电阴极发射电子，经加速或聚焦后轰击荧光屏，使之产生较亮的可见图像。

兹沃里金〔美〕、莫顿〔美〕、马尔特〔美〕发明光电倍增管 光电倍增管的原理是：当具有一定电子伏特的电子撞击到一个导体表面时，每个电子将从这导体中击出4到10个低速电子，使原始电流相应地倍增。这种过程的一再重复，可以使电流以任意大的因子倍增，而实际上并没有附加地放大噪声。美国的兹沃里金（Zworykin，Vladimir Kosma 1889—1982）、莫顿（Morton，G.A.）、马尔特（Malter，L.）于1935年制成第一个有实用价值的光电倍增管，其中电子从一个倍增电极到另一个倍增电极是沿着近似摆线的路径运行的，这种摆线轨迹是由正交的电场和磁场决定的。纯静电聚焦及加速系统是后来兹沃里金和拉支曼（Rajchman，Ludwik 1881—1965）等人研制成功的，成为美国无线电公司（RCA）倍增光电管的雏形。

A.and O.海尔夫妇〔德〕研制波型微波振荡器（早期的磁控管） 俄裔德国人海尔（Heil，Agnessa Arsenjewa）和德国的海尔（Heil，Oskar 1908—1994）夫妇对三极管进行研究，发现要得到最高频率的基本困难是由于电子的惯性而要求过大的栅极控制功率。1935年，他们提出了避免这种限制和甚高频电路的功耗限制方法，由此确立了适合产生甚高频的新机理。

霍尔斯特德〔美〕开发出神经心理学的测试电池 美国的神经心理学

家霍尔斯特德（Halstead, Ward 1908—1968）在芝加哥市创建了世界上第一个临床神经心理学实验室，开发出被命名为霍尔斯特德的神经心理学测试电池，并在临床获得应用。

哈蒙德［美］研制的电子琴投入工业生产　美国的哈蒙德（Hammond, Laurens 1895—1973）以他设计的同步电钟为基础，发明了一种电子琴，用来代替管风琴，为现代音乐提供了全新的电子乐器。这种电子琴没有簧片也没有风管，每个链连着一个能发脉冲的轮子，脉冲被放大后送入扩音器。这种称作"新和弦电子琴"的电子琴销售良好，很快即大量生产。

哈蒙德电子琴

法国制成分米波雷达　雷达系统根据其工作频率分为米波雷达、分米波雷达和厘米波雷达，其接收机通常是超外差式的。分米波雷达和厘米波雷达由于其工作频率较高，一般都有自动频率控制系统（AFC），控制本振频率自动跟踪发射频率的变化，或者控制发射频率自动稳定在本振频率对应的频率点上，以保证雷达接收机的中频频率稳定。法国无线电电子学会的科学家于1934年开始研究无线电米波和分米波雷达在目标探测上的应用。1935年制成一台工作于分米波段并采用磁控管和脉冲原理的"障碍物探测器"，安装在诺曼底号邮船上。1936年在勒阿弗尔用这种分米波雷达探测进出港口的船只。

沃森-瓦特［英］制成实战雷达　1934年，英国的蒂泽德（Tizard, Henry Thomas 1885—1959）建议研制杀伤性死光武器。1935年夏，沃森-瓦特（Watson-Watt, Robert 1892—1973）承担了研制实战雷达的任务，他设想用无线电定位法探测飞机，使用显像管接收来自飞机的反射波，并计算飞机的距离。他和助手解决了大功率发射机制造、短脉冲的调制、脉冲信号接收机制造以及适用的发射和接收天线等技术问题，制成最早投入实战的用于探测索沃克海岸上飞行器的军用雷达CH系统。其工作频率为22~28MHz，作用距离160千米，探测高度在5000米以下。到1939年已有大量的雷达装置用于探测飞行器，德国、英国、荷兰和美国都拥有自己的军用雷达装置，1939年后英国与美国开始在雷达研制上进行合作。雷达的优点是白天黑夜均能探测远距离的目标，且不受雾、云和雨的影响，具有全天候、全天时的特点，并有一定的穿透能力，因此它不仅成为军事上必不可少的电子装备，后来还广泛应用于气象预报、资源探测、环境监测、天体研究、大气物理、电离层结构等方面的研究。星载和机载合成孔径雷达已经成为20世纪后半叶遥感中的重要探测器。

雷达

美国研制雷达 美国海军实验室无线电分部研究室研制成功雷达设备，该设备使用28.3赫5微妙的脉冲波，探测距离达4000米，在实验室实验成功后开始装备海军。1939年后美国与英国合作研制成频率达1万兆赫的H2X雷达系统，微波雷达很快取代超短波雷达，成为雷达的主流。

1936年

美国无线电公司（RCA）在纽约帝国大厦安装美国第一个电视工作室

英国用电子电视系统播放电视 英国电气和公用事业公司借鉴美国兹沃里金（Zworykin, Vladimir Kosma 1889—1982）的电视系统，研制成改进的电子电视装置，在英国广播公司取代了贝尔德（Baird, John Logie, 1888—1946）机械扫描电视系统，正式播出电视节目。这套由光电摄像管组成的EMI摄像系统，以405线取代了贝尔德的240线机械扫描系统，每秒可以不间断地发送25幅稳定的画面。BBC公司用它播放了英国当时为抗议百万人失业而举行大游行的新闻报道。

图灵［英］提出理想计算机（图灵机）理论 英国数学家图灵（Turing, Alan Mathison 1912—1954）在《论应用于决定问题的可计算数字》论文中，描述了通用图灵机的逻辑构造。这是一种抽象的自动计算机，可以用来定义可计算函数类。图灵机能表示算法、程序和符号行的变换，因此可以用来求解电子计算机的数学模型、控制算法的数学模型，在形式语言理论中还可以用来研究短语结构语言。图灵设计利用一条无限长的纸带，纸带分成一个个的小方格，每个方格有不同的颜色。一个机器头在纸带上移动，机器头装有一组内部状态和一些固定的程序。在每个时刻，机器头都要从当前纸带上读入一个方格信息，然后结合自己的内部状态查找程序表，根据程序输出信息到纸带方格上，并转换自己的内部状态，然后进行移动。通用图灵机把程序和数据都以数码的形式存储在计算机中，成为现代通用数字计算机的原型。

德斯特里奥［法］发现场致发光现象　法国物理学家德斯特里奥（Destriau，Georges 1903—1960）发现某些物质可以在足够强的交变电场中发光，即本征型电致发光，又称作德斯特里奥效应。所用的发光材料电阻率很高，把它悬置在树脂等绝缘介质中，并夹在两块平板电极间（其中一块常为透明电极），当这样的系统与交流电源连接后，发光就可以由透明电极一侧透射出来。场致发光是将电能转化为光能的一类发光现象，有不少固态材料具有这种性质，能够实际应用的主要是化合物半导体，如II-VI族与III-V族化合物。将II-VI族化合物制成粉末、薄膜或者单晶都可以发光，而III-V族化合物只限于单晶。

布吕姆莱因［英］设计长尾对电路　英国电学家布吕姆莱因（Blumlein，Alan Dower 1903—1942）设计出长尾对电路，该电路最早用于伦敦的电视电缆（一对相互屏蔽的导线对）的放大器中，后来得到广泛的应用。

贝尔电话实验室［美］研制波导管　1934年前，美国贝尔电话实验室的索思沃斯（Southworth，George Clark 1890—1972）在一个直径5英寸、长875英尺的中空金属管中传播了波长15厘米的电报和电话信号，衰减相当小。1936年，美国贝尔电话实验室的卡森（Carson，John Renshaw 1886—1940）、米德（Meade，Sallie P.）、谢尔库诺夫（Schelkunoff，Sergei Alexander 1897—1992）发表了他们关于超高频波导的数学理论，而索思沃斯则发表了自己的实验结果。这些工作为贝尔实验室研制TE01型圆形波导管提供了理论基础。同一年，麻省理工学院的巴罗（Barrow，Wilmer Lanier 1903—1975）出版了关于电磁波在中空的金属管中传播的著作。

贝尔实验室［美］研制成功冷阴极触发管　美国贝尔电话实验室研制成最早的冷阴极触发管，激活阴极可以使阳极保持一个约70伏的触发电压，后来激活阴极方法成为制作触发管的基本方法。

克诺尔［德］提出扫描电子显微镜设想　德国的克诺尔（Knoll, Max1897—1969）提出扫描电子显微镜设想，但未能制成，直到1948年剑桥大学的奥特利（Oatley, Charles William 1904–1996）才设计出几种雏形的扫描电子显微镜，1965年后开始生产。扫描电子显微镜能反映被测物体表面的粗糙度，被检测样品制备简单且是非破坏性的。

贝尔电话实验室［美］研制成自动语言合成仪（声码器）　美国贝尔电话实验室研制出一种自动语言合成仪，即声码器，用来分析说话声波的音调及能量含量。经过进一步的改进，声码器的输出可以是数字化和加密的，输出的数字信号通过声音话路进行传输。在第二次世界大战中，美国政府在保密通信中应用了这种声码器。

朱斯［德］制成最早的程序控制计算机　德国数学家朱斯（Zuse, Konrad 1910—1995）制成最早的程序控制计算机Z-1型，这是一种全机械式的计算机。到1943年，研制成机电式的程序控制计算机Z-3型。

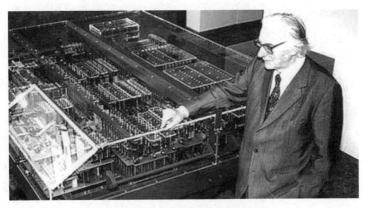

朱斯和他的机械式程序控制计算机

1937年

瓦里安兄弟［美］发明双腔速调管振荡器　速调管是一种靠周期性地调

制电子注的速度来实现放大或振荡功能的微波电子管。美国斯坦福大学物理学家R.H.瓦里安（Varian, Russell Harrison 1898—1959）与其弟S.F.瓦里安发明的双腔速调管振荡器，利用了斯坦福大学汉森（Hansen, William Webster 1909—1949）提出的用密闭谐振腔产生高频大功率振荡的设想。在双腔速调管振荡器中，输入腔隙缝的信号电场对电子进行速度调制，经过漂移后在电子注内形成密度调制。密度调制的电子注与输出腔隙缝的微波场进行能量变换，电子把动能传给微波场，完成放大或振荡的功能。这种速调管可以在厘米波段产生中等功率的振荡。

里弗斯［美］发明脉码调制　美国发明家里弗斯（Rivers, A.H.）发明的脉码调制（PCM, Pulse-Code Modulation），是一种将模拟信号样值量化、编码而转换为数字信号的调制方式。这一发明为数字通信奠定了基础。1947年，美国贝尔电话实验室研制出24路电子管脉码调制装置，证实了PCM的可行性。1962年，美国研制出使用晶体管的24路1.544兆比/秒的脉码调制设备，开始应用于市内电话网以扩充容量，使已有音频电缆芯线的传输容量扩大24～48倍。到20世纪70年代中末期，各国相继把脉码调制成功地应用于同轴电缆通信、微波接力通信、卫星通信和光纤通信、大容量传输系统中。20世纪80年代初，脉码调制已经用于市话中继传输和大容量干线传输以及数字程控交换机，并在用户话机中采用。数字通信与模拟通信相比，有通信质量高、抗干扰能力强、易于计算机管理的特点。

英国BBC公司研制成"唇型"话筒　这是一种很轻的可贴近广播员嘴唇的话筒，可以免去录音现场各种噪音，还可以自由移动，特别适合在体育转播中应用。

雷伯［美］建成抛物面天线射电望远镜　美国无线电工程师雷伯（Reber, Grote 1911—　　）建成直径为9.5米抛物面天线的射电望远镜，雷伯用它研究宇宙射电强度分布，证实了来自银河中心方向的射电强度最大。射电望远镜（radio telescope）是观测和研究来自天体的射电波的基本设备，可以测量天体射电的强度、频谱及偏振等量。这套系统包括收集射电波的定向天线、放大射电信号的高灵敏度接收机、信息记录处理和显示系统等。20世纪50年代后，为了满足航天技术发展的需要，美国开始制作大型的射电望远

雷伯

雷伯制作的射电望远镜

镜。1957年，美国制成直径76.2米、重2000吨的大型射电望远镜，可以对航天器进行跟踪与测量；1963年又制成直径305米的大型射电望远镜，除对航天器外，还可以对银河系进行观测。

1938年

香农［美］创立关于电子计算机的信息理论　美国数学家香农（Shannon，Claude Elwood 1916—2001）发表论文《继电器和开关电路的符号分析》，首次用布尔（Boole，George 1815—1864）代数对复杂的开关电路进行分析，证明布尔代数的逻辑运算可以通过继电器电路来实现，给出实现加、减、乘、除等运算的电子电路设计方法，创立了关于计算机的信息理论。

米哈伊洛夫［苏］提出用图解分析方法判断系统稳定性　苏联的米哈伊洛夫（Михайлов，А.В.）以谐波分析和幅角原理为基础，用系统的特征多项式（即传递函数的分母多项式）在复平面上的幅相特性来判断系统的稳定性，为研究自动调整系统提供了一种基本准则。该判据只适用于线性定常系统。

西蒙斯［美］、鲁奇［美］研制成电阻应变计　美国的西蒙斯（Simmons，E.）和鲁奇（Ruge，A.）研制的电阻应变计，是一种实用的粘贴型纸基电阻应变计，用于非电量检测。它可以利用应变计或其它类型的传感器，在一个地点进行测量，由遥测仪及发射机将测得的信号发射出去，并在另一地点由接收系统对信号放大、显示或记录。

中国开始生产电子管　1937年，国民政府资源委员会创办中央电工器材厂，其所属第二厂利用从美国进口的图纸和工艺技术，于1938年生产出用于长途电话通信用的3CA3电子管，年产电子管30余种，约3万只。该厂生产的收信、发射管在收、发报话机上试用，质量与当时的舶来品相当。

贝尔德［英］建成高分辨率大型彩色电视屏幕 英国发明家贝尔德（Baird，John Logie 1888—1946）建成的高分辨率大型彩色电视屏幕，高2.7米，宽3.6米，安装在伦敦剧场，两周后转播了水晶宫演出的节目。

弗莱西希［德］获得荫罩式彩色显像管专利 德国的弗莱西希（Flechsig）在电子枪和荧光屏之间安装了一块多孔的金属荫罩板，三个电子束通过荫罩板上的小孔，分别扩展到各自对应的红、绿、蓝三色荧光粉粉点上。荫罩式彩色显像管视觉效果好，制造较为容易而得到广泛应用。

荫罩式彩色显像管

阿塔纳索夫

阿塔纳索夫［美］设计自动数字电子计算机 美国的阿塔纳索夫（Atanasoff，John Vincent 1903—1995）设计并制造一台最早采用电子元件的自动数字计算机，到1942年其运算部件已测试成功，但输入输出机构尚不完善。他的思想和成果曾给予世界上第一台电子计算机ENIAC的设计者以启示。

格拉尼特［典］发展和完善了视网膜电图技术 瑞典的格拉尼特（Granit，Ragnar 1900—1991）用一系列精巧的实验，把视网膜电图分解成三个基本过程，并对这些过程反映的不同细胞的活动进行了论证。在此基础上他进一步发展和完善了视网膜电图技术，成为现代眼科诊断某些视网膜病变的有效工具。

卡尔森［美］发明静电复印技术 美国律师卡尔森（Carlson，Chester Floyd 1906—1968）于1938年10月22日，在纽约的阿斯多利亚（Astoria，Queens）将一块涂有硫黄的锌板用棉布在暗室中摩擦，使之带电，然后将写有文字"10.-22.-38 ASTORIA"的透明显微幻灯片放在涂硫黄的锌版上进行强光照射。曝光之后撒上石松粉末即显示出原稿图像。这是静电复印的原始方式。1938年卡尔森取得专利，1939年制成复印装置模型，并将这一技术称作Xerography。经改进的静电印刷术是利用一块涂有很薄光导涂层的金属薄板做底板，这种涂层在黑暗中可以充上电荷，直到曝光之前这些电荷一直保持着，将此底板曝光就可以产生静电图像。当底板上撒上墨粉时，这种静电图像就转换成墨粉图像，这种墨粉图像可以转移到纸上并被熔融固定在纸上。这种静电印刷术后来又被贝特莱研究所的夏福特（Schaffert, Roland M.1905—1991）改进，于1946年年底完成了用硒涂复底板和电晕放电电线制造技术。其工作原理是通过曝光、扫描将原稿的光学模拟图像通过光学系统直接投射到已被充电的感光鼓上产生静电潜像，再经过显影、转印、定影等步骤，完成复印过程。早期的光导电体为单层，兼具电荷的生成与输送功能，后发展出机能性的多层结构，使得电荷储存和传递功能更为完善。

卡尔森

写有"10.–22.–38 ASTORIA"的静电图像

1939年

苏联科学院成立控制问题研究所　该所是世界上最早的自动化研究所之一，建于莫斯科，当时称为苏联科学院自动学与运动学研究所，1969年改为现名。该所专门研究控制论、自动控制理论、自动控制系统、自动化技术工具和系统建模和仿真等。主要刊物为《自动学与运动学》月刊。

麻省理工学院［美］成立伺服机构实验室　美国麻省理工学院成立伺服机构实验室，在20世纪40年代末主要从事控制机构的早期研究，其中伺服机构方面的研究奠定了随机扰动控制理论基础。20世纪50年代研制出数控机床和APT语言，奠定了CAD、CAM的基础。1957年更名为电子系统实验室。20世纪60年代中期到70年代以空间为基础的系统和控制理论研究，为航天器制导、生产过程控制做出贡献。70年代开展数据通信网络方面研究，1978年更名为信号与决策系统实验室（LIDS）。

谢巴诺夫［苏］提出不变性原理 苏联的谢巴诺夫提出的不变性原理，是自动控制理论中研究扼制和消除扰动对控制系统影响的理论。如果扰动被测量出来，就利用它产生的控制作用以消除其对输出的影响，这称作不变性原理。不变性原理确定了系统实现不变性所应满足的条件，为设计和构造高精度、高性能的自动控制系统提出了理论依据。

拉比［美］提出铯原子束频率磁共振法 美国哥伦比亚大学的拉比（Rabi, Isidor Isaac 1898—1988）及其同事研制出一种铯原子束频率磁共振法。他们利用原子具有磁偶极矩这一特点，使一束铯原子通过磁铁系统和以玻耳频率变化着的交变场区，磁铁系统有一个非均匀磁场，控制原子聚焦到检测器。这种方法很容易克服频率带宽和低强度的困难。

德国和法国发明电子束焊 电子束焊是利用电子作为热源的焊接方法。热阴极发射的电子，在真空中被高压静电场加速，经磁透镜产生的电磁场聚集功率密度高达$1.5 \times 10^5 W/cm^2$的电子束，轰击到工件表面上熔化金属，可以焊出既深又窄的焊缝，焊接速度达125~200米/小时，工件的热影响区和变形量都很小。电子束焊可以焊接所有的金属材料和某些异种金属接头，从箔片至板材均可以焊接。

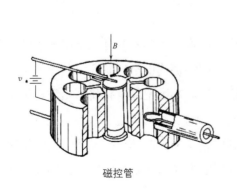

磁控管

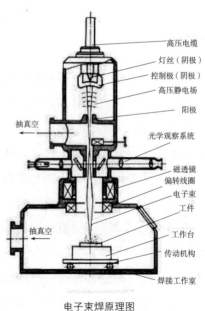

电子束焊原理图

兰德尔［英］、布特［英］发明谐振腔磁控管 1939年秋，英国海军部要求伯明翰大学物理系研制一种大功率微波发射机，该系致力于改进瓦里安兄弟（Varian，R.H.and S.F.）发明的速调管。兰德尔（Randall，J.T.）和布特（Boot，H.A.）在从速调管中取得足够大的功率方面遇到困难，考虑把谐振腔的原理用在磁控管上。这种磁控管是美国通用电气公司（GE）的赫尔（Hull，A.W.）于1921年发明的，但是常规形式的磁控管不具备他们所追求的特性。用谐振腔概念制造的空腔磁控管，能在厘米波段产生大功率。

兹沃里金［美］发明正析摄像管 美国发明家兹沃里金（Zworykin，Vladimir Kosma 1889—1982）在研制光电摄像管的基础上发明了正析摄像管，这种摄像管将图像投射到镶嵌光电阴极，被电子射束扫描，电子射束重新提供电子，电子通过发光电极发射，再通过收集器将图像复原。美国无线电公司（RCA）开始采用这种正析摄像管取代光电摄像管。

施蒂比茨［美］发明复数计算机 约在1925年，美国的安德瑞斯（Andrews）就阐述过应用继电器电路技术来制造计算机的可能性，但直到1937年，贝尔实验室捷克裔数学家施蒂比茨（Stibitz，George Robert 1904—1995）才开始研究这种计算装置的设计。开始时他把精力集中在二进制数字以及十进制二进制及二进制十进制的自动转换方面，后来又把注意力转向十进制数的二进制编码表示法上。施蒂比茨设计了一台能进行复数乘除的计算机，这种计算机是为了满足求解滤波器网络设计问题，由此开始了贝尔实验室继电器计算机系列的研究与制作。1938年11月，维廉姆斯（Williams，Samuel B.）与施蒂比茨一起改进计算机的设计。1939年4月开始结构设计，10月完成。这种计算机就是著名的"复数计算机"。直到1949年这台机器一直在贝尔电话实验室进行日常的计算工作。

艾肯［美］研制自动数字计算机 国际商业机器公司（IBM）的艾肯（Aiken，Howard Hathaway 1900—1973）根据巴贝奇（Babbage，Charles 1792—1871）的设计思想在1939年至1944年间制成Mark I型自动数字计算机（51英尺长，8英尺高），该机以继电器为器件，它能完成加、减、乘、除和参考前面已经算出结果的表。这台计算机的全部运算都是由一个自动序列机来控制，有60个常数寄存器，72个加减存储寄存器，一个中央乘除单元，计算初等超越函数log10^{x}和sin x的手段，以及3个将读取编在穿孔纸带上的函数内插器。输入是以穿孔卡片的形式，输出采用穿孔卡片或用电传打字机打印。

休利特［美］、帕卡德［美］获得文氏电桥音频振荡器专利　美国的休利特（Hewlett，Edward）与帕卡德（Packard，David 1912—1996）合作获得文氏电桥音频振荡器专利。这种200A的音频振荡器，采用了一个依振幅而定的电阻器（白炽灯）作为文氏电桥音频振荡器反馈回路中的稳定元件。

费希尔［瑞］制成大屏幕电视投影仪　瑞士联邦技术学院教授费希尔（Fisher，Ronald Aylmer 1890—1962）制成大屏幕电视投影仪。他认为研制的这套设备将使一种新的娱乐形式——电视剧院出现。

1940年

维纳［美］提出现代计算机设计原则　美国数学家维纳（Wiener，Norbert 1894—1964）在写给创立美国科学研究局（OSRD）有"信息时代教父"之称的布什（Bush，Vannevar 1890—1974）的一封信中，对现代计算机的设计提出了几条原则：不用模拟式，而采用数字式；由电子元器件构成，尽量减少机械部件；运算采用二进制而不采用十进制；在计算机内部存放计算表；在计算机内部存储数据。

布　什

兰德尔［英］、布特［英］发明多腔磁控管　英国伯明翰大学的兰德尔（Randall，J.T.）和布特（Boot，H.A.）发明多腔磁控管（multi-cavity magnetron）。这种磁控管可以在厘米波段产生大功率的振荡，可以用于雷达发射机和其他大功率超高频振荡器。英国海岸雷达1942年开始使用厘米波雷达，极大地提高了其集束性，而此前英国海岸雷达波长为1米。世界上第一只多腔磁控管是苏联工程师阿列克谢也夫（Алексеев，Н.Ф.）等人于1936—1937年研制成的，由于其保密的原因，后来才为人所知。

森特拉莱布公司［美］研制厚膜电路　在第二次世界大战期间，地球-联盟公司（Globe-Union Inc）的森特拉莱布（Centralab）分公司为美国国家标准局研制出一种陶瓷基片的印刷电路。这种印刷电路采用丝网漏印法将电阻油墨和银浆淀积到基片上，以便将小型电路支撑在一个陆军用的近炸雷管中。与薄膜混合集成电路相比，厚膜电路的特点是设计更为灵活、工艺简便、成本低廉，特别适宜于多品种小批量生产。在电性能上，它能耐受较高的电压、更大的功率和较大的电流。这种电路为尔后发展起来的印刷电路提供了借鉴，随之出现的印刷电路板刺激了制造商们发展带有辐射状引线的管状元件。

克斯特［美］发明电子回旋加速器 美国的克斯特（Kerst，Donald William 1911—1993）发明的电子回旋加速器，可以产生高能电子或高穿透力的X射线。早期的加速器只能使带电粒子在高压电场中加速一次，因而粒子所能达到的能量受到高压技术的限制，而且这样的装置太大、太昂贵，不适用于加速轻离子如质子、氘核等进行原子核研究，未能得到发展应用。克斯特发明的电子回旋加速器解决了这一难题，得以在工业上广泛应用。

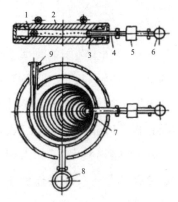

1-真空室；2-磁铁；3-谐振腔；4-波导管；5-铁氧体；6-磁控管；7-电子发射极；8-高真空泵；9-引出管

电子回旋加速器原理图

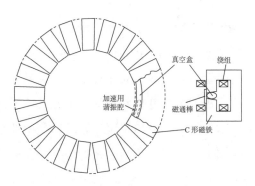

电子回旋加速器结构示意图

英国研制成定位指示器（PPI） 这种定位指示器（PPI）的雷达回声波检测到飞机等目标时，就会在一个标有绘图表格的圆形屏幕上出现一个快速移动的光点。PPI在第二次世界大战中被引入美国，经试用成功后用于反潜巡逻和定位投弹。

　　贝尔电话实验室［美］研制小型传呼接收机　　1940年，贝尔电话实验室研制出称作Bell-boy的小型呼叫接收机。随着电子器件的发展，大规模集成电路及微处理器芯片的普遍应用，呼叫接收机的体积、成本、功能都得到下降，功能日趋完善。1968年，日本率先开办寻呼业务，标志着大容量公众寻呼业务开始走向社会。无线电寻呼机的全称为Radio Paging Receiver，简称Pager、寻呼机、传呼机，还有BB机、PB机和BP机等多种简称。

　　戈德马克［美］设计高分辨率彩色电视系统　　美国的戈德马克（Goldmark, Peter Carl 1906—1977）设计的高分辨率彩色电视系统进行试播，该系统能与黑白电视兼容。

　　贝尔电话实验室［美］表演复数计算机　　这种复数计算机是该实验室研制的继电器计算机系列的第1个型号。1940年9月，在美国数学学会上，由一台电传打字机操作进行了表演，它能够做两个复数的加、减、乘、除，但缺乏顺序控制的能力。

1941年

　　艾斯勒［英］发明印刷电路板　　因二战逃离奥地利去英国的犹太工程师艾斯勒（Eisler, Paul 1907—1992）设计出将铜箔贴在绝缘板上，用耐腐蚀的石蜡绘出电路图，放在腐蚀液（硫酸）中去掉电路外的铜板部分，再洗净钻孔，用于焊接电子元器件，由此发明了印刷电路板（Printed Circuit Board, PCB），并于1943年获"三维印刷电路板""印刷电路箔技术""粉末印刷"三项美国专利。印刷电路的好处是免去了大量复杂的手工接线操作和在电路

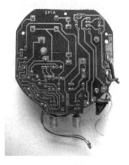

印刷电路板　　　　　　　　　焊接在印刷电路板上的电子元器件

板上多次焊接，而且能达到高精度，使电路板的生产效率大为提高。印刷业可以将大的图片缩小制版，印刷电路同样也可以把电子线路图缩小制版，从而为集成电路的发明提供了条件。

美国建成第一条同轴电缆线路　1899年，美国人普平（Pupin, Mihajlo Idvorski 1858—1935）发明了电缆加感线圈，在对称电缆的芯线上每隔一定距离接入加感线圈，通话距离可以增加3～4倍。1941年，美国建成了第一条480路同轴电路线路，在此基础上又开始建设容量更大的同轴电缆载波电话系统。

美国联邦通信委员会签发对采用525扫描线的第一个电视广播许可证　美国联邦通信委员会签发采用525扫描线的电视广播许可证，允许广播机构为节目筹集资金而使用广告，国家广播公司和哥伦比亚广播公司开始在纽约播送节目和广告。

斯诺克［荷］发明铁氧体　荷兰的斯诺克（Snoek, J.L.）发明的铁氧体，引起磁性材料研制的重大进展。铁氧体是一种具有铁磁性的金属氧化物。就电特性来说，铁氧体的电阻率比金属、合金磁性材料大得多，高频时具有较高的磁导率，而且还有较高的介电性能，成为高频弱电领域用途广泛的非金属磁性材料。由于铁氧体单位体积中储存的磁能较低，饱和磁化强度也较低（通常只有纯铁的1/3～1/5），因而限制了在要求较高磁能密度的低频强电和大功率领域的应用。

美国研制出钛酸钡铁电陶瓷　电介质在外电场作用下自发极化能重新取向的现象称铁电效应，具有这种性能的陶瓷称铁电陶瓷。铁电陶瓷具有电滞回线和居里温度，在居里温度点晶体由铁电相转变为非铁电相，其电学、光学、弹性和热学等性质均出现反常现象。这种钛酸钡铁电陶瓷介电常数高达1100。由于铁电陶瓷具有电学、光学、弹性和热学方面的特殊性质，其应用范围不断扩大，特别是对无线电电子学的发展起了重要作用。

朱斯［德］制成Z-3型计算机　德国的朱斯（Zuse, Konrad

Z-3型计算机

1910—1995）制成的Z-3型计算机，是世界上第一台可编程的程序控制通用自动继电器计算机。它采用电磁继电器为基础器件，可执行八种指令，浮点二进制，字长22位，加法0.3秒，乘法4~5秒，寄存器容量64字。1945年朱斯完成了Z-3型的改进型Z-4型计算机。但是在很长时期内，他的工作鲜为人知。

美国无线电公司（RCA）研制出大屏幕投影电视机　美国无线电公司（RCA）采用该公司1939年生产的18厘米投影管，制成大屏幕（4.5米×6米）投影机。此机曾在剧院进行表演，后来成为该公司的一种定型产品。

英国研制出雷达电视（H2S）并装备飞机　雷达发出的无线电短波可以从高空穿透云层、烟雾探测出土壤、石头、水面等，并在飞机座舱中的屏幕上以不同的阴影表示这些地表的情况，也能在浓雾下探测出城市的轮廓。后来还增加了探测金属物体的能力，因而又可用来在海区探测潜水艇。第一个装备雷达电视系统的是英国的哈里法克斯V9977型轰炸机。

美国研制成脉冲微波海面搜索雷达　美国研制的这种雷达，带有平面位置显示器，在第二次世界大战的反潜作战中发挥了作用。

英国最早利用雷达探测风暴　英国利用雷达探测风暴的工作，使专门用于军事目的的雷达开始为气象观测服务，为气象雷达的发展开辟了道路。

1942年

控制论思想的科学讨论会在美国普林斯顿召开　会议参加者有生理学、心理学、通信技术和计算机等领域的专家。会上维纳（Wiener，Norbert 1894—1964）提出，一个控制系统必须能根据周围环境的变化，自己调整自己的行为，具有一定的灵活性和适应性。会议确认了控制论的概念。

莫奇利［美］提出《高速电子管计算装置的使用》的报告　美国的莫奇利（Mauchly，John William 1907—1980）提出的《高速电子管计算装置的使用》报告，是最早的通用电子计算机设想和初始方案。同年8月提出制造ENIAC的方案。

拉扎连科夫妇［苏］发明电火花加工　苏联的

莫奇利

拉扎连科（Лазаренко，Б.Л）夫妇在研究开关触点因火花放电而熔蚀现象时，发现电火花瞬间产生的高温可以使金属局部熔化，由此发明了电火花加工技术，为金属的精细加工提供了新的手段。电火花加工是利用浸在工作液中两极间脉冲放电时产生的电蚀作用蚀除导电材料的特殊加工

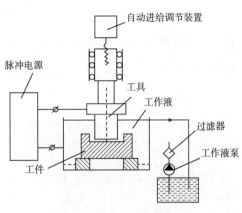

电火花加工原理图

方法，其加工原理是加工时工具电极和工件分别接脉冲电源的两极，并浸入工作液中或将工作液充入放电间隙，通过间隙自动控制系统控制工具电极向工件进给。当两极间的间隙达到一定距离时，两电极上施加的脉冲电压将工作液击穿，产生火花放电，此时温度达1万摄氏度以上，从而使局部微量金属材料立刻熔化，被工作液带走，虽然两个脉冲蚀除的金属量极少，但因每秒有上万次脉冲，就能蚀除较多的金属。

布鲁姆林［英］设计密勒积分器 在真空三极管中，增益极大地增加了输入电容，增加的电容量等于增益和栅极–阳极间寄生电容的乘积，这对电路通常是一种有害的效应。英国电学家布鲁姆林（Blumlein，Alan Dower 1903—1942）最先利用这个特性，在这个寄生电容上加一个外部电容，使之成为有益的效应。经过改进，这种电路用于电视机的帧扫描电路。

阿塔诺索夫［美］、贝瑞［美］制成第一台完全采用真空管作为存储与运算元件的计算机 阿塔诺索夫（Atanasoff，John Vincent 1903—1995）和贝瑞（Berry，Clifford E. 1918—1963）从1939年12月开始试验开发电子数字计算机的原型机，经过几年努力，于1942年全部完成。这是第一台完全采用真空管作为存储与运算元件的计算机。"阿塔诺索夫–贝瑞"计算机简称ABC计算机（Atanasoff-Berry Computer）。ABC计算机中有两个11英寸、直径8英寸的酚醛塑料做成的鼓，保存数据的电容就放在这两个鼓上，鼓的容量是30个二进制数，当鼓旋转时，就可以把这些数读出来。输入采用穿孔卡片。该机包含30个加减器，共用了300多个电子管，这些加减器接受从磁鼓上读出的数

并进行运算，实现了对微分方程的求解。尽管ABC计算机还不够完善，但它证明了用电子电路构成灵巧的计算机确实是可能的。ABC计算机被认为是最早的电子管计算机。

ABC计算机

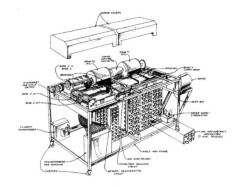

ABC计算机设计图

贝尔德〔英〕试验三维立体彩色电视　英国发明家贝尔德（Baird，John Logie 1888—1946）试验的三维立体彩色电视系统，是考虑到对左右眼交替输入图像所产生的脉冲，在头脑中可以产生既有纵深而又完整的形象。其原理是三维立体电视机的二维变比处理器的三个输入端，分别接解码电路的红色差、蓝色差、亮度信号的三个输出端；二维变比处理器的一个控制端接解码电路的同步信号输出端，另一个控制端接扫描电路的逆程脉冲输出端，红色差、蓝色差、绿色差的三个输出端分别接显像管的三个输入端。看电视机的人不需佩戴专用眼镜，在显像管前也不需加装特殊屏幕，只要与电视机之间的视角小于160°就能看到清晰、保真、立体感强的电视图像。但该机一次只能由一人观看，影响了它的实用价值。

贝尔德设计的彩电系统

美国建成中程无线电导航系统"罗兰A" 该系统又称"标准罗兰"，主要用于飞机导航。它由3个岸台组成1个台链，其中一个主台，两个副台。主副台距离一般为200～400海里。主台分别与副台结成台对，3个台发射频率相同，但两台对的脉冲重复频率不同，副台在接收到主台脉冲后，经过一定的时间延迟，再发射副台脉冲。"罗兰A"的工作频段为1.75～1.95兆赫，白天地波作用距离约700海里，夜间利用天波作用距离为1400海里。"罗兰A"在20世纪40年代发展较快，到70年代最多时有80多个发射台，用户接收机超过10万台。美国于1980年完成了用"罗兰C"代替"罗兰A"的布台过程。

1943年

瓦尔德［美］研究顺序分析（可靠性） 美国数学统计学家瓦尔德（Wald, Abraham 1902—1950）提出了著名的顺序分析基础理论，用来分析战争问题。该理论用于分析战斗经验，它可以从最少的情报信息中迅速获得可靠结论的价值，这也是一种质量控制的理想方法。美国军队基于瓦尔德的顺序理论对有限的几家军火制造商在验收样品时放弃了传统的多次取样方法。

康夫纳［美］发明行波管 美国物理学家康夫纳（Kompfner, Rudolph 1909—1977）在伯明翰大学和牛津大学研究微波管期间发明了行波管。他发现，在一

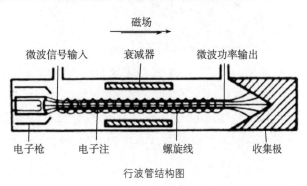

行波管结构图

个慢波结构中行进的电磁波，如果波速与一个电子束中的电子注速度非常接近，电磁波与电子束将发生强烈的相互作用。利用这一效应，他研制了行波管，即靠连续调制电子注的速度来实现放大功能的微波电子管。行波管是一种优越的宽带放大器，它能在非常宽的频带和功率范围工作。一个带有螺旋管电路的行波管，能放大的频率范围超过一个倍频程。

美国无线电公司研制成超正析摄像管 美国无线电公司（RCA）研制成功超正析摄像管，使图像的摄制质量大为提高，但是其体积过大，结构复

杂，不易推广。

霍珀［美］开始编制计算机程序　美国瓦沙学校的女教师霍珀（Hopper，Grace Murray 1906—1992）开始为哈佛大学正在研制的电磁式计算机Mark I编制程序，以后又为Mark II、Mark III等计算机编制程序，成为计算机语言的开拓者。

图灵［英］研制密码破译机　英国数学家图灵（Turing，Alan Mathison 1912—1954）为了破译纳粹德国利用波兰人发明的一种有3个齿轮、可瞬间复杂变换密码的"恩尼格玛"密码机编制的密码，设计出"炸弹破译机"。后来为了破译德国改进了的具有5～6个齿轮系统的密码机，图灵又发明了电子计算机前身的"巨人"电子破译机。

左：恩尼格玛机；右：密码机内部转轮字母的不同配置与下部插口的变换可以得到不同的密码系统　　　图灵的炸弹破译机

第一台Colossus（巨人）译码计算机在英国投入使用　这是一种专用的密码分析机，输入设备采用光电阅读机，输出设备采用电动打字机，内部结构由电子计算电路、二进制运算电路和逻辑电路组成。其工作速度极快，可以准确地把各种难解的密码信息破译出来，在第二次世界大战中发挥了作用。1943年10月，第一台Colossus（巨人）译码计算机在英国投入使用。Colossus机内部有1800只电子管，配备5个以上并行方式工作的处理器，每个处理器以每秒5000个字符的速度处理一条带子上的数据。Colossus机上还使用了附加的移位寄存器，在运行时能同时读5条带子上的数据，纸带以50km/h以上的速度通过纸带阅读器。Colossus机没有键盘，它用开关和话筒插座来处理程序，数据则通过纸带输入。

艾肯［美］设计的自动顺序控制计算机Mark I制成　艾肯（Aiken, Howard Hathaway 1900—1973）设计的自动顺序控制计算机Mark I是根据回转轴、电磁离合器、计数轮的原理在穿孔卡片制表机的基础上发展起来的。由IBM公司制造，1943年制成，1944年开始运行。整机长51英尺，高8英尺，重约5吨。有5种基本操作，72个计数器，每个可存一个23位数，另外还有容量为60个数的寄存器，加法速度0.3秒，乘法6秒。

美国研制成H2X机载导航/轰炸雷达　最早的机载雷达是德国人研制的，1941年在轰炸机上装备。英国于1942年研制并装备了10厘米波长的机载导航/轰炸雷达H2S。1943年美国又研制出性能更好的3厘米波长的导航/轰炸雷达

H2X机载导航/轰炸雷达

H2X，在英美轰炸机上大量装备。这类雷达可以在恶劣天气情况下，较准确地指示轰炸目标。

美国研制和使用雷达报警设备　这是一种装备于空军的AN/APR-3雷达报警设备，频率范围477～587兆赫，可以给出简单的告警信号，表明自己飞机已受到敌方雷达的跟踪，是一种指示飞机回避敌方雷达的自卫装备。

1944年

传真电报在第二次世界大战中起了重要作用　传真电报与无线电不同，它可以在强干扰情况下工作。使用时将沿线有关站点的自动记录器拨通一个，标明所需文件号，然后将指令输送进机器，资料可以由接收机直接印出。

国际商用机器公司［美］研制电传打字机　美国国际商用机器公司（IBM）试制成第一台字行间可以按比例排间距的电传打字机。该系统允许一个字母占2～5个空格并能打出与印刷品类似的字体。第一台"总经理"

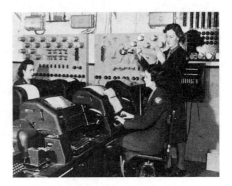

二战中使用电传打字机的美国女兵

牌样机送给了美国总统罗斯福（Roosevelt，Franklin Delano 1882—1945）试用，他的许多私人信件就用它打印的。其中的一封是给英国首相丘吉尔（Churchill，Winston 1874—1965）的，丘吉尔对此大为不满，认为毫无必要用印刷的方法写信，不用手写是对收信人不尊重。

英国格林尼治皇家天文台安装石英钟　英国的格林尼治皇家天文台安装了石英钟，这种石英钟的晶体振动频率达每秒10万次，准确度相当高，每两年半误差1秒，比过去3个月调整一次的摆式钟精确很多。

美国研制成陀螺磁场罗盘系统　美国研制成的陀螺磁场罗盘系统（Gyro Flux Gate），在飞机飞行过程中能靠陀螺仪和地磁场保持水平，比普通罗盘更为灵敏，在地磁极附近仍能使用，且不受天气条件的影响。这种罗盘的使用，使因导航失误造成的空难事故大为减少。

第二台Colossus译码计算机投入使用　第二台Colossus机开始运转，它的速度比第一台Colossus机快4倍，它包含一些特殊的电路，这些电路能自动更换自身程序的顺序，从而提高破译密码的效率。Colossus主机的面板上布满了电子管及有柄开关，还有插座式接线板，使用了约2400个电子管、12个旋转式开关和800个继电器。到1945年5月8日第二次世界大战在欧洲结束时为止，英国共有10台Colossus机在运行。

1945年

中国建成首家电解电容器工厂　1945年2月，上海天和电化工业社建成，它是中国最早的电解电容器工厂。当时从业人员仅6名，日产纸壳电解电容器30余只。

克拉克［英］提出通信卫星设想　在空间技术方面，最早提出将空间技术与电子学结合，始于英国的克拉克（Clarke，Arthur Charles 1917—2008）在1945年发表的通信方面的论文。他设计利用在地球上方的卫星，实现卫星与卫星、卫星与地面的微波传输，从而在大洋之间架起微波通信的桥梁。克拉克的论文指

克拉克

出，一个从东方发射的在赤道上方的卫星，相当于一个高22300英里的假想天线塔，在这个天线塔上可以装设天线。

哈德［美］提出自动化一词　福特汽车公司的哈德（Hader，Delmar S.）用自动化（即为自动操作的缩写）来描述福特公司研究的一种机械。这种机械能自动地将发动机汽缸送进传送机，再从传送机输出。福特汽车公司于1947年建成第一个自动化部门，给予从事这些特殊设计的人员以自动化工程师的称号。

威尔克斯［英］发展了汇编语言的早期版本　英国的威尔克斯（Wilkes，Maurice Vincent 1913—2010）研制的这种汇编语言，简化了计算机的编程。

美国发现铁电陶瓷的压电效应　麻省理工学院绝缘研究室在对钛酸钡铁电陶瓷施加直流高压电场进行极化处理后，发现该陶瓷具有在机械应力作用下两端表面出现符号相反的束缚电荷的压电效应。这一发现导致了压电陶瓷的问世。

英国和美国的工程师研究罐封电路　多年来主要用蜡或沥青混合物将电器罐封起来。1945—1950年，英国和美国的工程师试用塑料作为电器的罐封材料，以冷聚合浇灌树脂的形式付诸实用。浇灌的树脂通过加入催化剂和速凝剂后，不必使用一般热固型树脂所需的高压和高温，就会转换成坚固的塑料。

埃克特［美］、肖克利［美］发明水银延迟存储器　在研制电子离散变量自动计算机（EDVAC）的过程中，遇到的一个最大问题是采用什么样的存储器。埃克特（Eckert，John Presper Jr. 1919—1995）从当时雷达技术中用的超声波延迟线得到启发，提出用水银作延迟媒体制作存储器，即水银延迟存储器，它的原形是由肖克利（Shockley，William Bradford 1910—1989）设计的。1947年美国

埃克特

和英国都对这种存储器进行了试验，1949年装有这种存储器的计算机投入运行，1954年后被磁芯存储器所取代。

美国制成质子直线加速器　美国斯坦福大学教授汉森（Hansen，William

Webster 1909—1949）设计成功采用巨型速调管驱动的质子直线加速器。与此同时，加利福尼亚大学的阿耳瓦雷茨（Alvarez, Luis Walter 1911—1988）也研制成质子直线加速器。他们的工作为直线加速器的发展奠定了基础。

贝克西［匈］发明新型听力计　匈牙利物理学家贝克西（Békésy, Georg von 1899—1972）从1923年开始研究人耳的结构和听觉原理。1931年，他提出了听觉生理的"行波学说"。由于第二次世界大战的爆发，贝克西在匈牙利的实验室被炸毁，他于1946年到瑞典的卡罗琳斯研究所工作，在这里他发明了新型听力计。

麻省理工学院［美］开始研制旋风号计算机　美国麻省理工学院（MIT）数学计算机实验室接受了美国海军研究局和美国空军制作实时飞机模拟器的任务。1947年，麻省理工学院的伺服机构实验室也有一部分力量投入了这项工作，致力于设计制造电子计算机旋风1号（Whilwind-I）。旋风1号是一台并行、同步、定点大型计算机，采用的字长是15个二进制数码加符号（共16个二进制数码），共有5000个电子管（绝大部分是五极管）和11000个半导体二极管。它包括三个寄存器的计算单元（中央控制、存储控制、计算控制和输入输出控制的控制单元），程序计数器（一个同步脉冲源或时钟，它能供给计算单元每秒2兆个脉冲，供给其他电路每秒1兆个脉冲），一个内存储单元或存储器、终端设备，还有大量的测试设备和少量的检验设备。这台机器于1951年3月开始运转。

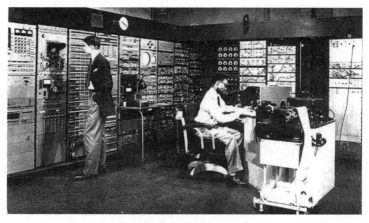

旋风1号计算机

莫奇利［美］、埃克特［美］研制成ENIAC　1943年，美国宾夕法尼亚大学莫尔电工学院与陆军军械部签订了研制弹道计算用电子计算机合同。由莫奇利（Mauchly，John William 1907—1980）博士进行设计，埃克特（Eckert，John Presper Jr. 1919—1995）任研制总工程师。1945年底，世界第一台电子计算机ENIAC（电子数字积分计算机）制造完成。1946年初实验成功后1947年运往阿伯丁靶场，用它进行弹道计算速度比人工提高了几千倍。ENIAC共用了18000多个电子管，整机长100英尺，高10英尺，厚3英尺，重30多吨。它有20个累加器，可保存20个字长10位的十进制数，运算速度加法每秒5000次，乘法每秒500次，比当时最好的机电式计算机快1000倍。

电子计算机ENIAC

ENIAC研制组

冯·诺伊曼［美］等人设计出存储程序电子计算机　1945年6月，美国数学家诺伊曼（Von Neumann，John 1903—1957）等人制定了第一台存储程序计算机EDVAC（电子离散变量自动计算机）的设计方案，提出机器要处理的程序和数据都采用二进制编码，采用同时处理的并行计算方式并把程序指令作为数据处理。整个机器由计算器、逻辑控制装置、存储器和输入输出五部分组成。由于采用了二值逻辑，电子计算的全部操作成为真正的自动过程，为充分发挥电子元器件的高速度开辟了道路。它的出现是电子计算机史上的一个里程碑，而这类机器就被称作"冯·诺伊曼机"。

奥布里恩［英］、施瓦兹［美］研制出"台卡"导航系统（DECCA）　奥布里恩（Obrien）和施瓦兹（Schwarz）研制的台卡导航系统（DECCA）的工作频率在70～130千赫之间，其覆盖区域能在天波强度不超过地波强度的50%之内。该系统能在座舱中清楚地显示出飞机的高度、经度和纬度，精确度可达几码。这种低频连续波相位双曲线导航系统，主要用于海上近程高精度定位和海岸导航。在盟军诺曼底登陆战役中，DECCA发挥了重要作用，被认为是当时最好的导航系统。

图灵［英］设计成"向导"自动计算机（ACE）　英国数学家图灵（Turing，Alan Mathison 1912—1954）设计的"向导"自动计算机（ACE），加法速度32微秒，乘法1毫秒，容量512位，并首次实现了随机提取信息的功能，是当时最大、最先进的计算机，被美国电气公司用于商业开发。

美国无线电公司制成全电子彩色电视机　由美国无线电公司（RCA）演示的这台彩色电视机，采用红、蓝、绿三色发射图像，合成后显示在15英寸×20英寸的荧光屏上。

贝尔电话实验室［美］研制的Bell V型全自动计算机投入运行　Bell V型全自动计算机是贝尔电话实验室研制的继电器计算机系列的第5型，为通用计算机，纸带控制，加法0.3秒，乘法和除法分别为1.0秒和2.2秒。

冯·诺伊曼［美］提出存储程序的概念　美国数学家冯·诺伊曼（Von Neumann，John 1903—1957）在EDVAC计算机设计报告草案中提出存储程序的概念，被视为是计算机软件发展的开端。1956年在IBM704上首次运行了符号汇编程序SAP。

斯彭斯［美］发明微波炉　美国的斯彭斯（Spencer，Percy 1894—1970）利用微波能使物体发热的原理制成烹饪炉，产生微波的器件是磁控管，在烹饪时可以调节磁控管的温度以选择最适宜的温度。1947年，斯彭斯所在的雷声公司推出了第一台商用微波炉，但因成本高、寿命短而未能打开市场。1965年，工程师乔治·福斯特（George Foster）和斯彭斯一起设计出耐用和价格低廉的微波炉。1967年，一种廉价家用微波炉开始投放市场，当年的销售量就突破了5万台。

1946年

维廉姆斯［英］研究阴极射线管存储器　阴极射线管（CRT）能够减少阴极加热器的耗电，其中，旁热式阴极结构体具备热电子发射物质层的金属基低，在一端的部位上设有保持基底的金属，在内部还设有收纳加热器游离电子的管状套筒。英国曼彻斯特大学的维廉姆斯（Williams，Frederic Calland 1911—1977）将信息以电荷点的形式存储在阴极射线管的屏面上，制成CRT存储器。这种存储器以维廉姆斯的名字命名。1947年英国和美国对这种存储器进

维廉姆斯

行了试验。1949—1950年，装有这种存储器的计算机投入运行。1954年后它被磁芯存储器取代。

美国无线电公司［美］制成不易摔碎的唱片　在密纹唱片（LP）问世两年后，美国于1928年用聚氯乙烯取代虫胶料制成了唱片，但是这种唱片易损坏。1946年，美国无线电公司（RCA）在聚乙酸乙烯酯树脂中加入Til Eulenspiegel制成了不易摔碎的唱片。

第一台电子计算机ENIAC试运行成功　宾夕法尼亚大学为美国防部计算射击和弹道轨迹图表示而设计的全自动电子计算机——电子数字积分计算机ENIAC于2月15日成功进行了实验。该机用了18000个电子管触发脉冲，每秒可进行5000次加法运算。

贝尔电话公司［美］研制的汽车电话投入生产　汽车电话是贝尔电话公司研制并投入批量生产的，汽车电话是最早的无线移动电话形式。

林语堂［中］制成中文打字机　1946年，林语堂（1895—1976）向美国专利局申请中文打字机专利。

汽车电话

林语堂根据中文方块字的特殊性，配合打字机发明了"上下形检字法"，即以"取字之左旁最高笔形及右旁最低笔形"为原则，在方寸之间通过组合搭配将汉字表示出来。林语堂利用这个原则制成了中文打字机的键盘。

1947年

加博尔［英］发明全息摄影术　匈牙利裔英国物理学家加博尔（Gabor，Dennis 1900—1979）在英国BTH公司研究增强电子显微镜性能手段时，发明了全息摄影术，该公司在1947年12月申请了专利。这项技术发明后一直应用于电子显微技术中，称为电子全息摄影技术。加博尔发明的全息照相术，不是录制物体光学成形的影像，而是录制物体本身的波。用这样的方法将影像的波录制在照相胶片上，称为"全息图"。将这种录制物经光照就可

加博尔

以再现原来物体发出的波。在这种再现波前可以看到这个物体的景象，这种景象实际上与原物完全一样，它包括了三维视差效果。虽然加博尔提出了全息摄影术的基本理论，但是在激光技术发明前并没有成为真正实用的技术。

巴丁［美］、肖克利［美］、布拉顿［美］发明晶体管　1945年第二次世界大战停战不久，贝尔电话实验室由巴丁（Bardeen，John 1908—1991）、肖克利（Shockley，William Bradford 1910—1989）和布拉顿（Brattain，Walter 1902—1987）组成一个固体物理学研究小组研究半导体的特性。他们发现，按计划制作的放大器不像肖克利所预言的那样工作，似乎有什么东西阻止电场向半导体内部穿透。巴丁系统阐述了造成这种电场难以穿透的半导体表面性质的有关理论，提出关于半导体表面电性质的预言。在进行检验这些理论预言的实验时，布拉顿发现，如果一个电场通过与半导体表面相接触的介质时，这个电场会穿透到半导体内部。巴丁提出，可以在改进了的肖克利放大器上加上一层电介质，他认为流经与硅片接触的二极管的电流，将受到加于接触点周围的介质上的电压控制。布拉顿试验了巴丁所建议的装置，发现了巴丁预言的放大作用。在锗器件中做的类似实验获得了成功，但是效应的符号与预言的相反。布莱顿和巴丁用整流的金属接触点代替了介质，发现施加在这种金属接触点上的电压对流经二极管接触点的电流，能在很小的程度上加以控制。但是效应的符号再一次与预料的相反。他们通过对这种结

果的分析，于12月23日制成了世界上第一只点接触型锗晶体三极管。这种晶体管的工作原理与最初设想的完全不同，流经其中一个接触点的电流，由流经第二个接触点的电流来控制，而不是受外加电场的控制。这种晶体管有三个极，分别由N型与P型形成发射极、基极和集电极。贝尔实验室于1948年6月宣布了这个发明。最早的点接触晶体管有噪声，不能承受大功率，可用范围受到限制。1949年，肖克利创立了P-N结理论，提出面接触结型晶体管（场效应晶体管）概念。这种面接触结型晶体管克服了上述缺点，可以通过扩散、掩膜等平面工艺进行批量生产，后来绝大多数晶体管都是面接触结型的。

最早的晶体三极管

从左到右：巴丁、肖克利和布拉顿

贝尔电话实验室［美］研究成功脉冲压缩雷达技术　美国的贝尔电话实验室研究成功雷达的chirp技术或称脉冲压缩技术。这种技术是对发射较长的调制脉冲进行压缩接收，以提高雷达系统作用距离和分辨率，同时又避免了由于产生和发射高峰值功率短脉冲带来的其他问题。

萨格洛夫［英］开发出电子设备自动装配工艺（ECME）　英国电子学家萨格洛夫（Sargrove, J.A.）关于电子设备自动装配的工艺是在电子学制造领域中最早实现自动操作的方法，1947年他制造出一台自动生产2管和5管电子管无线电接收机的机器（ECME, Electronic circuit making equipment）。萨格洛夫的机器最早是用来制备1/4英寸的塑料模铸板，方法是先把板的两面采用喷沙的办法打毛，然后再在这两面喷涂锌以形成导电表面。喷涂锌的机器由八个喷嘴组成，每一边排有四个喷嘴，这样一旦固定好就可两面同时喷涂，形成电阻、电容和导体的材料是通过模板喷涂在板的适当位置的。电子设备自动装配工艺是电子工业领域自动化操作的先驱。

威廉森［英］设计高质量放大器电路　英国的威廉森（Williamson,D.T.N.）设计的这种高质量放大器电路，是基于最大额定输出时非线性失真可以忽略，在听觉频谱范围（20~20000赫）内有线性频率响应，功率承受能力恒定，相位漂移可以忽略的前提下研制的。这种放大器电路有良好的频率瞬态响应、低输出阻抗和适度的功率储备。一般管弦乐要在适中的房间内获得比较逼真的重现，所要求的峰值功率约10~20瓦。

宾夕法尼亚大学［美］研制EDVAC计算机　离散变量自动电子计算机（EDVAC，Electronic discrete variable automatic computer）是在1947—1950年由宾夕法尼亚大学穆尔学院为美国阿伯丁基地的弹道研究实验室制造的。这是一个串行同步机，其中所有的脉冲都由一个每秒1兆个脉冲的主时钟来定时。它包括5900个真空管，约12000个半导体二极管，使用二进制数码系统，用汞延迟线作存储器，字长为44个二进制数码。1950年完成了主要设计，1952年投入运行。

埃克特［美］、莫奇利［美］研制UNIVAC计算机　埃克特（Eckert, John Presper Jr. 1919—1995）和莫奇利（Mauchly, John William 1907—1980）于1947年12月创建了埃克特–莫里奇计算机公司，同年为美国人口调查局研

UNIVAC计算机

制出第一台UNIVAC-1计算机。这台机器于1951年春开始运转。埃克特–莫里奇计算机公司后来成为雷明顿–兰德（Remington Rand）公司的子公司，UNIVAC I是ENIAC和EDVAC的派生品，这是一台串行同步机，运算速度每秒2.25兆个脉冲，包含有5000个电子管，在逻辑电路和箝位电路中用了几倍于电子管的半导体二极管，100个水银延迟线，提供1000个十进制数的内存储。还有12个附加的延迟线用作输入–输出寄存器。该型机共制作了48台。

国际商业机器公司［美］制成SSEC计算机　1947年，美国国际商业机器公司（IBM）制成一台继电器与电子管混合计算机SSEC机。该机使用了13000只电子管和23000个继电器。1948年制成全电子管的604机，该机仅使用了100只电子管，售出4000多台。

IBM–SSEC机

1948年

英国首次成功运用港口雷达结合无线电话导航　英国利物浦港首次用港口雷达结合无线电话引导船舶在雾中航行并获成功。此后，许多海运国家纷纷效仿，相继建成了港口雷达系统，使雷达系统功能逐步扩大，由雾天导航到昼夜导航，从航行咨询到交通管理以致泊位分配。这是第一代港口船舶交通管理系统。

电视系统中的Gerber标准在欧洲被采用　电视Gerber（文件格式）标准的扫描，采用25帧/秒，625行/帧。

美国《机械师》杂志提出自动化定义　该杂志在报道福特公司自动化研究成果时，对自动化下了一个定义：用机械装置去操纵工件的进出，在各项操作之间转送零件、清除废料，用生产设备按照一定时序去完成这些任务，使流水线能部分或全部地处在由集中控制按钮控制下的一种技术。

詹姆斯［美］、尼科尔斯［美］、菲利普斯［美］合著《伺服机构理论》　詹姆斯（James，Hubert Maxwell）、尼科尔斯（Nichols，Nathaniel B.）、菲利普斯（Phillips，Ralph S.）合著的《伺服机构理论》一书，对美国麻省理工学院从20世纪20年代以来的继电器伺服、间隙作用伺服和连续控制伺服等研究进行了系统的总结，包括系统动态稳定、快速跟踪性能和控制机的设计等理论与实践加以总结，是自动控制的第一部教材。

香农［美］发表《通信的数学理论》　信息论创始人香农（Shannon，Claude Elwood 1916—2001）发表的《通信的数学理论》一文，构建了通信系统的特殊数学模型，总结了通信和雷达系统中信息传递的共同规律，把通信的基本问题归结为通信的一方能以一定的概率复现另一方发出的消息，提出了与一类消息有关的随机性或不确定度的数字度量，他称之为熵。这个量实际上衡量了需要精确传输给一定类别消息所需的通信设备量，与"消息中的信息含量"这一概念相

香农

一致。他采用了"信息含量"这一术语作为"熵"这一精确概念的同义语，并用负熵作为信息的度量。该文还精确地定义了信源、信道、信宿、编码、译码等概念，建立了通信系统的数学模型，并提出信息编码定理和信道编码定理等，为信息论奠定了基础，标志着信息论的诞生。

维纳［美］发表《控制论，或关于在动物和机器中控制与通信的科学》　控制论创始人

维纳

维纳（Wiener，Norbert 1894—1964）在《控制论，或关于在动物和机器中控制与通信的科学》一文中，用信息的观点分析了现代自动机的主要特点，认为现代自动机包括感受器、效应器和相当神经系统的器官，宜于用生物学的术语来描述，并抓住通信与控制系统的共同特点与生物学的控制机构进行类比，建立了控制论，标志着控制论科学的诞生。

埃文斯［美］提出控制系统设计方法——根迹法 美国的埃文斯（Evans，Walter Richard 1920—1999）在从事飞机导航和控制领域的研究时，遇到动态系统的稳定性问题，创造根迹法。利用根迹法可以根据特征方程的根随开环放大系数变化在复平面上的轨迹，判断系统的稳定性和过渡过程性能，为系统的设计与稳定性分析提供了一个重要方法。

用于计算机中数据存储的磁鼓被发明 这种磁鼓是一种被磁性薄膜包覆的快速旋转的鼓状物，而数据信息以代码形式贮存于薄膜中每一个细小的磁性单元里。1953年，IBM701应用了第一只磁鼓，用作内存储器。磁盘出现后，磁鼓主要用于摄像机。

磁 鼓

赫斯［瑞］发明微型电极 瑞士生理学家赫斯（Hess，Walter Rudolf 1881—1973）在第一次世界大战后开始由眼科转入到生理学的研究，他发明的直径0.2毫米以下的微型电极，成为后来研究脑功能定位的关键性技术之一，并进一步发展成为现代脑研究中的埋藏电极。1948年，他出版了总结性专著《间脑的机能组织》。

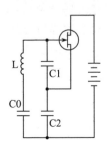

克拉普振荡器（Clapp oscillator）

克拉普［美］设计出克拉普振荡器 美国通用电气公司的克拉普（Clapp，Philip 1888—1954）设计出一种由电晶体（或真空管）与一组正反馈电路组成的振荡器，即克拉普振荡器，这种振荡器亦称考尔毕兹串激调谐振荡器，它加上一个与振荡回路的电感器串联的可变电容，就可以使普通的考尔毕兹振荡器的频率变化扩大400倍。

美国国家标准局开发标准电子自动计算机SEAC 美国国家标准局电子计算机实验室为美国空军研制标准电子自动计算机SEAC（Standards electronic automatic computer），1948年6月开始设计，1950年5月开始运转，主要是为了解决大量逻辑编程问题。

美国无线电公司发展磁膜电影录音技术 第二次世界大战期间，德国制成了一种颗粒精细、低噪声的磁性氧化物，发展了在1/4英寸的薄韧性基体上均匀涂覆这种氧化物的工艺。在录音和重放设备中使用这种新型录音带获得的声音质量很高。战后不久，德国的一些录音设备很快在电影业中得到应用。1948年初，美国无线电公司（RCA）用氧化物涂覆的35毫米影片用于电影录音，许多录音机被改装，并在电影制片厂中作为"原版录音"被试用。由于磁膜录音质量高，动态范围大，能够提供更为灵活和更经济的录制方法，在电影制片厂中的试验获得成功。

施泰格瓦尔特［德］发明电子束加工工艺 德国科学家施泰格瓦尔特（Steigerwaldt，K.H.）发明的电子束加工，是利用高功率密度的电子来冲击工件时所产生的热能，使材料熔化、气化的特种加工方法。其加工原理是将在真空中从灼热的灯丝阴极发射出的电子在高压作用下被加速，再通过电磁透镜聚成一束高功率密度的电子束。当电子束冲击到工件上时，电子束的动能立即转变为热能，产生出极高的温度，足以使任何材料熔化、气化，从而可以进行焊接、穿孔、刻槽和切割加工。

卡斯坦［法］制造第一台电子探针仪 法国电子学家卡斯坦（Castaing，Raimond 1921—1998）制造的电子探针仪是X射线光谱学与电子技术结合的产物，它主要包括探针形成系统（电子枪、加速和聚焦部件等）、X射线信号检测系统和显示记录系统，以及样品室、高压电源、扫描系统及真空系统。电子探针仪的最早应用领域是金属学，对合金组成及其间的杂物等可以作定性和定量分析，能较准确地测定元素的扩散和偏析情况，还可以用于研究金属材料的氧化和腐蚀问题，测定薄膜、渗层式镀层的厚度和成分等，是机械构件失效分析、生产工艺选择、特殊用材分析的重要手段。

兰德［美］发明波拉罗伊德相机 在纽约创办生产偏光滤波器的美国发明家兰德（Land，Edwin Herbert 1909—1991），1937年将公司更名为

Polaroid，专门开发生产偏光胶片。在爱好摄影的女儿影响下，决心开发省却传统的冲洗胶卷、印相、显影定影工序的相机。1948年发明了称作波拉罗伊德的立即成像的相机（宝丽来，Polaroid camera），可以在拍照后1分钟内在相机内冲出茶色照片。这种相机的设计是基于德国爱克发公司在1928年的发明，但爱克发公司从未将其商业化。

兰德与即时成像相机

波拉罗伊德相机

密纹唱片

戈德马克［美］等制成密纹唱片　美国发明家戈德马克（Goldmark, Peter Carl 1906—1977）领导的小组在哥伦比亚广播公司实验室研制出槽宽只有0.076毫米的密纹唱片，而以往每分钟78转的唱片槽宽为0.254毫米，因此6张78转唱片的内容能压缩到1张$33\frac{1}{3}$转/分的密纹唱片中。

电子延迟存储自动计算机

威尔克斯［英］研制电子延迟存储自动计算机（EDSAC）　英国剑桥大学教授威尔克斯（Wilkes, Maurice Vincent 1913—2010）研制的电子延迟存储自动计算机EDSAC（Electronic delay storage automatic calculator）是一种串行存储程序式电子计算机。用二进制工作，采用了水银延迟线作存储器，主存储器由32个槽组成，每个槽有5英尺长，并拥有32个17位二进制数，有一个符号位，总共有1024个存储单元，可以使两个相邻存储单元一同运行，可以容纳一个35位二进制数的字长（包括一个符号位）。EDSAC采用单地址编码，指令与短字长一样长。

1949年

中华人民共和国邮电业务确立　1949年11月1日，中华人民共和国邮电部成立，朱学范（1905—1996）为部长，各省市成立相应的邮政局和电报局，统一管理邮政和电信（电报和电话）业务，新中国邮政及电信业务得以确立。开始有计划地发行普通邮票（1950年2月10日）、纪念邮票（1949年10月8日）、特种邮票（1951年10月1日）、航空邮票（1951年5月1日）、军人贴用邮票（1953年8月1日）等。

普通邮票　　　　　纪念邮票　　　　　特种邮票　　　　军人贴用邮票

韦弗［美］发表《翻译备忘录》提出计算机自动翻译设想　电子计算机问世不久，美国计算机语言学先驱韦弗（Weaver，Warren 1894—1978）即提出利用计算机进行自动翻译的设想，并于1949年发表《翻译备忘录》。1954年，美国乔治敦大学（Georgetown University）和国际商业机器公司（IBM）协作，用IBM701型计算机进行了世界上第一次机器翻译实验。20世纪70年代日本富士通公司研制的电脑自动翻译系统，内装存有5万条词汇的存储器，可以较快地翻译英文科技文献。

美国试播CBS制彩色电视　美国哥伦比亚广播公司试播了6兆赫带宽的彩色电视，为压缩带宽、解决电视通信拥挤问题迈出了重要一步。1950年10

月，美国联邦通信委员会批准了这种彩色电视，即CBS制。但CBS制彩色电视不能与黑白电视兼容，因而遭到已经拥有黑白电视机用户的反对，5个月后被迫停播。

丹科［美］、阿伯拉姆逊［美］发明印刷电路板的浸焊工艺　美国陆军通信兵团的丹科（Danko，Stanislaus F. 1916—　）和阿伯拉姆逊（Abramson，Moe）发明了浸焊工艺。浸焊是利用手工或机器把大量的锡熔解，把已插上电子元器件的电路板的焊接面浸入，使焊点上锡的一种多点同时焊接方法，特别适合电子电路中的电路板批量化的焊接生产，使电路板焊接工艺自动化进入了一个新纪元。

奥尔［美］、肖克利［美］创始半导体的离子注入工艺　20世纪40年代末，贝尔电话实验室的奥尔（Ohl，Russell Shoemaker 1898—1987）和肖克利（Shockley，William Bradford 1910—1989）将离子注入技术首次用于半导体器件的制造方面。离子注入是通过向固体内注入带电原子（离子）而改变固体的性质的一种技术，当注入固体的离子逐渐减速和停止下来之后，便与固体发生相互作用，从而改变固体的电学、光学、化学、磁学和机械的性质。

雷明顿−兰德公司［美］研制冷阴极阶跃电子管　美国以生产打字机、枪械知名的雷明顿−兰德（Remington Rand）公司研制成冷阴极阶跃电子管，亦称冷阴极十进位计数管（Dekatron）。1952年又研制成单脉冲冷阴极阶跃电子管，工作频率高达20千赫。为了简化可逆的脉冲计数结构，1955年增加了导向装置，1962年又出现了辅助阳极电子管，这种电子管可以直接驱动数字指示器。最早的广泛使用的这种电子管是由标准电话公司（STC）和埃里克逊电话公司在英国制造的。

肖克利［美］、皮尔逊［美］、斯帕克斯［美］提出结型晶体管理论并制成结型晶体管　美国贝尔电话实验室的肖克利（Shockley，William Bradford 1910—1989）提出PN结和结型晶体管理论后，1949年皮尔逊（Pearson，Gerald L. 1905—1987）和斯帕克斯（Sparks，Morgan 1916—2008）制出了结型晶体管，他们在半导体单晶上制作两个P-N结，组成P-N-P或N-P-N结构，两种载流子（空穴和电子）同时参与导电，又称双极型晶体管。

劳［美］发明三枪式三束荫罩彩色显像管　美国无线电公司（RCA）

的劳（Law. H.B.）发明了三枪式三束荫罩彩色显像管。在三枪三束荫罩彩色显像管中，红、绿、蓝三基色点呈品字形组成一个色素，均匀排列在荧光屏上，数目达上百万个。在荧光粉间隙涂以石墨，以使屏幕呈黑色达到提高对比度的目的。1968年，日本索尼公司在三枪三束基础上研制出单枪三束荫罩彩色显像管。1972年，美国无线电公司（RCA）研制的自会聚彩色显像管成为20世纪末彩色显像管的主流。1950年用它装成了能与黑白电视兼容的彩色电视机。

Berkeley Insrument 公司［美］研制成通用计数器　美国的Berkeley Insrument公司把时间标准装入计数器，简便地测出了放射性物质的半衰期，在此基础上制成了最初的通用计数器，用于时间和频率测量等。这种计数器是利用数字电路技术测出给定时间内所通过的脉冲数并显示计数结果的数字化仪器。通用计数器是其他数字化仪器的基础，在它的输入通道接入各种模数变换器，再利用相应的换能器可以制成各种数字化仪器。通用计数器测量精度高、量程宽、功能多、操作简单、测量速度快、直接显示数字，而且易于实现测量过程自动化。

美国制成氨分子钟　美国国家标准局研究人员在对比了来源于不同生物系统的同一血红蛋白分子的氨基酸排列顺序之后，发现氨基酸在单位时间内以同样的速度进行置换。他们利用氨的吸收谱线制成氨分子钟。后来通过对若干代表性蛋白质的分析及通过直接对比基因的碱基排列顺序，证实了分子进化速度的恒定性大致成立，成为"分子钟"的基础理论。

氨分子钟

国际商业机器公司［美］开始研制IBM650计算机　美国国际商业机器公司（IBM）设计中等体积的IBM650电子管计算机以承担工业方面的任务。1949年开始研制，1954年末装配了第一台机器。

英国首次安装医院闭路电视系统　这套由英国电气和乐器工业公司在Guy医院安装的闭路电视，可以让医科大学的学生观察到各种实验和外科手术的情况。

美国发明条码　条码（bar code）是一种用光电扫描阅读设备标识的特殊代码，人们根据其构成图形的外观结构称其为条码或条形码。这种技术将

条 码

宽度不等的多个黑条和空白，按照一定的编码规则排列，用以表达一组信息的图形标识符。常见的条形码是由反射率相差很大的黑条（简称条）和白条（简称空）排成的平行线图案。条形码可以标出物品的生产国、制造厂家、商品名称、生产日期、图书分类号、邮件起止地点、类别、日期等许多信息，因而在商品流通、图书管理、邮政管理、银行系统等许多领域得到应用。1949年在美国取得了专利，50年代开始用于铁路车辆。

麦克纳马拉［美］发明信用卡 美国信贷专家麦克纳马拉（McNamara，Frank X.）和商业伙伴施奈德（Schneider）创办了大莱俱乐部，并发行了世界上第一张塑料制的信用卡——大莱卡（Diners Card），其盈利模式是从客户那里扣取折扣费，这一模式此后沿用下来。

大莱卡

1950年

蒂尔［美］、利特尔［美］制备单晶锗 1950年，贝尔电话实验室的物理化学家蒂尔（Teal，Gordon Kidd 1907—2003）和机械工程师利特尔（Little，Johon B.）用直拉法（Czochralski）生长尺寸达3/4英寸×8英寸的锗单晶，在生长结构高度完整的大锗单晶方面获得了成功，还利用重复再结晶的方法改进了材料的杂质。1952年，蒂尔与斯帕克斯（Sparks，Morgan 1916—2008）改进了拉制单晶的设备，发明了杂质扩散工艺使得在单晶生长过程中可以控制所加的杂质，从而发明了一种制备P-N结的独特的方法。他们利用单晶锗制备了包含P-N结的单晶，其后不久又制备了N-P-N生长结晶体管。

图灵［英］发表论文《计算机能思考吗？》 英国数学家图灵（Turing，Alan Mathison 1912—1954）发表论文《计算机能思考吗？》，设计了著名的图灵测验，通过问答来测试计算机是否具有同人类相等的智力。定义了人工智能的概念，论证了人工智能的可能性。这篇文章为图灵赢得

"人工智能之父"的美誉。

克里斯托菲洛斯［美］提出强聚焦原理　美国的克里斯托菲洛斯（Christofilos，Constantine Nichholas 1916—1972）提出的强聚焦原理，为高能加速器的设计开辟了新路，在此基础上产生了强聚焦的高能加速器和扇形焦回旋加速器。

安德森［美］、克里斯滕森［美］、安德瑞奇［美］发明热压焊技术　美国贝尔电话实验室的安德森（Anderson，O.L. 1903—1980）、克里斯滕森（Christensen，H.）和安德瑞奇（Andreatch，P.）在20世纪50年代初发明了一种新的焊接技术，这种焊接技术特别适用于电子电路中晶体管与其他元件的连接。这种技术将连接线压焊在晶体管管座上时，加热的温度很低，但能提供很牢固的焊接。这种技术在电子工业中得到广泛应用，而且可以有效地避免污染。

美国开始生产磁鼓　美国有多家公司开始生产磁鼓，这种磁鼓是在钴镍合金的衬底上涂敷氧化铁层，和磁带一样进行磁化和读出。典型的磁鼓直径8~20英寸，长2~4英尺，每分钟1500~4000转。主要用作辅助存储器。

美国无线电公司发明了光导摄像管　美国无线电公司（RCA）推出的这种摄像管是一种电视摄像管，其原理与正析摄像管相似，利用了光的强度不同则导电性不同的原理。用它组装的光导摄像管摄像机适应性强、灵敏度高，而且价格便宜。

贝尔电话实验室［美］发明铁簧继电器开关　铁簧继电器开关是贝尔电话实验室于20世纪40年代末发明的，它包含两个或四个密封在玻璃容器内的接触点，由磁化线圈来控制。铁簧继电器开关用于电子交换机系统的电话机振铃，具有小型化、操作迅速和功率小等优点。

铁簧继电器开关

贝阿德［美］、阿尔伯特［美］发明BA式电离真空计　巴克利（Buckley，Oliver Ellsworth 1887—1959）在1916年发明的电离真空计解决了10^{-1}~10^{-5}帕的高真空测量。1950年，贝阿德（Bayard，R.T.）和阿尔伯特（Alpert，

D.A.）发明了BA式电离真空计，使压力测量下限从10^{-5}帕扩展到10^{-8}帕左右，解决了10^{-8}帕的超高真空测量问题，从而使真空测量获得了突破，并推动了超高真空技术的发展。

施乐公司［美］开始生产静电复印机　美国的施乐公司（Xerox）生产出第一台静电复印机，标志着静电复印机技术进入了实用阶段。静电复印机的复印过程是把原件的文字或图像投影到一个半导体平面上，随后在该平面上涂一层反光负载粉，带电荷区域能迅速地将这些负载粉吸附，由此得到一张粉图，再让粉图移压至白纸上，加热烘干，便可得到一张与原件一模一样的定影文件。

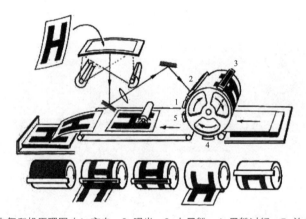

静电复印机原理图（1.充电；2.曝光；3.上墨粉；4.墨粉过纸；5.放电）

王安［美］发明矩磁合金存储器　美籍华人王安（1920—　）博士使用矩磁合金元件作计算机的内存储器，他还取得多项有关磁心记忆系统的专利。

王　安

德·福雷斯特［美］发明计算机模拟技术　美国电子学家德·福雷斯特（De Forest, Lee 1873—1961）把事物的联系建立起作为一种研究对象的数学模型或描述模型，并在计算机上加以试验。研究对象包括各种类型的系统，模型包括借助有关概念、变量、规则、逻辑关系、数学表达式、图形和表格等对系统的一般描述。把这种数学模型或描述模型转换成对应的计算机上可执行的程序，给出系统参数、初始状态和环境条件等输入数据后，可以在计算机上进行运算得出结果，并提供各种直观形式的输出，还可以根据对结果的分析改变有关参数或系统模型的部分结构，重新进行运算。

国际商业机器公司［美］研制IBM701计算机　IBM701计算机（数据处理系统），是美国国际商业机器公司（IBM）1950年底开始研制的，1951年底制出样机，1952年底制出第一批产品。IBM701的核心系统是一个36比特的单地址、二进位制并行同步处理机，采用了电子管触发器和二极管逻辑电路，速度每秒1兆个脉冲，采用多脚插接的电路封装块。计算寄存器使用一个再循环脉冲存储电路，其中二极管门与脉冲延迟相结合，由一个单地址的双18位指令的存储程序来控制。

IBM701

美国西部标准自动计算机建成　美国西部标准自动计算机是美国国家标准局于1948年5月决定建造的。1950年1月，加利福尼亚大学数值分析研究所开始试制，1950年8月建成。它是一种采用威廉管存储器的并行计算机，存储周期为16μs，是当时速度最快的计算机。

美国东部标准自动计算机开始研制　美国东部标准自动计算机是美国国家标准局在1948年5月决定制造的，1950年着手研制，但迟至1964年才投入使用。其设计根据是宾夕法尼亚大学的EDVAC计算机，原始存储器也使用了同一类型的水银延迟线，共64条，每条存储8个字，时钟频率为1MHz，加法时间（包括存储器存取）范围是192ms～1540ms，乘法时间是2300ms～3600ms。

美国在计算机系统中装设CRT显示装置　美国在计算机系统中用阴极射线管（CRT）作为输出显示装置，配置于麻省理工学院（MIT）的Whirlwind计算机上，供操作人员进行监视和用照相机制作硬拷贝。

阿德勒［美］发明有线电视遥控器　阿德勒（Adler，Robert 1913—2007）发明的这种遥控器被称为"懒骨头"，人们不必跑到电视机前去转换频道，但由于遥控天线较长，使用不够方便。

威德［美］创用脉冲反射式A型超声仪诊断方法　美国医学家威德（Weed）等应用脉冲反射式A型超声诊断仪，分析组织构造、探测脑标本，并获得颅内肿瘤反射波，开创了脉冲反射法超声诊断的先河。

概述
（20世纪后半叶）

　　第二次世界大战是人类历史上一次空前的人为灾难，欧洲战场死亡人数达3000多万，加上东方战场总计死亡人数在6000万以上。战后不久，世界进入了被英国首相丘吉尔（Churchill，W.）称作的"冷战"时代，尔后两大阵营在军备、政治、经济、文化、科学技术各方面展开了全面的竞争。

　　二战给各国的经济造成巨大的损失，重建家园、恢复经济几乎成为欧亚各国政府战后的普遍任务。西欧各国在美国马歇尔计划的援助下，到1950年左右基本达到了战前水平。苏联虽然战争中损失惨重，但是到1948年即恢复到1940年的水平，同一年，莫斯科地铁通车，一批像外交部、莫斯科大学建筑式样的摩天大楼平地而起，经济进入了快速发展阶段。1949年，中华人民共和国的成立极大地加强了社会主义阵营的实力，1953年开始了以奠定工业化基础为目标的第一个五年计划，同时实施了苏联援华的156个建设项目。

　　正是在这种世界性政治集团竞争的条件下，科学技术在战后得到空前发展。依靠科学技术发展经济以增强国力，更成为各国的共识，一场持久的世界性的改造自然运动由此而起，自然环境破坏、生态失衡、资源能源枯竭、人口数量激增等问题由此变得日渐严重。

　　在美国，战时所采取的政府、军事机关、企业、大学和研究机构合作的方式，成为科学研究和技术开发的一种运作成功的先例。日本则提出了"官产学"相结合的研究开发方式。苏联和中国的许多科学研究和技术开发是受国家及军方控制的，并相应成立了专门的国家及军事科研与技术开发机构。

基础科学研究仅在一些发达国家中还保留其传统，在日本及战后的一些新独立的国家中，与工业化有关的应用研究学科得到空前重视。

由于战后各国经济的迅速恢复，加之战时一些尖端技术的解密和军用技术向民用的转移，这一时期成为20世纪技术发展最快的时期，以微电子技术和电子计算机为代表的一批高新技术迅速兴起，开始了近代以来的第三次技术革命。这次技术革命的特征是微电子技术和电子计算机技术向其他技术领域的扩展，引起了社会生产和管理乃至人们生活的自动化。

苏联第一颗人造地球卫星发射后，在东西方两大阵营中引起了很大的震动。自1957年后两大阵营在航天器发射、宇宙探测等方面展开了全面的竞争，人类真正进入了航天时代。

20世纪70年代后，世界政治格局相对稳定，起源于20世纪中叶的一批高新技术发展迅速，以此为基础的高新技术产业开始兴起。在发达国家，传统工业社会的基础产业开始衰落而成为夕阳产业。一场新的产业革命——信息革命已经到来，工业社会开始向信息社会过渡。中国1978年后的改革开放，使中国的科学技术、经济文化迅速发展，人均GNP从1978年的200美元到2000年达到940美元的水平，中国已经成为国际社会中重要的一员。

在世界各国经济迅速发展的同时，由于盲目追求GNP的增长，无节制地大量消耗能源和资源的生产所造成的环境污染问题，特别是水质和大气的污染、农田的沙漠化，到20世纪末已经相当严重。盲目的城市化和人口的聚集，城市垃圾的处理也成为一个新的社会问题。这在一些欠发达国家和地区已达到十分严重的程度。

1. 计算机与微电子技术

电子计算机的新进展

对现代计算机结构做出重要贡献的是普林斯顿大学的匈牙利裔数学家冯·诺伊曼（Von Neumann，J.）。1944年，担任美国弹道研究所和洛斯·阿拉莫斯科学研究所顾问的冯·诺伊曼，在参与原子弹研制工作中遇到关于原子核裂变反应的数亿次的初等计算问题，他得知莫尔小组在研制电子计算机的消息后，立即与他们合作。他提出机器要处理的程序和数据都要采用二进制编码，以使各种数据和程序可以一同放在存储器中，采用同时处理的并行计算方式以使机器把程序指令作为数据处理。1945年初，他提出具有完整存储程序的通用电子计算机EDVAC（Electronic Discrete variable Automatic Computer，离散变量自动电子计算机）的逻辑方案。这种计算机由计算器、逻辑控制装置、存储器和输入输出五部分组成，后称冯·诺伊曼机。计算机采用二进制在执行基本运算时变得既简单又快速，而且可以采用二值逻辑，从而使计算机的逻辑线路大为简化。诺伊曼计算机几乎成为当代通用电子计算机的代名词。

1945年底，由完成ENIAC计算机的宾夕法尼亚大学莫尔电工学院开始研制EDVAC机，1950年完成了主要实验设计，1952年进行最后实验，并在美军阿伯丁靶场正式投入运行。EDVAC机比ENIAC机小得多，仅用3500只电子管，但性能却比ENIAC机优越得多。EDVAC机的设计方案成为现代计算机设计的基础。

早期的商用机是美国国际商业机器公司（IBM）完成的。1947年，IBM公司制成一台继电器与电子管混合机SSEC机，该机使用了13000只电子管和23000个继电器。1948年制成全电子管的604机，该机仅使用了100只电子管，售出4000多台。1951年研制第一台电子计算机的莫奇利（Mauchly，J.W.）和埃克特（Eckert，J.P.）为美国人口调查局制成第一台通用电子计算机UNIVAC，成功地完成了处理美国人口普查的资料。1954年，IBM公司开始生产以磁鼓做主存储器的普及型的IBM650机。20世纪50年代，日本、德国、苏联、英国、法国也都投入了计算机的研制和生产，中国在1958年开始研制电子管计算机。

电子计算机出现后，很快在科研和生产方面得到应用，它的发展随着电子元器件的进步而经历了四代。

第一代电子计算机以电子管为主要器件，开始于1946年。这一阶段，完成了可以大量存储信息的内存储器，并在第一台电子计算机基础上采用了二进位制，增加了运算器和控制器，使电子计算机可以实行自动控制、自动调节和自动操作。这一阶段的电子计算机主要用于火箭的控制与制导等科学计算。由于电子计算机价格昂贵，还不能普及。

第二代电子计算机以晶体管为主要器件，第一台晶体管电子计算机IBM7090是IBM公司于1959年制成的，1960年投产。晶体管具有体积小、寿命长、耗电省等优点，使计算机的可靠性和运算速度都远远超过电子管计算机，1964年就出现了运算速度达二三百万次的大型晶体管计算机。第二代电子计算机可以通过程序设计语言进行计算，因此除科研计算外，还广泛用于工业自动控制、数据处理和企事业管理等方面。

第三代电子计算机是以集成电路为主要器件的，开始于1964年IBM公司生产的IBM360机。这一代电子计算机仍以存储器为中心，引入了终端概念，并与通信线路相连结成网络。一台IBM360计算机可以连结大量的终端，分散在各地的用户可以同时使用同一台计算机。其研制经费达50亿美元。1970年IBM公司又研制成速度更快、体积更小、性价比更高的IBM370机。从20世纪60年代后期，由电子计算机、通信网络和大量远程终端组成的各种管理自动化系统，如生产管理自动化系统、运输管理自动化系统、银行业务自动化系统等开始大量出现。

第四代电子计算机采用了集成度更高的大规模集成电路，开始于20世纪70年代。电子计算机体积进一步缩小，功能进一步增多，运算速度进一步加快。这一时期，制成了所谓的微处理器。微处理器的出现，使电子计算机真正进入了普及应用阶段。自从1971年美国英特尔公司（Intel）制成第一块微处理器Intel4004以来，采用微处理器的各种类型的机器人、数控机床、自动照相机、电话机和家用电器大量出现，对促进社会生产和社会生活的进步起了划时代的作用。

电子计算机问世后，其发展速度是极为迅速的。1971年制成的微型机与第一台电子计算机相比，体积不到它的三万分之一，造价降低为万分之一，运算能力提高了20倍。作为微电子技术核心元器件的集成电路成为当今世界最有活力、最引人注目的一个新兴领域，一个国家开发集成电路的速度和水平反映了这个国家科学技术水平和工业管理能力。电子计算机则正沿着自动化、小型化、高速大容量化方向发展。为适应大型复杂系统，如天气预报、空间技术、核反应堆设计及控制、社会经济系统的计算模拟以及其它社会活动的需要，已经研制出巨型机、微型机、计算机网络和智能机器人等。

电子计算机具有逻辑判断，信息存储、处理、选择、记忆及运算、模拟等多种功能，特别是20世纪70年代微处理器的问世，使社会生产自动化程度愈来愈高，不但出现了各种自动化机械、自动化生产线、自动化车间、自动化工厂，还出现了办公室自动化和家庭自动化。如果说近代以来工具机取代了人手使用工具加工工件的机能，动力机取代了人的体力，那么，电子计算机则取代了人的部分脑力劳动，因此也将之誉为"电脑"。

微电子技术

1968年，集成电路发明者之一的诺依斯（Noyce，R.）创办了"英特尔公司"（Intel），"英特尔"是集成电路（integratedcircuit）和智能（intelligent）两个词的缩写。1971年，其研究经理霍夫（Hoff，M.E.）为日本的BCM公司设计制造成功将计算和逻辑处理器都集成到同一芯片上的微处理器4004。在这块3～4毫米的芯片上，集成了一台电子计算机主要的2250个电路元件。1972年又推出8位字的8008芯片。1975年MITS公司创立者埃德·罗伯茨（Ed Roberts）利用英特尔公司新开发的8008芯片制成世界上第一台小型家用电子计算机"Altair"。不久后，比尔·盖茨（Bill Gates）和助手研制出"BASIC 8080"软件，Altair配上这种软件可以方便地利用BASIC语言来使用这种电子计算机。1976年，乔布斯（Jobs，S.）等人创立苹果公司，推出"苹果II型"便携式电子计算机。1981年，IBM公司推出第一台个人电子计算机IBM PC。此后，个人电子计算机或家庭电子计算机开始普及。

微处理器（CPU）的问世，加快了生产的自动化和运输工具如火车、飞机、轮船的自动驾驶，出现了卡片式计算器、万能电子手表（钟）、电子游戏机、微型高级计算器。甚至连通用的光学照相机、摄像机也利用CPU开始了自动化，出现了全自动、半自动相机。

利用电子计算机进行工程设计和场景模拟已经引起设计领域的一场革命，传统的计算尺、圆规、三角板、制图仪面临淘汰。利用电脑进行的制图和排版，也使传统的铅字排版系统退出了历史舞台。带有超薄微处理器的"智能卡"正在取代传统的钥匙和货币。微电子计算机技术几乎渗透到军事、医学、生物学、航天、航空各个领域，而Internet更引起了通信方式的巨大变革。

微处理器正在改变世界，改变人们的生活与生产方式，改变人们的思维和偏好，这是人类历史上一次划时代的变革，微处理器技术导致了信息时代的来临。

半导体材料

20世纪应用最多、工艺最为成熟的是金属及非金属半导体材料，主要是锗和硅。早在1824年，瑞典化学家柏采留斯（Berzelius，J.J.）就用金属钾还原四氟化硅制得硅。1886年，德国化学家温克勒（Winkler，C.A.）在分析硫银锗矿时，制得GeS，再用氢还原制得锗。然而硅和锗的半导体性质直到20世纪40年代才被科学界所认识。

在20世纪50年代前主要的半导体材料是锗，1954年美国得克萨斯仪器公司发明了用硅代替锗的新一代晶体管，由此使硅开始成为主要的半导体材料。70年代后，出现了化合物和混晶半导体材料，如砷化镓、硫化镉、镓铝砷等。

目前应用最广的是硅材料，由于硅具有耐高压高温和可供大电流通过的特点，很快应用于整流和大功率晶体管的制作。硅作为半导体材料，其纯度是十分关键的。20世纪60年代，多晶硅和单晶硅生产工艺已相当成熟，多晶硅的生产采用氢还原$SiHCl_3$的方法和硅烷法，而单晶硅的制造多用直拉法和悬浮区熔法。前者可生产长1米以上、直径25厘米的单晶硅棒，但是易受环境的污染，纯度受影响；后者可以克服前者的这一不足，但是易出现晶体错位的现象。二者结合的一种方法已成为重要的硅单晶生长技术，这种方法是将多晶硅棒顶部熔化，与籽晶接触后缓慢提拉。这种方法可以生产直径15厘米以上且位错少、纯度高的硅单晶。

20世纪50年代初，为提高半导体材料的耐热性和在高频领域工作，开始了对锑化铜、砷化铜即对化合物半导体的研究。至20世纪60年代，发现砷化镓是一种易于制备且性能优良的半导体材料，这种材料的制备需要极为严格的环境条件。1970年美国贝尔电话研究所研制成异晶质砷化镓激光器，寿命长，效率高，可以用作光纤通信的光源。

2. 激光、光纤与通信新技术

激光

1916年，爱因斯坦（Einstein，A.）发表《关于辐射的量子理论》，首次提出受激辐射的概念，即处于高能态的粒子在某一频率的量子作用下，会从高能态转移到低能态，同时发射一个频率及运动方向与射入量子一样的辐射量子。1924年，美国物理学家托耳曼（Tolman，R.Ch.）发表《处于高量子态的分子》，认为通过受激辐射可以实现光的放大作用。1951年，美国的珀赛尔（Purcell，E.M.）用氟化锂作核反应实验时，首次获得50千赫的受激辐射。到1954年，美国的汤斯（Townes，Ch.H.）即制成氨分子束微波激射器。20世纪50年代后，许多科学家投入微波激射器的研究。

1960年7月，美国的梅曼（Maiman，T.H.）制成世界上第一台红宝石激光器，他用脉冲氙灯进行光激励，激光以脉冲形式输出，波长6943埃，峰值10千瓦。1960年12月，美国贝尔实验室的贾凡（Javan，A.M.）以及贝内特（Bennett，Ch.）、赫里奥特（Herriott，D.R.）制成在红外线区域工作的氦氖激光器，证明了激光具有相干性，并具有很好的方向性和高亮度的特点。此后，科学界对激光工作物质、激光性质、激光器品种开始了大量研究。到80年代，研制出的激光器数以千计，其中实用的有几十种。斯尼泽（Snitzer，E.）在1961年研制的钕离子激光器是一种大功率的脉冲器件，主要用于激光核聚变实验。1964年，美国的范·尤特（Van Uitert）研制的掺钕钇铝石榴石激光器是一种可以在室温下工作的固体器件。此后氩离子激光器（1964）、二氧化碳激光器（1964）以及异质结砷化镓激光器（1970）等相继问世，输出光波长从335埃到2650毫米。

此外，一批能发射超短脉冲和巨脉冲以及可以用于军事的大功率激光器，在20世纪80年代后也被研制成功。

激光技术在工农业及国防领域有广阔的应用空间。在工业方面，自20世纪60年代后，利用红宝石激光实现了对坚硬脆性高的材料进行打孔、切割、焊接；在医学上，出现了激光手术刀和视网膜焊接术，到20世纪80年代后，激光技术几乎在医学各学科中都得到应用。

全息照相术也是激光问世后才出现的。1947年，英国的加博尔（Gabor，D.）提出记录光的全部信息强度与相位的全息照相概念，但直到20世纪70年代后，利用激光为参照波的全息照相才真正发展起来。

激光通信与光纤

与无线电通信相比，以光作为传递信息的运载工具有容量大、抗干扰能力强和保密性好等优点。

1960年氦氖激光器出现后，人们进行了大气激光通信实验，但受大气干扰严重。由于太空中没有空气，激光通信于1971年开始应用于宇宙通信，各国开始建立以地球同步静止卫星为中继站的激光通信网。

1966年，英国标准公司提出用玻璃纤维作为地面激光通信传输缆线的设想。1970年，美国康宁公司研制出衰减率低于20分贝/千米的纯二氧化硅光学纤维，同年，适合光纤通信的光源——异晶质结激光器亦研制成功，由此使光纤通信成为可能。此后的研制使光纤的衰减率逐年降低，而激光器寿命在逐年增加，光纤通信在技术上已经成熟，正向大范围实用化方向发展。

移动通信

移动通信包括移动无线电通信和移动电话两类。移动无线电通信是在无线电报、固定式无线电话基础上发展起来的，多用于较大的移动体，如汽车、火车、船舶、飞机等专业无线电通信网络。其体积随电子器件由电子管向晶体管、集成电路、大规模集成电路的转换而不断缩小。

移动电话要求体积小，有更大的灵活性，它的原型是二战中美军使用的步谈机，是在集成电路特别是大规模集成电路出现后的20世纪70年代才成为通用的通信工具的。移动电话实际上就是一个可以接收和发射的可移动电台。移动电话由于其功率有限，远距离通信必须有中继站，若干中继站组成了蜂窝网，它由移动通信终端、基站以及移动交换中心组成。蜂窝网由若干个服务区组成。由于卫星通信的进展，移动电话已经可以进行全球范围内的即时通话。

20世纪90年代发展起来的蓝牙技术（Bluetooth）、WAP技术、GPRS技术则是新型的通信技术。蓝牙技术可以使各种固定设备与移动设备实现无线连接；WAP技术则可以使一系列通信设备可靠地进入互联网和其他电话设备；

GPRS技术是一种高速数据处理技术，具有永远在线、高速率的优点。

互联网

20世纪60年代末，美国国防部的高级研究计划局（Advanced Research Projects Agency，ARPA）为了能在战争中保障通信联络的畅通，建设了一个分组交换试验军用网，称作"阿帕网"（ARPAnet）。1969年正式启用，连接了4台计算机，供科学家们进行计算机联网实验用。

70年代，ARPAnet已经有几十个计算机网络，但是每个网络只能在网络内部互联通信。为此，ARPA又开展了用一种新的方法将不同的计算机局域网互联的研究，形成互联网。当时称之为internetwork，简称Internet。在研究实现互联的过程中，计算机软件起了主要的作用。

1974年，美国国防部高级研究计划局的卡恩（Kahn，R.E.）和斯坦福大学的瑟夫（Cerf，V.G.）开发了TCP/IP协议，其中包括网际互联协议IP和传输控制协议TCP。这两个协议相互配合，定义了在电脑网络之间传送信息的方法。其中，IP是基本的通信协议，TCP是帮助IP实现可靠传输的协议。

ARPA在1982年接受了TCP/IP，选定Internet为主要的计算机通信系统，并把其他的军用计算机网络都转换到TCP/IP。1983年，ARPAnet分成两部分：一部分军用，称为MILNET；另一部分仍称ARPAnet，供民用。TCP/IP具有开放性，TCP/IP的规范和Internet的技术都是公开的，任何厂家生产的计算机都能相互通信，由此使Internet得到迅速发展。

1986年，美国国家科学基金组织（NSF）将分布在美国各地的5个为科研教育服务的超级计算机中心互联，并支持地区网络，形成NSFnet。1988年，NSFnet替代ARPAnet成为Internet的主干网。NSFnet主干网利用TCP/IP技术，准许各大学、政府或私人科研机构的网络加入。1989年，Internet从军用转向民用。

1992年，美国IBM、MCI、MERIT三家公司联合组建了一个高级网络服务公司（ANS），建立了Internet的另一个主干网ANSnet，使Internet开始走向商业化。

1995年4月30日，NSFnet宣布停止运作，而此时Internet的骨干网已经覆盖了全球91个国家，主机已超过400万台。到20世纪末，Internet已成为一个开发和使用信息资源的覆盖全球的信息库。在Internet上，包括广告、航空、工农业生产、文化艺术、导航、地图、书店、通信、咨询、娱乐、财贸、商店、旅馆等100多项业务类别，覆盖了社会生活的各个方面。

通信卫星地面站

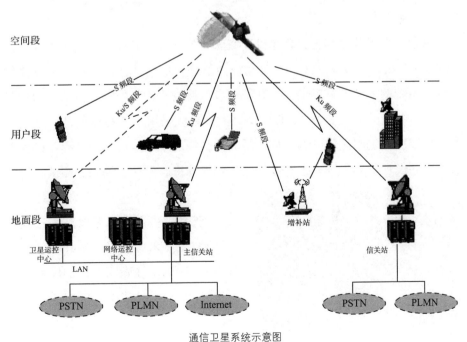

通信卫星系统示意图

1951年

朱兰［美］提出质量控制　美国的朱兰（Juran，Joseph M. 1904—2008）著《质量控制手册》，由纽约麦克劳-希尔公司出版。该书提出质量控制概念，开辟了质量控制的研究领域。

朱兰

威尔克斯

威尔克斯［英］提出微程序设计概念　英国数学家威尔克斯（Wilkes，Maurice Vincent 1913—2010）最初设想的微程序设计，是一种"为设计任何计算系统的控制部分提供一个系统而有规律的方法"的特殊技术。1957年他设计并投入运行的EDSAC II计算机中，首次采用了微程序设计。这是一种给出解决特定问题程序的过程，是软件结构的重要组成部分。程序设计以某种程序设计语言为工具，其设计过程包括分析、设计、编码、测试、排错等阶段。

沃勒

沃勒［美］发明可以产生三维效果的放映技术　沃勒（Waller，Fred 1886—1954）在宽而弯曲的屏幕上由三个放映机同时放映，能产生一种三维立体效果。这是三种带有增强三维效果的电影系统中的第一种，当时增强的电影超过电视的竞争优势。

珀塞尔

珀塞尔［美］首次获得受激辐射　美国物理学家珀塞尔（Purcell，Edward Mills 1912—1997）在核感应实验中，把加在工作物质上的磁场突然反向，结果在核自旋体系中造成了粒子数反转，即高能级的粒子数大于低能级上的粒子数，并获得了每秒50千赫的受激辐射。这是在激光技术史上有重大意义的实验，它引导许多微波物理学家去研究受激辐射的微波放大。

美国发展电路自动装配和模件封装工艺　1950年，美国国家标准局开始研究电路装配的进一步自动化问题，于1951年研制出一种可以自动装配和检验电路元件的工艺。该工艺是把分立元件装配或印刷在陶瓷基片上，自动选择4～6片堆叠连接起来，最后做成模件，顶部一般还装有电子管管座。这种模件封装形式在50年代末晶体管代替电子管之后逐渐被淘汰。

缪勒［美］发明场离子显微镜　美国的缪勒（Muller，Hermann Joseph 1890—1967）发明的场离子显微镜分辨率极高，达2～3Å，可用于观察固体表面的原子排列、金属表面的结构缺陷、合金的晶界、偏析及有序无序相变等。场离子显微镜是最早达到原子分辨率，能看得到原子尺度的显微镜。只是要用场致离子显微镜（FIM）看像，样品先处理成针状，针的末端曲率半径为200～1000Å。工作时首先将容器抽到1.33×10^{-6}Pa的真空度，然后通入压力约1.33×10^{-1}Pa的成像气体，如惰性气体氦。在样品加上足够高的电压时，气体原子发生极化和电离，荧光屏上即可显示尖端表层原子的清晰图像，图像中每一个亮点都是单个原子的像。

缪　勒

克里斯蒂安森［澳］发明射电干涉仪　澳大利亚天文学家克里斯蒂安森

（Christiansen，Wilbur Norman 1913—2007）发明的射电干涉仪，是一种由多面天线组成的射电望远镜，它可以简便灵活地解决一般射电望远镜分辨率不高的难题。其结构是将两面同样大小的天线拉开适当距离，中间用电缆联系。射电干涉技术可以有效地从噪音中提取有用的信号，甚长基线干涉仪通常是由相距上千千米的几台射电望远镜组成，使射电波段的分辨率首次高于光学。20世纪末，射电的分辨率高于其他波段几千倍，能更清晰地观测射电天体的内核。综合孔径技术的研制成功，使综合孔径射电望远镜相当于工作在射电波段的照相机。

阿姆斯特朗［美］发明超再生电路　超再生电路是美国无线电学家阿姆斯特朗（Armstrong，Edwin Howard 1890—1954）在申请再生接收机专利的答辩过程中提出的，相当于一个电容三点振荡器。在超再生接收机中，可以利用输入谐振电路的有效电阻的周期变化来抑制持续振荡。当天线输入的信号频率与电路振荡频率相同时，对电路的振荡幅度有加强作用，类似于正反馈，此时电路进入超再生状态。因此高频间歇振荡在每个间隙之间能达到的最大振荡幅度（或持续最大幅度的时间）是随外部输入信号的幅度而变化的，而间歇振荡的包络线就是RC两端的电压，这个电压中包含一个随外部信号幅度变化（类似PWM原理）的直流分量，也就是输入信号的包络线，因此可以达到解调制的目的。

霍珀［美］研制成第一个称作AO的编译器　美国海军女军官霍珀（Hopper，Grave Marray 1906—1992）研制成第一个称作AO的编译器，该编译器将程序所用代码翻译成二进制机器码。由于当时没有任何组合语言及程序语言存在，设计人员要把程序翻译成机器码，即"0011000101011"这样的形式，在纸上打孔，再送到机器里去读。霍珀进入Eckert-Mauchley公司后，设想设计一种程序，可以用类似英文的语法，把想做的事

霍　珀

写下来，然后用这个程序把英文翻译成机器的语法，交给机器去执行。这个设想就是后来的编译器（Compiler）。

UNIVAC-I

埃克特–莫奇利计算机公司［美］研制成UNIVAC-I计算机 1947年12月艾克特–莫奇利计算机公司创建后，为美国人口调查局研制的UNIVAC-I型计算机于1951年春投入运行。它是在ENIAC和EDVAC基础上派生的，为串行同步机，运算速度每秒2.25兆个脉冲，100个水银延迟线，可以提供1000个十进制数字的内存储。它首次采用了磁带机作外存储器，用奇偶校验方法和双重运算线路提高了系统的可靠性，并进行了自动编程试验。艾克特–莫奇利公司被雷明顿–兰德公司兼并后，UNIVAC-I投入了小批量生产，成为最早投入市场的商品化电子计算机。

诺伊曼［美］制成IAS电子计算机 美国数学家诺伊曼（Von Neumann, John 1903—1957）在普林斯顿高级研究所制成IAS电子计算机，用并行运算器、异步控制器和并行存取的电子射线管静态存储器，分别取代了串行运算器、同步控制器和串行延迟线动态存储器，使计算机的性能有很大提高，是世界上最早的并行计算机。

麻省理工学院［美］研制"旋风1号"计算机 美国麻省理工学院研制的"旋风1号"计算机，是一台并行、同步、定点计算机，字长15个二进制数码加符号（共16个二进制数码），用了5000个真空电子管和1.1万个半导体二极管，是美国第一代电子计算机中著名的机器之一，1953年最早采用了磁芯存储。

汤斯［美］制成微波激射器 美国哥伦比亚大学物理学教授汤斯（Townes, Charles Hard 1915—2015）基于他在微波波谱学方面的经

汤 斯

验，制定了一种气体束受激辐射微波放大系统的研究方案。1954年汤斯和助手一起制成了第一台氨分子束微波激射器。他们把这种受激辐射的微波放大叫作"脉塞"（Maser）。这台激射器产生了1.25厘米波长的微波，功率仅10^{-9}瓦，但是它综合并证实了受激辐射、粒子数反转、电磁放大等概念，成功地开创了利用分子或原子体系作为微波辐射相干放大器或振荡器的先例。在此期间，苏联物理学家巴索夫（Басов，Николай Геннадиевич 1922—2001）和普罗霍洛夫（Прохоров，Александр Михайлович 1916—）也独立地进行了微波激射器的研究，并在1955年末研制成氨微波激射器。

美国克罗斯公司研制出磁带录像机 美国克罗斯公司研制出第一台实用的磁带录像机（11月）。这台磁带录像机是依据磁带录音机的原理制作的，磁带以每秒254毫米的速度通过多磁迹磁头。这台录像机虽然性能很差，但是仍然被誉为是一项出色的技术成就。

1952年

达默［英］提出集成电路概念 1952年5月5日在华盛顿召开的无线电工程学会（IRE）座谈会上，英国雷达研究所的达默（Dummer，Geoffrey William Arnold 1909—2002）宣读了《英国的电子元件》一文，提出随着晶体管和一般半导体技术的发展，可以设想将电子设备做在一个没有导线的固体块上，这种固体块可以由绝缘、导电、整流及放大等材料层组成，而把每层的分隔区直接相连，就可以实现某种电气功能。这是最早的关于集成电路的设想。

达　默

蒂尔［美］、比勒［美］制备单晶硅 美国贝尔实验室的蒂尔（Teal，Gordon Kidd 1907—2003）和比勒（Buehler，Ernie）在锗单晶拉晶技术的基础上，研制成硅单晶制备技术和硅的P-N结的制造技术。单晶硅具有金刚石晶格，晶体硬而脆，有金属光泽，能导电，但导电率不及金属，且随着温度升高而增加，具有半导体性质。单晶硅是重要的半导体材料。在单晶硅中掺入微量的第ⅢA族元素，形成P型半导体，掺入微量的第ⅤA族元素，则形成N型半导体。贝尔电话实验室的皮尔逊（Pearson，Gerald L. 1905—1987）曾利用单晶来制造合金结的P-N结二极管。

蒲凡［美］发明锗和硅的区熔技术　美国电子学家蒲凡（Pfann，William Gardner 1917—1982）发明了一种锗和硅熔化和凝固的简单方法，这种方法可以得到纯度非常高的锗和硅材料，再用拉晶技术生长成单晶。蒲凡还发明了区域匀化技术，使整个棒的杂质均匀分布。他在区域熔化设备中，利用籽晶技术生长单晶，这种区域熔化技术和水平单晶生长技术相结合，在晶体管制造工艺中得到广泛应用。

豪雷［美］制成B型超声诊断仪　1949年，美国发明家豪雷（Howry，Douglass H. 1920—1969）等人开始研究二维超声成像系统，1952年制成B型超声诊断仪，他们用该仪器对肝脏标本进行了显像实验，其后又发展出颈部和四肢的复合扫查法。

巴克森德尔［英］研制成负反馈音调控制电路　英国工程师巴克森德尔（Baxandall，Peter J. 1921—1995）研制成连续可调型负反馈音调控制电路。该电路由两个电位器来完成高、低音的独立控制，当两个电位器都置于中部位置时，就可以得到均平的响应曲线。在控制过程中，高音频响应曲线的形状几乎不变，并沿频率轴平移，曲线没有向声频范围的上限"拉平"的趋势，低音频曲线虽然不是恒定不变的，但是其变化比起大多数的连续可调的电路要小得多。

国际商业机器公司［美］、麻省理工学院林肯实验室［美］研制半自动地面防空体系（SAGE）　半自动地面防空体系由美国麻省理工学院的"旋风1号"和国际商业机器公司的IBM701演变而来，为该体系制造的AN／FSQ-7防空计算机，由国际商业机器公司与麻省理工学院的林肯实验室合作研制。半自动地面防空体系是基于数字计算机控制系统的一种实时通信系统，它通过电话线接收雷达的数据，根据操作员的决定处理、显示信息，并指挥截击武器。1955年完成第一台样机，1956年6月开始生产。

美国研制成第一台数字控制机床　数字控制机床是用数字代码形式控制给定的工作程序、运动速度和轨迹进行自动加工的机床，简称数控机床。

数控机床具有广泛的适应性，加工对象改变时只需要改变输入的程序指令。加工性能比一般自动机床高，可以精确加工复杂面，适合于加工中小批量、改型频繁、精度要求高、形状较复杂的工件。1948年帕森斯公司接受美国空军委托，研制飞机螺旋叶片轮廓样板的加工设备，由于其形状复杂、精度要求高，逐步产生了用计算机控制机床的设想。在麻省理工学院伺服机

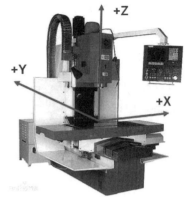

三坐标立式数控铣床示意图

构研究室的协助下，研制成功第一台由大型立式仿形铣床改装而成的三坐标数控机床，为机械工业生产自动化开辟了新纪元。

凯伊［美］发明数字电压表　美国电工学家凯伊（Kay，Andy）研制的419型数字电压表，配有美国无线电公司（RCA）发明的数字读出管，整体设计虽然还很原始，但它却成为仪器仪表数字化革命的先声。

美国建成质子同步加速器　这台加速器建于美国布鲁克海文国家实验室，它首次把粒子加速到20亿～30亿电子伏，相当于宇宙线的平均能量，并得到2.3GeV的质子，被称为"宇宙线级加速器"。质子同步加速器的工作原理与电子同步加速器类似，磁场是随时间改变的，随着粒子能量的提高，磁场也在加强，以保证粒子在恒定的闭合轨道内回旋运动。磁场分布在闭合轨道附近的环形区域内，环形真空室位于磁铁的磁极间隙中，粒子在真空室内回旋运动。随着粒子回旋频率增高，加速电场的频率也增高，这是其与电子同步加速器的最大区别。到20世纪末，利用质子同步加速器已能把质子加速到800GeV。

达林顿［美］发明"达林顿管"　美国电子学家达林顿（Darlington）设计的"达林顿管"（Darlington device），是将两个特性相似的结型晶体三极管接在一起的晶体管电路转换器件。这种器件等效于单个晶体管，它的发射极和集电极电阻与其中一个晶体管一样，但放大倍数却远大于其中任

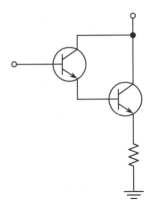

达林顿管

何一个晶体管。达林顿管又称复合管。

中国试制出整套收音机电子管　1952年11月，南京电工厂（后改名南京电子管厂）试制成功6AT、6SK7、6V6、5Y3、6SQ7等整套5灯收音机用全套电子管，从此结束了中国收音机依赖进口电子管的历史。

伯恩斯公司［美］制成微调电位器　为了适应晶体管电路出现后的电器小型化趋势，伯恩斯公司研制出一种专供微调晶体管电路用的小型电位器。这种微调电位器在晶体管电路中很快得到应用。

美国惠普公司［美］制成最初的频率计数器HP524A　美国惠普公司（HP）制成的HP524A计数器，是一种可直接测频的仪器，其可测的最高频率为10兆赫，分辨率为0.01赫。同样范围的模拟式仪表精度不过100千赫。

冯·诺伊曼［美］设计的IAS计算机制成　匈牙利裔美籍数学家冯·诺伊曼（Von Neumann, John 1903—1957）与同事合作为普林斯顿高等学习学院（IAS）设计的计算机IAS研制成功，IAS机具备五大基本组成部件：输入数据和程序的输入设备、记忆程序和数据的存储器、完成数据加工处理的运算器、控制程序执行的控制器、输出处理结果的输出设备。IAS计算机成为后来计算机的原型。这台IAS机只用了2300个电子管，但是运算速度比拥有18000个电子管的第一台电子计算机"ENIAC"提高了近10倍。

美国制成IBM701机　IBM701机是用于科研的大型计算机，由美国国际商业机器公司（IBM）1950年开始研制，1952年制出样品。该机的核心是一个36比特的单地址，二进制并行同步处理机，采用真空管触发器和二极管逻辑

IBM701

IBM701控制台

电路，速度每秒1兆个脉冲。IBM701机是IBM公司第一台科学计算用的计算机，也是第一款批量生产的大型电子计算机，标志着IBM公司正式进入电子计算机开发领域。

林语堂中文打字机

林语堂［中］设计的中文打字机获美国专利　1931年，林语堂（1895—1976）完成了中文打字机的设计图。1935年林语堂赴美，征雇工程师及技工耗资12万美元制造中文打字机，他自命名为"明快中文打字机"。明快中文打字机高9英寸、宽14英寸、长18英寸，有64个键，采用林语堂创造的"上下形检字法"设计键盘字码，每字按3键，每分钟最快能打50个字，备字多达7000个，不用训练即能操作。1946年申请美国专利。

中国发布《标准电码本》　汉字电报的编码，每个汉字由4个阿拉伯数字组成。中华人民共和国成立后，邮电部对汉字电码本进行了多次调整和修订。1952年正式定名为《标准电码本》，增补了俄文、英文字母和标点符号等电码。1958—1962年版本增加了517个简化汉字的电码表，1983年编印的修订本以简化字取代了繁体字，删除了异体字和部分生僻字，增加了少量常用字，统一了规范化汉字字型。共收集汉字、字母和符号电码7294个。

1953年

美国开始试播NTSC制彩色电视　美国联邦通信委员会批准了新的国家彩色电视制式，它以正交调制为基础，可以与黑白电视兼容，称NTSC（国家电视制式委员会的缩写）制，1953年开始试播，1954年正式播出。

肖克利［美］提出结型场效应晶体管理论　结型场效应晶体管（Junction Field-Effect Transistor，JFET）是一种利用场效应工作的晶体管，是在同一块N形半导体上制作两个高掺杂的P区，并将它们连接在一起，引出栅极（g），N型半导体两端分别引出漏极（d）和源极（s）。场效应是指垂直于半导体的电场方向和大小，会控制半导体导电层（沟道）中载流子密度和类型。结型场效应晶体管（JFET）是由P-N结栅极、源极和漏极构成的一种具有放大功能的三端有源器件，其工作原理就是通过外加的电压改变沟道的导电性来实现对输出电流的控制。早在1925年，美国的利连索尔（Lilienthal，J. E.）就发现外加磁场对导电体中的电流会产生影响。1933年，海尔（Heil，Oskar 1908—1994）提出场效应晶体管器件的结构模型。1953年，肖克利（Shockley，William Bradford 1910—1989）提出结型场效应晶体管理论后于1954年制成。

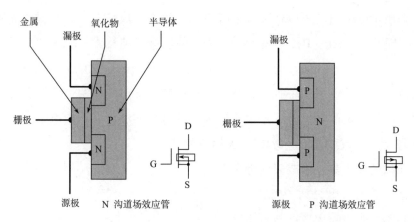

结型场效应晶体管结构示意图

汤斯［美］、韦伯［美］、巴索夫［苏］、普罗克洛夫［苏］研究脉泽 脉泽是电磁辐射和原子相互作用产生的微波激射。最早认识到由受激发射引起电磁辐射放大的可能性的，是苏联物理学家法布里坎特（Фабрикант），他在1940年对这个问题进行了讨论。在公开文献中最早叙述这种放大作用的是1953年美国

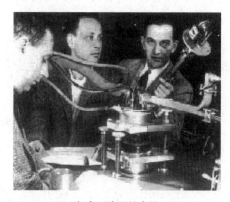

红宝石脉泽放大器

的韦伯（Weber，J.）。随后，苏联的巴索夫（Басов，Николай Геннадиевич 1922—2001）和普罗克洛夫（Проклов，Александр М. 1916—2002）于1954年详细地叙述了关于射束脉泽的相关理论。1951年，美国物理学家汤斯（Townes，Charles Hard 1915—2015）设想用分子而不用电子线路得到波

长足够小的无线电波，并按他在微波波谱学方面的经验构想出所需要的实验。1953年12月，汤斯和助手们制成了按上述原理工作的一个装置，产生了所需要的微波束。这个过程被称为"受激辐射的微波放大"。1954年制成氨分子束微波激射器，随后美国哈佛大学布隆伯根（Bloembergen，Nicolaas 1920—）做成红宝石脉泽放大器的三级脉泽。

凯克［美］、埃迈斯［美］、特雷尔［美］发明硅的悬浮区域提纯技术 高质量的硅材料可以保证合金硅晶体管生产的成品率。为了提供优质硅材料，凯克（Keck，P.H.）发明了一种新的区域提纯技术，称为"悬浮区域提纯"。埃迈斯（Emeis，Reimer）、特雷尔（Theurer，H.C.）也独立发明了这种技术。该技术采用一种立式系统，利用感应加热的办法形成一个靠表面张力支持的稳定的液态区，不再用坩埚。用这种方法可以产生电阻率为几千欧姆/厘米，少数载流子寿命高达100微秒的硅。

飞歌公司［美］制成表面势垒晶体管 美国飞歌公司（Philco）于1953年发明了喷射腐蚀技术，这种技术利用电化学机械加工的方法来制得所需的薄基区层，用这种工艺制造的主要产品是表面势垒晶体管，它使晶体管的频率上限推进到兆赫的范围。

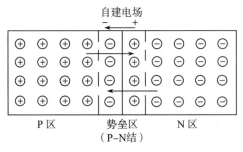

表面势垒晶体管

美国通用电气公司研制单结晶体管（UJT） 单结晶体管（简称UJT）又称基极二极管，它是一种只有一个P-N结和两个电阻接触电极的半导体器件，它的基片为条状的高阻N型硅片，两端分别用欧姆接触引出两个基极B_1和B_2。在硅片中间略偏B_2一侧用合金法制作一个P区作为发射极E。20世纪50年代初，美国通用电气公司（GE）实验室就对锗合金四极管进行了实验，以寻求一种工作频率可以在5兆赫以上的半导体器件，这是当时双极型晶体管的工作频率。在这种四极管结构中，发现会产生

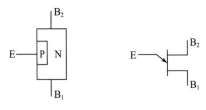

单结晶体管

一个横向电场，可以提高截止频率并降低输入阻抗。1953年在研究这种器件输出端的波形的时候，该实验室的莱斯克（Lesk，I.A. 1927—2004）发现，在这种四极管的发射极出现了振荡信号，当取消集电极的供电后，这种振荡还要持续一段时间，由此得到一种新的开关器件。通用电气公司在四极管的基础上，又研制出一种双基极二极管，这种器件具有负阻特性。

国际商业机器公司［美］研制 IBM704、709和7090型计算机　美国国际商业机器公司（IBM）从IBM701发展来的IBM704机从1953年11月份开始研制，1956年1月交付第一台，704机的特点是高速、磁芯存储、浮点和变址。随后在1958年又制成IBM709机。IBM7090机是1959年交付的第一台晶体管计算机，与709机兼容，对于求解典型问题7090机大约比709机快5倍，7090机包括一个2.18微秒的磁芯存储器和改进了的磁带装置。

IBM704　　　　　　　　　　　　　IBM7090

美国无线电公司研制成功彩色电视录像机　美国无线电公司研制的这种彩色电视录像机于1953年11月展出，该机采用1.27厘米宽的磁带，带速可达每秒900厘米。这种录像机被称为纵向扫描磁带录像机。

克罗斯比公司［美］制成高清晰度录像磁带　这种高清晰度录像磁带由1874年创立、长期致力于过压保护设备开发与生产的克罗斯比公司（Crosby）电子部研制。带宽2.5厘米，有12条磁路，其中一条用于声音，11条用于图像。磁带通过一个标准监视器观看，录像费用低廉。

马尔丽娜［美］发明绕线连接技术　美国的马尔丽娜（Mallina，R.F.）发明的绕线连接技术，是由一条导线围绕着一个有尖锐棱角的接线柱紧紧缠绕而实现的。此前，贝尔电话实验室的工作人员已对其机械特性进行过多年研究，包括对绕接点进行光弹性观察、压紧松弛与时间和温度关系的研究等，从而为该技术的发展打下了基础。

德·福雷斯特［美］研制成磁芯随机存储器 1951年，美国电子学家德·福雷斯特（De Forest，Lee 1873—1961）发表了关于磁芯存储器的论文，1953年制成了2K×16磁芯随机存储器，并首次把磁芯存储器应用于麻省理工学院研制的"旋风1号"电子计算机上。磁芯存储器在计算机发展初期曾起过重要作用。

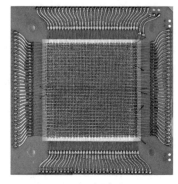

磁芯随机存储器

1954年

中国开始使用火车邮厢 1838年，英国第一次使用火车邮厢运输邮件，以后许多国家相继采用。中国邮政自1954年开始使用邮政部门自备的火车邮厢，它有22型和21型两种：21型车身全长22米，载重18吨；22型车身全长23.6米，载重20吨，有独立取暖设备。邮件间分设在车厢两端，以便于装载和分拣，邮厢内标有装载高度的标准线，邮厢中间留有0.54米的通道。

图 灵

图灵［英］逝世 美国数学家、计算机科学家图灵（Turing，Alan Mathison 1912—1954）1912年生于伦敦，1937年发表著名论文《论可计算数及其在判定问题上的应用》，介绍了图灵机的概念，受到各方注目。1938年获普林斯顿大学博士学位。1939—1945年在英国外交部从事高度机密的工作，获帝国勋章。1945年参加了新建的国家物理实验室（NPL）数学组，从事电子计算机的设计工作，后受聘到曼彻斯特大学任教。1950年，他研制了具有独特创造性的电子计算机Pilot ACE。1951年被选为英国皇家学会会员。他不仅在计算机领域而且在人工智能、黎曼函数的研究方面做出了卓越的贡献。

贝肯斯［美］提出FORTRAN语言 美国国际商业机器公司（IBM）的

贝肯斯（Backus，John 1924—2007）发表报告《IBM数学方程式释译系统说明——FORTRAN》，提出计算机程序语言FORTRAN，IBM公司自1954年开始研制，1956年完成FORTRAN的设计。FORTRAN是英语FORmula TRANslator（公式翻译）的缩写，是第一个完全、成熟的计算机程序语言，是为IBM704开发的一种面向科学计算的程序语言，包含了DIMENSION和EQUIVALENCE语句、赋值语句、三态算术IF语句等32种语句，可以用与通常数字表达式十分接近的形式来书写数学公式，适用于描述科学与工程计算问题。

蔡平［美］、富勒［美］、皮尔逊［美］发明单晶硅太阳能电池　美国贝尔电话实验室的蔡平（Chapin，D.M.）、富勒（Fuller，Calvin Souther 1902—1994）和皮尔逊（Pearson，Gerald L. 1905—1987）于1954

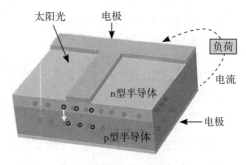

太阳能电池示意图

年发明了单晶硅太阳能电池，效率达4.5%。这是一种用N型和P型半导体制成的扁平夹层式装置，将太阳能直接转换成电能的器件。当太阳光照射其上时，被打出的电子向阳极移动，空穴向阴极移动，在电路中形成电流。用这种器件排列的阵列，已经作为能源用在卫星和其他方面。空间航天器用的单晶硅太阳能电池的基本材料为纯度达0.999999、电阻率在0.1欧米以上的P型单晶硅，包括P-N结、电极和反射膜等部分，受光照面加透光盖片（如石英或渗铈玻璃）保护，防止电池受外层空间范爱伦带内高能电子和质子的辐射损伤。单体电池尺寸从2厘米×2厘米至5.9厘米×5.9厘米，输出功率为数十至数百毫瓦，理论光电转换效率为20%以上，到20世纪末已达15%以上。

美国制成硅晶体管　美国得克萨斯仪器公司用硅晶体取代锗晶体，制成硅晶体管，由此使硅成为主要的半导体材料。

美国贝尔电话实验室研制成第一台晶体管数字计算机TRADIC　美国贝尔电话实验室研制的第一台使用晶体管线路的数字计算机，定名TRADIC，装有800个晶体管。电子管计算机使用的是"定点运算制"，参与运算数的绝对值必须小于1，而晶体管计算机增加了浮点运算，使数据的绝对值可达2的几十次方或几百次方，计算机的计算能力实现了一次飞跃。同时，用晶体管取代电子管，使得计算机体积减小，寿命大为延长，价格降低。

晶体管数字计算机TRADIC

索尼公司［日］研制成袖珍晶体管收音机 日本索尼公司（SONY）研制出袖珍晶体管收音机并投入了大批量生产，次品率从95%降到2%。售价从6美元降到3美元，很快成为收音机市场的热销产品。

无线电公司［美］荫罩式彩色显像管投入市场 美国无线电公司（Radio Corporation of America，RCA）开始成批生产荫罩式彩色显像管，产品为15GP22型，屏幕15英寸，它的问世促进了彩色显像技术的发展。

国际商业机器公司［美］研制出小型计算机IBM650 以磁鼓为主存储器的IBM650机，是美国国际商业机器公司（IBM）为适应工业用计算机的需要，于1949年开始研制，1954年末装配出第一台。IBM650机是串行工作的，以10个十进制数的信号脉冲的字符来操作，允许固定计数的检验。IBM650机的主存储器是一个每分钟12500转的2000个字的磁鼓，一个双地址指令形式指出下一个程序位置。这种形式允许程序员把指令放在程序鼓上的任何位置，可以将相继指令的存取时间减至最小。由于它使用方便，价格便宜，销售超过了1000台，是第一代电子计算机中行销最广的机种。

IBM650

IBM650磁鼓存储器

国际商业机器公司［美］制成海军专用计算机NORC　NORC计算机是由美国国际商业机器公司（IBM）为美国海军军械局制造的，1953年下半年开始组装，1954年12月2日移交海军部。NORC使用了Harens微秒延迟元件、二极管开关、8微秒存取时间的3600字的阴极射线管存储器和每秒传71340个十进制数字的高速4通道磁带机。NORC处理十进制数值精度为13位数字，计算速度为每秒15000条三地址指令。它在一次科学计算中，连续运行65小时，完成了750亿次运算而未出差错。

斯沃博达［捷］制成容错计算机SAPO　捷克斯洛伐克电子学家斯沃博达（Svoboda）设计的最早的容错计算机SAPO，于1950—1954年在捷克斯洛伐克首都布拉格制造成功。所谓容错是指在故障存在的情况下计算机系统不失效，仍然能够正常工作。容错计算机SAPO采用了继电器与磁鼓存储器，处理机采用三重法与表决法（TMR），存储器在检测到错误时会自动重试以实现错误的确切检测。

1955年

巴索夫［苏］、普罗霍洛夫［苏］、布罗姆伯根［美］提出三能级固体微波激射器原理　苏联的巴索夫（Басов，Николай Генна́диевич 1922—2001）、普罗霍洛夫（Прохоров，Александр，Михайлович 1916—）和美国的布罗姆伯根（Bloembergen，Nicolaas 1920—）提出利用三能级方法来造成粒子数反转，以实现受激辐射的微波放大的三能级固体微波激射器原理。随后，贝尔电话实验室成功地制成了这种微波激射器，其放大和振荡频率为9000千赫，于1957年初公布。

巴索夫

布朗斯坦［美］观察到砷化镓的红外辐射　美国的布朗斯坦（Braunstein，Rubin）观察到砷化镓的红外辐射，使关于Ⅲ-Ⅴ族化合物半导体材料和器件的研究前进了一步。红外线发射管的结构、原理与普通发光二极管相近，只是使用的半导体材料不同，由此制成的发光器件可以将电能直接转换成近红外光（不可见光）并辐射出去，主要应用于各种光电开关及遥控发射电路。

卡帕尼［英］发明光导纤维　英国的卡帕尼（Kapang，Narinder）用光学玻璃拉出像人头发丝粗细的长纤维，然后从一端射入一束光线，即使在纤维弯曲成圆环状时，光线也不会脱离纤维，而是从另一端完整地射出。光导纤维被广泛用于医生内窥检查及电话、电视、电传、计算机网络等信息传输。

巴克［美］制成冷子管　超导开关元件最早是由美国的哈斯（Haas）和卡斯米尔–琼克（Casimir-Jonker）于1953年研究的，直到1955年才由麻省理工学院的巴克（Buck，Dudley Allen 1927—1959）制成了一种称之为冷子管的器件。冷子管的基本原理是，存在一个临界磁场，当超过临界磁场时超导金属将变为正常导体。原始的冷子管是利用一个小钽棒，缠绕上铌丝，在液氦温度下钽棒的临界磁场约为几百高斯，而铌丝的

巴克

临界磁场为2000高斯。在铌丝中加上一个适当的电流脉冲时，其磁场足以改变钽棒的超导性，但不致改变铌丝本身的超导性。这样，在铌丝中的电流就可以比钽棒中的小，也就是一个小电流可以控制一个大电流。

国际商业机器公司［美］制定"半自动商业联系环境"　美国的国际商业机器公司（IBM）制定"半自动商业联系环境"，将1200部电子打字机相互连接，这是世界上第一个大的数据网络，它被美国航空公司用作旅客预订机票业务。

美国研制军用小型晶体管计算机　20世纪50年代中期，美国开始生产第二代电子计算机即采取分立晶体管器件的计算机。但由于成本价格等因素，当时研制的仅是供军用的小型机，如1955年阿尔玛公司生产的装在"阿特拉斯"弹道导弹上的计算机；1956年贝尔电话实验室为美国空军研制的有5000个晶体管的小型机Leprechaun等。

美国开始应用计算机处理雷达信息　美国采用的是一种自动地面防空计算机SAGE，用来监视和处理雷达所收集的信息，并为截击武器导向。

美国运用电子计算机进行天气预报　美国海军在用电子计算机处理气象信息方面取得进展，它采用的是每秒1.5万次的普通计算机，仅用5秒钟即可计算出半球范围内30天的天气预报，而用人工计算需要一年。

中国自行设计的警戒雷达投产　南京电信修配厂（后改名长江机器制造厂）设计成功中国第一部P波段远程警戒雷达（4月）和中国第一部微波段海岸警戒雷达（12月），并投入批量生产。该厂是20世纪50年代中国生产雷达的主要基地。

1956年

麦卡锡

出现"人工智能"一词　在美国计算机科学家麦卡锡（McCarthy，John 1927—2011）提议下，信息论创始人香农（Shannon，Claude Elwood 1916—2001）、计算机科学家敏斯基（Minsky，Marvin Lee 1927—2016）、计算机科学和认知心理学家纽厄尔（Newell，Allen 1927—1992）、开创"机器学习"的塞缪尔（Samuel，Arthur 1901—1990）和经济学家西蒙（Simon，Herbert Alexander 1916—2001）等一批科学家在达特矛斯（Dartmouth）集会，研究和探讨用机器模拟人类智能的一系列问题，麦卡锡、香农和敏斯基合作起草的建议书中，首次提出"人工智能"（Artificial Intelligence）一词。人工智能的目的是让计算机能像人一样思考，研究如何使计算机做只有人才能做的智能工作。人工智能很快成为计算机学科的一个分支，人工智能涉及信息论、控制论、自动化、仿生学、生物学、心理学、数理逻辑、语言学、医学和哲学等多门学科。人工智能研究的主要内容包括知识表示、自动推理和搜索方法、机器学习和知识获取、知识处理系统、自然语言理解、计算机视觉、智能机器人、自动程序设计等方面。20世纪70年代后，人工智能与空间技术、新能源技术等被称为世界三

敏斯基

大尖端技术之一。

美国开展机器证明　美国卡内基大学与兰德公司合作，在电子计算机上成功地证明了英国哲学家罗素（Russell，Bertrand 1872—1970）和其老师怀特海（Whitehead，Alfred North 1861—1947）所著的《数学原理》（3卷，1910—1913）第2章52条定理中的38条。这是机器证明的开始。

国际自动控制联合会（IFAC）成立　国际自动控制联合会（IFAC）总部设在奥地利拉克森堡，

罗素

宗旨是通过国际合作促进自动控制理论和技术的发展，推动自动控制在各部门的应用，出版有《自动学》《国际自动控制联合会会刊》和《国际自动控制联合会通信》。

篷特里亚金〔苏〕提出极大值原理　苏联数学家篷特里亚金（Понтрягин，ЛевСемионович，1908—1988）提出的极大值原理，给出了最优控制所满足的一般的、统一的必要条件，从而成为最优控制理论形成和发展的基础。它是分析力学中古典变分法的推广，工程领域中很大一类最优控制问题，可以采用极大值原理所提供的方法和原则来定出最优控制的规律。严格的数学证明及其应用，发表在1961年的《最优过程的数学理论》一书中。

贝尔曼

贝尔曼〔美〕提出动态规划概念　美国数学家贝尔曼（Berman，Richard Ernest 1920—1984）提出了动态规划概念。动态规划是研究多段（多步）决策过程最优化问题的一种数学方法，是最优控制和运筹学的主要工具。为了寻优可以将系统运行过程分为若干个相继的阶段，并在每个阶段做出最优决策，虽然它对下一个阶段未必是最有利的，但是多段决策所构成的序列最终能使目标达到极值。

乔姆斯基〔美〕提出语法规则G　美国数理语言学家乔姆斯基（Chomsky，Noam 1928—）用数学方法研究人类通信语言的形式和性质，把语言简化成一些符号和一组语法规则G。由规则G生成的所有符号串的集合就叫一个语言L（G），并且根据语法G的复杂情况分成0型、1型、2型和3型文法。这些理论成为ALGOL-60语法的理论基础，即ALGOL-60编译程序的理论基础。ALGOL-60的语法基本上是2型语法，其"词法"部分是3型语法。

富勒［美］研究并发明扩散工艺　在半导体器件工艺中一个重大进展是扩散工艺的提出。贝尔电话实验室的富勒（Fuller，Calvin Souther 1902—1994）对Ⅲ-Ⅴ族杂质向硅和锗中扩散的研究，为扩散晶体管的制造打下了基础。扩散工艺是制造P-N结的一种最好的控制方法，它是在高温下使杂质原子扩散到晶片表面，并精确地控制掺入的杂质量和掺杂层厚度，由于一般的掺杂杂质在半导体中的扩散是非常慢的，其扩散速度可以靠调节温度来改变，这样就可以使杂质分布得以精确控制，从而可以控制所制作的晶体管的全部电参数。贝尔电话实验室最早将扩散工艺用于制作锗和硅晶体管，用该工艺还可以制造甚高频晶体管。

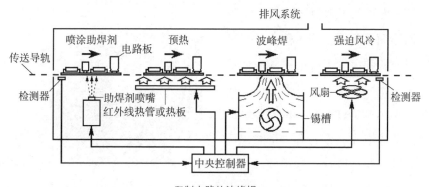

印制电路的波峰焊

弗赖金属铸造公司［英］发明印制电路的波峰焊　由英国弗赖金属铸造公司（Frys Metal Foundries Ltd）发明的这种在流动焊剂中浸焊印刷电路板的技术，是利用一个长方形的喷嘴将熔融的焊料吹起一个驻波，使预先用特殊焊剂处理过的电路板通过焊料的波峰。该工艺简化了印刷电路板的焊接，而且不会出现焊接不良和虚焊。这种设备克服了印制电路板系统的平面浸焊的一些不足，在印刷电路板焊接中得到广泛应用。

贾柯赖托［美］、奥康奈尔［美］制成半导体二极管结电容器　美国的贾柯赖托（Giacoletto，Lawrence Joseph 1916—2004）和奥康奈尔（Oconnell，

Joseph）制成的半导体二极管结电容器，其原理是当半导体P-N结处在反偏压（非通导）方向时，就有一个随偏压而改变的结电容，当P-N结偏置在这个方向时，可动电荷载流子就从结附近向外移动，而在结附近的区域留下未被补偿的固定电荷，其宽度依赖于外加电压，从而形成了一个P-N结电容。

贝尔托［法］、福雷［法］研制钇铁石榴石 钇铁石榴石（YIG）的晶体结构是法国的贝尔托（Bertaut, F.）和福雷（Forrat, F.）于1956年发现的，其后不久就开始用熔流技术生长了几厘米线度的大块晶体。钇铁石榴石是一种绝缘的立方晶系，它有一个1750高斯的饱和磁化点。钇铁石榴石与铁氧体材料不同，在10GHz有1奥斯特量级的铁氧体谐振线宽。

得克萨斯仪器公司［美］制成扩散型晶体管、合金扩散晶体管和台面晶体管 得克萨斯仪器公司（Texas Instruments, TI）运用富勒（Fuller, Calvin Souther 1902—1994）发明的扩散工艺，制成了扩散型硅晶体管。同年，用合金方法与扩散工艺相结合制成的合金晶体管和台面晶体管问世，把晶体管的工作频率推进到了超短波波段。

国际商业机器公司［美］发明世界上第一块硬盘 美国的国际商业机器公司（IBM）发明的世界上第一块硬盘（ATA或SATA），由50多块24英寸的碟片组成，中心有一个高速旋转的主轴以驱动碟片。这种硬盘仅有5MB的存储空间，体积很大，需放在桌上使用。

世界上第一块硬盘

中国研制出第一只锗晶体管 中国科学院应用物理研究所半导体研究室、华北无线电元件研究所（后改为华北光电技术研究所）、南京工学院等单位的科研人员开展半导体器件的研制工作，于1956年11月研制出中国第一只锗合金晶体管。

国际商业机器公司［美］推出汇编程序SOAP 1954—1955年，美国的国际商业机器公司（IBM）先后开发出用于IBM650的SOAP和用于IBM705的Auto Coder，这是汇编程序的雏形。1956年，IBM公司又推出用于IBM704的符号汇编程序（SAP），它的出现是汇编程序发展中的一个重要里程碑，此后的汇编程序大都以它为原型。

伯特莱特［法］研制电子管的蒸发冷却　第一个靠蒸发冷却的电子管是伯特莱特（Beutheret，C.）制作的，他制作的阳极表面有很多凸起，设置这些凸起是为了稳定阳极的温度和防止阳极温度突然过热。

美国推出超声波电视遥控器　这种电视遥控器以超声波为遥控媒介，投入市场后深受用户欢迎。直到1980年初，才逐步为红外线遥控器所取代。

安培公司［美］首次展示横向扫描磁带录像机　美国安培公司（Ampex）提出用旋转视频磁头以提高相对速度的办法来提高录像机的记录频率。1956年4月，首次展示了世界上第一台实用的磁带录像机。其磁带宽51毫米，以每秒39.7厘米的速度经过一个带有4个磁头的磁鼓；磁鼓每秒转250次，使4个磁头能横向扫描磁带的整个宽度。录像机

录像机

采用调频方式记录视频信号，但是只能录黑白图像。1959年尼克松（Nixon，Richard Milhous 1913—1994）访苏时，Ampex公司的录像机录下了尼克松与赫鲁晓夫（Хрущёв，Никита Сергеевич 1894—1971）著名的"厨房辩论"镜头，并在几分钟后播放，令赫鲁晓夫大为惊奇。此后磁带录像机广为人知。

国际商业机器公司［美］制成第一个磁盘存储系统IBM350RAMAC　美国的国际商业机器公司（IBM）由约翰逊（Johnson，Reynold 1906—1998）领导的研发小组推出第一个磁盘存储系统IBM350RAMAC（Random Access Method of Accounting and Control，统计控制随机存储器），这套系统的磁头可以直接移动到磁盘片上的任何一块存储区域，从而成功地实现了随机存储。

和田弘［日］制成ETL-Ⅲ晶体管计算机　日本电气试验所以和田弘为首的小组，是最早注意到晶体管及其在计算机上应用的科研团体之一。1956年他们研制成世界上第一台程序存储式晶体管计算机，该机共用130只点接触式晶体管和1800只锗二极管，主存储器采用以光学玻璃为媒质的超声延迟元件。

美国开发出早期的计算机操作系统　美国通用汽车公司和北美航空公司

联合为IBM704计算机开发了一个简单的操作系统，该系统可以提供诸如从一个作业到另一个作业的次序、安排、输入/输出控制系统、调入成分（如汇编程序、编译程序）、装入目标程序以及程序库例行程序等。

中国建成北京电子管厂　北京电子管厂由国家重点投资，苏联援建，设计年产量为1220万只电子管，1956年10月15日建成投产。正式开工前，该厂已经试制出信号放大管、中型发射管、大功率发射管、离子管等18种管型的电子管，并用国产原料试制出钨丝、钼丝和杜美丝。投产后不

北京电子管厂

断研制开发了许多新产品，如为适应国防电子装备需要，试制了小型管、锁式管、橡实管、静电测量管等，品种达140种。北京电子管厂的建成，标志着中国真空电子器件进入了工业化大生产的新时期。

北京电子管厂开工典礼

北京电子管厂生产的电子管

1957年

冯·诺伊曼［美］逝世　美国数学家冯·诺伊曼（Von Neumann，John 1903—1957）1903年12月28日生于匈牙利首都布达佩斯，1957年2月28日逝世于美国首都华盛顿。他是程序存储思想的创始人，1946年在《电子计算机逻辑设计的初步讨论》一文中提出的许多重要概念（被总称为冯·诺伊曼

冯·诺伊曼

机），成为后来计算机系统发展的基础。他不仅对计算机理论，而且对数理逻辑、量子物理学和经济学做出了重大贡献。

库普里扬诺维奇［苏］发明移动电话　移动电话，通常称为手机，是可以在较广范围内使用的便携式电话终端。苏联工程师库普里扬诺维奇（Куприянович，Л.И.）在1957年发明ЛК-1型移动电话。1958年，他对移动电话做了进一步改进，设备重量从3千克减轻至500克（含电池重量），可接通城市里的任意一个固定电话。1960年，库普里扬诺维奇的移动电话已经能够在200千米范围内有效地工作。

库普里扬诺维奇

美国推出ALGOL语言　这是在总结FORTRAN语言的基础上开发的又一种面向科学技术计算的语言。1960年发表了定义这种语言的文件ALGOL语言报告，其中首次使用了巴克斯范式来形式化地表示一种实用程序语言的语法，对程序设计语言和编译方法的发展有深远影响，并为后来出现的语法分析器、自动生成工具奠定了基础。

阿尔德登［英］、阿什沃斯［英］发明镍铬薄膜电阻器　镍铬合金是现代薄膜电阻采用得最多的一种材料。阿尔德登（Alderton，R.H.）和阿什沃斯（Ashworth，F.）强调了蒸发源的温度、蒸发系统所保持的真空度、进行气相淀积时接受表面的温度的重要性。他们发现，稳定的薄膜只有在衬底温度高于350℃，系统的真空度优于10^{-4}托（Torr，毫米汞柱）的条件下才能形成。他们测量了镍铬合金薄膜厚度的电阻率，得到100~200ppm／℃的电阻温度系数。

弗罗施［美］发明氧化物掩膜工艺　美国贝尔电话实验室的弗罗施（Frosch，C.J.）发明氧化物掩膜工艺。他发现，在硅表面热生长的二氧化硅，会阻碍包括硼和磷的某些杂质的扩散。这种技术与照相掩蔽抗腐技术相结合，为硅器件加工提供了一个强有力的手段。在半导体制造中，许多芯片工艺采用光刻技术，用于这些步骤的图形"底片"称为掩膜（也称"掩模"），其作用是在硅片上选定的区域中对一个不透明的图形模板掩膜，继而使其下面的腐蚀或扩散将只影响选定的区域。

中国制成磁控管和速调管　按照《十二年科学技术发展规划》，中国积极开展了微波电子管的研制。1957年，中国第一只厘米波磁控管和第一只内腔式反射速调管在南京电子管厂问世，为中国试制国产雷达提供了重要器件。

巴勒斯电脑公司［美］研制出数码管　美国巴勒斯电脑公司（Burroughs Company）研制的数码管，是一种气体放电数字读出管，直到20世纪60年代末，它一直是主要的常用显示器件。

休斯飞机制造公司［美］制成存储示波器　这种示波器能俘获波形，并把信息长期存储在特殊的阴极射线管的荧光屏上，特别适合于进行模拟波形分析。其工作过程一般分为存储和显示两个阶段。在存储阶段，首先对被测模拟信号进行采样和量化，经A/D转换器转换成数字信号后，依次存入RAM中。当采样频率足够高时，就可以实现信号的不失真存储；当需要观察这些信息时，只要以合适的频率把这些信息从存储器RAM中按原顺序取出，经D/A转换和LPE滤波后送至示波器就可以观察到还原后的波形。

奥特利等人［英］发明扫描电子显微镜　英国剑桥大学卡文迪什实验室的奥特利（Oatley，Charles William 1904—1996）等一批科学家，在电子探针微分析仪方面取得新进展，研制成扫描X射线分析仪（扫描电子显微镜）。此前被测样品必须在静止的探针下面移动，而且绘制元素分布图又费功夫又慢。有了扫描技术就可以把这些信息在一个类似电视屏幕上显示出来。1959年初，剑桥仪器公司与得克萨斯仪器公司（TI）达成协议制造这种仪器，同年制出产品。这种仪器聚焦的视野要比光学显微镜大300倍，而且对于粗糙或细腻的表面，都可以得到良好的结果。

喜安善寺［日］研制成变参元件式计算机　1954年变参元件问世后不久，日本电气通信研究所以喜安善寺为首的研究组即开始了采用这种元件制造计算机的探索。1957年，他们试制成功世界上第一台变参元件式计算机武藏野1号。随后，日立公司也推出了变参元件计算机HIPAC-1。变参元件计算机以其价格低廉、稳定可靠等优点而一度风靡于世，但是变参元件运算速度太慢，最终被晶体管所取代。

1958年

穆斯堡尔［德］提出穆斯堡尔效应 德国物理学
家穆斯堡尔（Mossbauer，Rudolf Ludwig 1929—2011）
提出的穆斯堡尔效应，是指从固体核键发出的 γ 射线的
无反冲谐振荧光现象。无反冲 γ 跃迁十分尖锐，对小能
量差的观察比较容易而且精密，因而穆斯堡尔效应成为
原子核物理学和固态物理学等的重要实验手段。

穆斯堡尔

肖洛［美］、汤斯［美］提出激光原理 8月，美
国的肖洛（Schawlow，Arthur Leonard 1921—1999）和
汤斯（Townes，Charles Hard 1915—2015）申请了一项发明专利，该发明被描

肖 洛

述为"一项可实现的、高频率的、低噪声的微波激
射器，它能产生单色的辐射或在电磁波谱的红外、
可见光和紫外区实现相干放大"。12月，他们发表
了《红外和光学激射器》一文，论述了激射器的工
作频率延伸到可见光和近红外区的可能性，提出采
用开式谐振腔（无侧壁法布里–珀罗干涉仪）的方
法，预言了激光的相干性、方向性、线宽和噪声等性
质。这些思想为激光器的研制提供了理论支持。

里德［美］提出雪崩二极管理论 雪崩二极管能以多种模式产生振荡，
其中实用的是碰撞雪崩渡越时间（IMPATT）模式，其振荡原理是美国的里德
（Ryder，W.T.）于1958年提出的，雪崩二极管亦称"碰撞雪崩渡越时间二极
管"。

罗萨［美］、坎特罗威茨［美］研究磁流体发电 美国的罗萨（Rosa，
R.J.）和坎特罗威茨（Kantrowitz，A.R.）研究用高温等离子体快速通过磁场
的方法，实现1832年法拉第提出的磁流体力学问题。这种新型发电装置，
是以天然气、石油、煤的燃烧或核燃料产生高温等离子导电气体，当以每
秒1000米的高速通过强磁场时，气体中的电子受磁力作用与气体中活化金
属粒子相互碰撞，沿着与磁力线成垂直的方位流向电极而产生直流电，经

交直流变换装置，把交流电送入电网。磁流体发电的特点是没有旋转部件，可以与常规火力发电设备组合成高效率（约50%）的联合循环发电：第一级高温部分（2000℃～2700℃）是磁流体发电装置；第二组低温部分（300℃～540℃）为汽轮发电机组。

江畸玲於奈［日］发明隧道二极管　日本物理学家江畸玲於奈于1958年描述并制成隧道二极管。隧道二极管是一种具有负阻特性的半导体二极管，因其电流随电压的变化关系可以用量子力学中的"隧道效应"予以解释，又称隧道二极管或江崎二极管。其原理是先形成一个P-N结，其两边是高掺杂的区域，在平衡状态下跨过P-N结两边费米能级的连续性，将对"正向"载流子产生能量势垒，因此，这种器件在低正向偏置时出现一个高阻抗，进而通过一个负阻区，然后又进入一个完全正常的正阻的"正向"区域。

隧道二极管符号

铁兹纳［波］发明场效应晶体管　场效应晶体管（FET）是利用控制输入回路的电场效应来控制输出回路电流的半导体器件，也称为场调管（Tecnetron）。第一个商品场效应晶体管是1958年在法国生产的，制造者是通用电气公司分公司的一位波兰科学家铁兹纳（Toszner，Stanislas），这是一个锗合金器件，跨导为80微姆欧，夹断电压35伏，栅漏电流4微安，栅电容只有0.9微微法。这种低跨导和高漏电流严重地限制了其应用，但是其高夹断电压非常接近于某些电子管的工作水平，而且其栅电容使它能在几兆赫下工作。

贝尔电话实验室［美］制成场效应变阻器　美国贝尔电话实验室研制的这种器件，从原理上与场效应晶体管非常相似，具有一种恒流特性，使它能在负载或电源电压变化剧烈的电路中作为非常理想的电流调节器，也可以用来做限流器和脉冲成形器。其交流阻抗高，适合做耦合扼流圈或交流开关。这种器件所依据的原理是肖克利（Shockley，William Bradford 1910—1989）等人发展起来的场效应原理。

基尔比［美］制成第一块集成电路　美国得克萨斯仪器公司参与军方的一项微型组件研制计划。该公司参加研究工作的青年工程师基尔比（Kilby，

Jack 1923—2005）感到原方案制作技术复杂，形成的组件焊点多，可靠性差，价格昂贵，为此他提出了一个新的方案：用一块半导体材料，制成包含有晶体管和阻容元件的功能电路。他先用半导体材料分别制作了电阻、电容、晶体管等分立元器件，取得经验后利用扩散工

基尔比

艺，在一块1.6毫米×9.5毫米的半导体材料上制成了包括一个台面晶体管、1个电容和3个电阻的移相振荡器。他又利用公司引进的光刻技术，在1959年初制成了集成触发器电路。1958年2月6日，他向美国专利局申请了专利。

美国制成微模阻件　美国无线电公司（RCA）为美国陆军通信兵团制作的微模阻件，是把小块的电路薄片用类似搭积木玩具的方法组装起来，然后用环氧树脂灌铸以增加机械强度和对周围环境的防护。60年代初微模组件开始走向实用化，但由于集成电路的问世而未获发展。

美国推出磁带录像机Ampex　美国推出的第一套磁带录像机，称作安帕克斯（Ampex）系统，1958年初安装在美国最大的电视演播室里。该系统使用的磁带0.5英寸宽，磁带移动速度每秒200英寸，三轨道录制，其中两个轨道录制电视信号，一个轨道录制声音。电视节目在播送之前，大部分是先录制在录像磁带上。

美国最早在火电厂机组运行中应用电子计算机　美国斯特灵顿火电厂的一台14.8万千瓦汽轮发电机组，最早用电子计算机进行监测、报警、记录报表和工况计算。1960年，美国小吉卜赛和亨丁顿两座火电厂的汽轮发电机组也开始用电子计算机进行运行监控。

汤姆逊–雷蒙–伍尔德里奇公司［美］研制出RW–300过程控制计算机系统　RW-300是一台磁鼓型的计算机系统，运转速度慢，编排程序困难，最初使用机器语言，后来使用汇编语言编排程序。设置了一个磁道插头，可以用手操作从一个存储磁道位置改变到另一个存储磁道，以避免存储程序过多写入。

中国制成第一台通用数字计算机 1956年9月，中国成立以闵乃大为团长的15人赴苏联计算技术考察团。团队对苏联计算技术的科研、生产与教育进行了两个多月的考察，并重点对苏联M-20计算机进行了学习。1957年4月，中国政府订购了苏联M-3计算机和БЭСМ计算机图纸资料。在考察和取得图纸资料的基础上，中国科学院计算技术研究

中国第一台通用数字计算机103型

所和七机部合作成立了M-3（代号103）计算机工程组，在苏联援建的北京有线电厂（738厂）配合下，于1958年8月1日研制成中国第一台通用数字电子计算机。这是一台全电子管计算机，字长30位，运算速度为每秒30次，后经改进配置了磁心存储器，运算速度达到每秒1800次，北京有线电厂生产了36台，定名为DJS-1型计算机。

X53K-1数控机床

中国制成第一台数控机床 由北京第一机床厂和清华大学合作，于1958年9月29日在北京第一机床试制成功中国第一台X53K-1三坐标数控机床，清华大学承担数控系统的研制，北京第一机床厂负责机床主机、液压系统和滚珠丝杠等零部件的设计、制造和组装。

苏联首次研制成功地铁自动化系统 该系统应用电子计算机通过信息通道接收并处理各种行车信息、发出控制指令、显示行车运行情况、自动记录行车实迹。该系统于1962年在莫斯科地铁试用。自动化系统的功能包括低级阶段功能和高级阶段功能，低级阶段的基本功能是由自动闭塞、自动停车、车站连锁和调度集中控制来完成；高级阶段的基本功能则叠加行车指挥自动化和列车运行自动化中的ATO系统以及若干自动检测设备。为了保证地下铁路行车安全，在行车自动化系统中还配置了列车无线调度电话，使地下铁路行车调度员与司机之间可以随时通话。

国际商业机器公司［美］制成709机 20世纪50年代中期，美国的国际商业机器公司（IBM）陆续从IBM701机发展出一些新的机型。1956年制成IBM704，其特点是高速、磁芯存储、浮点运算和变址。1958年又推出IBM709，其特点是利用数据同步装置，可实现同时读、写和计算，并使输入–输出通道独立操作，还可以查表指令和间接寻址等。

IBM709

康维尔公司［美］研制成混合计算机 美国康维尔公司将模拟计算机通过模拟/数字转换器，与数字计算机组成混合仿真器，对阿特拉斯洲际导弹进行仿真试验，宣告了混合计算机的诞生。

中国制成电子管黑白电视机 中国第一台黑白电视机是天津无线电厂（后改为天津通信广播公司）在参考苏联莫斯科、红宝石等电视机设计的基础上设计的，1958年3月制造出中国第一台黑白电视机，命名"北京牌"820型，当年生产了215台。黑白屏，可接收5个电视频道。后来相继生产821、823、825等机型，尤其以825-1型最为著名。20世纪70年代，许

北京牌电视机

多无线电爱好者都以"北京825-2"型电视机图纸为蓝本自制电视机，该图纸曾在全国风靡一时，推动了中国业余无线电技术从自制收音机到自制黑白电视机的升级和普及。

苏联沃罗涅日通信科学研究所研制全自动移动电话通信系统"阿尔泰" 苏联沃罗涅日（Воронеж）通信科学研究所研制世界上第一套全自动移动电话通信系统"阿尔泰"（Алтай）。1963年，"阿尔泰"系统在莫斯科进行了区域测试，改进了用户舒适度方面的问题，增加话筒以符合人们的使用习惯，以按键代替拨号盘，方便在汽车上拨打电话。1969年末起，"阿尔泰"系统在苏联的30多个城市中正式提供移动通信服务。"阿尔泰"系统的用户终端（话机）和基站由沃罗涅日通信科学研究所负责研制，天线系统由莫斯科国立特种工程设计院负责开发。一个大城市连同郊区在内仅有一个中央基站，工作半径60千米，使用频率150兆赫（与当时苏联电视的米波信号相同），提供6个无线信道，配有8个发射机为800名用户服务。

希金博特姆［美］设计最早的计算机游戏 美国的布鲁克海文国家实验室的物理学家希金博特姆（Higinbotham, Willy）为了使实验室在公众开放日增加一些乐趣，设计了一个两人打网球的计算机游戏，这是最早的计算机游戏。

1959年

霍尔尼［美］发明平面工艺制成平面型晶体管 美国物理学家霍尔尼（Hoerni, Jean Amédée 1924—1997）在仙童半导体公司（Fairchild Semiconductor）发明了平面工艺并制成一系列双扩散硅台面晶体管。他以硅半导体芯片为基板，通过热氧化在其表面形成二氧化硅层，再在二氧化硅层

平面型晶体管

上进行打孔、扩散、离子注入等，这一过程反复几次以形成基极、集电极，整个芯片基本上是平坦的，制作出的晶体管称为平面晶体管。平面工艺很快成为制造各种半导体器件与集成电路的基本工艺。这种工艺不像传统的台面工艺那样将基极层置于集电极的顶上，而是将基区向下扩散进入集电极内部，而且在上表面用一层扩散硼和磷的二氧化硅把基极–集电极结保护起来。这种平面晶体管比台面晶体管更不易损坏。1959年仙童公司开始出售平面晶体管，不久又把平面工艺用于新型集成电路的制造中。

美国开发出COBOL语言　这是使用最多的面向事务处理的语言，1959年美国数据系统语言会议（CODASYL）的一个短期委员会提出了COBOL通用商业语言方案，随后在此方案基础上产生了COBOL60和COBOL61。COBOL的特点是接近于自然英语，虽然存在行文冗长的缺点，但是这种计算机语言可以用来设计商业活动，功效显著，被广泛采用。

贝尔电话实验室［美］研制成钽薄膜电路　钽薄膜电路是一种单一金属技术，其中电容、电阻元件间的互联全都由钽来实现。用钽来达到此目的是基于它在化学上和结构上的稳定性，以及它能够经过阳极氧化之后来做电容的介质，还能保护和调整电阻。此外，钽薄膜电阻和电阻网络还能单独作为特殊电路元件使用。

北京电子管厂［中］提纯锗单晶　北京电子管厂用从苏联引进的图纸制成区域提纯机，将纯度为99.9%的锗锭提纯为99.9999%的高纯锗。1959年2月，拉制出中国第一根锗单晶，保证了国内锗元器件的生产。

无线电公司［美］制成超小型抗震电子管　这是一种可靠性强的用小功率工作的小型电子管，是电子管制造商为了保住小信号放大器市场与晶体管竞争的最后一次努力。

布鲁克海文国立实验室［美］制成取样示波器　由美国布鲁克海文国立实验室研制成的这种示波器，是当时唯一的一种可以显示频率在一千兆赫以上的重复波形的仪器，可以显示变化速度更快的信号波形。它不是将被测信号直接显示，而是通过频率转换的方法，用远比被测信号周期短的时间，在被测信号波形的不同位置上，逐次对信号的每个波形按步进顺序进行取样。

Xerox 914

北京电子管厂［中］制成1000千瓦大型发射机用的大功率管　1959年3月，北京电子管厂开始试制用于1000千瓦大型中波广播电台用的8种大型电子管。4月完成管型、初样，6月制成67只交付电台使用。

哈罗依德–施乐公司［美］推出全自动普通纸复印机Xerox914　1959年9月，美国哈罗依德–施乐公司（Haloid-Xerox，后改名为施乐公司）利用卡尔森（Carlson，Chester Floyd 1906—1968）关于静电复印技术的专利，制成世界上第一台落地式办公用Xerox 914型全自动普通纸复印机。Xerox914利用静电感应使带静电的光敏材料表面在曝光时，按影像使局部电荷随光线强弱发生相应的变化而存留静电潜影，经一定的干法显影、影像转印和定影而得到复制件。到该机型停产的1976年，施乐公司一共生产了2万多台该型号的复印机。

诺伊斯［美］取得用平面工艺制作集成电路的专利　在基尔比（Kilby，Jack St. Clair 1923—2005）制作集成电路取得成功后，仙童半导体公司的诺伊斯（Noyce，Robert 1927—1990）经过分析，发现基尔比虽然把元器件集成在一块半导体材料上，但联结却是采用热焊合金丝，并不是与工件一道加工的。他改进和发展了晶体管制造的平面工艺，并把它成功地运用到集成电路的制作上，他利

诺伊斯

用P-N结隔离技术，在氧化膜上制作互联线。1959年7月30日，他申请了用平面工艺制作硅集成电路的专利。诺伊斯最终完成了集成电路的全部工艺，为半导体集成电路的发展奠定了基础。

东芝公司［日］制成螺旋扫描录像机　早期的横向扫描录像机由于体积庞大等缺点而不适于家庭使用。克服缺点的途径是采用螺旋扫描录像，它可以减小录像机体积、降低成本、节省磁带并容易再现静止图像。这种技术早在1953年已由联邦德国的德律风根公司（Telefuken）取得专利，但直到1959年9月才由日本的东芝公司制出第一台样机。20世纪60年代，单磁头螺旋扫描录像机已趋成熟并逐步取代了四磁头横向扫描录像机。

国际商业机器公司［美］发表IBM1400系列数据处理系统　美国的国际商业机器公司（IBM）的IBM1400系列数据处理系统系列第一个型号1401一问世，很快就使真空管和机电单元记录系统陈旧过时。从1959年到60年代中期，1400系统在各种类型的数据处理方面得到了广泛的应用。

IBM1401

布尔公司［法］制成采用多道程序设计的计算机Gamma60　多道程序设计是第二代电子计算机在系统结构方面的重大进展，它使一个计算机系统可以同时接受多个用户程序，并让它们交替占用处理器运行，为更有效地运用计算机分时工作方式，为多处理机和多机系统的发展开辟了道路。

中国制成大型通用数字计算机104机　104机于中国国庆十周年前夕通过试运行。机器字长39位，运算速度每秒1万次，以容量为2048字磁芯体作为存储器，还有磁鼓存储器、磁带机、光电输入机、快速打印机等。这台机器指标较先进，功能和外围设备也较齐全。

无线电公司［美］制成全晶体管计算机RCA501　RCA501是最早的民用晶体管计算机，由美国无线电公司（RCA）研制成功，在纽约人身保险公司投入使用。由于采用晶体管逻辑元件及快速磁芯存储器，计算速度从每秒几千次提高到几十万次，主存储器的存储量从几千单元提高到10万单元以上。同年，IBM公司研制成全晶体管的电子计算机IBM 7090，1960年投产。

Sperry UNIVAC工程研究所［美］研制成利弗莫尔自动研究计算机（LARC）　LARC是在1959年至1960年间由美国费城的Sperry UNIVAC工程研究所研制成功的。LARC系统由两台装置组成：一台是I/O处理机；另一台是计算单元，是一台能作定点和浮点运算的并行计算机。如果需要，还可增加一台计算单元。系统采用二进制编码的十进制数制，加法4μs，乘法8μs。LARC有一个由I/O处理机与计算单元共享的高速磁芯存储器。存储器最多可以扩展到39个单元，相当于97500字。还有一个磁鼓文件存储器为后援系统，其中最多有24

个磁鼓,每个磁鼓能存储25万字。LARC比当时已有的计算机速度提高了好几倍,它也是最大的十进制计算机。

北京广播器材厂[中]制成1000千瓦中波广播发射机 该机由北京广播器材厂为主研制,国内79个单位协作。机器采用两部500千瓦机并机结构,于1959年国庆前夕试制成功,投放运行后效果良好,它是中国第一部自行设计制造、全部采用国产元器件的广播发射机。随后,又试制生产了由4部500千瓦并机的2000千瓦中波广播自动发射机。

北京采用PAL制开始彩色电视广播

1960年

国际信息处理联合会成立 国际信息处理联合会(IFIP)总部设在日内瓦,宗旨是推动信息科学和信息处理的研究、开发及其在科学和人类活动中的应用,普及和交流信息处理方面的情报,扩大信息处理方面的教育。此后每3年举行一次国际会议。

利克里德

利克里德[美]首次提出了"人机"关系的命题 麻省理工学院心理声学专家利克里德(Licklider, Joseph Carl Robnett 1915—1990)发表《人–计算机共生关系》(*Man-Computer Symbiosis*),认为不久的将来,人脑与电脑将紧密合为一体,以前所未有的全新方式来分析事件。首次提出了"人机"(Man-Computer)关系的命题。

巴克斯[美]提出巴克斯范式 20世纪50年代中期,美国计算机科学家巴克斯(Backus, John Warner 1924—2007)在IBM公司参加了FORTRAN语言的设计,此后,他又参加了ALGOL语言的设计工作。在1960年发表的ALGOL报告中,采用了他提出的描述ALGOL-60语言语法的表式法,被称作巴克斯范式(Backus Normal Form,BNF),这是描述计算机语言语法的符号集,它的逻

巴克斯

辑比较严谨，而且使用一维的字符串表示，后来被其他计算机语言所采用。

欧美计算机科学家在巴黎召开的会议上通过程序语言ALGOL 这个成果是基于1958年在苏黎世的会议上提出的方案，同COBOL语言一样，这个程序语言的大多数支持者来自欧洲。

洛尔［美］、克里斯滕森［美］等人研究成功气相外延生长晶体技术 1960年前制作晶体管时，是根据需要将晶体做得很纯，以后每一步都以控制的方式加进一些杂质。1960年6月，贝尔电话实验室的洛尔（Loor，H.H.）、克里斯滕森（Christensen，H.）、克莱莫克（Kleimock，J.J.）、特雷尔（Theurer，H.C.）研制成功一种新的晶体管制作方法，利用气相外延生长单晶，其杂质浓度是可控的。外延生长薄膜需要用单晶材

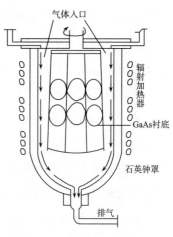

气体入口

辐射加热器

GaAs衬底

石英钟罩

排气

气相外延生长晶体装置

料做衬底，薄膜的某个结晶取向的晶格常数与单晶衬底（基片）的单晶衬底的晶格常数相匹配，以使衬底诱导薄膜的定向结晶，生长出一层符合要求且与衬底晶向相同的单晶层的方法。这是制造半导体器件的重要方法，在半导体工业中被广泛采用。

艾伦［英］、吉本斯［英］制成发光二极管（LED） 1955年科学界已经发现，当电流通过磷化镓（GaP）的整流接点时就会发光，并认识到与电发光相联系的电子跃迁依电流的方向不同而不同。在n型GaP上制作的合金或点接触结，在正向偏压的情况下发射的光，其光谱是在一个相当窄的带里面，而这个带的位置与GaP中的杂质有关。假如P-N结处于反向偏置，直到某一个电压之前电流都非常小。超过这个电压之后，电流迅速增加，这时发出橙色的光，并具有一个非常宽的光谱。基于这一原理，英国的艾伦（Allen，J.W.）、吉本斯（Gibbons，P.E.）制成发光二极管（LED）。

光电路公司［美］制造出多层印刷电路板 位于纽约的光电路公司（Photocircuits Corp）制造出多层印刷电路板，这是将许多层印刷电路板在加温加压的情况下压在一起制成的，用来取代以往计算机中所用的背面涂覆导

线的印刷电路板。多层电路板中不同层之间的连接，是通过Tuf-Plate金属化镀孔来完成的，一个典型的六层印刷电路板的每一夹层只有0.026英寸厚，而传统的单层电路板的厚度一般是0.062英寸。

美国研制数字集成电路　当时许多半导体制造商试图发明数字逻辑电路，仙童半导体公司和得克萨斯仪器公司在研制电阻-晶体管逻辑电路（RTL）方面投入很大的力量。1962年，西格尼蒂克斯公司研制出二极管-晶体管逻辑电路（DTL），1963年出现了晶体管-晶体管逻辑电路（TTL），1964年得克萨斯仪器公司推出5400系列晶体管-晶体管逻辑电路。

美国研制线性集成电路　20世纪60年代出现了线性集成电路，这是从运算放大器开始的，此后线性单片集成电路结构逐渐复杂，功能日趋增多。单片运算放大器是在这一时期由得克萨斯仪器公司和西屋公司制造的。其后，仙童公司制造了702型线性集成电路，其应用范围有限，但其发展导致709型线性集成电路的出现。709型线性集成电路将分立电路的设计转变成单片电路，成为后来线性集成电路设计的一种标准的方法。

纽厄尔［美］、西蒙［美］设计出通用问题求解器　美国卡内基-梅隆大学教授、人工智能符号主义学派的创始人纽厄尔（Newell，Allen 1927—1992）和西蒙（Simon，Herbert Alexander 1916—2001）把通用求解方法从所研究的具体工作类型的知识中分开，形成启发式程序，把具体工作知识收集在数据库中，该方法是提出原始目标和希望目标给求解器，求解器则将原始目标变换成希望目标。求解器的目标和操作符与状态空间表示的状态和算符相似，其基本原理为中间-结果分析和递归问题求解，中间结果分析找出现有状态与目标状态的差别，并进行分类，找出最重要的差别，寻找适当的操作符序列来减少这些差别，可能找

纽厄尔

西　蒙

出的操作符不适用于现有目标，如此操作下去，直到希望目标实现，这是应用目标差别来引导问题求解，可解11个类型问题。

美国制成最早的线性集成电路单片运算放大器　20世纪60年代初，得克萨斯仪器公司和西屋公司开始出售线性集成电路单片运算放大器，这种放大器因为与输入信号的响应通常是线性关系，故称线性集成电路。随后，仙童公司的威德勒（Widlar，Bob）和塔尔伯特（Talbot）研究出702型运算放大器，并在此基础上制成了709型运算放大器。威德勒在709型运算放大器的设计上尽量采用晶体管和二极管，除非必要才使用电阻与电容，必须使用大电阻的地方也设法用直流偏置的晶体管代替，还利用单片集成电路的固有能力来产生匹配电阻，并降低对电阻绝对值的要求。709型运算放大器的出现被认为是线性集成电路设计的突破。

国际商业机器公司［美］研制成固态UNIVAC80/90计算机　"固态"是指使用了"铁淬氧磁放大器"和晶体管。固态UNIVAC80/90是作为一个中型数据处理系统而设计的，该系统包括一个中央处理机、一个读卡穿孔机、一个每分钟读450个卡片的卡片输入机和一个每分钟600行的打印机。对于80行或90行的穿孔卡系统备有卡片设备。第一台这种计算机是1960年1月制成的。

控制数据公司［美］研制成CDC1604计算机　美国控制数据公司（Control Data Corp，CDC）研制的CDC1604是一种通用数据处理系统，1960年1月研制成功。整个系统包括100000个二极管和25000个晶体管。数字系统是二进制的，字长48位，有26个24位地址指令，每个指令包括6位运算码，三位变址和15位地址。内设间接寻址，并有6个变址移位寄存器。加法需要4.8～9.6微秒，乘法25.2～63.6微秒。输入输出设备包括纸带打字机、穿孔卡片、磁带和一个每分钟667～1000行的打印机。

西屋电气公司［美］建立计算机控制的炭电阻生产线　美国北卡罗来纳州的西屋电气公司建立的该生产线，可以生产四个系列和许多阻值的炭电阻，它不仅操作自动化，而且检测、装配、试验和在工作站之间的移动都有反馈环络联系，这是计算机控制的无人生产线的最早尝试。

第一个人造通信卫星ECHO发射成功　美国人造无源通信卫星ECHO（回声1号）于8月12日发射成功。利用卫星进行通信和传统的地面通信相比，具有通信容量大、覆盖面积广、通信距离远、可靠性高、灵活性好、成本低等优点。通信卫星一般采用地球静止轨道，相当于静止于与地面有一定距离的天空上的中继站。

第一颗通信卫星ECHO

梅曼［美］制成红宝石激光器 美国物理学家、休斯飞行器公司研究员梅曼（Maiman，Theodore Harold 1927—2007）受肖洛（Schawlow，Arthur 1921—1999）和汤斯（Townes，Charles Hard 1915—2015）在1958年发表的《红外与光激射器》一文的启示，从红宝石的弛豫时间和荧光强度两方面进行分析，认为红宝石可能是最合适的激光材料。1960年7月，他制成并运转了第一台红宝石激光器，其工作物为直径0.5厘米、长4厘米的红宝石，激励源是强的脉冲氙灯，谐振腔为法布里-珀罗干涉仪，获得了波长0.6943微米的红色脉冲激光。《自然》和《英国通信与电子学》刊登了梅曼的红宝石激光器成果。几个月之后，氦氖激光器也成功地运行，此后几百种不同材料的激光器被研制成功。

梅 曼

红宝石激光器

贾凡［美］等发明氦氖红外气体激光器 1960年12月，美国贝尔电话实验室的贾凡（Javan，Ali Mortimer 1926—）、贝内特（Bennett，William Ralph. Jr. 1930—2008）、赫里奥特（Herriott，Donald R. 1928—2007）制成

在红外线区域工作的氦氖激光器（Helium-neon gas laser），证明了激光具有相干性，并具有很好的方向性和高亮度的特点。此后，科学界对激光工作物质、激光性质、激光品种开始了大量研究。到20世纪80年代，研制出的激光器数以千计，其中实用的有几十种。

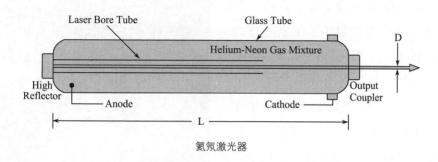

氦氖激光器

仙童半导体公司和得克萨斯仪器公司［美］设计电阻–晶体管逻辑电路（RTL）　电阻–晶体管逻辑电路（RTL），是早期研制的一种由晶体管和串接在晶体管基极上的电阻组成的，以实现"或非"逻辑操作的单元门电路。由于基极回路中有电阻存在，限制了电路的开关速度，抗干扰性能也差，使用时负载亦不能过多，只适用于低速线路。

国际商业机器公司［美］开始生产IBM7090机　IBM7090机是国际商业机器公司（IBM）将IBM709机加以晶体管化而推出的产品，该机采用了存取周期2.18微秒的快速磁芯、每台容量1兆字节的磁鼓和28兆字节的固定磁盘，还配有FORTRAN、COBOL高级程序设计语言，36位二进制加法速度为4.4微秒，科技运算有效速度比IBM709机快了50多倍。在此基础上，该公司又继续推出IBM7094I、IBM7094II、IBM7040、IBM7044等大型计算机，成为美国20世纪60年代中期科学计算机的主力，是第二代计算机的代表。

豪内维尔公司［美］制成Honegwell 800计算机　该机为通用数据处理系统，可以不用特殊指令同时运行八个不同程序。字长48位或12个十进制数字，有58个基本指令，运算以同步并行—串行—并行的方式完成，加法需24微秒，乘法162微秒，包括存取。整个系统用了3万个二极管和6000个晶体管，有8个变址寄存器，还有其他专用寄存器，可用3.2万字的磁芯存储器，还配有穿孔卡、纸带和每分钟900行的打印机，可连接64个磁带装置。

普利［英］制成n型亚毫米波光电子检测器　英国物理学家普利（Putley，Ernest Henry 1922—2009）研制的这种亚毫米波光电子检测器，是利用一个低温恒温器配以一个光导管，使试样响应0.1毫米和4.0毫米的辐射而发光，这样可以观察到光的电导。

数字设备公司［美］开始生产集成电路小型计算机　集成电路的出现促进了小型计算机的发展，1960年底美国数字设备公司（DEC）生产了第一台每秒300次的小型程序数据处理机PDP-1，以后又陆续生产出PDP-4、PDP-5、PDP-7等几种机型。1965年生产出PDP-8型机，字长12

PDP-1型计算机

位，因其体积小、售价低、功能强，大受用户欢迎，极大地推动了小型机的发展。

美国发射成功第一颗装有转发器的有源通信卫星　由美国劳拉公司研制的这颗卫星称为"信使"1B（Courier-1B），重227千克，安装了太阳能电池。1960年10月4日，它由"雷神–阿贝"运载火箭发射，进入一条近地点806.6千米、远地点1059.4千米的轨道上。这是一种延时通信卫星，先把地面发来的无线电信号记录下来，然后再按指令转发回地面。它在试验时成功地转发了一封美国总统艾森豪威尔（Eisenhower，Dwight David 1890—1969）致联合国的信。

1961年

约瑟夫森［英］提出超导体的隧道效应　英国物理学家约瑟夫森（Josephson，Brian David 1940—）从理论上预言了超导电子从一个超导体穿过一层极薄的绝缘体，进入另一超导体的隧道贯穿现象，被称为约瑟夫森效应。根据该效应可以用一层很薄的绝缘体连接两块超导体，制成约瑟夫森隧

约瑟夫森

道结。它灵敏度高、噪声低、损耗小，具有广泛的用途。

里德利等人［英］提出电子转移概念和机理 英国埃塞克斯（Essex）大学物理学教授里德利（Ridley，B.K.）、沃特金斯（Watkins，T.B.）、伊尔桑（Hilsum，C.）指出，在半导体导带中存在"多能谷"，当外加电场增加到一定值时，电子能足够快地从低有效质量的主能谷转移到高有效质量的子能谷，电子速度V与外电场E的关系将出现dV/dE<0。他们预言在GaAs、GaSb等半导体中具有"电子转移效应"所必需的能带结构。根据"电子转移"效应制作的器件，称作转移电子器件或体效应器件。

纳尔逊［美］开发出液相外延生长晶体工艺（LPE） 美国的纳尔逊（Nelson，H.）开发出一种从液态外延生长砷化镓（GaAs）和锗（Ge）的设备和工艺，这种技术具有超过气相外延的优点，在要求高掺杂外延薄层和在衬底薄膜表面生长高质量的P-N结等方面得到应用。液相外延工艺的机理是在外延生长前衬底的化学杂质和机械损伤就会消失，这样就可以得到交界面很清洁的P-N结。液相外延对于获得高掺杂和突变的P-N结方面非常方便，用这种工艺来做锗隧道二极管非常合适。液相外延用于砷化镓激光器制造时，P-N结的交界面的晶面是完美的平面，保证了二极管从已经由液相外延形成的P-N结片的晶向解理出来，从而获得平行的两个端面垂直的P-N结。该工艺能得到交界面很清洁的P-N结，由于它可以很容易获得高掺杂和突变的P-N结，非常适合制作隧道二极管。

麦克隆［美］、海尔沃斯［美］在激光器中运用Q突变技术获得成功 美国的麦克隆（McClung，F.J.）和海尔沃斯（Hellwarth，R.W.）在谐振腔中加入克尔盒，利用Q突变技术，使激光器的输出功率成倍增长。Q突变技术又称激光调Q技术，是将激光能量压缩到宽度极窄的脉冲中，从而使激光光源的峰值功率提高几个数量级。激光调Q技术的基础是一种特殊的光学元件——快速腔内光开关，一般称为激光调Q开关或简称为Q开关。激光调Q技术的目的是压缩脉冲宽度，提高峰值功率。

利思［美］、厄帕特尼克斯［美］研究成功激光全息术 美国密执安大学雷达实验室的利思（Leith，Emmett Norman 1927—2005）、厄帕特尼克斯（Upatnieks，Juris 1936—）利用激光作光源，用光分裂器把一束激光分裂成两束，其中一束直接照射到胶片上，另一束由被拍摄物体和背景反射到胶片上，两束光叠合形成全息干涉图形。这是第一张实用的全息照片，在用原波长的光照射时，就可以再现被拍摄物的整个形象。激光全息术（Holography）是一种能同时记录从物体来的光波振幅（即光强）和光波相位，从而能同时反映物体纵深状况的一种新的照相技术，记录的是高度逼真的三维立体全息像。普通照相只记录来自物体的光波强度，因而没有立体感。基于激光全息术发展的无损检测技术、激光照相显微术、全息照相存储技术等，在工业生产和科学研究中已有重要应用。

沃格尔［瑞］发明电子钟　瑞士的沃格尔（Vogel, Paul）发明的电子钟，有一个以一定频率提供电脉冲的振荡器，还有一个由振荡器控制的分频装置和计数装置，可以提供频率为每小时n周的信号（这里n是60的整数倍的因子），还可以提供一个频率为每分钟一周的信号。电子钟还包括一个由分频装置控制的电子开关，按照计数装置的状态提供相应于小时和分的信号。这些信号传递到一个由分频矩阵控制的显示装置。

斯尼泽［美］制成钕离子激光器　1960年第一台红宝石激光器问世后，人们开始对激光器工作物质进行普查。其重要成果是钕离子（它能非常有效地掺入晶体和玻璃中）作为激光质的发现。1961年，斯尼泽（Snitzer, Elias 1925—2012）用它制成了一种大功率脉冲器件——钕离子激光器。美国韦弗特克公司制成101型固体函数发生器。

国际商业机器公司［美］研制成STRETCH计算机（IBM7030）　STRETCH计算机是国际商业机器公司（IBM）研制的著名大型机，浮点运算要求达到每秒百万次，为此采用了高速晶体管，研制成延迟最快的电流开关电路和字长72位、存取周期2.1微秒、容量16384字的磁心内存储器，以及大容量高速磁盘等。STRETCH采用了先行控制技术和三级具有多道程序性质的并行操作。即在执行一

IBM7030

条指令的过程中部件分对工作，一道程序的连续几条指令的准备与执行并行完成，可以并行执行几道独立的程序。STRETCH体现了1960年前所有已知的提高计算机性能的先进技术。

宝来公司［美］推出B5000型计算机　B5000型计算机被认为是非冯·诺伊曼计算机的鼻祖。历来的计算机都是指令控制数据，而B5000则是数据驱动指令。这种工作方式叫作巴顿式体系结构，它是宝来计算机的基础，对新一代计算机具有启蒙作用。

贝尔电话实验室［美］用计算机辅助设计计算机　美国贝尔电话实验室成功地用一台计算机设计出另一台计算机，新设计的计算机预定用于英国陆军的奈克–宙斯反弹道导弹系统。

欧洲最快的计算机ATLAS安装完成　ATLAS计算机每秒可做100万次加法运算，安装于英国原子能科学研究中心，用于辅助原子能研究和天气预报工作。

日本电气公司推出初级办公室计算机NEAC1201　办公室计算机是这一时期出现的一种专门用于处理办公事务的小型计算机。NEAC1201是日本开发的最早的初级办公室计算机，拥有相当多的用户。

长春光学精密机械研究所［中］制成中国首台红宝石激光器　中国科学院长春光学精密机械研究所研制成中国首台红宝石激光器。这台激光器采用球形照明器作为激发光源并首次采用了外腔结构，性能优越。

塞尔瓦尼亚公司［美］研制成晶体管–晶体管逻辑（TTL）双极电路　20世纪60年代初，美国仙童半导体公司、太平洋半导体公司、西格尼蒂克斯公司、塞尔瓦尼亚公司都开展了对TTL电路（输入级和输出级全采用晶体管的单元门电路）的研究，1961年塞尔瓦尼亚公司率先取得了进展。第一批TTL电路虽然速度快，但抗干扰性差。1963年又研制出一种改进的TTL电路，称塞尔瓦尼亚通用高级逻辑（SUHL）电路，在休斯飞机公司研制的"不死鸟"导弹上首次实际应用。

1962年

艾弗森［美］提出APL语言　APL语言（Array Processing Language）是

肯尼斯·艾弗森（Iverson，Kenneth E. 1920—2004）在哈佛大学任课时开发的一种语言，用来表达解题的过程，是一个面向过程的语言。APL具有很强的功能，具有一些在其他语言中要求几十个语句才能完成的简明运算符，可以用作简洁地描述复杂信息处理的符记法。

得克萨斯仪器公司［美］提出扁平封装工艺 随着20世纪60年代初期集成电路的出现，发现晶体管的封装缺乏足够的散热和合适的互联，为了热耗散和提供一种标准的封装尺寸，美国得克萨斯仪器公司（TI）发明了扁平封装工艺。尺寸是1/4英寸×1/8英寸，开始时有十条引线。

仙童半导体公司［美］制成MOS场效应晶体管 美国仙童半导体公司利用其开发的平面工艺，研制出金属–氧化物–半导体（MOS）晶体管。MOS晶体管结构简单，制造工艺简便，适应了制作集成电路的要求，被广泛用于大规模集成电路中。

MOS场效应晶体管

霍尔等人［美］研制半导体激光器 美国的霍尔（Hall，Robert N. 1919—）、金斯利（Kingsley，J.D.）、芬纳（Fenner，C.E. 1914—）、索尔梯斯（Soltys，T.J.）、卡尔森（Carlson，R.O.）研制的半导体激光器，从正向偏置的GaAs P-N结观察到相干红外辐射。他们发射非常锐利的定向光辐射图形和阈值电流（超过这个电流射束就突然增强）进行观察，发现超过阈值之后这种射束的光谱分布显著变窄。受激发射是导带和价带中波数相等的能态之间过渡的结果。

霍隆亚克

霍隆亚克［美］发明镓砷磷发光二极管（LED）和可见光谱内的半导体激光器 伊利诺斯大学的霍隆亚克（Holonyak，N. 1928—）在美国通用电气公司（GE）半导体实验室，发明了镓砷磷发光二极管和工作在可见光谱内的半导体激光器。

西格尼蒂克斯公司［美］研制出二极管–晶体管逻辑电路（DTL） 美国西格尼蒂克斯公司研制的二极管–晶体管逻辑电路（DTL），是一种输入端用二极管实现"与"逻辑，输出端用晶体管实现"非"逻辑，采用二极管电平位移的单元门电路。由于设计人员有丰富的分立元件逻辑电路经验，能熟练地运用逻辑形式，为研制DTL电路提供了有利条件。DTL属于早期的低速集成电路产品，但其线路简单，抗干扰性强，问世后受到仙童公司的重视，并在两年后设计出比西格尼蒂克斯公司产品性能更优良的DTL930系列。

摩托罗拉公司［美］、得克萨斯仪器公司［美］研制成发射极—耦合逻辑电路（ECL）　摩托罗拉公司开始生产摩托罗拉发射极–耦合I型电路（MECL I），随后又研制出一些更快的改进型电路。与此同时，得克萨斯仪器公司（TI）研制出ECL电路。ECL是以多个晶体管的发射极相互耦合加上发射极跟随器组成的电路，速度较快，但是电路功耗大，不过功耗比MECL I还是低得多。

美国研制出尤尼梅特和沃莎特兰工业机器人　美国Unimation公司研制出第一台实用的工业机器人尤尼梅特（Unimate），原意为万能自动。它用磁鼓作存储器，液压驱动，手臂和手腕具有5个自由度（水平旋转、上下俯仰、水平伸缩、手腕摆动和转动），采用极坐标形式。同年，美国机床铸造公司（AMF）也研制出一种工业机器人沃莎特兰（Wosuotelan），原意灵活搬运。它的手臂可水平旋转，垂直和水平移动，手腕也能摆动、转动，特别适宜于搬运重物，也是液压驱动，采用圆柱坐标形式。这两种机器人为示教装置，具有记忆能力和初级判断能力，有一定的通用性，适合在多种环境下工作，后称为第一代机器人。1978年，Unimation公司制成实用的机器人PUMA，这些机器人更像是机械手，开始在许多行业中采用。

机器人Unimate（1962）

机器人Wosuotelan（1962）

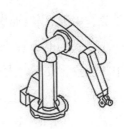

工业机器人PUMA（1978）

帝国化学公司［英］、孟山都公司［美］采用直接数字控制（DDC） DDC是一种利用计算机分时处理功能，直接对各个控制回路实现多种形式控制的多功能数字控制系统，英国的帝国化学公司（ICI）在纯碱厂、美国的孟山都公司（Monsanto Company）在乙烯装置上最先进行DDC试验并获成功，实现了过程计算机在线应用。

美国研制出第一套用于一般工业生产的自动编程工具（ATP） ATP语言类似一种高级语言，使用时不仅要依据其文法根据工件形状编制工件程序，还要描述刀具运动的轨迹。即工件的切削过程事先要由编程者确定，最后由该语言的编译系统编辑形成。

英国制成ATLAS计算机 该机由曼彻斯特大学设计，与Ferranti协作制成，共制成3台，1962年第1台安装于曼彻斯特大学。ATLAS计算机成功地引进了多道程序技术、一级存储和分页等新概念。它采用复合存储器，既有磁芯也有磁鼓，由程序连接，给用户提供一级存储器。有一个分页系统，还有一道学习程序，可以控制页面的切换，这道程序也叫交换算法。另有一个网状铁氧体梳式存储器，可存放8000字的管理程序。标准字长48位，可编220个地址，有128个变址寄存器，执行指令时间一般为0.5ms。

霍耳［美］等人制成砷化镓半导体激光器 1962年9月，美国通用电气公司（GE）的霍尔（Hall，Robert N. 1919—）等人宣布制成了砷化镓激光器，其输出波长约为0.9微米，但其方向性、单色性均较差，连续工作必须低温冷却，因而没有实用价值。

美国发射第一颗试验通信卫星 第一颗试验通信卫星Telstar Ⅰ（电星1号）于1962年7月10日发射成功，轨道高度为952千米～5632千米，卫星重77千克，由镍-镉电池供电，用3600片太阳电池充电，它包含了1064个晶体管和一个唯一的电子管（信号放大用的行波管）。卫星上装有简单的无线电通信中继装置，在横跨大西洋上空时成功地传递了高清晰度的电视图像。"电星1号"有可能在轨道上保持200年左右，它的成功为世界上第一个商业通信卫星"晨鸟"（Early Bird）的发射铺平了道路。两个星期后，欧美间第一次实现了横跨大西洋卫星直接通信。尔后的一年多时间里，美国又发射了两颗低轨道通信卫星"电星2号"。

试验通信卫星

电星I号

1963年

美国开通按键式电话业务 美国电话电报公司（AT&T）在1963年11月正式开通按键式电话业务。按键式电话是转盘式电话的改进版，主要由叉簧、振铃电路、极性保护电路、拨号电路、通话电路组成。1968年又在键盘上增加了"*"键和"#"键。20世纪80年代后，随着以电话线为基础发展起来的"窄带综合业务数字网"（N-ISDN）的完善，数字电话成为新一代电话系统，可以在普通电话线上提供语音、数据、图像传输等业务，把电话、传真、可视电话、会议电视等综合在一个网内实现。同时，固定式电话与无线通信技术相结合，出现了无绳电话。

按键式电话机

无绳电话机

国际商业机器公司［美］开发PL/I程序设计语言 PL/I程序设计语言是美国国际商业机器公司（IBM）为IBM360系列设计，1965年发表的，试图作为Fortran语言、ALGOL语言、Cobol语言三种语言的综合的通用性语言。由于语言庞大，不易在小型机上实现，通常是选取它的一个子集。

美国发展在蓝宝石上生长硅技术 在绝缘衬底上，特别是在蓝宝石上生产硅的技术，是伴随MOS技术的发展而出现的。它包括在绝缘体上生长硅薄膜（ESFI）、在蓝宝石上生长硅（SOS）、在尖晶石上生长硅（SOSL）等。用这种技术制造的器件，可以获得某些优良性能。如SOS器件可以达到最大的带宽与频率响应、非常高的速度、最小的速度功耗乘积等。

蓝宝石上生长硅

萨瑟兰［美］开发成计算机辅助设计用的画板 计算机辅助设计（Computer Aided Desig，CAD）源于20世纪60年代美国麻省理工学院提出的交互式图形学的研究计划。1963年，麻省理工学院的萨瑟兰（Sutherland，Ivan Edward 1938—）博士开发成专门用于计算机辅助设计的画板（Sketchpad）系统，它是有史以来第一个交互式绘图系统，也是交互式电脑绘图的开端。这种画板是一个图形化的用户界面，设计者可以用光笔在阴极射线管屏幕上绘制图案，以图形方式和计算机交互。萨瑟兰被誉为计算机图形学之父，十多年后科学家在此基础上相继开发了CAD和CAM。20世纪70年代美国的通用电气（GE）、麦道（MD）公司以及法国达索公司（Dassaul），所开发的CAD软件功能强大，但价格昂贵，主要应用在军事工业。到了80年代，美国电脑软件公司（Autodesk）开发的CAD软件虽然功能有限，但因其可免费拷贝而得以广泛应用。由于该系统的开放性，CAD软件得以迅速升级。

萨瑟兰

萨瑟兰的计算机画板

剑桥大学［英］利用计算机进行作品鉴定　在英国几位神学家的协助下，剑桥大学利用"水星"计算机对圣保罗书信的作者问题进行了分析鉴定。计算机利用已知信息对书写风格进行了比较，计算了使用某些词汇和短语的频度，最后得出结论，认为《新约全书》有关的15节中，圣保罗只写了其中的4节，这在神学领域引起了激烈的争论。

耿恩［美］证实电子转移效应研制成耿氏二极管振荡器　美国物理学家耿恩（Gunn，J.B. 1928—2008）在研究半导体GaAs的高电场特性时，观察到电流-电压特性的不规则微波振荡现象，其频率高达几千兆赫。经精密实验，证实了这种现象即电子转移效应。因此，电子转移效应又被称为耿氏效应（Gunn effect）。1963年，耿恩研制成耿氏二极管振荡器。

联邦德国发展彩色电视PAL制　PAL是相位逐行交变的英文缩写，它是1963年联邦德国为降低NTSC制的相位敏感性而研究发展的彩色电视制式，1967年正式播出。中国、英国等国也采用此种制式。PAL由德国的布鲁赫（Bruch，Walter 1908—1990）提出，当时他为德律风根（Telefunken）工作。PAL有时亦被用来指625线、每秒25格、隔行扫描、PAL色彩编码的电视制式。PAL制式中根据不同的参数细节，又可以进一步划分为G、I、D等制式，其中PAL-D制是中国大陆采用的制式。PAL和NTSC这两种制式是不能互相兼容的，如果在PAL制式的电视上播放NTSC的影像，画面将变成黑白，反之在NTSC制式电视上播放PAL也是一样。

布鲁赫

美国第一个多用户分时计算机系统MAC投入运行　随着计算机技术包括终端设备和远程终端设备的发展，与通信技术结合出现了用户自动分时系统，其实质就是远距离的多道程序并行工作。第一个投入运行的用户分时系统是1963年麻省理工学院计算机系设计的MAC系统，它可以同时和30个用户联系，分布在学院的一些实验室和其他工作场所以及少数私人家中。分时系统的出现使许多用户能共同使用1台大型计算机，并能分享各用户存储的信息资源，这就大大提高了计算机的使用效益，为建立计算机网络打下了基础。

飞利浦公司［荷］研制出盒式录音带　荷兰飞利浦公司（Philips）研制的这种盒式录音带使磁带录音变得十分方便、快捷，促进了录音技术的新变革，为磁带录音的进一步普及开辟了道路。

长春光学精密机械研究所［中］制成中国首台钕玻璃激光器　中国长春光学精密机械研究所在对光学玻璃研究中，找到了硅酸盐基质材料和适当的掺杂浓度，成功地研制出激光玻璃材料，1963年5月制成了中国第一台钕玻璃激光器。

中国科学院半导体研究所制成首台半导体激光器　1963年12月，中国科学院半导体研究所研制成功首台半导体激光器，其工作物质是用扩散法制成的砷化镓P-N结，尺寸为0.15毫米×0.2毫米×0.8毫米，谐振腔的两个反射面是其解理面，电源的脉冲宽度为2微秒矩形，工作温度77°K。

中国开始批量生产121晶体管计算机　1963年10月，中国国家科委决定研制X-1、X-2、X-3三种晶体管计算机，研制任务分别由武汉计算技术研究所、华东计算技术研究所、北京有线电厂和西北计算技术研究所承担。后来，北京无线电厂又设计了一种指标略高于X-2的新机型，定名121机，其字长42位，速度每秒3万次，内存容量8192字（可扩充到16384字），配有两台立式G3磁鼓及磁带机、5～8位光电输入机和快速行式打印机等。1965年121机通过鉴定后由830厂生产，是中国最早进行批量生产的晶体管计算机。

1964年

美国发射辛康3号通信卫星　1963年2月14日，美国宇航局发射第一颗试验同步通信卫星辛康1号（Syncom-1），由于卫星上的无线电设备失灵而未获成功。同年7月26日，发射的辛康2号通信卫星成功地进入地球同步轨道，但是它的轨道平面与地球赤道平面之间的夹角28度，没有成为静止通信卫星。1964年8月19日，美国从卡纳维纳尔角航天发射场将辛康3号卫星直接送入倾角为零度的地球静止轨道，定点在东经180度

辛康号通信卫星

的赤道上空，成为世界上第一颗静止通信卫星，利用这颗卫星转播了东京奥运会的实况。辛康3号装有收发报装置、传感器、指令接受与数据传输天线等通信设备以及硅太阳能电池、控制系统和温度调节装置与保持卫星正常运行的装置。

国际通信卫星组织成立　国际通信卫星组织英文全称为International Telecommunications Satellite Organization，简称INTELSAT。1964年7月，美、英、法、日等11个国家的代表在华盛顿集会，协商制定了关于建立全球性商业通信卫星系统的《临时协定》和《特别协定》。1964年8月20日，美国、加拿大、法国、联邦德国、日本等14个国家联合组成临时性的国际通信卫星组织。1971年7月，加入和签署这两个协定的70多个国家的代表在华盛顿集会，重新审议修改上述两个协定，分别定名为《国际通信卫星组织协定》和《国际通信卫星组织业务协定》。1973年2月，这两个协定通过后，成为常设组织，总部设在美国华盛顿。中国于1977年加入该组织，至1996年共有成员128个。1965年6月28日，国际通信卫星组织发射了第一颗国际通信卫星"晨鸟"1号。当年这颗卫星投入商业使用，实现240路电话商业服务。此后30多年，国际通信卫星组织先后发射了国际通信卫星50多颗。每一个新型号通信能力和寿命都有大幅度提高。国际通信卫星7号已于1992年发射成功，1993年投入使用。新一代国际通信卫星8号也发射了第一颗。

凯梅尼［美］、库尔茨［美］设计BASIC语言　BASIC是属于高阶程式语言的一种，英文全称是Beginner's All-Purpose Symbolic Instruction Code，简称BASIC，是适用于初学者的多功能符号指令码。BASIC语言，是美国新罕布什尔州汉诺威的达特茅斯学院（Dartmouth College）的凯梅尼（Kemeny, John G. 1926—1996）与库尔茨（Kurtz, Thomas E. 1928—）教授设计的。BASIC语言简单易学，几乎所有小型、微型家用以及部分大型电脑都可以按该语言撰写程式。在微电脑方面，因为BASIC语言可以配合微电脑操作功能的充分发挥，使得BASIC成为微电脑的主要语言之一。

罗杰斯［美］发明双列直插式封装（DIP）　美国的罗杰斯（Rogers, B.）在仙童半导体公司发明了采用双列直插形式封装的集成电路芯片（Dual In-line Package，DIP），早期封装有14条引线，与现代形式十分相似。引脚

从封装两侧引出，封装材料有塑料和陶瓷
两种。DIP封装的结构形式多种多样，包
括多层陶瓷双列直插式DIP、单层陶瓷双
列直插式DIP、引线框架式DIP等。DIP是
最普及的插装型封装，应用范围包括标准
逻辑IC、存储器LSI、微机电路等。引脚

双列直插形式封装的集成电路芯片

中心距2.54mm，引脚数从6到64。封装宽度通常为15.2mm。绝大多数中小规
模集成电路芯片封装基本采用这种封装形式。

莱浦塞尔特［美］发明梁式引线工艺　美国贝尔电话实验室的莱浦塞尔
特（Lepselter，Martin）发明了作为集成电路与外壳之间的机械和电气连接的
梁式引线工艺。

约翰斯顿［美］、德·劳赫［美］发明崩越二极管（IMPATT）　1958
年，贝尔实验室的里德（Ryder，W.T.）提出雪崩二极管，这种二极管有
显著的输运时间延迟和负阻特性。1964年，贝尔电话实验室的约翰斯顿
（Johnston，R.L.）和德·劳赫（De Loach，B.C.）发明了IMPATT（Impact
avalanche transit time，碰撞雪崩渡越时间）二极管，即崩越二极管。IMPATT
二极管是一种加上直流电压就能直接产生微波的半导体器件，可靠性高，成
本低，在微波系统的设计中广为应用。

无线电公司［美］研制出覆盖式晶体管　覆盖式晶体管是美国无线电公
司（RCA）按照与新泽西州茅蒙斯陆军电子指挥部签订的合同研制的，用在
军用发射设备上替代真空管输出级。第一个商品覆盖式晶体管2N3375，在100
兆赫下输出10瓦的功率，在400兆赫下输出4瓦。当时，与其相似的梳状结构
晶体管在100兆赫下输出5瓦，400
兆赫下输出0.5瓦。

**帕特尔［美］制成放电激
励CO_2激光器**　美国的帕特尔
（Patel，Kumar 1938—）制成的
CO_2激光器，输出光为红光，波长
为10.6微米。CO_2激光器由于输出

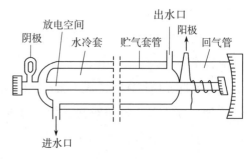

放电激励CO_2激光器

功率大而获得迅速发展，成为分子气体激光器的代表。

范·尤特［美］制成钇铝石榴石激光器　美国的范·尤特（Van Uitert，L.G.）制成的钇铝石榴石激光器，是一种固体激光器，它可以在常温下工作并有较大功率，其连续输出功率超过一千瓦，能以高重复率方式运转，重复率可达每秒几千次，每次输出功率在几千瓦以上。

布里奇斯［美］研制成氩离子激光器　布里奇斯（Bridges，William B. 1934—）研制的氩离子激光器，输出绿光，有8条光谱线，连续输出功率在1瓦以上，适用于水下测距、雷达和通信。

国际商业机器公司［美］开发出CAD系统　美国国际商业机器公司（IBM）开发的计算机辅助设计（Computer Aided Design，CAD）是指运用计算机软件制作并模拟实物设计，展现新开发商品的外形、结构、色彩、质感等特色的过程。随着技术的进步，计算机辅助设计不仅适用于工业，还被广泛运用于平面印刷出版等诸多领域。它同时涉及软件和专用的硬件。

美国建成"海军导航卫星系统"　这是一种近地轨道、多普勒卫星导航系统，又称子午仪导航系统。有4～6颗卫星，轨道均匀配置，平均高度为1100千米，绕地球一周约107分钟。6颗卫星轨道均匀配置时，在赤道地区每隔40～60分钟，在两极地区每隔20分钟可观测一次。该系统能提供约0.25海里（双频道）

海军导航卫星系统

和0.5海里（单频道）的定位准确度。该系统于1964年建成后，1967年开放供民用。

IBM360

国际商业机器公司［美］开始生产IBM360系列计算机　IBM360机的主要设计人是阿姆达尔（Amdahl，Gene Myron 1922—）。该机采用叫作"固体逻辑技术"的混合集成电路，它先用薄膜技术做成电阻和连线，用半导体技术制作三极管和二极管，然后把它们连接在陶瓷衬底上构成电路。IBM360系统是在同一系统结构方案上程序兼容的通用系列机，具有系列化、标准化、通用化的特点，系列大小配套，有多种外围设备和丰富的软件，性能价格比高，是第三代计算机即集成电路计算机的代表。研制费用高达50亿美元，是研制第一颗原子弹的曼哈顿工程的2.5倍。它兼顾了科学计算和事务管理两方面的应用，适用于各用户。它的出现是计算机系列化设计和计算机工业发展的一个里程碑。

克雷［美］主持研制向量机CDC6600　由美国计算机科学家克雷（Cray，Seymour Roger 1925—1996）主持研制的向量机CDC6600，速度每秒300万次，主存容量13万字，1964年8月在控制数据公司（CDC）建成。它采用了向量处理技术和流水线结构，在执行一条指令时可以同时计算多个数字，一次可以算出一组结果。同时它还采用了多机处理的"分布计算"体制，即把处理功能分散于主机和多台副机（外围机），并使系

克雷

统的各个组成部分在大范围内并行工作。这些创新对后来计算机的发展有较大影响。

美国运用计算机辅助拍摄电影　这种做法是利用IBM7090数字计算机预测出假想卫星的运动状态，将其转录到磁记录装置上，并把它从数字转换成图像，然后由动态物体摄影机拍摄成影片。这样就可以通过计算机辅助拍摄电影，观看到卫星运行的情况。

美国OCTOPUS网络投入运行　OCTOPUS网络由劳伦茨放射试验室于1960年创始，1964年开始运行。它的终端用户能使用所有的主机，并允许每台计算机都能访问一个集中的大型数据库，是早期最实用的计算机互联网络。

美国制成OPDAR激光雷达　OPDAR激光雷达由美国空军司令部电子系统部与珀金–埃尔默公司联合研制，为连续波He-Ne激光器，波长6328埃，输出功率100毫瓦，作用距离30米～30千米，距离精度3～30厘米，加速度精度0.003～0.03米/秒^2，角精度±0.92秒。1964年安装于大西洋导弹靶场，用于导弹发射初始段测量，是美国安装在靶场的第一部激光雷达。激光雷达体积

小、精度高，后来广泛用在汽车等交通工具方面。

博士公司［美］创立 美国博士公司（Bose）是由美国麻省理工学院电子工程学博斯（Bose，Amar G. 1930—2013）教授创立，是世界著名的音响设备研究和生产商。博斯在20世纪50年代进行了心理声学研究，通过对人类感觉还原的声音与电子仪器声音之间的关系的研究，发展了新的音频技术。

中国研制成第一台晶体管计算机441-B 1962年3月5日，哈尔滨军事工程学院（哈军工）海军工程系成立441-B全晶体管计算机设计组，408教研室讲师刘德祯任设计组组长，见习助教康鹏为副组长，慈云桂主持设计。1964年11月，经过332个小时25分连续考核，441-B整机在没有一点

中国第一台晶体管计算机441-B

差错的情况下宣告研制成功。1965年4月26日，441-B机通过国防科委鉴定，研制小组荣立集体一等功。

441-B晶体管通用数字计算机经验交流会与会者合影（1965.4.25）

1965年

萨瑟兰［美］发表论文《终极显示》 计算机图形学奠基者、美国麻省理工学院的萨瑟兰（Sutherland，Ivan Edward 1938—）发表论文《终极显示》，在该论文中他提出假设：观察者不是通过计算机屏幕观看计算机产生

的虚拟世界，而是产生一种可以使观察者直接处于能够与虚拟世界互动的环境。这一假设对后来虚拟世界（又译虚拟现实、虚拟技术virtual reality，VR）的产生有重要作用。

美国的TUCC网投入运行　TUCC网由北卡罗来纳州三所大学合作开发，该计算机互联网为各大学提供了足够的计算能力，促进了系统、程序的交流与合作，并为本州学校和研究机构提供计算服务。

欧洲建立BEACON网　BEACON网是欧洲第一个实时网络系统。最初它是一个订票系统，从1969年到1971年，又扩充了乘船旅客认付和负荷控制（PALC）、船货认付和负荷控制（CALC）、飞行资料及操作控制（FICO）等功能，成为一个多用途网络。

扎德［美］提出模糊集合概念　美国加利福尼亚大学控制论学者扎德（Zadeh，Lotfali Askar 1921—）教授，1965年在《信息与控制》第8期上发表论文《模糊集》，引起控制论专家和数学家的重视。他指出，人类思维的一个重要特点是按模糊

扎　德

集（边界不明显的类集）的概念来归纳信息，1968—1973年他又提出语言变量、模糊条件语句和模糊算法等概念与方法，从而使这些规则可以在计算机上实现。他用语言变量代替数值变量来描述大系统的行为，由此找到了一种处理不确定性的方法，并给出了一种较好的人类推理模式和提供了一种分析复杂系统的新方法。

河北半导体研究所［中］制成中国第一块集成电路　河北半导体研究所研制成DTL门电路，是中国定型的第一块集成电路。同年，上海元件五厂与中国科学院上海冶金研究所合作，也制成了P-N结隔离的DTL门电路。

美国数字设备公司［美］研发成功使用集成电路的计算机　由美国的奥尔森（Olsen，Kenneth Harry 1926—2011）与安德森（Anderson，Harlan 1929—）于1957年创办的美国数字设备公司（Digital Equipment Corporation，DEC），自1959年开始推出全晶体管计算机PDP系列后，于1965年3月研制成功小型集成电路计算机PDP-8。该机性能优良，长61厘米、

宽48厘米、高26厘米，适合置于办公桌上，售价1.85万美元，价格远低于其他公司的同类产品，得到市场好评，该机生产了10万多台。此后小型机迅速发展，许多计算机公司开始研制生产小型集成电路计算机，计算机开始进入普及阶段。价格的下降、性能的提高，主要是由于集成电路的引入，如MSI（中规模集成电路）和LSI（大规模集成电路）逻辑，使计算机的体积不断变小，同时还提高了性能。早期只

集成电路计算机PDP-8

有非常少的软件和外围设备，后来外加了磁盘和磁带等，使计算机的运算系统能使用高级语言运行。

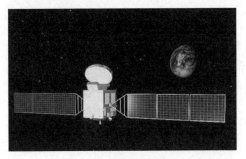

国际通信卫星1号

国际通信卫星（Intelsat I）发射成功　Intelsat I卫星原名"晨鸟"，后改为国际通信卫星，由美国通信卫星公司开发，1965年开始投入运转。它的位置是在与地球保持相对静止的赤道上，也就是高度为22400英里，在西经30°的位置上。卫星高0.6米，直径0.72米，重量为39千克。可中继120条话路或一条电视频道。地面站使用了新型的直径85～100英尺抛物面天线、带有低温冷却的低噪声放大器，在接收方面取得了很大的成功。

苏联发射第一颗国内通信卫星Molniya　Molniya（闪电）卫星基于圆柱形的KAUR-2卫星主体设计，外形像风车，有一个圆形顶端和六个太阳能电池阵列，能够提供1.2千瓦的电力。该卫星第一次成功发射是在1965年4月23日，能够转播电视节目，并且能实现电话、电报双向通信。它还装有一个专门供军方/政府使用的转发器。Molniya 1T是专门为军事通信服务的。Molniya 1和Molniya 3卫星被安置在8个轨道面上，星与星之间间隔45°，设计寿命3年。首次于2001年7月20日发射Molniya 3K系列卫星，在2005年7月的一次发射失

败后，Molniya3K系列卫星宣布停产。与美国发射同步通信卫星的方式不同，苏联的实用通信卫星长期采用大椭圆轨道，近地点在南半球，高约500千米，远地点在北半球，高约40000千米，运行周期12小时，一天大部分时间在北半球。利用三颗间隔

通信卫星Molniya

布置的卫星即可实现昼夜通信。Molniya系列卫星共发射了近百颗，20世纪80年代后期仍在使用。

国际商业机器公司【美】商用用户分时计算机系统QUICKTRAN投入运行　QUICKTRAN是国际商用机器公司（IBM）利用它在纽约计算中心的IBM7040/7044机研制的，可连接40个用户，是这一时期投入运行的第一批商用用户分时系统。

日本研制出小型晶体管彩色电视机　这种电视机的屏幕为7.5英寸（19厘米），机壳高10英寸（25厘米），因为采用晶体管电路，耗电量只有当时一般电视机的10%。

1966年

高锟［英］、霍克哈姆［英］提出用光导纤维传递信息　1964年8月，

高锟

在英国科学进展协会的一次讲演中，有人建议在电话网络中采用光和玻璃纤维来代替电流和电线。1966年，英国标准电信研究所的英籍华人高锟（Kao，K.C. 1933—）和霍克哈姆（Hockham，George A.）发表论文《光频率介质纤维表面波导》，该论文提出远距离大容量信息传输的介质纤维必须具备的结构和材料特性，证明在高纯度光纤中激光可以传输几百千米，奠定了光纤通信的理论基础。1970年，美

国康宁公司研制出石英纤维，美国贝尔实验室研制成在室温下可以连续震荡的激光器，由此开创了光纤通信时代。当时的光导纤维的衰减大约是1000分贝/千米，带宽比较窄，纤维束也脆。此后，光导纤维的衰减达到2分贝/千米，1千米长直径100微米的光纤的带宽一千兆赫，光纤覆裹上尼龙，强度很高。这样的光纤是柔韧的，可以做成简单直径小的电缆。与铜同轴电缆相比，这种单根光纤的带宽要宽得多，衰减也较小。光纤电缆的引入，使电话网络的容量大为增加。

霍克哈姆

光 纤

博贝克［美］、费希尔［美］取得磁泡存储器专利　美国的博贝克（Bobeck, Andrew H. 1926— ）和费希尔（Fischer, Robert Frederick）使用一种较薄的磁性材料制成的胶片来维持小型的磁化区域，这些区域被称作是"磁泡"（bubbles），利用磁泡在梯度磁场作用下在材料中运动，在某一位置出现或消失表示二进制的"1"和"0"，以此制成磁记录器件。磁泡存储器（Bubble memory）与磁鼓、磁盘等外存储器相比，具有速度快、存储密度高、体积小、功耗低、工作可靠等优点，但工艺复杂，成本高。

索洛金［美］首次制成染料激光器　美国的索洛金（Sorokin, Peter P. 1931— ）用红宝石激光器作为强泵源，用氯化铝、钛化菁等物质首次研制成染料激光器。这种激光器适用于光谱分析、激光化学、光通信、同位素分离等许多领域。

美国国防部提出研制"导航星"全球定位系统 美国的"子午仪"系统主要为海军导航，但是其精度低、导航时间长，不能提供三维和速度信息。为此美国国防部提出研制"导航星"系统，目的是为美国陆海空三军提供统一的、全球性的精确、连续、实时三维位置和速度的导航和定位

"导航星"全球定位系统

服务。该系统由21颗实用卫星和3颗备用卫星组成，星载主要设备有：高稳定度原子钟、导航电子存储器、双频发射机等，导航信号采用加密的随机噪声光谱编码调制。用户只要配有合适的接收机和数据处理设备，就能同时接收4～6颗卫星发送的导航信号，并根据信号传送时间，计算出用户的精确位置。它的定位精度在16米以内，测速精度0.1米/秒，计时精度120毫微秒。这个系统可以为飞机、舰船、坦克、步兵、导弹及低轨卫星等提供全天候、连续、实时、高精度的三维位置、时间和速度的精确定位信息。

1967年

纽约至伦敦和巴黎的直拨电话开通 纽约至伦敦和巴黎的越洋直拨电话于3月1日开通，纽约在3个月内有80个用户试用该线路。

中国采用数字保护电码 这是一种在电传打字电报通信中对产生的收报印字错误的自动检错方法。选用五单位电码中具有三个传号和两个空号的组合代表10个数字，如果有一个传号变为空号或发生相反的变化，都会使三个传号两个空号的组合原则遭到破坏，打印出来的就不是数字而是其他符号，从而检出错误。中国于1967年1月1日起在国内公众电报电路上采用了这种数字保护电码。

怀特［美］试验表面波器件 美国的怀特（White, Richard M.）在1967年发表的文章中，讨论了在压电晶体中表面弹性波的传播、转换和放大，特

别研究了其在电子器件中的特性，说明在硫化镉中利用电流漂移电场进行的放大作用，探讨了表面波放大器与体内波放大器的差别，介绍了其操作特性和在压电晶体上制作电极转换器的技术，以及关于几种无源表面器件的实验结果。

瑞士、日本试制成功指针式石英表　1962年瑞士建立了电子表研究中心从事微电子学研究与产品开发。1967年该中心与日本精工舍分别宣布研制成功指针式分立元件电子表。日本精工舍制成分立元件石英表后，投资研制手表专用的集成电路，并与美国Intel公司合作开发，利用美国先进的微电子技术取得成功。

法国正式播出SECAM制彩色电视　SECAM制也是为改善NTSC制的相位敏感性而发展的一种兼容彩色电视制式，除法国外，苏联和一些东欧国家也采用了这一制式。

国际商业机器公司［美］发明光敏笔　利用这种光敏笔在显示器屏幕上可以直接对设计图进行修改，它成为计算机辅助设计的便利工具。

中国制成108乙中型晶体管计算机　1965年国防科委向华北计算技术研究所下达了研制通用机108乙专用机的任务。108乙机字长48位，速度每秒4万次，带4台G3磁鼓，有变址、中断和实时控制等技术，配有ALGOL语言，1967年通过鉴定，由北京有线电厂等几家工厂接产，是当时中国生产的质量最高、性能最好的中型计算机。

108乙中型晶体管计算机

中国制成109丙大型晶体管计算机　该机由中国科学院计算技术研究所研制，字长48位，速度每秒11.5万次，存储容量32K，配有BCY编译程序、汇编程序、管理程序等，是中国第二代机中较成熟的大型通用机之一，在中国的核试验中发挥了作用。

美国出现最早的电子出版物　电子出版物是将大量信息以数字编码的形式存储于可用计算机读写的磁性介质上的信息记录载体，载体包括磁带、软盘、光盘、U盘、移动硬盘等，输入计算机后可以通过屏幕显示。1961年，美国化学文献出版社用计算机编制化学题录，照相排版生产印刷型版本。1967年，该公司将照相排版的磁带作为电子型版本出售，成为最早的电子出版物。此后，电子出版物在各国迅速发展起来，电子出版物正在改变人们传统的写作、出版、发行和阅读方式。

1968年

美国通用电气公司GE网开始运行　美国通用电气公司（GE）开发的GE网是多机种分布式网络，其节点已延伸到日本的东京和大阪，利用美国和日本之间的时差更好地利用资源，是早期著名的大型商用计算机网络之一。

通用汽车公司［美］提出可编程序控制器设想　美国通用汽车公司（GM）为适应汽车型号的不断翻新，寻求一种减少重新设计继电器控制系统和接线，功能完备、灵活通用，又保留继电器控制系统的简单易懂、操作方便、价格便宜的优点，使计算机编程简单，应用面向控制过程、面向问题的"自然语言"编程，使不熟悉计算机的人也能方便使用。提出十条招标指标，如编程简单可在现场修改程序、维护方便、可靠性高、体积小、成本可以与继电器控制柜竞争、输出能直接驱动电磁阀、扩展时只需在原系统上作小变动等。1969年美国数字设备公司（DEC）研制出第一台可编程序控制器，在美国通用汽车自动装配线上试用，获得成功。

皮尔金顿［英］发明用激光器窃听方法　英国的皮尔金顿（Pilkington）发明的用激光器窃听方法，是利用房间窗户玻璃的振动作传声器，用激光器进行接收，通过人们在房间中讲话引起的窗户玻璃振动，激光器可以清晰地收听到对话的声音。皮尔金顿指出，防止这种窃听的最好的办法是采用双层玻璃窗户。

奥辛斯基［美］发明非晶体半导体开关　非晶体半导体又称无序半导体或无定形半导体。美国物理学家奥辛斯基（Ovshinsky, S.R.）于1968年制作了一个商业的分立元件，即早期的阈值开关。他在一个热敏电阻的外壳内，装上一种玻璃质的非晶形和用薄膜电极做成十字交叉的夹层，夹在大块的碳电极之间。其特点是在开始时有一个"关"电阻，数量级在几十兆欧，当加在器件两端的电压超过某一个阈值时（典型值10伏左右），电阻就下降到100Ω左右发生开关作用，其动作时间毫微秒数量级，但施加开关电压与开关作用发作之间有一个10微秒的延迟时间。如果在"开"态时电流下降到最小维持电流值以下，器件将恢复到高阻关闭状态。

赖特［英］发明BARITT二极管　1968年，英国物理学家赖特（Wright, G.T.）描述了一种新型负阻微波器件，其工作原理是基于势垒控制的注入和渡越时间延迟，即BARITT（Barrier Controlled Injection and Transit Time delay）二极管。同年，拉格（Ruegg）也发表了一篇关于类似于穿通结构的简化大信号理论的文章。这些理论于1970由年苏尔坦（Sultan）和赖特（Wright）在N-P-N硅结构中获得负阻时，得到了进一步实验证明。1971年，柯尔曼（Coleman）和泽氏（Sze）报道了金属–半导体–金属结构中的振荡现象。这种器件在中等效率下能以低噪声可靠地工作。

萨瑟兰［美］发明数字头盔显示器　计算机图形学奠基者、美国ARPA信息处理技术办公室主任萨瑟兰（Sutherland, Ivan Edward 1938—）使用两个可以戴在眼睛上的阴极射线管（CRT）研制出数字头盔显示器（Head Mounted Display,

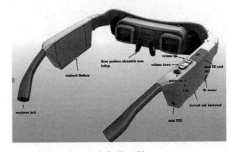

头盔显示器

HMD），可以显现二维图像，采用传统的轴对称光学系统，体积和重量都较大，是最早的军用头盔显示器。萨瑟兰发表题为《A Head-Mounted 3D Display》的论文，对头盔显示器的设计、构造原理进行分析，并绘出头盔显示器设计草图，由此奠基了三维显示器的技术基础。

恩格尔巴特［美］发明鼠标 为了代替键盘烦琐的指令，使计算机的操作更加简便，美国斯坦福大学的恩格尔巴特（Englebart, Douglas Carl 1925—2013）在洛杉矶举行的计算机秋季会议上宣布发明了鼠标，这只鼠标的外形是

恩格尔巴特发明的鼠标

一只小木头盒子，其工作原理是由它底部的金属滚轮带动枢轴转动，由变阻器改变阻值来产生位移信号，并将信号传至计算机主机执行简单的命令，在电脑屏幕上指示位置的光标随之移动。1981年，第一只商业化鼠标诞生。1983年，瑞士的罗技公司（Logitech）发明了第一只光学机械式鼠标，这种鼠标结构后来成为业界的标准。

数据通用公司［美］推出NOVA小型计算机 1968年，美国数字设备公司（DEC）的PDP-8小型计算机的主要设计者辞职，另成立了数据通用公司（DGC），同年9月推出了新公司的第一个产品NOVA小型机。它的性能与一些大型机十分接近，而售价仅为8000美元，因而一上市便引起了强烈反响，成为与PDP-11相比肩的16位小型机。

OKI针式打印机

普莱塞无线电制造厂［英］制成能识别手写体文字的计算机Cyclops 3 Cyclops 3由普莱塞无线电制造厂（Plessey）研制，它能阅读和识别较整齐的手写体，辨别字母大小的差异和笔迹特征，在表格处理方面有较大使用价值。

精工株式会社［日］推出EP-101针式打印机 针式打印机也叫点阵式打印机（Dot Matrix Printer），其原理是用针头敲击有色料的色带，就会像复写一样在纸面留下一个点，这些点组合之后形成字形。日本精工株式会社（OKI）推出的EP-101针式打印机（OKI Wiredot），被誉为第一款商品化的针式打印机。针式打印机的最大优点是可以同时打印多页，很受商务界的欢迎。

诺伊斯［美］创办英特尔（Intel）公司 集成电路发明者之一的诺伊

斯（Noyce, Robert 1927—1990）与戈登·摩尔（Gordon Moore 1929—）和安迪·格鲁夫（Andy Grove 1936—2016）在硅谷共同创立了专门开发和生产芯片的英特尔公司（Intel），"英特尔"是集成电路和智能两个词的缩写。1971年，其研

格鲁夫（左）、诺伊斯（中）、摩尔（右）

究经理霍夫（Hoff, Marcian Edward 1937—）为日本的BCM公司设计成功将计算和逻辑处理器都集成到同一芯片上的微处理器4004。在这块3～4毫米的芯片上，集成了一台电子计算机主要的2250个电路元件，推出了全球第一个微处理器，实现了用一个芯片代替中央处理器的功能，引起了计算机、互联网和生产与生活器具全面自动化的进展，信息时代由此开始。

1969年

美国国防部建设分组交换试验军用网阿帕网 20世纪60年代末，美国国防部的高级研究计划局（Advanced Research Projects Agency, ARPA）为了能在战争中保障通信联络的畅通，建设了一个分组交换试验军用网，称作"阿帕网"（ARPAnet）。1969年正式启用，连接了4台计算机，分军用、民用两部分，供科学家们进行计算机联网实验用。20世纪70年代，ARPAnet已经有几十个计算机网络，但是每个网络只能在网络内部互联通信。1989年，对民用部分，ARPA又开展了用一种新的方法将不同的计算机局域网互联的研究，形成互联网，当时称之为internetwork，简称Internet（互联网），当时连在网上的计算机有30万台左右，到1994年达到2100万台，1995年3000万台。互联网是一种把许多网络都连在一起的国际网络，是最高层次的骨干网络，连接在互联网上的网络都要采用互联网的通信协议TCP/IP。

国际一般系统与控制论组织（WDGSC）成立 WDGSC为非政府性国际学术组织，得到联合国教科文组织承认，宗旨是联络世界上从事控制论、系统论和其他边缘学科和跨学科研究的专家，促进不同地区、不同组织的合

作，并帮助发展中国家开展有关的科学工作，每3年召开一次国际会议，出版刊物《控制论学报》（1971年创刊）。

博伊尔［美］、史密斯［美］发明感光半导体电荷耦合器件（CCD）画素传感器　美国贝尔电话实验室的博伊尔（Boyle，Willard Sterling 1924—2011）和史密斯（Smith，George E. 1930—）利用爱因斯坦的光电效应原理发明的感光半导体电荷耦合元件画素传感器CCD，是由大量独立的感光二极管组成的正方形阵列，通过电子信号捕获光线来替代以往烦琐和昂贵的胶片成像，广泛应用于数码摄影、光学遥测及天文频谱望远镜方面，"阿波罗"登月飞船上就安装有使用CCD的装置，1970年获专利。

博伊尔　　　　　　　　　　　　史密斯

斯塔克韦瑟［美］研制成功用激光束在感光鼓上绘图的方式　施乐公司（Xerox）的斯塔克韦瑟（Starkweather，Gary Keith 1938—），研制出将激光束投射在施乐7000感光鼓上绘图成像的技术，这种技术后被称作扫描激光输出终端，成为激光打印的核心技术。

法金［美］提出适用于台式计算机的微处理器概念　1968年，美籍意大利物理学家法金（Faggin，Federico 1941—）加入仙童半导体公司，发明了被称为"金属氧化物硅栅工艺"的技术。1969年8月，法金提出了适用于台式计算机的微处理器概念，提议把台式计算机中11片集成逻辑电路压缩为中央处理器、读写存储器和只读存储器等3片集成电路。1970年，法金加入英特尔公司负责第一个微处理器英特尔4004芯片的开发。

法　金

蒂　尔

蒂尔〔美〕、桑斯特〔美〕发明戽链式延迟电路　美国的蒂尔（Teal，Gordon Kidd 1907—2003）、桑斯特（Sangster，F.）发明的这种链式延迟电路的原理，是把需延迟的信号取样存储在一串电容中，这些电容之间通过以信号取样频率工作的开关相连接。

费根鲍姆〔美〕、莱德贝格〔美〕研制成DENDRAL系统　1965年，美国斯坦福大学的费根鲍姆（Feigenbaum，Edward Albert 1936—）、莱德贝格（Lederberg，Joshua 1925—2008）等人开始对DENDRAL系统进行研究，直至1969年始得成功。DENDRAL系统主要用来确定有机化学的分子结构，系统输入有机化合物的分子式和质谱图，系统内有一个根据化学专家知识构成的称之为发生器的系统，这个系统将分子式得到的所有可能结构转换成质谱图，然后利用正常匹配的方法与实验得到的质谱图相比较，确定一个化学结构。是第一个实用的专家咨询系统。

中国研制了中文电报译码机　中国汉字是方块字而非拼音文字，故不能直接用电码传送，需人工按照《标准电码本》译成四位数字电码，很不方便。1969年，中国研制成中文电报译码机。该机中存储了《标准电码本》中的全部文字和符号，用五单位电码凿孔纸带将四个数字一组的信号输入译码机后，就能成行地印出汉字，平均译码速率为每分钟1500个汉字。

美国无线电公司〔美〕研究彩色显像管黑屏技术　美国无线电公司（RCA）的彩色显像管黑屏技术，克服了因玻璃屏反光影响对比度效果的问题，提高了玻璃屏的透光率。

克雷［美］领导研制CDC7600和Cyber系列巨型机　1969年1月，美国CDC公司的总设计师克雷（Cray, Seymour Roger 1925—1996），领导制成每秒1000万次的CDC7600机。在CDC6600和CDC7600的基础上，发展了Cyber70和Cyber170两个系列，其平

CDC7600计算机

均速度在1000万次以上，被认为是第一代巨型机的代表。

美国自动化公司制成机载计算机D-200　机载计算机D-200采用MOS场效应晶体管大规模集成电路，中央处理器由24块大规模集成电路组成，乘除法速度分别为108微秒和112微秒，机器体积只有12.5厘米×15.0厘米×17.5厘米，功耗仅10瓦。

美国研制成电子现金收款机　收款机与条码技术结合可以提高商品销售的收款工作效率。1970年，美国食品工业委员会推动在食品零售业中应用条码，将光电扫描器和现金收款机结合起来，实现了商品开架、顾客自选商品、通过条码自动扫描的销售方式。

豪斯费尔德［英］等人研制出首台CT扫描仪　自1956年开始，美国理论物理学家科马克（Cormack, Allan MacLeod 1924—1998）进行了将电子计算机应用于X射线诊断方面的理论探讨。1963年和1964年，发表了计算身体不同组织对X射线吸收量的数学公式。经过十几年的努力，科马克终于解决了计算机断层扫描技术的原理问题。1969年，英国工程物理学家豪斯费尔德（Hounsfield, Godfrey Newbold 1919—2004）在英国电器乐器有限公司实验研究中心成功地研制了一台可用于临床的CT扫描仪，在英国放射学研究所代表会议上被命名为

豪斯费尔德

EMI扫描仪。1972年，英国首次报道了CT的临床使用情况。到1979年，全世界生产了2000多台CT，在50多个国家得到广泛应用。

CT原型机

20世纪末的CT扫描仪

1970年

美国创办电子信函　美国邮政和美国西部联合电报公司合作创办"电子信函业务"，利用西部联合公司的电报网路和全国设置的邮局为用户投递电子信函副本。

贝尔电话实验室［美］研制集电极扩散隔离工艺（CDI）　1970年，贝尔电话实验室研究成功集电极扩散隔离（CDI）工艺，加上仙童半导体公司的平面工艺、普莱塞公司的IV工艺、飞利浦公司（Philips）的局部氧化（LOCOS）工艺，所有这些工艺都与工作在1500兆赫以上的电路相容，都有比以往的工艺少占表面面积的优点。其中，贝尔电话实验室设计的CDI系统，在P-型硅片上扩散n+层进去，这些晶体管是在n+层上方生长的P-型外延层中形成的，n+层成为晶体管的集电极。再通过外延层进行n+扩散，以与起初在外延层下面制作的n+埋层接触，这些n+扩散层不仅与集电极接触，而且对它包围起来的面积实行隔离。在基区的范围再用扩散法制作n+发射极，制成后任意的第二个发射极可以作为肖特基二极管。淀积了氧化层后，在其上开窗孔，在窗孔内生长与氧化层同样厚的硅，得到一个平整的表面。

施皮勒等人［美］研究X射线光刻工艺　光刻（photoetching）指用光在晶体表面上来制作图形的工艺。在硅片表面涂上光刻胶，将掩模版上的图形转移到光刻胶上，再将晶体表面光刻胶薄膜图形的无用部分去除，这样就将器件或电路结构"复制"到硅片上。光刻工艺包括硅片表面清洗烘干、涂底、涂光刻胶、软烘、曝光、后烘、显影、硬烘、刻蚀、检测等工序。1970年，美国的施皮勒（Spiller，E.）等人研究利用X射线制作微电子器件。X射线光刻系统非常简单，可以同时对多个晶片进行光刻，生产效率高。1972年，斯皮尔斯（Spears）和史密斯（Smith）用X射线采用接近复印的方式制作了首批器件，显示出X射线光刻的高分辨率本领。

美国、荷兰发明集成注入逻辑（I₂L）电路 集成注入逻辑（I₂L）电路技术，由美国的国际商业机器公司（IBM）和荷兰的飞利浦公司（Philips）先后研制成功，是在常规双极型集成电路工艺的基础上改进而成。I₂L电路无须隔离，结构紧凑，不用电阻，集成度高，在低功耗下有较高的速度。

波义尔［美］、史密斯［美］设计电荷耦合器件 美国的波义尔（Boyle，Willard Sterling 1924—　）、史密斯（Smith，G.E. 1930—）1969年在贝尔电话实验室探索磁泡器件的电模拟过程中萌生了一个想法，在势阱里存储电荷，并借助移动电势最小值的办法在整个表面上移动这些电荷（代表信息）。1970年他们制成了最早的电荷耦合器件（CCD）。

通用微电子与通用仪器公司［美］开发出金属氧化物半电晶体 通用微电子与通用仪器公司，解决了硅与二氧化硅界面间大量表面态的问题，开发出金属氧化物半电晶体。金属氧化物半电晶体比起双极型电晶体，功率较低、集积度高，制作也比较简单，成为后来大型集成电路的基本元件。

康宁玻璃公司［美］研制出世界上第一根光导纤维 1851年于美国纽约州的康宁市成立的康宁玻璃公司（Corning Incorporated），研制出世界上第一

光导纤维

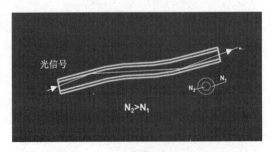

光导纤维原理

根光导纤维，开创了光纤通信的时代。1979年，第一部光导纤维电话机在联邦德国投入使用。

美国试验遥控水下机械手RUM　机械手RUM装有摄像机和取样卡爪，通过同轴电缆在水面上控制其操作，作业深度达1万英尺。

英特尔公司〔美〕推出一种集成电路片　英特尔公司（Intel）推出一种集成电路片，可以储存1024个二进制数据，在第一年的市场销售中，这个集成电路片为公司获取了900万美元的收益。

舒加特〔美〕研制的软盘被用作计算机储存数据的新设备　在20世纪60年代末70年代初，美国的国际商业机器公司（IBM）推出全球第一台PC机System370计算机，是计算机业里程碑似的革命性的飞跃。但是该机的操作指令存储在半导体内存中，一旦计算机关机，指令便会被抹去。1967年，IBM的SanJose实验室的存储小组受命开发一种廉价的设备，为大型机处理器和控制单元保存和传送微代码。要求这种设备成本低，易于更换，携带方便。美国希捷科技公司的创始人、发明家舒加特（Shugart，Alan 1930—2006）研制出一种直径8英寸、容量81KB的表面涂有金属氧化物的软盘，解决了这一问题，这是标准软盘的始祖。

舒加特

软盘

林严雄〔美〕等人研制成异晶质结砷化镓激光器　美国贝尔电话实验室的林严雄等人，研制成异晶质结砷化镓激光器的阀值很低，光束通道小，效率高达50%，寿命超过10万小时。它的输出波长为0.85微米，正好对应于当时制成的低损耗光导纤维的最小损耗波长，故被用作光纤通信的光源，促进了光纤维通信的实用化。

激光器

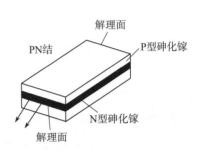

砷化镓激光器内芯结构图

巴索夫［苏］制成受激准分子激光器　苏联物理学家巴索夫（Басов，Николай Геннадиевич 1922—2001）用高能电子激励液氙，制成了第一台紫外受激准分子激光器，这种激光器的发射波长可调，因而得到很大发展，形成一种新的激光体系。

德、英联合研制成TED方式电视激光视盘系统　由联邦德国德律风根公司（TELE FUN KEN）和英国台卡公司（DECCA）联合研制的电视激光视盘系统，其黑白系统1970年发表，彩色系统（PAL制）1971年发表，1975年试销，是最早进入市场的电视激光视盘系统。TED方式较多地继承了普通声频唱片的录放技术，其特点是机械刻录、压敏针读取。视盘系统采用螺旋槽式，用聚氯乙烯压制，直径21厘米，每分钟1500转，每张视盘（只能单面）演放时间约10分钟。由于它存在演放时间短、视盘磨损大、寿命短，无法实现快、慢、静止放象等缺点，已被淘汰。

无线电公司［美］发明CED方式电视唱片系统　美国的无线电公司（RCA）发表了SV（Selecta Vision）方式电视唱片的技术介绍，1981年3月以CED（Capacitive Electronic Disc）的新名称投放市场。它的技术特点是机械刻录沟槽，电容针读取。其关键元件之一是金刚石唱针，针尖底部形状与唱片沟槽的140° V字形横截面相吻合，且有足够的长度，针尖后壁镀有一层厚0.2微米的钛电极，起着电容探头的作用。导电的塑料唱片表面构成另一电极，随唱片旋转和针尖沿沟槽的相对运动，两个电极之间有电容量的变化。唱片450转/分钟，单面可播放1小时节目，双面2小时。唱针寿命500小时，唱片寿命500次。

日本国家广播公司研制高清晰度电视　高清晰度电视的英文缩写为HDTV，1970年日本国家广播公司开始进行研制。这种高清晰度电视系统在一秒钟内可以交错绘出30幅画面，一幅画面用1125线的行扫描，选择长宽比为5：3的荧光屏。与普通的525线或625线电视机相比，双倍的扫描线和加宽的画面使一幅图像所容纳的信息量增加了5倍。

数字设备公司［美］推出PDP-11系列机　美国的数字设备公司（DEC）推出小型计算机PDP系列，其结构灵活，可以扩展。其后陆续推出了多种不同规模的型号，各型号之间相互兼容，并以优异的性价比在销售上取得了极大成功，使DEC公司在小型计算机行业居于领先地位。

美国与西欧建成国际计算机网络TIM　国际计算机网络TIM包括37台计算机，通过通信线路与美国和西欧的54个城市的用户相连接。

国际商业机器公司［美］发布IBM370系列　1970年IBM公司宣布制成370/155和165两个大型系统处理机，1972年又宣布制成158和168两个型号。此后IBM370开始采用了虚拟存储技术，这种技术是设定了一个数据在主、辅存储器之间的分配和传递，如果要处理的程序在辅助存储器中，它会自动被送

IBM370

入主存储器，与主存储器的一部分内容相交换。IBM370采用大规模集成电路做主存储器，小规模集成电路做逻辑电路，被看作是第三、四代计算机的中间型。

1971年

苏联东欧筹建国际卫星通信系统　国际卫星通信系统在1971年11月15日

由苏联、东欧等9个国家筹建，后来又发展了越南、叙利亚等5个国家，还有一些发展中国家也租用该系统的卫星通信信道进行国际通信。该系统主要提供电视节目、电视电话会议和数据传输服务。

沃斯［瑞］发明Pascal语言　瑞士苏黎世工学院教授尼古拉斯·沃斯（Wirth，Niklaus 1934—）在ALGOL 60的基础上设计成一种结构化编程语言，以17世纪法国数学家帕斯卡（Pascal，Blaise 1623—1662）的名字命名，称作Pascal语言。Pascal语言已成为使用最广泛的基于DOS的语言之一，具有严格的结构化形式，丰富完备的数据类型，运行效率高，查错能力强。Pascal语言还是一种自编译语言，允许用户自行定义新的类型，这

沃　斯

使它的可靠性大为提高。Pascal具有简洁的语法，结构化的程序结构，广泛应用于个人计算机。

罗伯特·托马斯［美］编造出最早的类似计算机病毒Creeper　美国BBN技术公司程序员托马斯（Thomas，Robert Bobby 1932—2013）编写出计算机病毒Creeper（爬虫）。Creeper可以通过阿帕网（ARPANET）从公司的DEC PDP-10传播，计算机屏幕显示I'm the Creeper，catch me if you can！（我是Creeper，有本事来抓我！）。Creeper在网络中可以自行移动，从一个系统跳到另一个系统并自我复制。

佩尔策［德］发明等隔离平面工艺　20世纪70年代初，美国一些厂家曾致力于研究可望与MOS相竞争的双极工艺。德国物理学家佩尔策（Pelzer，Hans 1936—2006）发明的等平面隔离工艺即是这一时期出现的双极工艺之一。它用氧化速度极慢的氮化硅掩蔽岛区进行选择氧化，使隔离区生成厚的氧化硅实现岛侧壁隔离。等平面隔离亦称氧化物隔离或局部氧化隔离，其硅片表面平坦，适用于微细线条光刻，集成度高，隔离岛电容小。

基恩［英］发明用液晶研究氧化物缺陷技术　英国的基恩发明的用液晶研究氧化物缺陷技术，是在氧化硅与涂覆氧化锡的玻璃片之间夹有一层负向列液晶薄膜，在这一"电容"结构上加电压，就可以从液晶的高度扰动区看到缺陷。

日本研制出硒砷碲视像管　在静冈大学工学部对硒砷碲的物性进行研究的基础上，1966年NHK和日立制作所开始共同研制硒砷碲视像管，1971年制出最初的样管。由于硒砷碲视像管光性能好，结构简单，体积小，逐渐发展为常用的摄像器件。

北京真空电子器件研究所［中］制成中国首台CO_2激光器和氩离子激光器　1971年底，北京真空电子器件研究所研制成中国第一台横向流动CO_2激光器，与此同时，该所还研制成输出功率2瓦的氩离子激光器。

霍夫［美］、法金［美］制成4位微处理器Intel4004　1969年，美国英特尔公司（Intel）在为日本一家公司生产台式计算机时，为进一步缩小体积，青年工程师霍夫（Hoff，Marcian Edward 1937—）提出改变采用11块集成电路的原设计，而把计算机逻辑电路做在一块硅片上，把整个计算机的集成电路片减少到3块的新方案。法金（Faggin，Federio 1941—）领导的研制小组经过一年多的努力，终于在面积只有4.2毫米×3.2毫米的硅片上，集成了2250个晶体管，于1971年制成了第一只单片式中央处理器（CPU），即微处理器。微处理器加上半导体存储器、外围接口、时钟发生器等，就可以组成微型计算机。英特尔公司（Intel）从1971开始生产Intel4004四位微处理器，以及由它们构成的MCS-4微型计算机。

霍夫

微处理器Intel 4004

休斯飞机制造公司［美］研制成轻便全息照相机　美国的休斯飞机制造公司研制的这种相机，采用无透镜摄影方法，用激光作为摄影照明光源，将三维图像拍摄到一种高分辨率的照相底板上，最初用它来探测飞机翼的性能。

斯塔克韦瑟［美］研制激光打印机　美国帕罗阿尔托研究中心（Palo Alto Research Center，PARC）的斯塔克韦瑟（Starkweather，Gary Keith 1938—）博士在施乐（Xerox）静电复印机的启发下，研制成功激光打印机。激光打印机的工作原理如同复印，利用计算机把需要打印的内容转换成数据序列传送给打印机，打印机中的微处理器将这些数据破译成点阵图样发送给激光发生器，激光发生器根据图样内容做出开关反应，把受开关反应控制的激光束投射到经过充电的旋转硒鼓上，硒鼓表面被激光照射到的地方的电荷被释放掉，没有照到的地方仍带有电荷，通过带电电荷吸附的碳粉转印在纸张上即完成打印。

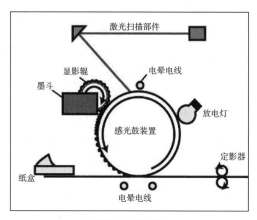

激光打印机原理

日本研制出U型录像机　由日本松下、胜利、索尼三大公司共同开发的U型录像机，由于其性能优良，图像质量好，采用盒式磁带，具有自动装卸盒带机构，能进行电子编辑，因而得到迅速应用。

希尔凡尼亚公司［美］研制成YAG精密自动跟踪系统（PATS）　由美国希尔凡尼亚公司（GTE）研制的钇铝石榴石（YAG）精密自动跟踪系统（PATS），其YAG激光脉冲重复率100次/秒，作用距离60千米，距离精度30厘米，角精度优于0.1毫弧度，角分辨率0.025弧度，可车载机动运行，用于低飞行目标跟踪测量。1971年研制成功后，几经改进得到广泛应用，并销往德日等国。

中国制成首台彩色电视机　1971年9月，中国第一台彩色电视机（PAL制）由天津无线电厂试制成功。

中国制成集成电路计算机111型机　中国在1965年已研制成集成电路，由于"文化大革命"的干扰，集成电路计算机直到70年代初才问世。1971年5月，中科院计算技术研究所制成111型机，字长48位，平均运算速度每秒30万次，存储容量4.8万字，是中国当时性能最好的集成电路计算机。

布什内尔［美］创建世界上第一家电子游戏机公司"雅达利" 1971年，美国加利福尼亚电气工程师布什内尔（Bushnell，Nolan Key 1943—）根据自己编制的"网球"游戏，设计制作了一台商用电子游戏机并创建了世界上第一家电子游戏机公司"雅达利"（Atari）。

1972年

英国广播公司开始使用数字电视 英国广播公司研制的这种电视把声音信号的传输融合在图形信号的传输之中，而不是将二者分别传输，简化了传输技术，降低了传输成本，保证了在远距离传输时声音的高质量。

考尔麦劳厄［法］推出PROLOG语言 法国马赛大学考尔麦劳厄（Colmerauer，Alain 1941—）教授为了提高归结法的执行效率，研制出一个定理证明程序的程序执行器，取名为PROLOG（Programming In Logic），这是第一个逻辑程序设计语言。1974年后，英国的科瓦尔斯基（Kowalski，Robert）进一步从谓词逻辑的HORN子句的角度阐明PROLOG的理论基础，系统地提出逻辑程序设计思想。PROLOG语言的基本语句有三类，分别代表事实、规则和询问，并同有头和无头的HORN子句相对应。因而用PROLOG语言进行的程序设计可归结为宣布事实、定义规则和提出询问。

巴兹利等人［英］发明晶体生长自动控制技术 英国物理学家巴兹利（Bardsley，Warren 1882—1954）等人推出自动控制晶体直径（截面）的方法，这种方法是利用一个工业测重计来测量生长着的晶体的重量，拉晶杆就悬挂在测重计上。拉杆通过气体轴承进入晶体生长室，由一个低摩擦轴旋转，在拉杆的上端有一个自调整轴承，以使拉杆与测重计相连接。来自测重计的电信号与来自由丝杠螺母驱动的直线性电位计的信号相比较，任何信号差都将被放大并用来调整坩埚的加热功率，使其信号差向最小的方向变化。所需要的粒晶直径可以预先设定，其大小由设定拉杆运行单位距离时电位器输出电压的大小自动控制。

罗杰斯［美］开发V-MOS工艺 美国微系统公司的工程师罗杰斯（Rodgers，Thurman John 1935—）致力于开发V-MOS技术，发明了V型槽

MOS工艺。在硅表面上刻上V型凹槽，利用双扩散或外延生长等工艺在槽内制作MOS集成电路。V-MOS的立体结构将提高集成度，可用于高密度的大规模集成电路。

英特尔公司［美］推出1084位随机存储器　美国英特尔公司（Inter）以低成本的MOS工艺在一片半导体片上制作1103型随机存储器（RAM），这是第一块超过千位的存储器。此后，半导体存储器迅速取代了磁心存储器并确定了其主导地位。

罗杰斯

EMI公司［英］研制成X射线扫描仪　X射线对人的脑部照相时，发现脑髓是一种相当均匀的组织，X射线没有足够的对比度以显示脑髓的结构，而且颅骨对X射线造成衰减。这两个问题使得用常规X射线照相术进行脑髓造影的诊断受到限制。1972年，英国的EMI有限公司中心实验室提出了计算机操纵的轴向层析X射线摄影法，这是诊断造影的一个重大进展。采用计算机操作的轴向层析X射线摄影法时，病人由一种严格准直线的细X射线束来扫描，发射的X射线束通过病人之后就被检测并转变成电信号，另外一个检测器用作基准，测量初始的X射线束。框架装载着X射线源，检测器做直线横切运动，一系列的横切运动和角度的移动一再重复，直到获得大量的数据矩阵为止。然后，计算机利用这些数据计算解剖学横断面上的X射线吸收系数布局图，这种布局图可以在阴极射线管上作为亮度的调制而显示出来，或者用一个宽行打字机将X射线吸收数的布局图打印出来。

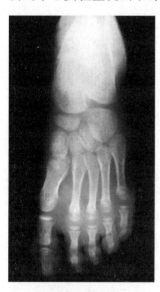

X射线扫描仪透视图

早稻田大学［日］研制两足步行机　日本早稻田大学研制成WABOT-1的WL-5号两足步行机（步行机器人）。步行机是为了提高移动机械对环境的适应性，扩大人类在海底、北极、矿区、星球和沼泽等崎岖不平地面的活动空间模拟生物的步行机构。动物的运动多是通过多关节足来实现的，因此，动物足的形态、机能、运动和肢体稳定控制等是研究步行机的关键。人和鸟类是两足，青蛙、乌龟以及各种兽类是四足，昆虫是六足，而蟹和蜘蛛是八足，蜈蚣类是多足。足的个数直接影响肢体的稳定。六足以上的动物着地至少用三足。由于肢体重心通过足的三点构成平面，静态是稳定的。四足动物慢走时三足同时着地、快跑时两足着地，靠躯体随机姿态稳定调节。两足动物在步行时，对左右而言是一点着地，是不稳定系统，所以控制很困难。早稻田大学研制的两足步行机，技术难度较大。此后，不少国家开始研制两足、三足、四足、六足、八足的步行机械。

六足机器人

双足机器人

荷兰飞利浦公司、美国音乐公司研制成激光反射式电视唱片系统 荷兰飞利浦公司（Philips）最早将激光技术运用于电视唱片，1969年开始实验研究，1972年9月首次展示，正式公布VLP（Video Long Play）方式激光刻录、激光反射式读取的电视唱片系统。同年12月，美国音乐公司（Music Corporation of American，MCA）也发表了类似系统。1974年，两公司开始合作改进，1978年12月，公布了统一的Philipo/MCA方式，亦称LV（Laser Vision）或LD（Laser Disc）方式，年底开始在美国出售。该系统包括四方面技术的组合，即激光与光学技术、视频与音频信息的编码技术、微电机与微米级伺服技术以及光盘刻录、制模、复制技术。光盘单面可播放30分钟（NTSC制式）或36分钟（PAL制式），放像可以前进后退、静止和高速搜索。

法国的汤姆逊半导体公司研制出激光透射式电视唱片系统 在荷兰飞利浦公司（Philips）研究激光电视唱片的同时，法国汤姆逊半导体公司（Thomson-CSF）也进行了研究。1972年公布了激光刻录、激光透射式读取的电视唱片系统。其技术与激光反射式类似，但它的光敏二极管检测

激光唱盘

的不是唱片金属面反射的激光束，而是透射过透明唱片的激光束。唱片直径301毫米，双面可播放1小时节目。

国际商业机器公司〔美〕开发软磁盘机 1970年，美国商业机器公司（IBM）制成一种8英寸单面单密度软盘机，1972年由IBM发行，容量为250KB，后来提高到1.2MB。由于软盘存储量较大，结构简单、体积小、价格低，尤其适用于微型机的外存储，1976年，施加特公司（Shugart）推出5.25英寸小软盘驱动器，1982年日本索尼公司（Sony）又推出3.5英寸软磁盘，容量为720KB，后来提高到1.44MB。软磁盘直到90年代USB接口闪存出现后才逐渐被淘汰。

Intel 8008

英特尔公司〔美〕研制出8位微处理器8008和MSS8微型计算机 Intel 8008是世界上第一款八位中央处理器芯片（CPU）。8008型共推出两种速度，0.5Mhz以及0.8Mhz，指令周期1.25～3.25μs。微处理器芯片集成度为每片3000个晶体管。虽然比4004型工作频率慢，由于是八位处理器，整体效能要比4004型好。Intel 8008型原是英特尔为Computer Terminal Corporation（CTC）的Datapoint 2200型制造的微处理器（原称Intel 1201），由于交货延迟而效能又比宣称的差而遭退货，Intel将8008型出售给其他客户。

日本研制成计算机辅助学习系统 日本研制成计算机辅助学习系统，该系统能同时控制30个学习终端，提供计算机原理、数控机床、彩色电视机维

修、计算机语言等课程供学习者选用。用计算机系统帮助学生学习，从根本上改变了传统的学习方法，学生通过计算机终端与计算机中心相连，既可以得到有关教材，又可以获取自己所需要的信息。由此发展起来的计算机辅助教学（CAI），成为帮助学生理解和记忆知识，并对已学知识进行推理和实践的智能工具。

布什内尔［美］研制成投币式公众娱乐电子游戏机　布什内尔（Bushnell, Nolan Key 1943— ）的实验性样机是1970年研制成功的，机芯共用了180块TTL电路，用19寸显像管作显示器。1972年制成了第一台实用的游戏机，取名为"Pong"，放在一家酒店里供旅客娱乐，受到欢迎。此后他创办了雅利达公司，大量生产Pong。1975年投放市场，售出了10万台，雅利达公司迅速发展成为世界最大的电子游戏机公司。

美国首台家用电视游戏机投放市场　美国的马格纳沃克斯公司（Magnavox）购买了雷尔夫·贝尔（Bell, L.）1966年发明的家庭电视游戏机专利，用TTL电路制成了名为"奥德萨"的电视游戏机，可以玩12种游戏。

1973年

库帕［美］研制美国第一部民用手机　美国摩托罗拉公司成立于1928年。1947年，改名为Motorola。1946年，贝尔电话实验室研制出第一部移动通信电话，由于体积太大而无实用价值。1973年4月，摩托罗拉公司的工程师马丁·库帕（Martin Coope 1928— ）开发出美国第一部民用手机，传入中国后俗称"大哥大"，马丁·库帕被誉为"现代手机之父"。手机在西方出现后，发展十分迅速，其重量1987年约750克，1991年约250克，1996年约100克。第一代模拟制式手机（1G）到1995年发展到第二代即数字手机（2G），以欧洲的GSM制式和美国的CDMA为主，都是数字制式的，除了可以进行语音通信外，还可以收发短信等。1997年出现第三代即3G手机，增加了接收数据（如电子邮件或网页功能）的功能，在声音和数据的传输速度上也大大提升。3G手机有欧洲的WCDMA标准、美国的CDMA2000标准和中国的TD-SCDMA标准。

马丁·库帕与"大哥大"　　　　"大哥大"　　　　　第一代手机（模拟机）

霍华德·艾肯［美］逝世　美国数学家、计算机科学家艾肯（Aiken，Howard Hathaway 1900—1973），于1973年3月14日在密苏里州因突发心脏病去世。艾肯曾担任海军计算机项目的负责人，并在哈佛大学任教。1939年设计了自动控制程序计算机Mark Ⅰ，由IBM公司制造，1944年正式运行。此后又设计了继电器式计算机Mark Ⅱ和电子式计算机Mark Ⅲ，分别于1946年、1950年制成。由于他在计算机和信息技术方面的成就，曾

艾肯

多次获得美国和欧洲一些国家授予的奖章。1961年艾肯从哈佛大学退休后，移居佛罗里达州，受聘担任迈阿密大学的信息技术教授，为该校制定了计算机教学大纲并设计了计算中心，同时还创建了自己的公司Aiken Industries，主要从事技术咨询。

美国推出通用程序设计C语言　1972—1973年，里奇（Ritchie，Dennis 1941—2001）和汤普森（Thompson，Kenneth Lane 1943—）为美国数字设备公司（DEC）的PDP-11计算机设计C语言。C语言起源于系统程序设计语言BCPL，但它简单紧凑，有效地使用了指针运算，并有各种数据类型。C语言被广泛应用于书写软件储存系统。它可以作为工作系统设计语言，编写系统应用程序；也可以作为应用程序设计语言，编写不依赖计算机硬件的应用程序；还适于编写系统软件和二维、三维图形和动画。

联邦德国研制成图像增强器　这是一种仅利用月光和星光即可拍摄出优

汤普森

里 奇

质的户外图像的摄像管，在工业、医学、交通控制和科学研究中广泛应用，特别适合对在夜间活动的动物的研究。

加利福尼亚海军电子设备所［美］制成管状微型耳机和话筒 美国加利福尼亚海军电子设备所研制的管状微型耳机和话筒，可以直接插入耳内使用，不易被他人察觉，使新闻采访更为方便，尤其便于警察之间进行秘密通话。

美国EH实验室制成EH1501A型程控脉冲发生器 美国EH实验室研制的EH1501A型程控脉冲发生器，其编程选择有并行、ASCII、16位串行三种，输出端采用反匹配技术，适用于负载不匹配系统，能吸收高速器件在测试中所产生的大部分反射，是最早的程控脉冲发生器。

美国泰克公司（Tektronix）研制成组件结构脉冲发生器TM500 由美国泰克公司（Tektronix）研制的组件结构脉冲发生器TM500，共有11个组件，后来组件有所增加。TM500适用于频率、频响、电压等的测量，可用来给初测器件提供激励与调制信号。组件式仪器的优点是用户可按需要组成专用测试系统，相对于单机式仪器其费用较低。

美国日本等研制成早期逻辑分析仪 1973年出现逻辑状态分析仪，早期产品有美国HP公司的HP1600A、HP1601L、HP5000A等。稍后出现了逻辑定时分析仪，产品有美国Gould公司的Biomation、HP公司的HP8200、日本岩通公司的LS-6211等。早期逻辑分析仪的输入通道较少（8～16个），显示方式也较简单，多为二进制数0与1的组合，但它发展很快，功能有所增加，在数据域仪器中占有重要地位。

艾伦·凯［美］推出第一台办公室计算机 图灵奖获得者、美国计算机科学家艾伦·凯（Alan Curtis Kay 1940—）设计的办公室计算机以SMALL TALK软件为基础，其特征是使用了鼠标、图像窗口和图示表。

国际商业机器公司［美］研制出第一代温彻斯特硬盘IBM3340 温彻斯特磁盘技术是国际商业机器公司（IBM）为提高存储密度和可靠性发展起来的，它采用轻质、轻载磁头浮动块，使头面浮动

艾伦·凯

间隙减到0.5微米，提高了位密度和道密度。它采用的密封组装结构，排除了由于环境清洁问题造成的头盘碰撞事故，提高了可靠性。该技术已成为各种大容量和小型化硬盘机的技术基础。

温彻斯特硬盘IBM3340

ILLIAC–IV巨型机

美国建成ILLIAC–IV巨型机 该机由美国伊里诺斯大学设计、宝来公司（PROLAB）承制。它采用并行阵列式结构，由64个相同的数据处理单元组成一个8×8矩阵，整个系统由一台B6500大型计算机作前置处理和统一指挥，是20世纪70年代运算速度最快的通用计算机。

1974年

卡恩［美］、瑟夫［美］开发TCP/IP协议 美国国防部高级研究计划局的卡恩（Kahn, Robert Elliot 1938—）和斯坦福大学的瑟夫（Cerf, Vinton

Gray 1943— ）开发了TCP/IP协议，其中包括网际互联协议IP和传输控制协议TCP（TCP/IP）。这两个协议相互配合，其中，IP是基本的通信协议，TCP是帮助IP实现可靠传输的协议，并定义了在电脑网络之间传送信息的方法。

Interstate公司［美］研制成智能型脉冲函数发生器　由美国Interstate公司研制的智能型脉冲函数发生器SPG-800，重复频率13MHz，是最先以微处理器为基础的脉冲函数发生器，使产品进入了智能仪器的行列。

泰克公司［美］制成记忆性示波器　美国的专业电子仪器生产商泰克（Tektronix）公司发明了快速转移存储方式，研制出采用快速转移存储的记忆性示波器7834型，最高纪录速度可达2500cm/μs，信号存储等效带宽为400赫，在20世纪80年代的示波器中居领先水平。

胜利公司［日］制成VHS型彩色盒式录像机　日本胜利公司（JVC）制成的VHS型彩色盒式录像机，采用高密度方位角记录，M型加载系统等新技术。VHS格式是由JVC公司首创，松下、日立、夏普等公司大力推广使用的家用视频系统（VHS）盒式磁带摄像机格式。每盒磁带可录放2小时节目，成为当时体积最小、每盒磁带录放时间最长的录像机。索尼公司的Beta型和胜利公司VHS型两种录像机的出现，使彩色盒式录像机的质量、技术和售价达到了一般家庭可接受的程度，推动了家用录像机的迅速发展。

国家半导体公司［美］研制成16位单片微处理器　美国国家半导体公司（National Semiconductor）研制成半导体业界第一个16位单片微处理器——加工与控制元件PACE（processing and control element），该器件以足够高的密度将全部电路放在一个硅片上。该器件可以处理16位指令和地址，以及16位或8位数据。这是一种p-沟道硅栅MOS技术，指令执行时间10微秒，PACE只需两个电源，而不像n-沟道器件需要三个电源。

Zilog公司［美］研制成Z80八位微处理器　成立于1974年的Zilog公司研制的Z80八位微处理器，采用E/D MOS工艺，时钟2.5兆赫，指令周期116μs。随后，该公司又开发了Z80A型，其时钟为4兆赫，指令周期为1μs。Z80型和Z80A型的引线均为40条，基本指令158条，很快在市场上占据了绝对优势。

费伦蒂公司［美］研制并生产微型电视　美国费伦蒂公司（Ferranti）生产的微型电视，是当时世界上最小的电视机，屏幕对角线长仅有2厘米。它被用在美国空军直升机驾驶员的导航设备中，其电视屏幕构成飞行员护目镜的一部分，而电视机的其他部件则放在防护帽中。

伯明翰音响复制公司［英］研制成ADC Accutrac 4000型音响复制机　伯明翰音响复制公司研制的这种复制机，其转盘有一个计算机化的存储库和一台红外扫描器，可以按程序指示在磁盘上选择多达13个磁道，还带有一个作用距离10米以内的超声波遥控装置。ADC Accutrac 4000型机的问世，使音响复制进入了计算机时代。

克雷［美］研制成克雷–1巨型机　该机是由美国电子学家克雷（Cray, Seymour Roger 1925—1996）离开控制数据公司（CDC）后组建的克雷公司（Cray Inc.）研制的。它继承和发展了CDC7600型机的基本设计思想，其主机有12个功能部件，可同时进行加法、乘法等不同操作，并以流水线方式快速处理。该机系统结构紧凑、指令简明、易于掌握，向量运算达每秒8000万次，被认为是第二代向量机和巨型机的代表。

美国通用汽车公司研制成汽车用微型计算机　美国通用汽车公司（GM）研制的Alpha V型微型计算机可以测量车速、存油深度和油耗量、电池电压和油压，还可以计算旅行时间和维持发动机的运转。

东芝公司［日］试制成程控彩电　日本东芝公司研制的程序控制彩色电视机（程控彩电），采用了TC9001型微处理器，使电视机可以按一定程序工作。该机型号为22G229XCP。

瑞士研制成指针与数字显示的混合式电子表　1974年4月，瑞纳士公司首先试制成功一种指针与数字显示的混合式电子表，它用发光二极管显示日历和秒。5月，欧米加公司宣布研制成用液晶显示的混合式电子表。但混合式手表两种显示时间方式的同步问题，有待进一步研究。

仙童半导体公司［美］推出首台插盒式电视游戏机　1974年8月，美国仙童半导体公司（Fairchild Semiconductor）用F8微处理器研制成第一台"家庭电视娱乐系统"。它以彩色电视为核心，配以音频放大电路、电源控制器、功能开关和射频调制电路组成基本的游戏机，把游戏电路做成插盒式。游戏盒像盒式磁带，由一块大规模集成电路构成，更换游戏盒就可更换游戏内容。电子微处理器的应用，使游戏内容更加丰富，效果更加逼真，电子游戏机进入了新的发展阶段。

通用仪器公司［美］开始生产AY-3-8500电子游戏机集成电路　通用仪器公司全称美国全球通用仪器有限公司（GLOBAL GENERAL INSTRUMENT CO.LTD.），1974年开发研制AY-3-8500电子游戏机集成电路，1976年2月投产，当年就销售了100多万片。这是一种游戏图像存储器大规模集成电路，电子游戏机用它产生游戏图像信号，可以构成4种球类游戏和2种射击游戏。AY-3-8500电子游戏机的出现推动了美国电子游戏机工业的发展，游戏机厂家剧增，出现了盛行一时的"电子游戏机热"。

1975年

伯吉斯等人［美］研究成铜膜直接焊接工艺　直接敷铜技术是基于氧化铝陶瓷基板发展起来的陶瓷表面金属化技术。美国的伯吉斯（Burgess，J.F.）、诺伊格鲍尔（Neugebauer，C.A.）、弗拉纳根（Flanagan，C.）、莫尔（Moore，R.E.）在铜与陶瓷焊接的工艺中，研究成通过加热与铜箔接触的Al_2O_3或BeO衬底来完成焊接。环境气氛主要由惰性气体组成，如氩或氮，再加少量的氧，焊接温度为1065℃～1083℃（1083℃是铜的熔点）。

库克［美］发现硅的阳极氧化　国际电报电话公司（AT&T）的库克（Cook，R.）发现，一个阳极氧化电压偶然超过了铝阳极氧化所需的电压，铝被损坏了，而铝下面的硅则变成了一层多孔的电介质。进一步实验表明，硅片表面的介质层厚度，可以通过简单地调整阳极氧化过程而随意控制。这一发现，为廉价、高密度、快速集成电路的制作提供了条件。

仙童半导体公司［美］研制成功4096位随机存取存储器　美国的仙童半导体公司（Fairchild Semiconductor）将平面氧化隔离工艺用于注入逻辑（I2L），研制出工业上第一个4096位的（注入逻辑）随机存取存储器。这种存储器存取时间为100毫微秒，比n-Mos4K随机存储器快2倍。

莱因哈特［美］、洛根［美］制成集成光路　美国贝尔电话实验室的莱因哈特（Reinhart，F.K.）、洛根（Logan，R.A.）在一块单晶微电路中，将激光器、调制器、滤波器和光导等元件结合在一起，如同在一个集成电路中装备许多元器件一样。这种集成光路器件一般尺寸为6密耳×15密耳，在一个半

集成光路

导体注入激光器的结构中工作。这种类型的线路是混合集成光路的一种代替物，在这种混合集成光路中的元件被连接在一个基片上。这种新型单片式光路在同一个单晶片内"包含"了许多所需元件。

飞利浦公司［荷］发明写后即读（DRAW）光盘 荷兰飞利浦公司（Philips）发明写后即读（DRAW）光盘，这种光盘兼有记录与读出两种功能，使用户能在空白光盘上一次性写入信息，以作为文档存储或作为计算机的外存等。但这种光盘只能写入一次，不能擦除重复使用。

加拿大建成多伦多电视塔 多伦多电视塔于1973年2月开工，1975年4月竣工。塔高553米，是当时世界上最高的钢筋混凝土建筑。其横断面呈Y字形，自上而下渐加大。标高335米处设有圆形的七层大塔楼，最大处直径45.32米，内设电视发射台和广播电台，还设有500座位的世界最高的旋转餐厅。电视塔分别在341米、346米和446米处设有室外、室内和空间三级瞭望台。1995年，加拿大国家电视塔被美国土木工程协会（American Society of Civil Engineers）列为世界七大工程奇迹，同时也是世界名塔联盟（World Federation of Great Towers）的成员。第二年，吉尼斯世界纪录将加拿大国家电视塔的分类更改为"世界最高的建筑"和"世界最高的自立构造"。

多伦多电视塔

施乐公司［美］研制出以太网Ethernet 美国施乐公司（Xerox）研制的以太网，可以使在一个环形结构中的地方性网络的数据，直接进入系统的地址。它实质上是一套通信协议，按此协议可以把不同的计算机工作站连在一起进行工作。经Xerox、DEC、Intel三家公司共同发展，以太网成为应用最广的局域网，包括标准以太网（10Mbit/s）、快速以太网（100Mbit/s）和10G以太网（10Gbit/s）。

国际商业机器公司［美］研制激光打印机　美国的国际商业机器公司（IBM）研制的激光打印机，是将激光扫描技术和电子照相技术相结合，由光电信号完成打印功能的打印输出设备，其基本工作原理是由计算机传来的二进制数据信息，通过视频控制器转换成视频信号，再由视频接口/控制系统把视频信号转换为激光驱动信号，然后由激光扫描系统产生载有字符信息的激光束，最后由电子照相系统使激光束成像并转印到纸上。较其他打印设备，激光打印机有打印速度快、成像质量高等优点，但是使用成本相对昂贵。

索尼公司［日］制成Beta型彩色盒式录像机　日本索尼公司宣布制成U型录像机的改进型Betaman高密度盒式录像机，其磁带盒尺寸大为缩小，每小时磁带的消耗量仅为U型机的六分之一。

盒式录像机

1977年2月改进型Beta Format，使每盒磁带录放时间延长到2小时。

安达尔公司［美］推出Amdahl 470/6计算机　安达尔公司（Amdahl）是IBM360和IBM370的设计者之一安达尔（Amdahl，Gene Myron 1922—）脱离IBM后自己成立的公司。1975推出了与IBM370系列高档机具有互换性的Amdahl 470/6，开创了IBM插接兼容机的先河，它的成功使不少厂家陆续加入与IBM插接兼容的行列。

罗伯茨［美］推出个人计算机（PC）Altair 8800　1974年，位于波士顿陷入经营困境的微仪系统家用电子公司（Micro Instrumentation and Telemetry Systems，MITS）创办人爱德华·罗伯茨（Roberts，Edward 1941—2010），看到个人计算机的巨大市场前景，决定用Intel公司新研制成功的8080微处理器，生产新一代个人计算机。他从银行贷出6.5万美元，并将零售价397美元的8080芯片砍到75美元，很快就研制出样机。几经改进后，这台PC机已有256B的存储功能，15个插槽，用前置切换开关调整并以灯光（红色LED）输出，只要扩充硬件就可以连接屏幕或打印机。这台PC机定名为Altair 8800。这一消息刊登在1975年1月份《大众电子》封面后，引起很大的社会反响，同年即售出2000台。在得到大量订单的同时，软件专家比尔·盖茨（Bill Gates 1955—）和保罗·艾伦（Paul Gardner Allen 1953—）带着在PDP-10计算机上开发出来的可供8080使用的计算机语言软件BASIC，主动找到罗伯茨，在Altair 8800装用获得成功。可惜由于经营不善，罗伯茨于1977年将公司卖掉。Altair 8800被称作世界上第一台个人电脑。

罗伯茨

Altair 8800

　　沃兹尼亚克［美］制成第一台苹果电脑原型机Apple Ⅰ　1975年6月29日，惠普公司的电脑工程师沃兹尼亚克（Wozniak, Stephen Gary 1950—）设计并手工打造成一台个人电脑，1976年4月与乔布斯（Jobs, Steve 1955—2011）合作成立苹果电脑公司，将沃兹尼亚克制成的个人电脑作为第一台苹果电脑原型机，命名为Apple Ⅰ，并在加州旧金山展出，同年7月以666.66美元的价格开始出售。该机采用MOS 6502微处理器、动态随机存取内存芯片及磁

沃兹尼亚克

乔布斯

Apple Ⅰ

带储存媒体，主板内存8Kb，用30个芯片组成电路板。主板裸露在外，购买者需要自备机箱、电源和键盘，并连接电视机作为显示器才能使用。

比尔·盖茨［美］、艾伦［美］创办微软公司 比尔·盖茨（Bill Gates）全名威廉·亨利·盖茨（William Henry Gates，1955—），与保罗·艾伦（Allen，Paul Gardner 1953—）创始微软公司（Microsoft），公司总部设在华盛顿州的雷德蒙市（Redmond，邻近西雅图），开始销售BASIC解译器。在计算机将成为每个家庭、每个办公室中最重要的工具这一信念的引导下，他们开始为个人计算机开发软件。几年后该公司成为跨国电脑科技公司，是世界PC机（Personal Computer，个人计算机）软件开发的先导，以研发、制造、授权和提供广泛的电脑软件服务业务为主，最为著名和畅销的产品为Microsoft Windows操作系统和Microsoft Office系列软件，是全球最大的电脑软件提供商。2013年世界500强排行榜中微软列第110位。

比尔·盖茨（左）与保罗·艾伦

微软公司

计算机排版系统开始出现 自1975年起计算机排版系统出现并在世界范围内普及，80年代后计算机文字处理技术得到进一步发展。计算机检索、排版、图形处理及输出技术的进步，使计算机排版系统中的版式设计、文字编辑、图文合成、整版相纸和相片输出得以实现。

1976年

飞利浦公司［荷］研制出硅栅通用阵列 荷兰飞利浦公司（Philips）将标准硅栅工艺略作改变产生一种阵列，可作为新颖的模拟–数字转换器、模拟型显示器和光图形扫描器。构成该阵列的器件类似于标准的金属–氧化物–半导体元件，只是用电阻性的电极结构代替了正常的金属绝缘栅。这种结构使在栅的两端能够建立起一个电压梯度，可以单独地控制也可以成组地控制晶体管。

索尼公司［日］研制出第一张数字音频光盘　1976年9月，日本索尼公司（Sony）研制成一种用激光读出的数字音频唱片。同年，Sony公司利用PCM-1数字磁带录音机的雏形在LD技术基础上制作了一张光盘，这是世界上第一张"数字音频光盘"。但当时的播放效果非常差，Sony决定数字音频光盘的开发战略：不再借用视频格式，将数字音频信号直接记录在专用光盘中；引入纠错技术，改善光盘的播放质量。这些策略的实施极大地提高了数字音频光盘质量。

英特尔公司［美］研制出16384位随机存储器　美国英特尔公司（Intel）基于增强型n-沟道硅栅技术，研制成16384位随机存储器，其位密度达到了前所未有的程度，其中采用双层多晶硅导体，使存储单元缩小450平方微米，比4096位随机存储器最小的单元面积还小一半。这是半导体器件工艺方面的重大突破。

英特尔公司［美］研制出带可编程序输入/输出的单板计算机　美国英特尔公司（Intel）将整个通用计算机的子系统放在一块印刷电路板上，制成带可编程序输入/输出的单板计算机。这台计算机包含一个中心处理单元、读/写和只读存储器，并行和串行输入/输出接口元件，使用大规模集成电路的单极装配代替多板子系统。

西门子科技有限公司［德］推出压电式墨点控制技术　德国西门子科技有限公司研发成压电式墨点控制技术（Piezoelectric ink dot control technology），并将其成功地应用在SiemensPt-80打印机上。1978年，SiemensPt-80打印机推向市场，成为世界上第一部商用喷墨打印机。

乔布斯［美］、沃兹尼亚克［美］创立苹果公司　1975年底，乔布斯（Jobs, Steve 1955—2011）向沃兹尼亚克（Wozniak, Stephen Gary 1950—）提议开设公司贩售印刷电路板，以方便电脑发烧友自行组装。1976年4月1日正式成立，公司名为苹果电脑公司，并将沃兹尼亚克研制的个人电脑称作

Apple I 进行市场销售，定价666.66美元，共生产约200台。由于公司资金短缺，1976年夏天，马尔库拉（Markkula, Mike 1942—）投资现金9.1万美元并以个人担保贷款25万美元，与乔布斯、沃兹尼亚克各占30%的公司股份，担任了苹果公司董事长。沃兹尼亚克也开始着手设计Apple II，1976年8月完成了Apple II电路板的设计，Apple II配备8个扩展插槽，可以借助第三方装置扩充其功能。在当时有许多适用于Apple II的扩展卡，如串行控制器、高级显示控制器、存储器扩充卡、硬盘及网络组件以及模拟卡，可以运行多种在CP/M操作系统下开发的软件。1977年4月，在旧金山举行的西岸电脑展中Apple II正式亮相，成为苹果电脑公司推出的新型个人电脑。

马尔库拉

Apple II

Apple II 内部设置

国际商业机器公司［美］发布激光打印机IBM 3700 美国的国际商业机器公司（IBM）利用施乐公司斯塔克韦瑟（Starkweather, Gary Keith 1938—）研发的将激光束在感光鼓上绘图的技术，研制出专门给数据中心设计的激光打印机IBM 3700，目标是进行快速的连续纸打印。在此基础上，国际商业机器公司于1977年推出世界第一台将激光技术和电子照相技术相结合的商业激光打印机IBM3800。IBM3800具有215PPM打印速度，打印精度240dpi。激光打印机是将激光扫描技术和电子显像技术相结合的非击打输出设备，由激光器、声光调制器、高频驱动、扫描器、同步器及光偏转器等组成，其作用是把接口电路送来的二进制点阵信息调制在激光束上，之

斯塔克韦瑟

后扫描到感光体上。感光体与照相机构组成电子照相转印系统，把射到感光鼓上的图文映像转印到打印纸上，其原理与复印机相同。激光打印机要经过充电、曝光、显影、转印、消电、清洁、定影七道工序，其中有五道工序是围绕感光鼓进行的。

英国蒙纳公司制成Lasercomp型激光照相排字机　英国蒙纳公司（Monotype）将激光扫描技术应用到照相排字机上，制成Lasercomp型激光照相排字机。现代激光照排机都装有微型计算机，计算机编辑排版就是把传统的编辑、排版、校改直至输出清样的工作用电子计算机来完成，它的特点是利用现代电子通信技术处理文字和图像，全部资料可保存在储存器中，可供随时调用改版、拷贝和检索等。1977年，制成可以使用汉字的激光照相排字机。

帕拉帕-C通信卫星

印度尼西亚发射帕拉帕卫星　帕拉帕卫星（Palapa）是世界上最早的地球静止轨道通信卫星，印度尼西亚全国有13700多个岛屿，印度尼西亚政府认为卫星通信是最适合本国的通信事业，1976年成立帕拉帕卫星通信公司，同年7月8日向美国休斯公司订购的帕拉帕-A1卫星发射成功。

美国推行光纤通信　美国贝尔研究所在亚特兰大市建成第一条光纤通信实验系统，采用了西方电气公司制造的含有144根光纤的光缆。1977年，在芝加哥相距7000米的两电话局间，首次用多模光纤成功地进行了光纤通信试验。1980年，由多模光纤制成的商用光缆开始在市内局间中继线和少数长途线路上采用。单模光纤制成的商用光缆于1983年开始在长途线路上使用。1984年实现了1.3微米单模光纤的通信，即第三代光纤通信。20世纪80年代中后期又实现1.55微米单模光纤通信，即第四代光纤通信。

美国设立海事卫星通信系统　1976年，美国为了满足海军通信的需要，向大西洋、太平洋和印度洋上空发射了三颗海事通信卫星，建立了世界上第一个海事卫星通信系统，其中大部分通信容量供美国海军使用，小部分通信容量向国际商船开放。

1977年

费根鲍姆［美］提出知识工程 斯坦福大学计算机科学家费根鲍姆（Feigenbaum，Edward Albert 1936—）发表《人工智能的艺术——知识工程课题及其实例研究》，首次提出知识工程。他认为，知识工程可以看成是人工智能在知识信息处理方面的发展，它研究如何把知识在计算机内表示，然后进行自动求解。知识工程是人工智能在应用方面的研究。此后出现了专家咨询系统研究。

费根鲍姆

斯坦福大学［美］研制成第一台自由电子激光器 自由电子激光器是一种利用自由电子的受激辐射，把电子束的能量转换成相干辐射的激光器件。1951年，莫茨（Motz，Hans 1909—1987）提出自由电子受激辐射的设想；1974年，斯坦福大学的马迪（Madey）等人重新提出了恒定横向周期磁场中的场致受激辐射理论，并首次在毫米波段实现了受激辐射。1977年4月，斯坦福大学的迪肯（Deacon，David A.G.）等人研制成第一台自由电子激光器。该激光器在一根抽成真空的5.2米长的铜管外面绕上超导导线，以便在整个管上产生一个周期为3.2厘米的变化的横向静磁场，输出波长3.4微米，功率7千瓦。自由电子激光器的输出波长可以通过改变电子能量来调谐，它不受固有能级的局限，故连续可调，频率范围从红外线到紫外线，甚至可到X射线、γ射线，有很大的功率和很高的效率。

飞利浦公司［荷］开始生产1700型盒式录像机 荷兰飞利浦公司（Philips）生产的1700型盒式录像机，通过把录像带播放速度降低一半的方法，使录像播放时间增加一倍。这样，用户只用一盘磁带即可连续看完一个故事片。

国际商用机器公司［美］制成303X系列机 1977年3月，美国国际商业机器公司（IBM）制成大型通用计算机3033，主存容量4-24M字节，高速缓存容量64字节，最大通道数12。同年秋天，IBM又制成了3031和3032，初步形成了303x系列。303X是370系列的延续，但具有更好的科学计算处理能力。

日本研制出PCM激光唱机　该唱机由日本三菱电机株式会社和日本电气股份有限公司（NEC Corporation）合作研制，它把激光用于超高密度的唱片录放，并将该技术引入脉冲编码调制（PCM）音频记录领域，制成了第一部PCM激光音频唱片系统。

美国个人计算机Apple Ⅱ投放市场　Apple Ⅱ是苹果公司制作的第一种普及的微电脑。它的前身是Apple I（一种有限的、以电路板组成的电脑）。自1977年于西岸计算机展览会（West Coast Computer Fair）首次发表后，Apple Ⅱ成为一种最先出现且最成功的个人电脑，而最普及的机型一直到20世纪90年代才只有些微的改变。至1993年，共生产了五六百万台Apple Ⅱ（包括约125万台Apple ⅡGS）。它的成功促进了个人计算机的迅速发展，此后各种型号的个人计算机纷纷问世。

施乐公司［美］推出激光打印机Xerox 9700　Xerox 9700包括磁盘驱动器、打印控制器和光栅器，可以连接到IBM主机，具有一个容纳2500张纸（75gsm）的纸箱和一个容纳400张纸的辅助输入仓。操作员控制台有CRT显示器和键盘。Xerox 9700型激光打印机体积庞大、噪声大、预

Xerox 9700

热时间长、打印不清晰。随着半导体激光器的发展以及微机控制和激光打印机生产技术的日益成熟，20世纪90年代后激光打印机开始普及。1993年，联想与施乐合作研制出世界上第一台中文激光打印机LJ3A。1997年，施乐推出普及版的彩色激光打印机Xerox Docu Print C55。

美国手持式电子游戏机迅速发展　电视游戏机1976年在市场出现后，由于新的集成电路开发缓慢，电视游戏机难于出现新品种，于是刺激了手持式电子游戏机的发展。得克萨斯仪器公司（TI）率先推出学习辅助游戏机"小教授"，成为受欢迎的畅销品。随后，该公司又生产了"数据人"，它更为灵巧，还能讲究教学策略。其他公司也生产了一些手持式电子游戏机，如

Mettle公司生产的"足球""自动赛跑"等。

联邦德国蓝宝公司制出欧洲最早的程控电视机　由联邦德国蓝宝
（Blaupunkt）公司研制的这种PS19型程控电视机，装有美国仙童公司的F8微
处理器和一只可擦可编程序只读存储器（EAROM）。采用红外遥控，遥控
发射机有30个键，可以发送47个指令，电视机能自动完成电源开关、频道选
择、微调谐，按所存数据控制对比度、亮度、色饱和度、音量等参数，控制
高低音调、调节时钟和日历，可以在屏幕上进行时间、日期、频道等多种显
示操作，还能编20个计时指令，能自动完成开关机、节目选择等程序动作。

画中画电视首次在欧洲问世　在西柏林的电子产品展销会上，首次展出
了一种双画面电视，它可以在屏幕图像的下角显示四分之一屏幕大小的其他
频道的图像。此后，许多电视厂商推出各种形式的画中画电视。画中画电视
利用数字技术，在同一屏幕上显示两套节目。即在正常观看的主画面上，同
时插入一个或多个经过压缩的子画面，以便在欣赏主画面的同时，监视其他
频道。

1978年

美国开发卫星导航系统GPS　GPS是英文Global Positioning System（全
球定位系统）的简称，最早是美国军方的研究项目，名为NAVSTAR GPS。第
二次世界大战中发展起来的无线电导航技术，
为GPS的出现奠定了基础。GPS的卫星群至少
包括处于中等地球轨道上的24颗卫星，每4个
一组分布在6个轨道平面上。因此，在地球表
面的任何地方，至少有6颗卫星最多可达12颗
卫星在为GPS的地面接收器提供信号。美国于
1972年开始进行基于卫星的GPS技术的实验，
到1978年第一颗实验卫星发射升空，1994年完
成了24颗卫星群的部署。

GPS全球定位系统

加拿大科学家研究出用激光鉴别指纹的方法　加拿大科学家研究出用激
光鉴别指纹的方法，这种方法甚至可以鉴别10年以前留下的指纹，这是用普

通方法不能办到的。新方法为罪案侦察提供了有力手段。

国际商业机器公司［美］采用约瑟夫逊结制作逻辑和存储电路 美国的国际商业机器公司（IBM）利用约瑟夫逊隧道结制成的逻辑和存储电路，具有开关速度快、功耗小（约1微瓦）、利于高密度集成等优点。

巴纳比［美］为CP/M操作系统改进Wordstar 美国的巴纳比（Barnaby, John Robbins）为PL/M（即Programming Language for Microcomputers，微型计算机编程语言）创始人加里·基尔达尔（Gary Kildall）博士早期研制的磁盘启动型操作系统——控制程序或监控程序CP/M（Control Program/Monitor）改进Wordstar，后由Micro Pro公司进行市场推广并改用DOS语言，在20世纪80年代成为最广泛应用的语言程序。

美国、加拿大、欧洲及日本相继出现电子邮件系统 电子邮件（E-mail）又称电子信箱，20世纪70年代末首先在美国出现，主要是一些科学家通过ARPA网进行信息传递与交换。到1978年，E-mail已经在美国、加拿大、欧洲和日本相继问世，但当时尚无统一的标准协议，信函的类型、格式及传输控制都不尽相同。

中国开始研制巨型机 1978年3月，全国第一次科学大会在北京召开，中国迎来了科学的春天。邓小平代表中共中央决定由在原"哈军工"基础上组建的国防科技大学（1978年组建）设计研制巨型计算机，历经5年的研制，1983年12月22日通过了国家鉴定，每秒运算达1亿次，国防科

银河-1巨型机

委主任张爱萍命名为"银河-1"。1992年11月19日，由国防科技大学研制的"银河-Ⅱ"10亿次巨型计算机在长沙通过国家鉴定。1997年6月19日，由国防科技大学研制的"银河-Ⅲ"并行巨型计算机在北京通过国家鉴定，每秒运算达130亿次。

英特尔公司［美］研制出16位微机i8086 美国的英特尔公司（Intel）研

制的16位微机i8086，采用NMOS工艺，集成度每片29700个晶体管，指令周期0.8μs；数据总线16，地址总线20；地址空间1MB，门级延迟时间2ns，时钟频率5/8MHZ，存取速度460/295，使微型计算机进入了新的一代。

世界各大计算机公司推出16位微处理器　自1978年起，世界各大计算机公司推出了可以与过去中档小型计算机比拟的16位微处理器。如英特尔公司的8086，摩托罗拉公司的Mc68000等。芯片集成度达到30000个晶体管，基本指令周期小于0.5微秒。

爱普生公司［日］推出7针式打印机TP-80　1978年，日本的爱普生公司（Epson）推出7针式打印机TP-80，立即引起市场好评。在此基础上，爱普生公司于1980年推出的MP-80（9针）逐渐发展成为全球第一台适用于PC产品的主流针式打印机。后来出现的24针打印机是通过打印头中的24根针击打复写纸，从而形成字体。多联纸打印只有针式打印机能够快速完成，喷墨打印机、激光打印机都无法实现多联纸打印。

美国制成装有单片8位NMOS微处理器的电视机　这种电视机具有遥控开关、节目预选、自动步进微调、音量线性步进控制、自动频率控制、频道指示等功能。该处理器还有一定的自动检测能力，可检测多种输入信号。

日本研制成VHD方式电视唱片系统　20世纪70年代后半期，日本胜利公司（JVC）开始了开发电视唱片的工作。他们对已有各种方式进行了分析评估，力图取长避短，发展创新。1978年9月，发表了VHD（Video Highdensity Disc）方式电视唱片系统，随后松下公司（松下电器产业株式会社）也采用了VHD方式，1983年4月开始在日本出售。VHD方式的技术特点是激光刻录、唱片无沟槽、电容针读取。它可以实现与激光读取相同的特技放像，唱机造价比激光式低，唱针、唱片寿命比CED方式长，唱片单面可以播放1小时节目，双面可放2小时节目。

奥利维悌公司［意］、卡西欧公司［日］研制出电子打字机　由奥利维悌（Camillo Olivetti）于1908年创立的意大利奥利维悌（Olivetti）公司和日本卡西欧公司（Casio）研制的这种电子打字机属智能型，设计上融合了机械和电子技术，功能包括程序化的改错装置、记忆装置、定位自动打表格装置等，打字噪声指数较低，有储存文件的功能。后来发展的电子打字机又分手写打字机、声控打字机、光笔打字机和图文打字机等。

1979年

国际海事卫星组织（INMARSAT）成立　1973年11月23日，政府间海事协商组织第八届全体大会通过决议，召开国际海事卫星系统筹建会议。后于1975年4月23日—5月9日，1976年2月9—27日和1976年9月1—3日召开了3次会议，并在第三次会议上通过了《国际海事卫星组织公约》和《国际海事卫星组织业务协定》。此后又相继召开了5次筹备会议。1979年7月16日，《国际海事卫星组织公约》正式生效，同年10月24—26日，在伦敦召开了国际海事卫星组织第一届全体大会，并宣告国际海事卫星组织成立，其总部设在伦敦。中国于1979年7月13日加入了该组织。截至1995年底已有79个成员国。

国际海事卫星组织

飞利浦公司［荷］、索尼公司［日］将录像磁盘投放市场　荷兰飞利浦公司（Philips）和日本索尼公司（Sony）研制的这种录像磁盘在磁盘表面的细槽中以数字记录影像和声音。

商业计算机网络在日本、美国设立　第一个用于蜂窝式无线电话系统的商业计算机网络，在日本东京建立。同年贝尔实验室在芝加哥试验了一个有2000个用户的蜂窝式无线电话系统。

数字电话交换机在英国投入使用　最后一台电话机械交换机于1990年在英国停止使用，改用数字电话交换机。数字电话交换机全称存储程序控制交换机（与之对应的是布线逻辑控制交换机，简称布控交换机），也称为程控交换机或数字程控交换机，通常专指用于电话交换网的交换设备，可以与计算机程序控制电话接续。程控交换机是利用现代计算机技术完成控制、接续等工作的电话交换机。

盛田昭夫［日］研制成功盒式随身听　索尼公司创始人盛田昭夫（1921—

1999）致力于开发小型盒式具有收放录功
能的个人电子产品。1979年研制成功后命
名为Walkman（型号为TPS-L2）。该机体积
88mm×133.5mm×29mm，重330g，使用碱性
电池可连续播放8小时，配有立体声电路和立体
声耳机。由于没有英语与之对译，在美国称之
为Soundabout，在英国称作Stowaway。随身听

Sony生产的随身听

最初只有收音、磁带播放或录音功能，由于体积很小，携带时可以跨在腰部。
随着电子技术的进步，体积变得越来越小，演变出CD、MD、MP3、MP4等众
多品种。

英特尔公司［美］推出8088微处理器　1979年，美国英特尔公司（Intel）
在8086基础上开发出8088型微处理器。8086和8088在芯片内部均采用16位数
据传输，所以都称为16位微处理器，8088采用40针的DIP封装，工作频率为
6.66MHz、7.16MHz或8MHz，集成了大约29000个晶体管。8088微处理器内
部有两个独立的功能部件组成，分别为BIU和EU。BIU（Bus Interface Unit）
由段寄存器、IP、指令队列、地址加法器和控制逻辑组成，负责从内存中
取指令送入指令队列，实现CPU与存储器、I/O接口之间的数据传送。EU
（Execution Unit）由通用寄存器、F寄存器、ALU和EU控制部件组成，其功
能是分析指令和执行指令。1981年，IBM公司将8088芯片用于其研制的个人
计算机（Personal Computer，PC）中，从而开创了全新的微机时代。

国际商业机器公司［美］发明薄膜磁头　美国的国际商业机器公司
（IBM）发明了薄膜磁头，为减小硬盘体积、增大容量、提高读写速度提供
了可能。薄膜磁头实际上是绕线的磁芯，这种技术有一定的局限性。

美国研究大型语言ADA设计方案　1975年，美国国防部决定开发ADA
语言，目的是用一种高级的统一语言来取代美军中使用的品种庞杂的语
言。1979年确定采用由Cll-Honeywell-Bull公司所设计的方案，并以程序设
计的先驱、英国诗人拜伦独生女Ada（Ada Augusta Byron1815—1852）的
名字命名为ADA。该语言的设计，强调了可靠性与可维护性，并力图实现
"软件部件以分布方式生产"，即软件产品能以标准零部件方式生产，由

标准零部件装配成完整的软件产品，这对提高软件产品的生产效率有重要意义。

布里克林［美］、福兰克斯通［美］开发 Visi Cale 美国计算机科学家丹尼尔·布里克林（Bricklin，Daniel 1951—）与会计师、编程员福兰克斯通（Frankston，Bob R. 1949—）共同开发出Visi Cale。这是第一个为微型计算机设计的数据表格程序，它可以使个人计算机用户不用学习计算机语言便可以使用计算机程序。

计算机Visi Cale

美国制成微小型化集成电路测试系统 微小型化集成电路测试系统采用了大规模集成电路，使尺寸、重量、功耗都从大机柜缩至台式测试仪规模。投放市场的有GenRed公司的GR1731型模拟集成电路测试仪、GR1732型数字集成电路测试仪和ANALOG、DEVICES公司的LTS-2000系列集成电路测试仪。这些小型系统的性能指标虽低于人型系统，但可以满足生产、验收和集成电路等部门的测试需要，而价格只有大型系统的1/4～1/3。

喷墨打印机所用的气泡式喷墨技术问世 日本佳能公司（Canon）成功地研究出喷墨打印机（Bubble Jet）所用的气泡式喷墨技术。气泡式喷墨技术，是利用加热组件在喷头中将墨水瞬间加热产生气泡所形成压力，使墨水从喷嘴喷出，再利用墨水本身的物理性质冷却后使气泡消退，以控制墨点喷出量的大小。与此同时，惠普（HP）也发明了类似的技术，命名为ThermalInk-Jet。1980年8月，佳能公司将此应用到喷墨打印机Y-80。1984年惠普公司推出其第一台喷墨打印机。

飞利浦公司［荷］生产数字激光光盘放像系统 荷兰飞利浦公司（Philips）推出的数字激光光盘放像系统，体积比盒式录音机还小，它使用氦氖激光器读出，消除了其他录像盘一直存在的积尘和划痕问题。这种数字激光光盘放像系统利用半导体泵浦固态激光工作物质，产生红、绿、蓝三种波长的连续激光作为彩色激光电视的光源，通过电视信号控制三基色激光扫描图像。其色域覆盖率理论上可以高达人眼色域的90%以上，使整个电视画面看起来更加真实、有层次和通透，同时画面的清晰度也会随着色彩饱和度的提高有较大幅度的提升。由于采用激光作为电视的背光源，激光电视可以做得更薄，适合家庭使用。

克雷公司［美］推出Cray-1S巨型机　Cray-1S巨型机与Cray-1相比，增加了一个I/O子系统，提高了I/O的信息吞吐量，使CPU不再去控制I/O通道，主存容量由100万字增加到400万字（字长64位）。向量运算速度为每秒1.38亿次浮点操作，短时间内最高可达2.5亿次浮点操作。

Zilog公司［美］研制出16位微机Z8000　美国的Zilog公司研制的微机Z8000采用HMOS工艺，集成度每片17500个晶体管，时钟频率4MHz，存取速度430/250，门延迟时间小于或等于2ns，地址空间64KB/8MB。其性能为Z80的5～10倍。

国际商业机器公司［美］推出中小型系列机IBM4300计算机　IBM4300是美国国际商业机器公司（IBM）的第四代中、低档通用系列机，使IBM中小型通用系列机的性价比提高了2倍。公司的目标是以4300取代IBM360和370系统中的中小型机。在该系列中，1979年制成的有4331-1、4341-1。后者主存容量2M～4M字节，高速缓冲容量8K，最大通道数8个。

王选［中］主持研制电子排版系统　北大方正集团创办人王选（1937—2006），主持研制电子排版系统即计算机—激光汉字编辑排版系统。1979年7月，这一系统成功照排出报纸样张，它使汉字印刷技术告别了传统的铅字和手工劳动，被认为是汉字信息处理技术的重大突破，是印刷技术的又一次革命。

王　选

中国制成HDS-9计算机　HDS-9计算机由华东计算技术研究所等单位研制，速度每秒500万次，是中国20世纪70年代研制的速度最快的大型计算机。

1980年

莫奇利［美］逝世　莫奇利（Mauchly，John William 1907—1980）1907年8月30日生于美国辛辛那提，1980年1月8日逝世于费城。他是现代电子数字计算机领域的开拓者，世界第一台电子计算机ENIAC的设计者，美国计算机协会（ACM）的创始人之一。

美国发展CAE设计　美国的Daisy、Mentor和Valid公司开创了以门设计为基础的计算机工程辅助设计（Computer Aided Engineering，CAE）的先河，它标志着电子设计自动化（EDA）技术达到了一个新阶段。

贝克［英］设计出能自动补救的集成电路　由英格兰沃里克大学贝克（Becke）博士设计的这种集成电路，当它受损时，其功能可以自动地由相邻的电路承担。

富士通公司［日］研制出高电子移动度晶体管　以半导体集成电路高速化为目标，日本富士通公司（Fujitsu）利用砷化镓（GaAs）电子移动度大的特点，开发高电子移动度的晶体管（HEMT）。在半绝缘性的GaAs基础上，用气相外延生长或离子注入法形成N型活性层，再用外延生长法在GaAs基础上形成n-A1GaAs，在杂质结合面上即生成高移动度的电子层。

热罗姆［法］、贝希加尔德［典］研制出有机超导体　法国的热罗姆（Jerome，D.）研究小组和瑞典贝希加尔德（Bechgaard，Klaus 1945—）的研究小组利用无机导体TMTSF（四甲基四硒富瓦烯）各自独立地研制出有机超导体（TMTSF）$_2$PF$_6$，在压强为12kbar时出现超导现象（Tc=0.9K）。1981年，杰尔姆小组又制成（TMTSF）$_2$ClO$_4$。有机物在常态下是绝缘的，将容易放出电子的物质（半导体施主）与容易吸收电子的物质（半导体受主）相结合，形成一种电荷移动错体的化合物。在这种化合物结晶中，由于存在自由电子而呈现导电性。超导物质就是这种错体的一类。

飞利浦公司［荷］、索尼公司［日］开始生产小尺寸光盘　荷兰飞利浦公司（Philips）和日本索尼公司（Sony）开始生产11.25厘米的光盘。这种光盘每一面都可以播放数小时，在一种只有一页A4号纸大小的激光唱机上播放。

英国开发高清晰度电视系统　英国的BBC和IBA广播公司开发出一种高清晰度电视系统，这种系统能充分利用卫星通道上的可用频带来传送信号，与现有的电视兼容。BBC还开发了一种数控电视，用数字信号去控制被压缩的图像信号。

美国制成智能化全程控脉冲发生器　1978年以来美国一些厂家推出的程

控脉冲发生器，大都采用ASCII代码及IEEE-488标准接口总线，有的还采用了存储器，为程控脉冲发生器向智能仪器发展奠定了基础。1980年，Wavetek公司的859型、EH实验室的1560型、HP公司的8161A型等以微处理器为基础的全程控脉冲发生器相继问世，使脉冲发生器开始了智能化的新阶段。

日本、美国、英国研制成计算机辅助制造系统 日、美、英等国研制的计算机辅助制造系统CAM，将计算机在一个自动化生产系统中用来设计机器部件并监控其制造过程。这种自动化系统还包括使用机器人，以及由计算机控制的机器和装配线，从而有可能实现全自动化的工厂。

国际商业机器公司［美］发展声音识别系统 美国的国际商业机器公司（IBM）利用IBM系统370型168计算机，在声音识别系统方面取得91%的精确度。这一系统有1000个单词的词汇量，可以在正常说话速度下处理词汇，并可以在屏幕上显示词汇的发音。

日本研制成T3380型超大规模集成电路测试系统 T3380型超大规模集成电路测试系统的测试速度最高为100兆赫，测试通道384路，在使用高速型测试台时，系统的总时间精度达±500微微秒。是20世纪80年代初期世界上测试速度最高的系统。

美国研制成立体扫描仪 这是一种经过改进的扫描电子显微镜，安装在美国科学研究委员会实验中心，用它来设计集成电路，可以很容易地设计出能穿过针眼的微小芯片。

IBM-PC

国际商业机器公司［美］制成第一台IBM-PC 第一台IBM-PC采用了Inter公司4.77MHz的8088芯片，主机板上配备了64KB存储器，另有5个插槽以供增加内存或连接其他外部设备使用。1981年8月12日，IBM在纽约曼哈顿中心区沃尔夫酒店的礼堂举行发布会，向公众演示IBM-PC。

CDC公司［美］制成Cyber205巨型计算机 美国CDC公司制成的Cyber205巨型计算机是为复杂数据处理问题设计的，为单处理机系统，共有

6个型号，通过标量或向量处理装置并行地执行浮点、整数、位和字节的运算。主存容量400万字（64位），循环时间为80ns，虚存可寻址字达2.2×1012个，标量处理速度每秒5000万条指令，向量处理速度每秒8亿次操作。

摩托罗拉公司［美］发表16位微处理器MC68000　美国摩托罗拉公司（Motorola）制成的这种微机采用HMOS工艺，集成度达每片68000～70000个晶体管，数据总线、地址总线均为16，地址空间16MB，门极延迟时间约2ns，时钟频率418MHz，存取速度500。MC68000吸取了I8086和Z8000的优点，改进系统的设计思想，因而在著名的三种16位微处理器中，MC68000性能相对最好。

美国研制出一种有听力的计算机　这台计算机安装在伊利诺伊州，用于长途电话业务。呼话者拨通该计算机并读出它的信用卡号码，计算机即按"听"到的号码进行检查，如信用卡合格，计算机即为呼话者接通长途电话。

美国、英国研制出自动化办公系统　美国的Augment自动化办公室系统由斯坦福研究所研制，它包括笔记记录、编辑、排字和拼写纠正、会话录音、计算和计算机绘图等多种电子设备，用于公共机构。英国的Scrapbook自动化办公室系统与美国Augment系统类似，由英国国立物理实验所研制，英国各界广泛采用。

日本、美国研制出超大规模集成电路计算机　日本电气公司（NEC）推出了大型计算机ACOS1000，美国国际商业机器公司（IBM）推出了IBM308X。1981年日立制作所（Hitachi）推出了HITACM-280H，富士通（Fujitsu）推出FACOM M-300系列。1982年美国斯佩利公司（Sperry）推出UNIVAC 1100/900系列，霍尼韦尔公司（Honeywell）推出DPS88系列。它们都采用了超大规模集成电路（一块芯片上集成10万个以上晶体管等元器件）和高速逻辑元件（2～3.5ns），并装有64KB的大容量随机存储器芯片。通常把采用超大规模集成电路的计算机称作第四代计算机，上述计算机即是早期的第四代机。

EAT公司［美］研制出混合计算机HYSHARE700　HYSHARE700是由美国EAT公司研制的全集成化的、通用的、多用户、多任务混合计算机系统，以其高速度和并行性在大型、高速、实时及超实时仿真中显示出优势。

1981年

日本、法国制成高电子迁移率晶体管　20世纪70年代以来，由于砷化镓外延技术的突破和超晶格结构的出现，为高电子迁移率晶体管（HEMT）的研制创造了条件。1981年，日本富士通（Fujitsu）实验室和法国汤姆逊中心研究实验室分别宣布研制成这种器件。HEMT速度可与约瑟夫逊结器件相当，但功耗比砷化镓或硅元件都低。它能在室温下工作，而在液氮温度（77K）下可以达到最高速度。

泰克公司［美］制成组件式可编程脉冲发生器TM5000　可编程脉冲发生器TM5000是由美国的泰克公司（Tektronix）在其TM500的基础上研制而成的，TM5000采用Motorola的16位微处理器，可以利用软件进行过程控制，除主机框外，共有13个组件，可与IEEE-488兼容。TM500的所有组件均可以插入TM5000的机框，但是TM5000的组件不能插入TM500的机框中。

微软公司［美］改进MS–DOS　经美国Microsoft公司改进的MS-DOS（微软操作系统，早期叫作PC-DOS），被IBM公司应用于个人计算机。最基本的MS-DOS系统由与硬盘的MBR略有不同的BOOT引导程序和三个文件模块组成。这三个模块是输入输出模块、文件管理模块及命令解释模块。此外，微软还在零售的MS-DOS系统包中加入了若干标准的外部程序（即外部命令），与内部命令一同构建起一个在磁盘操作时代相对完备的人机交互环境。

MS–DOS

中国建成陕西显像管总厂　1977年4月，中国国务院正式批准引进彩色显像管成套技术和设备项目，并列为国家重点引进项目，定名为"咸阳彩色显像管工程"。陕西彩虹彩色显像管总厂建于咸阳，由总装分厂、玻璃分厂、荫罩分厂、荧光粉分厂、动力分厂、部品分厂、设计所等组成，工艺装备系统由日本引进，设计年产量14英寸彩色显像管64万只、22英寸彩色显像管32万只，1981年6月建成，是中国第一座现代化彩色显像管厂。1989年4月，以陕西彩色显像管总厂为主体组建的"彩虹电子集团公司"正式成立。1995年，彩虹电子集团公司总部由陕西迁往北京，1996年1月1日正式更名为"彩虹集团公司"，致力于光电子领域从材料到整机的研发、制造和销售，是中国第一只彩色显像管和第一块第五代液晶玻璃基板的诞生地。

日本小型录音机第二代产品开始投入市场 索尼、Aiwa、松下、三洋、东芝等都推出了小型录音机的第二代产品，其特点是增加了多种新功能，如录音、调频调幅收音、磁带自动返转等，有的产品还具有立体声录音、降噪系统等。

美国无线电公司和日本松下公司联合开发出1/2英寸摄像录音一体机HAWREYE 由美国无线电公司（RCA）和日本松下公司（Panasonic）联合研制的摄像录音一体机HAWREYE，1981年在美国推出。它的出现推动了各大公司竞相研制，使摄录机得以迅速发展。

美国推出开放式的个人计算机 美国国际商业公司（IBM）由杰克逊维尔（Jacksonville，Florida）领导的研究小组，推出IBM PC，该电脑采用了Intel 80×86微处理器和Microsoft公司的MS-DOS系统，该公司还公布了IBM PC的总线设计，为微型计算机的大规模生产打下了基础，成为微型计算机发展的一个里程碑。

美国研制出32位微型计算机 美国的Intel公司推出IAPX432、惠普公司（HP）推出HP-32、贝尔公司推出MAC-32等。IAPX432-01集成度为每片11万个晶体管，IAPX432-02每片集成度高达45万个晶体管。IAPX432采用HMOS工艺，HP-32采用NMOS工艺，MAC-32采用CMOS工艺，三者的数据总线、地址总线均为32位。

日本索尼公司发明磁性录像照相机玛维卡（Mavica） 日本索尼公司首次推出模拟式非数字式电子照相机——玛维卡（Mavica），1981年8月24日向新闻界公布了这一发明。这种相机使用磁盘，用电磁系统代替了化学胶卷，无须胶片，因而省去了冲洗、印制过程，是摄影技术领域的一次革命。玛维卡相机体积与传统35毫米反光照相机相仿，光学信号进入透镜后由光电管转变为信号，记录在一块长6厘米、宽5.6厘米、重8克的磁盘上，可储存50张彩色画面，拍摄好的画面可以通过胶片阅读机立刻在电视屏幕上显示出来，亦可翻印成照片。相机可以每秒10张的速度拍摄，还可以根据需要借助电子装置编辑画面和控制色彩明度。输出的信号画面可用电缆传输。

索尼玛维卡相机

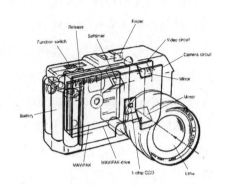

索尼玛维卡相机结构图

1982年

美国计算机网ARPA接受TCP/IP ARPA（Advanced Research Projects Agency，美国国防部高级研究计划局）在1982年接受了TCP/IP（Transmission Control Protocol/Internet Protocol，传输控制协议/因特网互联协议），选定Internet为主要的计算机通信系统，并把其他的军用计算机网络都转换到TCP/IP。1983年，ARPAnet分成两部分：一部分军用，称为MILNET；另一部分仍称ARPAnet，供民用。TCP/IP具有开放性，TCP/IP的规范和Internet的技术都是公开的，任何厂家生产的计算机都能相互通信，由此使Internet得到迅速发展。

中国科学院福建物质结构研究所制成偏硼酸钡单晶 由中国科学院福建物质结构研究所培养成功的偏硼酸钡单晶，是一种优质非线性光学晶体，具有倍频效率高、抗激光损伤能力强、工作波段宽等优点。1984年3月通过技术鉴定。

美国哥伦比亚广播公司、日本索尼及荷兰飞利浦公司联合推出小型磁盘机 这种小型磁盘机（CD）可以播放直径120mm的塑料光盘，光盘上面有微细的凹漕，可用激光读出上面所载的声音和其他信息。

飞利浦公司［荷］发明复制光盘新工艺 荷兰飞利浦公司（Philips）公布了用光聚化技术复制激光光盘的新工艺，它具有工艺简便、成品率高的优点。

日本、美国推出直角平面彩色显像管 1982年，日本东芝公司（Toshiba）和美国RCA公司相继开发出全矩形屏（FS）彩色显像管，其屏面的短轴、长轴、对角线之比为3：4：5，长边与短边的过渡角的曲率半径很小。不久，又推出了全矩形平面管型，将屏面曲率半径增大到后来标准曲率半径的1.5倍、1.7倍或2倍。由于其屏面接近平面，相对增加了可视面积和视角范围，画面图像失真较小，并减小了受周围环境光线反射的影响。

美国无线电公司［美］推出COTY-29系列彩色显像管 美国无线电公司（RCA）研制的COTY-29系列彩色显像管，其特点是显像与偏转线圈的组合最佳，通过改变锥颈形状，改进电子枪设计，使偏转线圈小型化，并在保持Φ29.1毫米中等管颈管聚焦质量的前提下，将偏转功耗减至与Φ22.5毫米细管颈管基本相同的水平。

松下电器公司［日］开发成功电视用的10比特A/D变频器 日本松下电器公司（Panasonic）开发出电视用的10比特A/D（将模拟信号转换成数字信号的电路，即模数转换器）变频器，这种变频器为了提高速度采取了并联方式，引入直线型修正线路，每平方英寸4万个线性像素，这一变频器成为后来开发数字电视机（TV）及磁带录像机（VTR）的重要器件。

惠普公司［美］制成全程控8112A型脉冲发生器 全程控8112A型脉冲发生器由惠普公司（HP）设在德国伯布林根的脉冲与函数发生器研制与生产中心研制，是20世纪80年代前期性价比最好的脉冲发生器之一。其特性为50MHz，5ns，输出幅度32V。机内微处理器可以根据周期选择各定时参量之间的比率，当周期发生变化时，这个比率仍可以保持不变。参量可以存储，并由LED显示。当接收到错误或不适当指令时，8112A会发出报警信号，或提出服务请求，通过询问可指明失误内容。

中国制成软X射线、远紫外曝光装置 中国科学院半导体研究所等单位研究制成软X射线曝光装置，可用于亚微米加工范围。电子工业部1445研究所研制成新型远紫外曝光装置，可使光刻线宽达1微米左右。中国科学院光电技术研究所在远紫外光刻技术的研究中，成功地得到了0.4微米的精细线条。

中国科学院半导体研究所等单位研制成多种砷化镓（GaAs）器件 中国

科学院半导体研究所研制成X波段GaAs雪崩管；河北半导体研究所研制成低噪声GaAs金属半导体场效应晶体管；南京固体器件研究所研制成单片X波段GaAs金属半导体场效应晶体管振荡器；北京电子管厂采用自掩蔽结构，研制成GaAs双极性微波晶体管。

日本研制出超小型VHS便携式录像机　这种录像机由日本7个VHS公司与5家磁带厂联合研制，定名VHS-C型。其盒带尺寸接近于普通录音带盒，每盒录放时间20分钟，录像机仅重2千克。

弗内斯III［美］研制出6自由度跟踪定位的头盔显示器　美国华盛顿大学工业与系统工程系的创始人、人机接口技术开拓者弗内斯III（Thomas A. Furness III 1943—）研制出带有6个自由度跟踪定位的头盔显示器（HMD），从而使用户可以脱离周围环境。头盔显示器是虚拟现实应用中的3DVR图形显示与观察设备，可以单独与主机相连以接受来自主机的3DVR图形信号。

松下公司［日］制成电子录像编辑VHS系统NV-8500　日本松下公司（Panasonic）研制的NV-8500由编辑录像机NV-8500型、编辑控制器NV-A500型、遥控搜索器NV-A505型和多路开关NV-J500型组成，可进行精度±2帧的高精度编辑，可根据不同用途要求进行系统组合，是一种可用于从教育电视到广播节目制作的十分灵活的编辑系统。

精工舍［日］制成电视手表　位于日本诹访的精工舍制成的电视手表，液晶黑白显示屏，画面尺寸25mm×17mm，包括数字式手表、电视显示与周边电路，调谐器和电源另附一小盒，全频道立体声附有调频，用耳机听伴音，1982年年底投放市场。

电视手表

索尼公司［日］推出袖珍平板屏电视机　日本索尼公司（Sony）研制的该电视机采用2英寸平板型黑白显像管，可接收VHF、UHF共62个频道的节目，电视机尺寸88mm×204mm×37mm，重540g。

美国研制成数字式电视机　美国的数字电视公司研制成功数字式电视机，这种电视机的结构主要由5块超大集成电路组成，元部件比模拟式电视机减少一半。电视机可以直接接收卫星电视信号，并带有立体声、程序预控、遥控、自动闭放等部件，使电视机的行、场存储器有重大革新，既可按规定标准扫描，又可以随时变动，极大地提高了图像的清晰度和稳定性，并可以使任何广播图像有选择地放大和固定。1983年该电视机正式生产并投放市场。

中国进行首次国内卫星通信和电视转播试验　中国的首次国内卫星和电视转播试验于1982年6月5日至10月5日进行，参加测试的共有10个卫星地面站，其中有9个被批准进入国际卫星组织的通信网。

斯科普斯公司［英］制成液晶屏示波器　由英国斯科普斯公司研制的这种示波器，液晶屏为6cm×10cm。

日本、荷兰研制的激光数字CD开始投放市场　1979年，荷兰飞利浦公司（Philips）和日本索尼公司（Sony）合作开发激光唱片。1982年10月—1983年3月，它们开发的激光数字音频CD（小型光盘唱片）先后在日本和欧美投放市场。

美日等国研制的新型影碟机投放市场　1982年8月，美国RCA公司研制生产的SGT-250新型影碟机投放市场，这是一种具有红外遥控、双通道立体声电视唱片系统。同年，北美飞利浦公司（Philips）鉴于原来的Magnavision牌电视唱机在功能方面的落后，也委托日本先锋公司（パイオニア株式会社、Pioneer Corporation）代制一种有红外遥控、双通道立体声影碟机，以Magnavision和Sylvania的商标出售。

索尼公司［日］研制出新型专业激光影碟机　日本索尼公司（Sony）在美国诺克斯维尔（Knoxville）国际展览会上，展出了该公司研制的一种专业新型激光电视唱片系统。它具有人机对话、随机检索等功能。展出时配置的程序，能够回答有关能源方面的问题。

英特尔公司［美］推出80286微处理器　1971年美国英特尔公司（Intel）研制出4004芯片，1978年研制成16位的8086微处理器，1979年研制出集成度2.9万个晶体管的8088微处理器，1982年研制出内外数据总线均为16位、集成度13.4万个晶体管、地址总线24位、寻址范围16MB、主频20Hz的80286微处理器。这个微处理器可以支持更大的内存，能够模拟内存空间，同时运行多个任务，而且运行速度达6~8MHz。1985年推出集成度更高的32位16Hz的80386微处理器，集成度达27.5万个晶体管，运算速度达每秒500万条指令。

1989年，投入3亿美元研制出功能强大的32位25Hz的80486微处理器，集成度达120万个晶体管。

80286微处理器

80386微处理器

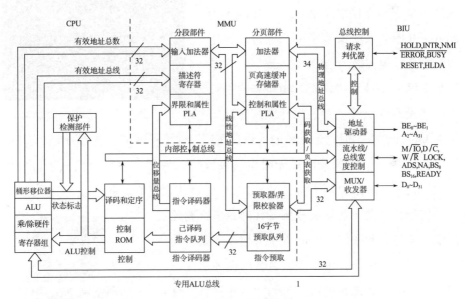

80386微处理器功能结构图

富士通公司［日］制成FACOM VP-200和100巨型计算机 日本富士通公司（Fujitsu）研制的FACOM VP-200型巨型计算机，运算速度为每秒5亿次浮点运算，FACOM VP-100型为每秒2.5亿次浮点运算，最大容量为2.56亿字节，创造了世界最大主存容量的纪录。该机在主存中采用了超高速大容量LS1电路的64K静态RAM，平均存取时间为56ns。有82个向量运算指令机构，这种机构采用了附带条件的向量和各种向量数据结构处理等新方式。备有FORTRAN77/VP编译程序，可以把用FORTRAN语言写成的源程序直接转换成能有效利用向量指令的执行程序。

日立公司［日］发布S810阵列处理机系统　日本日立公司（Hitachi）研制的这种系统有S810/20和S810/10两种型号，前者浮点运算速度6.3亿次，后者为前者的一半。它采用了日立公司的VOS₃操作系统和外围设备，在寄存器上装有传递数据时间为4.5ns的双极型存储器，采用并行流水线处理方式，在印制电路板正反面采用LSI电路，缩短了布线长度，实现了最大为256MB的大容量主存储器，主存还可扩充，最大可到1000MB。

里奇·斯克伦塔［美］编出世界上最早的计算机病毒Elk Cloner　美国一个15岁的高中学生斯克伦塔（Skrenta，Rich）为Apple Ⅱ操作系统编写了一个通过软盘传播的病毒，他称之为"Elk Cloner"，这是世界上第一个计算机病毒。由于当时的计算机还没有硬盘驱动器，虽然该病毒感染

受Elk Cloner病毒感染的屏幕

了上万台计算机，但它是无害的，只是在用户计算机屏幕上显示一首诗。

美国第一个常规蜂窝式无线电话系统投入使用　该系统投入运行后到1982年底，美国在205个城市开办了312个蜂窝式无线电话系统。

鲍摩尔［美］等研制成第三代彩色多普勒超声仪　美国的鲍摩尔（Baumol）等研制的第三代彩色多普勒超声仪，可以提供直观的循环血流图像，展示心脏和血管内血流时间和空间信息，有"无创伤性心血管造影术"之称。彩色多普勒超声一般是用自相关技术进行多普勒信号处理，把自相关技术获得的血流信号经彩色编码后实时地叠加在二维图像上，即形成彩色多普勒超声血流图像。彩色多普勒超声（即彩超）既具有二维超声结构图像的优点，又同时提供了血流动力学的丰富信息，在医院得到广泛的应用。

第三代彩色多普勒超声仪

Adobe公司［美］发行Adobe Reader软件　美国Adobe公司开发的Adobe

Reader软件是一款PDF文档阅读软件。Adobe Reader软件支持多媒体集成的信息出版和发布，提供对网络信息发布的支持。Adobe Reader软件的格式文件可以将文字、字形、格式、颜色及独立于设备和分辨率的图形图像等封装在一个文件中。该格式文件还可以包含超文本链接、声音和动态影像等信息，支持特长文件，且文件集成度和安全可靠性都较高，还包含文件中所使用的PDF格式版本，以及文件中一些重要结构的定位信息。Adobe Reader软件使用了工业标准的压缩算法，通常比PostScript文件小，易于传输与储存。

康柏公司［美］创立 康柏公司（Compaq）是美国得克萨斯仪器公司的罗德·卡尼翁（Rod Canion 1945—）、吉米·哈里斯（Jim Harris）和比尔·穆尔托（Bill Murto）于1982年2月各自投资1000美元共同创建的，主要生产笔记本电脑、PC机和各种服务器。康柏电脑最初的产品是称作Deskpro的个人计算机，该机与IBM-PC机完全兼容，是一款兼具便携性与兼容性的个人电脑，这是康柏公司生产的第一种便携型电脑。2002年康柏公司被惠普公司（HP）收购。

罗德·卡尼翁

1983年

美国多频道微波分配系统实用化 美国联邦通信委员会（FCC）批准用2.5～2.69GHz作为多频道微波分配系统（Multi-Channel Microware Distribution System，MMDS）波段，使MMDS实用化，这一系统很快成为发达国家有线电视发射接收系统。这一系统的原理是，电视节目由发射塔用微波发射，用户端用微波天线接收后经变频器变为V/U频道，再经解码器收看收听。

上海开通中国第一家寻呼台，BP机进入中国 BP机即寻呼机，是无线寻呼系统中的用户接收机。通常由超外差接收机、解码器、控制部分和显示部分组成。寻呼机收到信号后发出音响或产生震动，并显示有关信息。无线寻呼系统是一种没有语音的单向广播式无线选呼系统，它包括基站和若干外围基站、数据电路、寻呼终端以及寻呼机。寻呼终端将电话网送来的被叫用户号码和主叫用户的消息进行集中处理，实现重复呼叫、复台查询、统计和计费等功能，然后进行编码，变换成一定码型和格式的数字信号，经数据电路传送到各基站和外围站，并经这些基站发射机同时发射，被叫寻呼机接收到基站发射的信号后，便会有信息显示。BP机只能接收无线电信号，不能发送信号，是单向的移动通信工具。大哥大和传呼机在90年代初传入中国。

BP机（数字型）　　　　　　BP机（模拟型）　　　　　　大哥大传呼机传入中国

微软公司［美］推出文字处理器应用程序Word　Word全称Microsoft Office Word（微软办公文字处理），是微软公司推出并不断更新的文字处理器应用程序，1983年由新加入微软公司的布罗迪（Brodie，Richard Reeves 1959—）为了运行DOS的IBM计算机而编写，1983年底发行。微软公司随后开发出适用于Apple Macintosh（苹果麦金塔电脑，1985）、Microsoft Windows（微软公司研制的图形化工作界面操作系统，1989）、OS/2（Operating System/2，由微软和IBM开发的操作系统，1992）、SCO UNIX（Santa Cruz Operation Inc研制的多用户、多任务、功能齐全的网络操作系统，1995）的各类版本的文字处理器应用程序。其后几乎逐年更新，成为最流行的文字处理程序。

科恩［美］提出计算机病毒程序　计算机病毒程序指"编制者在计算机程序中插入的破坏计算机功能或者破坏数据、影响计算机使用并且能够自我复制的一组计算机指令或者程序代码"。与医学上的"病毒"不同，计算机病毒不是天然存在的，是某些人利用计算机软件和硬件所固有的脆弱性编制的一组指令集或程序代码。它能通过某种途径潜伏在计算机的存储介质（或程序）里，当达到某种条件时即被激活，通过修改其他程序的方法将自己精确拷贝或者可能演化的形式放入其他程序中。从而感染其他程序，对计算机资源进行破坏，对用户的危害性很大。1977年，瑞安（Ryan，T.S.）在自己的科幻小说《P-1的青春》中，描写了计算机病毒的出现和造成的灾难。1983年，美国计算机安全专家科恩（Cohen，Frederick B. 1957—）博士用实验证实了计算机病毒实现的可能性。

王永民［中］发明五笔字型汉字输入法　王永民（1943—）首创"汉字字根周期表"，发明的五笔字型汉字输入法（25键4码高效汉字输入法），键位布置合理，易学好用，无论多复杂的汉字或词组，最多只需击4个键即可输入电脑，在世界上首破电脑汉字输入每分钟100字大关，获中、美、英三国专利。1984年在联合国公开演示了这种汉字输入法，达每分钟输入120个汉字，每个汉字及词组最多按4键，是中国最受欢迎的汉字输入法之一。

王永民

英特尔公司［美］推出Votan 600语言识别器　美国英特尔公司（Intel）推出的Votan 600语言识别器，包括交换板、集成电路板和更先进的系统。

美国伟伦公司研制成电子摄像内窥镜　美国伟伦（Welch-Allyn）公司研制的电子摄像内窥镜由内窥镜、电子摄像装置、监视器三部分组成。图像清晰、色泽逼真、分辨率高，较1957年出现的光导纤维内窥镜为优，属于第三代内窥镜。

苹果公司［美］将莉萨鼠标器和下拉式菜单引入个人电脑　计算机鼠标器是一个可在坚硬表面移动处理屏幕上图像的装置，在推广这一技术使之商业化的过程中由于投入成本过大，方法过于复杂，后苹果公司（Apple computer）推出首次采用鼠标的莉萨机（Apple Lisa），并将下拉式菜单引入个人电脑，导致了Macintosh（麦金塔电脑，又称苹果机）的流行。

上海硅酸盐研究所［中］制成锗酸铋大单晶体　上海硅酸盐研究所用国产原料和设备，制出2.5厘米×2.5厘米×25厘米和7厘米×3.5厘米×26厘米的锗酸铋大单晶体，经在日内瓦召开的Lep-3工作会议有关专家测评，确认其长度、晶体均匀性等均达到相应指标。

三菱公司［日］制成大尺寸彩色液晶显示板　日本的三菱公司

（Mitsubishi）制成的大尺寸彩色液晶显示板，尺寸从1.4米×0.9米（像素192×120）至4.6米×2.9米（像素640×400），亮度与彩色鲜锐度尚不太高，适于在6米远的较暗室内观看。

贝尔电话实验室［美］获毫微微秒光脉冲　美国的贝尔电话实验室利用IBM公司的单模光纤压缩激光脉冲宽度技术，在波长为6200埃处得到了$3×10^{-14}$秒（30毫微微秒）的光脉冲。激光微微秒和亚微微秒脉冲技术的出现，为测量10^{-12}数量级的短时间间隔提供了新的技术手段。

美国的泰克科技有限公司［美］研制成5116型彩色示波器　美国的泰克科技有限公司（Tektronix）采用液晶彩色开关技术制成5116型彩色示波器，并将该示波器与5D10型波型数字变换器相结合，构成了该公司第一台彩色数字存储示波器。

日本推出第三代小型收录机　这种小型收录机的特点是体积更小、更薄、重量更轻、功能更多。有代表性的产品有Aiwa公司的HS-P5超薄型机，尺寸为108毫米×80毫米×23.8毫米，重230克。该公司的HS-P3X小型立体声收录机，具有自动返转机芯和降噪系统，并附无线发送和耳机无线接收装置，作用距离8米。

AIWA小型收录机

Song公司的WM-D6型机，采用了晶体锁相伺服控制系统、防摆动装置、杜比降噪器、单点立体声录音话筒等。松下公司（Panasonic）的RX-S70型机，具有自动返转机芯、轻触开关、非晶态合金磁头、复合磁性抹音磁头、立体声话筒，可以与金属带兼容。日立公司（Hitachi）的CP-7型机，除上述功能外，还可以遥控和防水。

索尼公司［日］制成BETA Movie摄录一体机　日本索尼公司（Sony）制成的BETA Movie摄录一体机，重量仅2.48千克，录像机磁头降至44.7毫米，使用BETA磁带盒能用BETA型录像机重放。该机使1/2英寸录像机的超小型化又前进了一步。

德国的ITT公司研制出数字式彩色电视　数字式彩色电视由德国的ITT公司（国际电报电话集团公司）率先推出，并向DIGIT-2000数字式彩电接收机专用电路俱乐部成员提供了专用集成电路和软件设计技术。

雅达利公司〔美〕开发的立体电子游戏问世 立体游戏机是在三维光栅和矢量技术的基础上发展起来的。第一家电脑游戏机厂商雅达利公司（Atari）开发的"星球大战"（Star War）游戏机，是一种矢量图像的游戏机，它的编程器能够控制绘画矢量光束的聚焦，并能把视频显示器上所显示线变粗或变细，明暗渐分，呈现立体感图像。

美国研制出个人测试仪器 个人测试仪器是随个人计算机的发展而出现的，由单板或双板测试电路加个人计算机构成，既是测试个人计算机的工具，又能借助个人计算机而成为一种多功能的测试仪器。1983年问世的有Northwest Instrument Systems公司研制的与Apple系列机兼容的2100型交互作用逻辑状态分析仪、与IBM PC系列机兼容的2200型交互作用定时分析仪；Omnilogic公司生产的与TBS-80微机兼容的LA-1680型逻辑分析仪；Gyborg公司的ISAAC2000系统可对Apple和IBM个人计算机进行测试；Analog Devices的MAC-500型测试单板可作为任何计算机的前端，构成测试与控制系统。

美国克雷公司开发出Gray X-MP巨型机 美国克雷公司（Gray）开发的Gray X-MP巨型机为多处理机系统，有两个CPU，每个CPU的能力都超过Cray-IS CPU的能力。Cray X-MP浮点运算每秒4亿次，既可处理标量也可处理向量。

中国制成向量计算机757机 该机由中国科学院计算技术研究所研制，1983年11月15日通过鉴定，字长64位，内存容量520K字，速度每秒1000万次。在体系结构设计上，独立提出和运用了向量纵模加工和多向量累加器概念；在逻辑设计中，采用了流水和重叠等技术。系统软件较丰富，在国内较早地进行了FORTRAN 77编译程序的开发和向量功能的扩充，操作系统具有多道功能。还采用了校验、校正、复算和诊断等技术，提高了系统的可靠性。

国防科学技术大学〔中〕研制成中国首台巨型机"银河Ⅰ" "银河Ⅰ"由国防科学技术大学研制，全国20多个单位协作，1983年12月通过国家鉴定。"银河-I"系统由主机、海量存储器、维修诊断计算机、用户计算机、电源系统、各种

银河Ⅰ

外部设备和系统软件构成，整个系统稳定可靠，软件较齐全，是20世纪80年代中国研制的运算速度最快（向量运算每秒1亿次以上）、存储容量最大（几百万字）、功能最强的计算机系统。

任天堂［日］第三代家用电脑游戏机（FC/NES）问世　日本任天堂（Nintendo）第三代家用电脑游戏机（FC/NES）问世，以高质量的画面、精彩的内容和低廉的价格震撼了游戏业，任天堂成为世界上最大的电子游戏公司。FC/NES机的出现预示着家用游戏主机时代的来临，它采取了特殊的外围电路图像处理器PPU，使中央处理器与外围电路实现了分离。

FC/NES游戏机

1984年

通信卫星地面接收站

国际电报电话咨询委员会推出电子邮政系统统一规范　国际电报电话咨询委员会推出文电作业系统MHS X.400系列标准建议，1988年又与国际化组织联合推出了CCITTX400更新版本，使电子邮件（E-mail）国际标准趋于完善。

卫星通信成为现代通信的重要手段　自1958年12月18日美国发射了世界上第一颗试验通信卫星"斯科尔"后，1965年美国发射了"国际通信卫星"Ⅰ号，标志着通信卫星进入实用阶段。1984年，国际通信卫星组织为170多个国家或地区提供电信业务。

柏林技术大学［德］提出预防计算机病毒问题　当时流行的计算机病毒包括"星期五13号""荷兰女孩""特洛伊木马""圣诞树"等，它们通过磁盘和计算机网络扩散流行。德国柏林技术大学提出了预防计算机病毒问题，此后各种防毒软件应运而生。

列别捷夫物理研究所［苏］研制出双掺钇镓石榴石晶体　由苏联列别捷

夫物理研究所研制的双掺钇镓石榴石晶体，可使激光器效率达到5%。

Altera公司［美］制成可擦可编程逻辑器件（EPLD）　由美国的Altera公司推出的EPLD软件，具有用户可编程/可擦的特性，为快速系统的试制和设计调整带来了很大方便，缩短了研制周期，降低了研制费用，使该公司在可编程系统级芯片（SOPC）领域中一直处于领先地位。

飞利浦公司［荷］、索尼公司［日］推出CD-ROM（只读记忆光盘）　CD-ROM（Compact Disc Read-Only Memory）即只读光盘，是一种在电脑上使用的光盘。这种光盘只能写入数据一次，信息将永久保存在光盘上，使用时通过光盘驱动器读出信息。CD的格式最初是为音乐的存储和回放设计的，1985年由日本索尼公司（Sony）和荷兰飞利浦公司（Philips）制定的黄皮书标准使得这种格式能够适应各种二进制数据。有些CD-ROM既存储音乐，又存储计算机数据，这种CD-ROM的音乐能够用CD播放器播放。

快闪存储器被制成　快闪存储器（Flash EPROM，简称闪存）是1984年发展起来的一种新兴的半导体存储器件。快闪存储器是电子可擦除可编程只读存储器（Electrically Erasable Programmable Read-Only Memory，EEPROM）的一种形式，闪存既吸收了EPROM结构简单、性能可靠的优点，又保留了EEPROM用隧道效应擦除的快捷特性而且集成度较高。闪存的存储单元采用的是单管叠栅MOS管，结构与EPROM中的SIMOS管相似，两者的最大区别是浮置栅与衬底之间的氧化层的厚度不同。

麦格里夫［美］、汉弗里斯［美］开发虚拟世界视觉显示器　美国国家航空航天局Ames研究中心虚拟行星探测实验室的麦格里夫（McGreevy，Michael W.1944—1995）和汉弗里斯（Humphries，D.J.）博士组织开发了用于火星的虚拟世界视觉显示器，将火星探测器发回的数据输入计算机，为地面研究人员构造了火星表面的三维立体虚拟世界。

苹果公司［美］推出Macintosh计算机　美国苹果公司（Apple）公司借鉴Xerox PARC的做法，在其Macintosh计算机上加入了声音、图像等多媒体可视听信息，标志着多媒体技术的诞生。此前的个人计算机只能处理文字和数字，属于单媒体。个人电脑不仅可以处理文字和数字，还能处理图像、文本、音频、视频等多种媒体，称作多媒体。Macintosh计算机采用了施乐公司研究中心PARC发明的图形用户界面，并具有菜单式选择功能，使计算机使用更加方便。苹果公司推出的具有图形界面操作系统的Macintosh计算机，彻底改变了计算机的视觉效果和使用方式，它使计算机的操作和使用更加直观和容易。

VSAT网开始运行　由于卫星功率和地面接收灵敏度的不断提高，卫星通信较高频段的开发以及卫星天线方向性的改善，使得小型地面接收装置"甚小孔径通信终端"，即VSAT得以出现。1984年，美国首先开始运行VSAT网，很快以成本低和使用灵活而推广到欧洲、澳洲和亚洲。

中国成功发射试验通信卫星　1984年4月8日中国用"长征-3"火箭发射第一颗试验通信卫星"东方红-2"，于4月16日18时27分57秒定点于东经125度的赤道上空。在通话、广播和彩色电视的传输试验中，图像清晰、声音良好。

中国发射的"东方红-2"通信卫星

戴尔公司［美］创立　美国戴尔公司（Dell）的创始人是迈克尔·戴尔（Michael Dell 1965—），该公司创立后以优惠价格直销的方式很快发展起来。1989年推出基于486CPU芯片的个人电脑，促进了个人电脑的普及。

1985年

国际电气和电子工程师协会召开第一届智能控制学术讨论会　国际电气和电子工程师协会（IEEE）在美国纽约召开了第一届智能控制学术讨论会，讨论了智能控制原理与智能控制系统的结构。会后不久在IEEE控制系统学会内成立了IEEE智能控制专业委员会，该专业委员会对智能控制定义与研究生课程教学大纲进行了讨论。

非洲国家卫星通信系统开始筹建　非洲国家卫星通信系统于1985年8月筹组，由非洲22个国家在欧洲空间局帮助下组网。

欧洲卫星通信组织开始筹建　欧洲卫星通信组织始建于1985年9月1日，

截至2006年已有47个成员国，为各成员国提供视频会议、电话会议、高速传真、电视教育和各种商业卫星通信。

阿拉伯卫星通信组织（ARABSAT）建成 阿拉伯卫星通信组织（ARABSAT）的宗旨是建立、经营和维持阿拉伯区域的通信系统。该组织拥有3颗通信卫星，于1985年开始营业。主要使用C频段和S频段（2500兆赫~2690兆赫）。

美国电报电话公司［美］、贝尔电话实验室［美］使用光纤传送信息获得成功 美国电报电话公司（AT&T）研制的光纤传送信息可以对30万门电话及200倍高分辨率电视频道图像，同时经过一个单独的光纤完成多路传送。

康奈尔大学［美］研制成超高速晶体管 康奈尔大学研制的这种超高速晶体管，其开关速度比普通晶体管快6倍，提高到万亿分之一秒。

微软公司［美］推出微软视窗操作系统Microsoft Windows 美国微软公司（Intel）于1983年开始开发适合个人电脑的图形界面操作系统。1985年11月20日推出基于DOS内核的操作系统的微软视窗软件（Windows 1.0），最初叫"界面管理器"，后称为Windows1.0。它使PC开始进入图形用户界面GUI时代。在图形用户界面中，每一种应用软件都用一个图标表示，图形的生动和鼠标操作方式的灵活性、易用性，以及多任务操作给用户提供了极大的方便，把计算机的使用提高到了一个新的阶段。随着电脑硬件和软件系统的不断升级，微软公司致力于Windows操作系统的不断完善，版本持续更新。微软公司早期开发的Windows是基于DOS系统的一个图形应用程序，并通过DOS来进行文件操作，直到Windows 2000的推出，Windows才摆脱了DOS的束缚，成为真正独立的操作系统。Windows是世界上用户最多且兼容性最强的操作系统。

亚利桑那州立大学［美］研制成微型晶体管 美国亚利桑那大学研制出20世纪80年代中期最小的晶体管，该管直径为百分之一点五英寸。它可以数以千计为一组，组装在集成电路芯片中，以加快计算机处理数据的速度。

美国广播唱片公司推出SP彩色显像管 美国广播唱片公司（RCA）推出的SP彩色显像管，其屏面中心曲率半径大，呈平面状，四周曲率半径小，呈球状，这样既保留了平面管的视觉效果，又改善了直角度平面管耐大气压的机械强度较差和色纯劣化的缺陷。

英特尔公司［美］制成32位16MHz的80386DX微处理器芯片 美国英特尔公司（Inter）推出32位16MHz的80386DX微处理器芯片。80386DX集成度为27.5万个晶体管/片，是第一代微处理器4004的120倍；运算速度达到每秒500万条指令，比其他公司研制的32位芯片快了两倍。80386型的主频比80286型有了明显提高，最低频率为12.5MHz。

中国制成首台自由电子激光器 中国科学院上海光学精密机械研究所研制的自由电子激光器为拉曼型，输出波长在Ka波段（6～8毫米），输出的激光辐射平均功率为0.1兆瓦，脉冲半宽度为20毫微秒，效率0.1%。电子束由一台EB-1型强脉冲电子加速器提供，电子束强度为0.2千安培，能量为0.5兆电子伏，脉宽为60毫微秒。

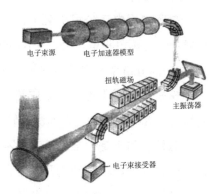

自由电子激光器

多媒体系统Amiga 500

康懋达公司［美］开发出多媒体系统Amiga500 美国康懋达公司（Commodore）开发的这种世界上第一个多媒体系统，它以功能完备的可视听信息处理能力、丰富的实用工具和优良的硬件设备，展现了多媒体技术的魅力和灿烂前景。Amiga500在高分辨率、快速的图形响应、多媒体任务，特别是游戏方面做了专门设计。处理器是摩托罗拉的680x0系列处理器。是第一代具有真彩显示的计算机之一。

东芝公司［日］制成世界上第一台笔记本电脑 世界上第一台笔记本电脑是由日本的东芝公司（Toshiba）于1985年推出的一款名为T1100的产品。T1100的CPU采用Intel8086，带有9英寸的单色显示屏，可以运行MS-DOS系统。这一技术

东芝T1100笔记本电脑

创新开启了笔记本电脑产业。

中国制成银河数字仿真计算机　银河数字仿真计算机由中国国防科学技术大学和国家航天部二院计算站研制，1985年10月15日通过国家级鉴定，它用数字运算来模拟物理过程，是武器系统和航天飞行器设计、试验、定型检验以及核电站反应堆控制、电力网动态控制等的重要手段。

中国第一台弧焊机器人研制成功　在北京军事博物馆举行的全国科技成果展览会上，展出由哈尔滨工业大学和哈尔滨风华机器厂主持研制的中国第一台"华宇Ⅰ型"（HY-Ⅰ型）弧焊机器人（arc welding robot）。传统的手工焊接操作非常辛劳，采用机器人焊接已成为焊接自动化的标志。智能化的焊接机器人特别适合空间站、核环境、深水条件下的焊接作业。

华宇1型弧焊机器人

1986年

美国建立计算机网NSFnet　美国国家科学基金组织（NSF）将分布在美国各地的5个为科研教育服务的超级计算机中心互联，并支持地区网络，形成NSFnet。1988年，NSFnet替代ARPAnet成为Internet的主干网。NSFnet主干网利用TCP/IP技术，准许各大学、政府或私人科研机构的网络加入。1989年，Internet从军用转向民用。

美国海军实验室研制成真空微电子器件　由美国海军实验室研制的这种真空微电子器件，是利用场发射冷阴极和真空管概念，以及先进的半导体微细加工技术发展起来的一种新型微电子器件。

美国、日本研制出新型门阵列电路　美国和日本联合研制出有5万个门电路的高集成度新型门阵列，其平均时延为0.7纳秒，还制成了具有强抗辐射能力有1万个门电路的电流型逻辑门阵列。日本制成了BIMOS门阵列电路，它将双极性单元与CMOS单元集成在一块衬底上，既具有双极性电路的高速度，又具有CMOS电路的低功耗。

四通公司［中］推出第一代MS系列文字处理机——MS-2400　1984年5月四通公司在北京中关村创办，致力于办公自动化产品的开发经营。1986年5月四通公司推出MS-2400中文文字处理机。MS系列文字处理机是一种小型电脑，它集键盘、液晶显示屏、中央处理器、字库和打印机于一身，M代表三井（Mitsui），S代表四通（Stone），24是打印头的针数，00表示第一代。四通集团公司是中国著名的民营科技企业，为中国办公自动化事业的进步做出了重大贡献。

四通打印机　　　　　　　　　　　　　　四通公司

宾利兄弟［美］开发完成MicroStation　美国宾利（Bentley）工程软件系统有限公司开发的MicroStation，是国际上和AutoCAD齐名的二维和三维CAD设计软件。第一个版本由宾利（Bentley）兄弟在1986年开发完成，其专用格式是DGN，并兼容AutoCAD的DWG/DXF等格式。适用于建筑、土木工程、交通运输、加工工厂、离散制造业、政府部门、公用事业和电讯网络等领域。MicroStation支持多种硬体平台及操作系统。它所支持的硬体平台及操作系统已覆盖当时世界上所有较为知名的硬体厂商。

美国、日本、澳大利亚科学家联合建成分辨率最高的射电望远镜　美国、日本、澳大利亚科学家使地面上一个直径70米的抛物面天线，与一颗数据转播卫星上的5米直径抛物面天线建立起电磁联系，形成了一个长达4万余千米的测量基线，建成了高分辨率的射电望远镜。

康柏公司［美］制成Deskpro PC　康柏公司（Compaq）第一次领先于IBM推出了基于Inter80386芯片的个人计算机Deskpro PC。

美国制成AN/ALQ-165（ASPJ）机载自卫干扰机 AN/ALQ-165（ASPJ）机载自卫干扰机，是美国海军根据国防部的指示于1976年开始委托多家公司联合研制的通用标准电子战系统，是供战术攻击机和战斗机用的先进的内装载自卫干扰机。它具有已往电子对抗系统不曾有过的对抗能力，可以在密集信号环境中对付频率捷变、脉冲重频率捷变、高重频脉冲多普勒信号并能对付被动扫描和被雷达跟踪。可同时对付16～32个目标，频率范围0.7～18千兆赫。系统采用了快速调谐压控振荡器，能在微秒量级的时间调到要求的频率上，谐振误差小于1兆赫。系统采用模块化设计，可根据不同战机要求灵活组装，其计算机系统具有根据新的威胁环境重编程序的能力。机内配有故障自检设备，提高了使用的可靠性。

费希尔〔美〕研制成多用途的VR系统 美国国家航空航天局Ames研究中心的费希尔（Fisher，Scott 1951—）在1985年研制成可以测量手指动作的数据手套（Data Glove）的基础上，于1986年又研制成基于数据手套和头盔显示器（Head Mount

头盔显示器和数据手套

Display，HMD）的虚拟世界（VR）视图（VIEW）系统，用户可以用手抓住某个虚拟物体并操纵它，可以用手势和系统进行初步交流。这是世界上第一台较为完整的多用途、多感知的VR系统。该系统包括头盔显示器、数据手套、语言识别与跟踪等技术，广泛用于空间技术、数据可视化、远程操作等领域。

Adobe公司〔美〕首次发行Adobe Illustrator 美国的Adobe公司创建于1982年，是世界领先的数字媒体和在线营销解决方案供应商。Adobe Illustrator是一款专业图形设计工具，可提供丰富的像素描绘功能以及顺畅灵活的矢量图编辑功能，能够快速创建设计工作流程。2012年发行的Adobe Illustrator CS6，比Adobe Illustrator CS4和Adobe Illustrator CS5增加了大量功能，并通过Adobe Mercury实现64位支持，优化了内存和整体性能。

中国发射第一颗国内通信卫星 中国于1986年2月1日发射第一颗国内通

信卫星，定点东经103度。1988年3月7日、12月22日和1990年2月4日又发射了3颗国内通信卫星，分别定点东经87.5度、110.5度和98度，均属于"东方红–2"系列。

1987年

首届国际智能控制会议在美国召开　1987年1月，在美国费城由电气和电子工程师协会（IEEE）控制系统学会与计算机学会，联合召开了第一届智能控制国际讨论会，150名代表出席，表明智能控制作为一门科学正式得到国际学界的认可。此后，每年举行一次国际讨论会。

中国计算机首次联入国际网络　中国国家机械委员会计算机应用技术研究所的一台7760中型计算机系统，成功地联入国际计算机网络，实现与网中的1万台计算机通信对话，共享资源。

中国开办最早的磁卡电话业务　磁卡电话是一种用磁卡控制通话并付费的公用电话，它由电话部分、控制部分和读卡器三部分构成。中国在广州举办第6届全国运动会期间，开办了最早的磁卡电话业务。北京于1988年9月也开办了磁卡电话业务。

速尼软件公司［美］、国家声音档案馆［英］开发除噪音数字技术　世界领先的数字媒体软件生产商洛杉矶速尼软件公司（Sonic Solution）和英国的国家声音档案馆开发除噪音数字技术。速尼软件公司开发的这种技术可以从音乐录音中消除噪音，将噪音用同样自然流畅的相关声音替换。英国国家声音档案馆开发的无噪音系统则可以用清晰的声音替换噪音，并可以先将准备用来替换噪音的声音储存起来。

日本电报电话公司制成16兆位动态随机存取存储器芯片　日本电报电话公司（NTT）开发的这种动态随机存取存储器芯片，在面积仅1平方厘米的硅片上可以存储100万个汉字的信息。

中国制成第一块空间砷化镓单晶　中国利用第9颗返回式卫星搭载的实验设备，采用降温凝固法成功地制成世界上第一块砷化镓单晶，同时还获得了直径10毫米、长度分别为10毫米和7毫米的掺碲砷化镓单晶。空间生产的砷化镓单晶没有杂质条纹，掺杂均匀性获得重大改善。

CSI公司［意］发行ETABS 意大利的CSI公司是一家欧盟授权的专业认证及检测机构，所开发的ETABS是一款房屋建筑结构分析与设计软件，是全球公认的高层结构计算程序，是房屋建筑结构分析与设计软件的业界标准。该软件系统利用图形化的用户界面来建立一个建筑结构的实体模型，通过先进的有限元模型和自定义标准规范接口技术进行结构分析与设计，实现了精确的计算分析过程和用户可自定义的（选择不同国家和地区）设计规范进行结构设计工作。

柯达公司［日］推出一次性Fling照相机 日本柯达公司（Kodak）研制的这种相机可以像普通照相机那样随意照相，相机要在冲卷时一起交回，由厂家处理。如需再照相，则需购买一台新的Fling相机。

Kodak Fling照相机

微软公司［美］推出Windows2.03 美国微软公司（Microsoft）推出含有窗口层叠及窗口大小调整功能、大量的应用程序、文字处理软件、记事本、计算器、日历等Windows2.03版本。

1988年

美国与英法之间第一条大西洋海底光缆敷设成功 1988年，在美国与英国、法国之间敷设了越洋的海底光缆TAT-8系统，全长6700千米。这条光缆含有3对光纤（三芯海底光缆），每对的传输速率为280Mb/s，中继站距离为67千米。这是第一条跨越大西洋的海底通信光缆，标志着海底光缆时代的到来。1989年，跨越太平洋的海底光缆（全长13200千米）也敷设成

三芯海底光缆

功，从此，海底光缆在跨越海洋的洲际海缆领域取代了同轴电缆，远洋洲际间不再敷设海底电缆。

中国正负电子对撞机首次对撞成功 北京正负电子对撞机由中国科学院

高能物理研究所负责建造，包括电子注入器、贮存环、探测器及技术处理中心、同步辐射区等4个主要部分，设计能量为28亿电子伏。1984年10月7日奠基，1988年10月16日正负电子首次对撞成功。

北京正负电子对撞机

美国发生莫里斯计算机病毒案　1988年11月2日深夜，美国康奈尔大学一年级研究生莫里斯（Morris，Robert Tappan）将一个被称为"蠕虫"的电脑病毒程序输进了计算机国际互联网Internet，使网中8500多台计算机染上了病毒，其中6200多台计算机不得不停止工作，Internet网被迫关机40小时，丢失了大量数据，直接经济损失1500万美元。莫里斯这个程序只有99行，利用了Unix系统中的缺点，用Finger命令查联机用户名单，然后破译用户口令，用Mail系统复制、传播本身的源程序，

莫里斯

再编译生成代码。最初的网络"蠕虫"设计目的是当网络空闲时，程序就在计算机间"游荡"而不带来任何损害。当有机器负荷过重时，该程序可以从空闲计算机"借取资源"而达到网络的负载平衡。而"莫里斯蠕虫"不是"借取资源"，而是"耗尽所有资源"。莫里斯为此受到法律惩处并被康奈尔大学开除。莫里斯后来担任麻省理工学院计算机科学和人工智能实验室终身教授。

美国制成双极晶体管　贝尔电话实验室利用气源分子束取向生长法制成双极晶体管，由两个背靠背P-N结构成，具有电流放大作用的晶体三极管，起源于1948年发明的点接触晶体三极管，20世纪50年代初发展成结型三极管即双极型晶体管。双极型晶体管有两种基本结构：PNP型和NPN型。这种晶体管，中间一层称作基区，外侧两层分别称作发射区和集电区。当基区注入少量电流时，在发射区和集电区之间就会形成较大的电流，由此产生放大效应。

法国和荷兰的汤姆逊（阿纳尼）公司合作研制成宽屏显像管　全球四大消费电子类生产商之一的法国汤姆逊公司和荷兰汤姆逊公司合作开发的宽高

比16∶9的显像管，1988年9月在英国布赖顿举办的国际广播协会会议上首次亮相，揭开了被称为第三代电视——高清晰度电视（HDTV）的序幕。

宽屏电视机

英特尔公司［美］制成准32位普及型微处理器芯片80386SX 美国英特尔公司（Inter）推出价格与80286相当的准32位普及型微处理器芯片80386SX。内部数据总线为32位，与80386相同，外部数据总线为16位，其内部处理速度与80386DX接近，支持多任务操作，可以接受为80286开发的16位输入/输出接口芯片，降低了整机成本。

中国制成新型氢原子钟 由上海天文台研制的氢原子钟，又称实用型氢频标，是一种1000万年误差不超过1秒的高精度时间频率标准。氢原子钟是在现代科学实验室和生产部门广泛使用的一种精密时钟，它利用氢原子能级跳跃时辐射出来的电磁波去控制校准石英钟。这种钟的稳定程度相当高，每天变化只有十亿分之一秒。氢原子钟亦是常用的时间频率标准，被广泛用于射电天文观测、高精度时间计量、火箭和导弹的发射、核潜艇导航等方面。

日本研制成并列推理计算机 这台并列推理计算机是由日本政府展示的"第五代电子计算机工程（1982—1991年）"的中期研究成果，由64台推理机、一个中央运算机和可进行自然语言处理的"双重处理装置"等三部分组成，具有记忆、联想和推理功能，相当于小学六年级学生智力水平。

中国发射"东方红"2号甲通信卫星 "东方红"2号甲是"东方红"2号卫星的改进型，属中国第二代通信卫星。"东方红"2号甲转发器数量比原来增加了一倍，输出功率提高了25%，设计寿命提高了1.55倍。能提供3000路电话或4路电视，分别比"东方红"2号提高了3倍和2倍。第一颗"东方红"2号甲定点于东经87.5度的赤道上空。转发器A和B分别

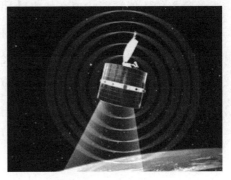

"东方红"2号甲通信卫星

用于中央电视台第一、二套节目的转播，转发器C用于转播西藏电视台节目和为中国人民银行提供特种服务，转发器D以时分制方式转播云南、贵州和新疆电视台的节目。

1989年

拉尼尔［美］提出虚拟世界（VR）概念 1985年，杰伦·拉尼尔（Lanier, Jaron 1960—）和汤姆·齐默尔曼（Tom Zimmerman）合伙成立了VPL研究所，致力于虚拟世界技术的研究。1989年，拉尼尔提出了虚拟世界（又译虚拟现实、虚拟技术Virtual Reality, VR）的概念，即利用计算

拉尼尔

机模拟产生一个人为的三维虚拟环境，通过这个虚拟环境来模拟现实活动，为使用者提供视觉、听觉、触觉等感官的模拟。他还发明了虚拟相机，设计三维图形电影，被誉为虚拟世界之父。VR技术综合了计算机图形技术、仿真技术、多传感交互技术、人工智能、人机交互及现实技术等多种高新技术成果，在科学研究及军事领域得到广泛应用。成立于1967年致力于发展计算机绘图和动画制作的软硬件技术的计算机图形图像特别兴趣小组（Siggraph），1990年在美国达拉斯召开的会议上，确定VR技术的主要内容为：实时三维图形生产技术、多传感交互技术、高分辨率显示技术。

日本试验光孤子通信 光孤子（Soliton, Solitons in optical fibres）是指经过长距离传输保持形状不变的光脉冲。光孤子通信是一种全新的非线性通信技术，其信息传输容量比现有最好的线性通信系统要高1～2个数量级。日本电话电报公司利用相干系统光纤放大器，以每秒2500兆比特的传递量传输了2223千米。后来，美国贝尔电话实验室又在模拟实验室中，以每秒5000兆比特的传递量传了9000千米。1994年，日本以每秒10千兆比特的传递量传递9100千米的实验获得成功，已接近实用。

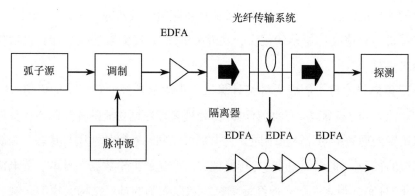

光孤子通信系统基本结构

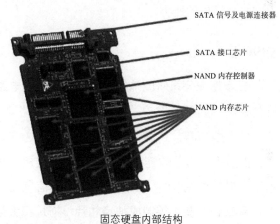

固态硬盘内部结构

国际商业机器公司〔美〕开发出世界上第一款固态硬盘　在StorageTek公司（后来的Sun StorageTek）1970年开发出第一个固态硬盘驱动器的基础上，1989年，国际商业机器公司（IBM）开发出世界上第一款固态硬盘（SSD）。固态硬盘并无机械部分，由控制单元和存储单元（Flash芯片）组成，有很好的抗震性，能耗很低。

英特尔公司〔美〕制成32位芯片80486　经过四年的努力和3亿美元的资金投入，美国的英特尔公司（Inter）研制出功能强大的32位芯片80486。首次突破了100万个晶体管的界限，集成度为120万个晶体管。时钟频率有25MHz、33MHz、40MHz、50MHz等几种。

三菱电机〔日〕制成高密度光盘　日本三菱电机中央研究所制成的高密度光盘，每平方厘米存储容量达600亿比特。

联邦德国批量生产4兆位动态随机存取存储器芯片　美国IBM公司在联邦德国的一家工厂开始生产4兆位动态随机存取存储器芯片。

日本研制成约瑟夫森电子计算机　世界上第一台全部采用约瑟夫森超导

器件的计算机，由日本通产省所属工业技术院电子技术综合研究所研制成功。该计算机运算速度达每秒10亿次，功耗6.2毫瓦，仅为常规电子计算机功耗的千分之一。

三菱电机［日］制成光神经计算机 理想的神经计算机是能模仿人的大脑判断能力和适应能力，并具有可并行处理多种数据功能的神经网络计算机。与以逻辑处理为主的计算机不同，它本身可以判断对象的性质与状态，并能采取相应的行动，而且可以同时并行处理实时变化的大量数据。日本三菱电机在1989年7月底试制成一台光神经计算机，它以人脑的神经结构为模型研制。当反复读取所给的数据后，就具有了自动记忆和学习功能。这台计算机已经达到识别26个字母的能力。

1990年

日本理光公司研制神经LST大规模集成电路 1990年日本理光公司比照人脑的神经细胞研制成功一种大规模集成电路"神经LST"。"神经LST"能模仿人的大脑功能，利用生物的神经信息传送方式，在一块芯片上载有一个神经元，然后把所有芯片连接起来，使之形成神经网络。这是自学型和并行分散处理型大规模集成电路，不需要软件，其信息处理速度为每秒90亿次。

科瓦奇［美］等制成神经芯片 斯坦福大学的科瓦奇（Kovacs，Greg）等人制成的这种新型微电子神经芯片，含有一系列8～16微米的洞，每个洞由铟微电极所包围。这种电极可以记录再生神经中电的活动性，又可以传送电信号以激发神经活动。芯片中的洞是用等离子体刻蚀法制成，为防止活组织退化，整个芯片用氧化硅覆盖，用这种芯片可以重新连接动物断肢的神经。科瓦奇等人将一个1毫米×3.6毫米的神经芯片植入老鼠体内，该芯片在一年多的时间里，成功地传送了来自老鼠脚神经断裂端的信号。

贝尔公司［美］研制出光子元件 美国贝尔公司（Bell）研制的这种光子元件，实际上是一组光转换器，用砷化镓制成，交换速度达每秒1亿次。

日立公司［日］研制出64兆位存储器 1990年6月，日本日立公司（Hitachi）宣布试制成功64兆位动态随机存取存储器，芯片为9.74毫米×20.18毫米，驱动电压1.5伏，仅相当于16兆位动态随机存取存储器所用电量

的1/10。

西门子公司［德］开始生产16兆位存储器　德国西门子公司（Siemens）生产出首批16兆位存储器样品，这种存储器在142平方毫米硅片上集成了3300万个元件，可存储相当于1000页A4纸文件的信息。

摩托罗拉公司［美］将超级计算机挤进单块芯片　美国摩托罗拉公司（Motorola）运用其专有的0.5微米CMOS工艺，将一台超级计算机挤进了只有2.1英寸×2.1英寸的单块芯片CPUAX。该芯片集成了400万个器件，每秒可执行2亿次浮点运算。CPUAX芯片还具有自维修功能，它与一片含有36000个器件的通用外围处理器联合，可自行检验芯片内的器件，将性能好的器件组合起来工作，将失效的或性能差的与电路脱开。芯片内有足够的备用宏单元用于自维修。CPUAX适用于要求高速、小尺寸、高计算能力而且可靠性高的领域。

日本电报电话公司成功地将2.5Gb/s光信号传送2500千米　日本电报电话公司（NTT）采用相干光通信技术，将25台光纤增幅器组合，成功地将2.5Gb/s的光信号传送了2500千米。

索尼公司［日］开发成功200万像素的CCD画素传感器　日本索尼公司（Sony）开发成功HDTV摄像机用的200万像素的CCD画素传感器，输出为37.125MHz，以74.25MHz的读写方式两列水平传输，画素为7.30（H）μm×7.6（V）μm。这种HDTV摄像机内藏电子快门速度为1/60～1/1000，像素为1920×1036。

中国研制成大型集成电路CAD、CAT、CAM系统　该项目由中国机械电子工业部主持攻关，包括大型集成电路、计算机辅助设计（CAD）系统、计算机辅助测试（CAT）系统和计算机辅助管理（CAM）系统。CAD系统的核心部分由28个设计工具组成，共180万条语句，具有集成电路设计所需版面编辑、逻辑模拟、电路模拟、自动布局布线和验证等功能。测试程序库已开发出12类集成电路测试程序和265种测试包，库内数据已达2.56亿字节。CAM系统包含了计划、调度、工艺、材料和制版等10余个全部汉字化的子系统。

微软公司［美］推出软件Windows3.0　美国微软公司（Microsoft）推出Windows3.0版本。Windows3.0一经上市即成为超级畅销软件。6个月内销出200万套,第二年销售达700万套,居全球计算机软件排行榜首。

日美研制各种便携式计算机 日本富士通公司(Fujitsu)推出了新一代膝上型计算机,索尼公司(Sony)研制出掌上型计算机。美国康柏公司(Compaq)研制的便携式计算机,体积只有笔记本大小。

日本电气公司、富士通公司〔日〕制成高速计算机 日本电气公司(NEC)于1990年7月推出的计算机运算速度高达每秒5亿条指令,储存容量128万亿字节。2个月后,富士通公司(Fujitsu)推出了新型计算机M-1800,其运算速度达每秒6亿条指令。

贝尔电话实验室〔美〕研制光计算机 利用光作为载体进行信息处理的计算机被称为光计算机,又叫光脑。美国贝尔电话实验室研制出一台由激光器、透镜、反射镜等组成的计算机,这是光计算机的雏形。随后,英、法、比、德、意等国的70多位科学家研制成功一台光计算机,其运算速度比普通的电子计算机快1000倍。

富士通公司、日立公司〔日〕制成高速神经计算机 日本富士通公司(Fujitsu)于1990年1月宣布,研制成有256个神经细胞,运算速度每秒5亿次的神经网络计算机。同年11月26日,日立公司(Hitachi)宣布研制成仿人脑结构计算机,它由1152个神经细胞构成,每秒钟最高能进行23亿次学习动作。

索尼公司〔日〕、松下电器公司〔日〕研制成能识别语音和手书的计算机 日本索尼公司(Sony)1990年3月推出了一种新型板式计算机,它没有键盘,能识别语音和手书。松下电器公司(Panasonic)也研制了一种新型计算机,它不但能识别语音,还能把它翻译成其他语言。

美国研究出全数字高清晰度电视系统方案 由美国的通用电器公司和麻省理工学院组成的美国电视联盟(ATA),推出了第一个全数字HDTV方案——Digicipher。随后,高级电视研究集团推出了高级数字DHTV方案,Zemith公司和AT&T公司推出了数字频谱兼容HDTV方案,ATA公司又推出了全数字频道兼容方案。经测试,四套全数字系统不相上下。1993年5月24日,三家联合成立了高清晰度电视系统联盟,决定共同开发集四个系统之长的新系统。

美国发射哈勃太空望远镜　1990年4月24日，美国航天飞机"发现"号将哈勃太空望远镜（HST）发射升空，进入610千米高的地球轨道。经地面测控与调整后开始了太空观测任务。哈勃太空望远镜主体结构呈圆柱形，长13米、宽4.27米，总重12.5吨。由三大部件组成：光学部件、科学仪器、保障系统。光学部件是一台卡塞格伦式光学望远镜。哈勃太空望远镜上的科学仪器有五个，包括广角行星照相机、暗弱天体照相机、暗弱三体摄谱仪、戈达德高分辨率摄谱仪和高速光度计。太空望远镜上还装有精确制导敏感器，它可以测出哈勃太空望远镜到目标天体的距离。测量精度是地面望远镜的10倍。哈勃太空望远镜能观测到比地面上5米口径望远镜观察到的星光暗50倍的恒星，观测距离可达140亿光年。它获得了许多天体和星系的照片，对彗木相撞进行了详细观测。

哈勃太空望远镜

伯纳斯–李［美］创建万维网WWW　WWW是环球信息网（World Wide Web）的缩写，也称Web，中文名万维网。1990年11月，已经对万维网进行多年构思的美国麻省理工学院的伯纳斯–李（Berners-Lee，Tim 1955—）与卡里奥（Cailliau，Robert 1947—）对万维网进行了全面的设计，伯纳斯–李制作了第一个万维网浏览器和网页服务器，并完成了网络工作所必要的技术。1991年8月6日，因特网上的万维网开始正式服务。万维网的软件系统最初是为欧洲核子研究中心（CER）的高能物理学家服务的，后逐渐发展成包含各种信息面向各种用户的交互式信息查询系统。

移动通信发展迅速　从1978年开始，美国、日本和瑞典先后开发出一种同频复用、大容量小区域的移动电话系统。这个系统的网络由一个个正六边形组成，因而称蜂窝移动电话系统。与此同时美国从1976年开始研制海事卫星，用于海上船只的移动通信。1979年国际海事卫星组织（INMARSAT）成立，对发展海上卫星移动通信系统做出了重大贡献。20世纪80年代数字化移动通信研制成功，提高了通信能力、通信质量和保密性。美、日等国已实现国内移动通信。20世纪80年代后期，移动通信技术的发展趋势是"个人全球通信"，这对卫星系统提出了更高的要求，相应地许多国家都提出建立全球性移动通信卫星系统。这类系统的特点是卫星数量多、轨道低、通信范围广、费用低。

摩托罗拉公司［美］提出"铱"移动通信卫星系统　美国摩托罗拉公司（Motorola）提出了铱卫星星座即"铱"移动通信卫星系统计划，拟在7个轨道平面765千米高的轨道上布置77颗重约360千克的通信卫星，实现全球移动通信。后改为在6个轨道上布置66个卫星。美国还提出建设"伊利普斯"卫星系统，计划在几条低轨道布置12颗卫星。俄罗斯提出"信使"卫星系统计划，准备发射36颗卫星，实现全球移动通信。欧空局提出了"阿基米德"移动通信卫星系统计划。

Discreet公司［加］推出3D MAX　Discreet公司是全球第四大PC软件公司Autodesk的子公司，推出的3D MAX软件主要用于楼房的设计、室内效果图的设计、3D MAX园林绿化设计、3D MAX高级效果图制作、动画设计等专业性操作。可以把AutoCAD建筑图纸导入3D MAX渲染出图，再用Photoshop进行后期加工。在3D Studio MAX1.0版本问世后，该公司又推出了3D Studio MAX 2.0。这次升级增加了NURBS建模、光线跟踪及消除镜头光斑等功能，使该版本成为一个非常稳定的三维动画制作软件。随后的几年里，3D Studio MAX先后升级到3.0、4.0、5.0版本。

1991年

美国GPS系统首次投入使用　1991年春，美国在海湾战争中使用了各种类型的GPS接收机3.4万台。GPS即全球定位系统，它利用GPS卫星发送的导航定位信号，进行静态和动态定位、速度和时间测量。在海湾战争中，多国部队能十分精确、紧密地协同作战，美军导弹能精确命中目标，均得益于GPS技术的应用。

GPS示意图

飞利浦公司 [荷] 推出数字式小型磁带 1991年2月1日，荷兰飞利浦公司（Philips）在拉斯维加斯召开的电子会议上论证其数字式小型磁带，这种磁带与1962年推出的模拟小型磁带大小相同，主要用于录制音乐，但同时也可以用于录制其他数据资料。

布兰登堡 [德] 领导的小组开发出MP3技术 德国巴伐利亚富隆霍夫集成电路学院的布兰登堡（Brandenburg, Karlheinz 1954—）教授，带领一个由多国科学家、工程师组成的小组，开发出MP3技术。MP3是一种数字音频编码和无损压缩格式的音乐播放器，包括存储卡、LCD显示屏、中央处理器和数字信号处理器等。其全称为MPEG Audio Layer3。1998年，MP3开始由韩国和日本的公司推向市场。

MP3

日本胜利公司研制的宽屏幕彩电投放市场 日本胜利公司（JVC）将其开发的世界首台宽屏电视机投放日本市场，型号为AV-36W1，它可以收看现行制式的彩电。1992年该公司又向日本和世界市场推出了Panorama系列16：9宽屏彩电。16：9宽屏彩电，最适合人的双眼自然视域的需求，被认为是下一代彩电发展的趋势。

日本试播高清晰度电视 日本经过两年多实验广播后，1991年11月25日，用BS-36卫星的一个转发器，开始每天8小时试播Hi-Vision（即日本的高清晰度电视）。日本人称这一天为Hi-Vision日。Hi-Vision是模拟方式的高清晰度电视，它画面清晰，图像分辨率高，画面为1125行扫描线。画面宽高比为16：9，有临场感，彩色重现性好，音质超过小型CD唱片的质量。

惠普公司 [美] 推出第一台彩色喷墨打印机和大幅面打印机 美国惠普公司（HP）推出的HPdeskjet500C是全球第一台彩色喷墨打印机，同年，惠普公司将热喷墨打印技术应用到大幅面打印机中，推出世界上第一台单色大幅面喷墨打印机。彩色喷墨

HPdeskjet500C

打印机、大幅面打印机的出现是喷墨打印机史上重要的里程碑。

英国研制用录像机记录和显示三维图像技术 英国的3D Video Plus公司研制成用一台普通的家用录像机记录和显示三维图像的技术，这一技术还能在同一盘录像带上同时录制两个不同的电视节目。欧洲的录像机是以每秒50帧图像的速度储存或重放，这种方法是在磁带上把图像交替地记录成左视图和右视图，当每帧图像的信号离开录像机时就被馈入一个电子存储器里。

1992年

北大方正集团［中］推出彩色报纸照排系统 1992年1月21日，中国北大方正集团研制出彩色报纸照排系统，该系统在《澳门日报》投入使用，每天出4～6版彩色报纸。该系统采用自己的算法在方正91的RIP上挂网，而不是依赖国外软件在前段挂网，因此输出速度快，平均4分钟可出一版报纸的单一颜色的底片。

美国建立计算机网ANSnet 美国IBM、MCI、MERIT三家公司联合组建了一个高级网络服务公司（ANS），建立了一个新的网络ANSnet，成为Internet的另一个主干网，使Internet开始走向商业化。

美国多信道广播主干线投入使用 多信道广播主干线M-bone是美国施乐公司（Xerox）帕洛阿尔托研究中心的计算机科学家史蒂夫·迪林等研制。M-bone以国际互联网的框架为基础，起着网络传输功能作用，传送数字图像和具有光盘质量的音频信号，使有专用设备的计算机网络用户共享文本、音频和视频，可以进行远程学习、电视会议、信息发布等。

美国提出信息高速公路法案 1992年2月，美国总统乔治·布什（Bush，George Herbert Walker 1924—2018）发表的国情咨文中提出，计划用20年时间，耗资2000亿～4000亿美元，建设美国国家信息基础结构，作为美国发展政策的重点和产业发展的基础。1993年9月，美国政府宣布实施"国家信息基础设施"（National Information Infrastructure，NII）计划，旨在兴建信息时代的高速公路，以使美国人共享信息资源。信息高速公路一词是美国副总统戈尔（Gore，Albert Arnold 1948—）当参议员时创用的，指在美国各企业、大学、研究机构、家庭间建立可以交流信息的大容量、高速的信息网络，以提供远距离的各种服务，从而提高人们的工作效率和生活质量。此后，日本、加拿大、欧洲各工业国都在加速建设本国的信息高速公路。

美国电报电话公司［美］开始销售视频电话　1992年1月6日，美国电报电话公司（AT&T）宣布他们将在5月（实际推迟到8月）开始销售视频电话，1500美元一台，使用压缩信号。视频电话2500型可以与任何一部普通电话插孔连接，还可以向另外一部视频2500型传送或接收8.4m²的图像，电话费与只有声音的普通电话相同。

视频电话

美国开发X光投影平版印刷技术　美国政府与三家企业联合开发出用于集成电路制造的X光投影平版印刷技术（1992年10月）。与可见光和紫外线相比，X光波长更短，可以投影更细小的图案。1995年制成的样机，可以把0.5微米的电路线宽缩至0.05微米，并相应增加电路集成度。X光投影平版印刷技术投入使用后，计算机集成电路的运算速度将快10倍，储存信息的容量高出1000倍。

索尼公司［日］开发出超级单枪彩色显像管　日本索尼公司（Sony）开发的这种显像管采用了大直径聚焦透镜和长焦距的Super Brix TM新型电子枪，可以使电子束直径缩小30%，水平分辨率提高到800线以上，以超平面设计，使屏面较前平坦了40%，降低了图像失真度，形成了高清晰度的特丽珑（HD Trinitron）系列显像管。

日立公司［日］研制出2GB CD-ROM光盘　日立公司（Hitachi）研制的这种光盘于1992年5月首次发表，使单盘容量突破了1GB，但是这种产品到1994年初才在日本、美国、欧洲等地上市。

英特尔公司［美］制成快速存储芯片　美国英特尔公司（Intel）公司研制的这种芯片装在该公司研制的插入式存储卡上。芯片的特点是在没有动力源的情况下，仍能保留住所存入的信息。它实际上是一种带有附加电路的只读存储器，但它不仅能存入大量信息，而且可以进行修改。它具有硬盘的所有优点，但又比硬盘重量轻、能耗低、寿命长。

富士通公司［日］制成256M DRAM 日本富士通公司（Fujitsu）12月推出世界上第一块256M DRAM。DRAM（Dynamic Random Access Memory），即动态随机存取存储器，是最常见的系统内存。为了保存数据，DRAM使用电容存储，所以必须每隔一段时间刷新（refresh）一次，如果存储单元没有被刷新，存储的信息就会丢失。

夏普公司［日］开发出带液晶显示屏的相机 带液晶显示屏的相机由夏普公司（Sharp）于1992年10月投放市场。这种相机摒弃了传统的小框取景器，利用附在机身上的4英寸彩色液晶显示屏清晰地显

液晶显示屏相机

示出要拍摄的彩色画面，液晶显示屏为后来的相机广为采用。

欧洲试播高清晰度电视 20世纪80年代中期，西欧在尤里卡高科技发展计划中设立了高清晰度电视（HDTV）项目，建议以1250行、50场、2∶1隔行扫描方式建立欧洲的HDTV系统。经几年研究开发，1992年法国阿尔贝维尔冬奥会和巴塞罗那夏季奥运会时，欧洲HDTV集团用开发的HDTV系统，以HD-MAC的传输标准向欧洲数十个观看点传送了奥运会盛况。

美国克雷公司制成大规模并行处理巨型机 1992年10月，美国克雷公司（Cray）宣布，研制出TERA-3D并行处理巨型机（Massively parallel processing computer，简称为MPP系统）。最大系统峰值速度为307Gflops。这种巨型机以大量处理器并行工作获得高速度。MPP系统的研究工作始于20世纪60年代，该系统主要应用领域是气象、流体动力学、人类学、生物学、核物理、环境科学、半导体和超导体研究、视觉科学等极大运算量的领域。RISC处理器和处理器间高效互联技术的发展，使得MPP系统在很多领域取得了比传统的向量巨型机较高的性价比和发展潜力。MPP系统分为单指令流多数据流（SIMD）系统和多指令流多数据流（MIMD）系统两类。MPP系统的主存储器体系分为集中共享方式和分布共享方式两类。

中国研制成"银河-II"巨型机系统 该机由国防科技大学计算机研究所研制，1992年11月19日通过国家鉴定，它是中国第1台通用10亿次并行巨型

机。系统采用了共享主存紧耦合4处理机结构，主频50兆赫，基本字长64位，主存容量256MB，拥有2个独立输入输出子系统，还可配置64台磁盘机和188台磁带机，能进行每秒亿次以上的运算操作。其软件系统十分丰富，拥

"银河-II"巨型机系统

有中国自行研制的大型系统软件，有大型高效的具有向量化、并行化功能的编译器，还有中国第一个巨型机大型通用软件库等。1993年10月14日，"银河-II"作为中期数值天气预报的核心技术装备在国家气象中心投入运行。

中国制成第一张中文CD-ROM光盘 中国科技信息研究所重庆分所研制成功中国第一张中文CD-ROM光盘，名为"中文科技期刊篇名数据库"，该盘收录了1989—1991年中文期刊4600余种。以光磁等非纸介质为记载媒体的电子图书信息产品，是20世纪后半叶传媒的一大革命。

快译通

中国开发出快译通863A 快译通863A是世界上第一台人工智能全句翻译电子词典，是中国国家863高技术发展计划项目。由合资企业深圳科智语言信息处理有限公司生产。

Shapeware公司［美］开发完成Visio系统 Visio系统是一种便于IT和商务专业人员就复杂信息、系统和流程进行可视化处理、分析和交流的软件。使用具有专业外观的Office Visio 2010图表，可以促进对系统和流程的了解。Visio可以帮助创建具有专业外观的图表，以便理解、记录和分析信息、数据、系统和过程。1995年8月18日，Shapeware发布的Visio 4，是一个专门为Windows95开发的应用程序。2000年1月7日，微软公司（Microsoft）以15亿美元收购Visio，此后Visio并入Microsoft Office一起发行。

"米开朗琪罗"病毒日 1992年3月6日是"米开朗琪罗"病毒日，这一病毒使全球1万台电脑遭受袭击。自1986年电脑病毒首次出现以来，北美的电脑病毒种类每4个月就翻一番，到1995年，全世界电脑病毒已有8500余种。

1993年

美国使用数字信息处理系统进行立体声广播　美国立体声广播电台开始使用数字信息处理系统产生立体声信息，广播数据系统（RDS）用来将出现在小屏幕上的立体声信息传递出去，该系统还可以代替紧急广播系统的检验工作。

贝尔电话实验室［美］制成自旋晶体管　美国贝尔电话实验室（Bell Laboratory）研制的这种晶体管，是由两个磁性合金层夹着一个金层的全金属器件，它的输出电压依赖于电子的自旋取向。自旋晶体管的采用有利于电路的微型化。

休斯光学系统公司［美］研制出"SOI"型结构硅片　由美国休斯光学系统公司开发的这种新型硅片，是在硅衬底上制作氧化膜作绝缘层，然后在氧化膜表面形成厚度为0.1微米的单晶层。

三菱电机公司［日］研制出视网膜芯片　由日本三菱电机公司（Mitsubishi Electric Corp）开发的这种视网膜芯片，以砷化镓半导体作片基，每块芯片中内含4096个感受单元，它们能把光转变成电信号。芯片模拟人眼处理视觉形象的功能，可以用于图形识别装置和研制具有视觉的机器人。这项研究采用"视网膜外植入"的方式，在眼睛前方的眼镜设置照相机，取代感光细胞的功能，获取视觉讯息后，再以射频讯号传入眼内，接收讯号由视神经传回大脑。

英特尔公司［美］推出奔腾芯片　奔腾（Pentium）芯片是美国英特尔公司（Intel）1993年3月正式推出的"X86"系列微处理器的最新版本，又称586或P5。芯片集成了310万个晶体管，地址总线为32位，数据总线64位，内部有两个定点流水线和一个浮点流水线，时钟频率为60/66MHz，每个时钟周期可执行3条指令。它的问世被认为是1993年PC业界的重要事件。1995年又推出集成度更高、速度更快的"奔腾PRO"，即P6。

美国推出Power PC芯片　Power PC由苹果（Apple）、国际商业公司（IBM）和摩托罗拉（Motorola）三家公司联合研制，它采用了精简指令系统计算技术（RISC），其运算速度可超过刚推出的Pentium芯片。1993年开始出售Power PC系列的第一种型号PPC601，其运算速度、功能均高于Pentium，而价格仅为其一半。

东芝公司［日］制成世界上最小的金属氧化膜半导体器件　由日本东芝公司（Toshiba Corporation）开发的这种金属氧化膜半导体器件，长度仅0.04微米，可用于制作1000兆位级大规模集成电路。在半导体器件的制造上，氧化膜具有极为重要的作用，被用作MOS晶体管的栅极氧化膜、PN接合部的保护膜、杂质扩散的光罩。热氧化法及气相成长法（CVD）是制造氧化膜常用的方法。

日本电报电话公司研制成新型光开关器件　日本电报电话公司（NTT）的研究人员发现，多个光开关集合在一起的开关速度要低于单个光开关，这是因为光信号在各元件之间的传输损耗很大。光开关元件的低开关率会导致通过光元件的最后信号出现质量问题。为解决这些问题，他们开发出了一种有两个双折射板和一个图形波动板的互通电路，使光损耗大为减少。利用含有64个光开关的列阵来改善光信号的质量，从而得到高的开关率。采用这些技术制成的新型光开关尺寸为5毫米×5毫米×25毫米，四级开关能同时以并行方式处理16路光信号，开关信号能力每秒达2兆位。

日本电气公司推出单片光电集成器件　日本电气公司（NEC）将其研制的垂直表面传输光电器件列阵与衍射光元件集成在单一薄片上，制成了单片光电集成器件，采用这种器件可以避免通常光电器件由于用全息图和微型透镜而造成光通信网络体积过大的缺陷，适用于光计算机及光通信网络。

中文激光打印机问世　1992年中国联想集团与美国施乐公司（Xerox）合作，研制中文激光打印机。1993年，世界上第一台中文激光打印机——联想中文激光打印机LJ3A正式推向市场，打印速度仅4ppm，价格昂贵。后经持续改进，不断推出性能高而价格不断下降的换代产品，到2010年推出的LJ3600D，打印速度已达每分钟30张。

中文激光打印机LJ3A

劳伦斯·卡兹墨斯基［美］研制成原子加工显微镜　美国能源部实验室的劳伦斯·卡兹墨斯基发明的这种显微镜，用它可以在半导体材料中移走某一种原子代以另一种原子，从而形成一种新材料。它不仅是对材料进行毫微加工的工具，而且还是检测、修整材料和器件的工具。将此仪器与电致发光和阴极发光结合，可用于分析新材料的特性。全套设备还包括一台计算机，用于控制和数据处理。

胜利公司［日］、飞利浦公司［荷］合作推出V-CD激光视盘　1993年3月，日本胜利公司（JVC）与荷兰飞利浦公司（Philips）制定了一种新激光视盘格式V-CD（Video-CD）。8月25日，胜利、飞利浦、松下、索尼四家公司联合宣布了这一格式。按照该格式，视频影像及数字音频能以1.2Mbit/s的速度录制在5英寸激光盘上，单盘CD-ROM可记录74分钟视频影像和达到CD唱盘质量的数字立体声音频，并能以1024×768的分辨率和30帧/秒的速度回放全屏幕影像，达到高分辨率电视水平。V-CD是当时最先进的激光视盘产品。

日本、瑞典、英国的公司开发出无噪音激光唱盘　日本索尼公司（Sony）推出了称为超级数码映射系统的激光唱盘（SBM），它使用了噪声整形技术，把噪声最佳地分配到不同波段中，使人耳感觉不到。瑞典的甘比特音像公司开发了高级噪声整形脉动（ANR）技术。美国普利姆声像公司发明了动态范围增强（DRE）技术，除运用噪声整形外，还结合运用高频脉动技术，即用一种人工的嘶嘶声来抵消和掩盖激光唱盘的噪声。

苹果公司［美］制成无胶片数字相机　由美国苹果计算机公司（Apple Inc.）推出的无胶片数字相机，可以把图像直接输入个人计算机，把照片照在计算机芯片上，再通过彩色打印机打印出来。数码相机的传感器是一种光感应式的电荷耦合器件（CCD）或互补金属氧化物半导体（CMOS）。在图像传输到计算机以前，通常会先储存在数码存储设备中（通常使用闪存），软磁盘与可重复擦写光盘（CD-RW）已很少用于数字相机设备。

苹果公司［美］研制出视听一体化显示器　美国苹果计算机公司（Apple Inc.）于1993年7月29日推出一种新型计算机显示器，机内装有立体声扬声器和话筒，具有视听一体化综合功能。

中国科学院光电技术研究所制成1.5～2微米分步重复投影光刻机　中

国首台用于生产大规模集成电路的关键设备1.5～2微米直接分步重复投影光刻机，由中国科学院光电技术研究所研制成功。该机采用全新的电视对焦系统，在国内首次实现了硅片掩膜自动对焦。还采用了自行研制的10倍精缩投影物镜与新型光均匀器组成的曝光系统，分辨率优于1.5微米，成品率优于50%。

波导公司［中］研制成中文寻呼机 1993年5月，中国第一台拥有自主知识产权的中文寻呼机由宁波波导公司研发成功。1995年，他们又研发成功中国第一台股票信息机。1997年，又研制成高速汉字机，仅1998年一年波导公司就生产销售寻呼机102.4万台。

三井造船公司［日］研制出新型水下摄像装置 由日本三井造船公司（MES）开发的水下摄像装置，利用了"音响全息摄影术"，可以拍摄水中100米以外的物体，而以往的水中摄像机只能摄取10米以内的物体。

夏普公司［日］制成世界首台液晶摄像机 日本夏普公司（Sharp）研制成的世界首台液晶摄像机，装有4英寸液晶显示屏，镜头可以旋转180度，不用通过取景器即可直接观看液晶画面进行拍摄，还可以对摄像者进行自拍。

夏普液晶摄像机

松下电器公司［日］推出数字式摄像机 由日本松下电器公司（Panasonic）研制的这种数字式摄像机，可以将图像和声音转化成数字信息后记录在磁带上，能在7.5LX的照度下拍摄，并能通过光缆直接把图像输送到编辑室或转播车的数字设备上。

索尼公司［日］开发出数字录像机等数字影视制作产品 索尼公司（Sony）开发的数字Betacam录像机，1993年10月正式投放市场，之后该公司又开发了数字Betacam影音制作系统、数字Betacam摄录一体机等。数字Betacam产品不仅能提供高质量的图像，而且在信号处理方面具有绝对优势，使宽屏电视、多频道化变为现实。

胜利公司［日］开发出W-VHS录像机 日本胜利公司（JVC）开发的这种家用W-VHS录像机，能录制高清晰度电视节目。它与VHS格式兼容，也能录

NTSC制式的电视节目。

佳能公司［日］制成可使用普通白纸的微型传真机　由日本佳能公司（Canon）开发的这种新型传真机，其喷头通过一根细管连接液体油墨储存盒，沿着一条导轨移动，横穿纸面进行扫描。

松下公司［日］推出平板显像管电视　日本松下公司（Panasonic）推出的这种电视机厚10厘米，屏幕尺寸为36厘米，显像管利用了"静电偏转"技术，使屏幕上的1万个图像单元可以在无须常规电子枪所必不可少的偏转距离的情况下受到激发，从而大大减小了显像管的厚度。这种"平板"电视比液晶平面电视亮度高、价格低，而且从侧面也能看清画面。

德国施奈德无线电公司制成世界首台激光电视系统　由德国施奈德无线电公司（Schneider Electric SA）研制的激光电视系统，用激光束取代传统的真空显像管电子束，没有显像管也能产生图像，而且可以在任何平面上投影。它将使屏幕尺寸5米的高清晰度电视得以实现，但在色彩方面存在一些问题。

美国电话电报公司和贝尔电话实验室［美］研制成电话和有线电视联网系统　由美国AT&T公司和贝尔电话实验室开发的电话和有线电视联网系统，主要由局端机与用户终机两部分构成。局端机以共纤复用方式将电信媒体和有线电视媒体传送到每个用户，同时把用户经有线电视网回传的电信信息解调后反馈给电话终局交换机的用户数字接口，用户终端机将电信-电视网共纤复用的电信媒体和有线电视媒体分离，并把用户发出的电信信号调制到相应的有线电视网回传信道上，实现交互式电信业务的传输。

乔丹［美］、赫瑞［美］研制出世界上首台光计算机（Optical Computer）　美国科罗拉多大学的乔丹（Jordan，Hali）和赫瑞（Heriot，Vincent）研制出世界第一台利用光子束处理信息和存储程序的计算机。这台光计算机主要由激光器、光纤和开关组成，采用串行信息处理方式，指令和数据都以红外光脉冲的方式在光纤中传播，其运算能力与一台小型个人计算机相当。

以色列的埃尔比特公司制成340亿次计算机　1993年7月11日，以色列埃尔比特公司（Elbit）宣布研制成功每秒运算340亿次的计算机，这台超级计算机可以模拟人脑视觉、听觉和运动传递。

日立公司［日］研制成10亿次微型计算机　日本日立公司（Hitachi）研制的这台计算机，是一种32位指令缩减型计算机。采用了双极型晶体管技术和新型驱动电路，并运用了多路处理方式，两个处理器、四个运算元件都以并行方式工作。计算机每秒可执行10亿个指令，与当时的巨型计算机相当。

中国研制成集中式印刷体汉字识别系统　由中国国家智能计算机研究开发中心、北京信息工程学院、中国科学院沈阳自动化所和清华大学联合研制的集中式印刷体汉字识别系统，1993年年底通过国家鉴定并投放市场。该系统的汉字误识率小于千分之一，各种报刊书籍文体只需通过扫描仪扫描，计算机就能自动识别和录入汉字及符号，是世界上第一个较成熟的自动文字输入系统。

中国研制成巨型计算机实时三维图像生成系统　由中国航天工业总公司第三研究院和哈尔滨工业大学研制的这种2100CIG系统，最快运算速度每秒达3亿次，可处理8000个像素，生成20万个三角形，可实时地生成随个人视点和命令而变化的逼真的动态三维彩色图像，可应用于宇航员训练、导弹研制等领域。

富士通公司［日］研制成快电子束平版印刷系统　由日本富士通公司（Fujitsu）研制成的NOWEL-2系统，是一种可变形状型的快电子束平版印刷系统，其重新聚焦线圈使物镜的焦距得以缩短。其电子束可在0.1～3平方微米之间变化。当电子束面积变化时，电子束的电流密度始终保持在每平方厘米50安培的水平上，且不会产生电子束模糊现象。

首颗国际通信卫星7号发射成功　国际通信卫星7号是国际通信卫星组织招标研制的第七代通信卫星，是为替代国际通信卫星5A而研制的，由美国福特宇航公司总承包。其通信能力、使用寿命都有所提高，租用费用却降低。最大的改进是卫星转发器和通信天线的灵活可塑性分配。卫星主要业务有商业服务、综合数字通信网、高清晰度电视、多路电视新闻采集和VSAT卫星通信业务等。这颗卫星由"阿丽亚娜"火箭发射后不久投入使用。

Eugene Roshal公司［俄］发行WinRAR　毕业于南乌拉尔州大学（原车里雅宾斯克科技大学）的软件工程师罗沙利（Рошаль，Евгений Лазаевич

1972—）创办Eugene Roshal（Евгений Рошаль）公司，开发出WinRAR软件。WinRAR是一个强大的压缩文件管理工具，它能备份数据，减少E-mail附件的大小，并能创建RAR和ZIP格式的压缩文件。WinRAR压缩软件是Windows版本的RAR压缩文件管理器，一系列的RAR版本可以应用于各类操作系统如Windows、Linux、FreeBSD、DOS、OS/2、MacOS X等。2013年5月2日WinRAR发布最新的5.0版本的第二个Beta。

休韦德［以色列］发明防火墙技术　防火墙（Firewall）是在两个网络通信时执行的一种访问控制技术，是一项信息安全的防护系统，依照特定的规则，允许或是限制传输的数据通过，可以最大限度地阻止网络中的黑客入侵。这一技术最早是由总部分设在以色列莱莫干和美国加利福尼亚的Check Point软件技术有限公司的创立者、以色列人休韦德（Shwed，Gil 1968—）于1993年发明并引

休韦德

入国际互联网的。为保证IT技术的安全，防火墙出现后发展十分迅速，第一代防火墙技术几乎与路由器同时出现，采用了包过滤（Packet filter）技术。1989年贝尔电话实验室推出了第二代防火墙，即电路层防火墙，同时提出了第三代防火墙——应用层防火墙的初步结构方案。1992年，南加利福尼亚大学（USC）信息科学院推出基于动态包过滤（Dynamic packet filter）技术的第四代防火墙，后来演变为状态监视（Stateful inspection）技术。1998年，美国网络联盟（Network Associates Inc，NAI）推出第五代防火墙——自适应代理（Adaptive proxy）技术。

1994年

中国实现国际国内联网　由中国科学院、北京大学、清华大学共同完成的中国国家计算与网络设施（NCFC）建成开通。它将北京地区和全国数十个城市的网络连接起来，并与世界90多个国家和地区建立了完善的网络连接，与154个国家和地区接通电子邮件。

日本电气公司（NEC）开发出可选择外延生长技术　由日本电气公司（NEC）研究成功的这种外延生长技术，可在铟磷衬底上的不同部位以不同密度沉积铟和磷，从而可产生不同的带隙。铟磷衬底上覆盖二氧化硅层的宽度可以根据掩膜的图形而变化。利用该技术可以制成合成半导体层，这种合成半导体层的不同区域具有理想的尺寸和组分。与通常的晶体生长技术相比，新技术生长晶体速度快，制成的光集成电路性能极佳。

日本电报电话公司制成高速记录和再生立体图像新材料　由日本电报电话公司（NTT）研制的这种立体图像新材料，在氧化硅晶体中添加铈离子制成。记录时改变激光频率，利用频率在晶体内的不同部位进行反应，连续写入若干图像，记录所需时间为十分之一秒，再生时同样改变激光的频率，就可以陆续出现与此对应的再生图像。

爱立信公司［典］创制蓝牙技术　蓝牙（Bluetooth）是一种无线技术标准，可实现固定设备、移动设备在一定域网之间的短距离数据交换，由爱立信公司于1994年创制，当时是作为RS232数据线的替代方案。1995年，蓝牙可连接多个设备，克服了数据同步的难题。蓝牙这一名称则是英特尔公司研究手机与计算机间通信的吉姆·卡尔达奇（Jim Kardach）于1997年提出的。1998年2月，爱立信、诺基亚、IBM、Intel、东芝5个跨公司组成了一个小组（SIG），创建了一个由蓝牙技术联盟（Bluetooth Special Interest Group，简称Bluetooth SIG）管理的全球性的小范围无线通信技术。

蓝牙图标

美国海军海战中心研究和技术部发明高品质绝缘层砷化镓　美国马里兰州白橡树海军海战中心研究和技术部，发明了一种在砷化镓半导体上生成高品质绝缘层的新化学工艺。他们通过分子束外延设备的超高真空环境，观察到氟化钡和砷化镓之间的化学反应，并控制该反应使之在砷化镓表面形成能"粘"住绝缘层的"原子胶"，解决了砷化镓表面难以生成绝缘层的难题。该产品对高速计算机等电子产品的发展带来新的契机。

美国开发出新型硫铝高能电池　美国克拉克大学研制的这种电池采用固态硫阴极和铝阳极。为了使固态硫充分导电，将其浸在经硫饱和过的水溶状聚硫化物中，而铝阳极则采用了一种强碱性溶液。这种电池每千克贮电量为220瓦/小时，放电时间长达17小时。电池重量轻，几乎无毒性化学材料。

东京电气公司［日］研制出大功率平板型氧化物燃料电池　由东京电气公司（NEC）开发的这种大功率平板型氧化物燃料电池，其功率为1.33千瓦，可持续工作20小时，电池由堆积在一起的两组电池板组成，每组电池由47个标准的氧化锆电解质板组成，每个电解质板面积为12厘米×12厘米，有效电极面积为100平方厘米。电池以氢为燃料，以空气为氧化剂，其开路电压为47伏，工作温度为1000摄氏度。

夫克斯［德］、施迈尔［德］研制出原子开关元件　德国的夫克斯（Fux，Harald）和施迈尔（Schimmel，Thomas）在操作扫描隧道显微镜探针时，发现对在材料表面压了一个凹点却未损坏原子排列，只需在探针和试面之间加一电压，便能使钨材压凸或压凹。按原子标准凹和凸相当于二进码，他们据此用钨化物制成了一种原子开关，其存储能力相当于普通芯片的100万倍，一个1平方厘米的芯片可以存储60亿页文件。

莱恩［法］等在分子开关开发中取得突破　法国巴黎法兰西学院的莱恩（Lain）领导的研究小组研制出一种可以以三种形态存在的分子，实现了用电或光使分子从一种状态变到另一种状态，并反向变化的过程，从而利用电、光信号在分子水平上存储数据。这一突破推进了分子开关在计算机系统中的应用。

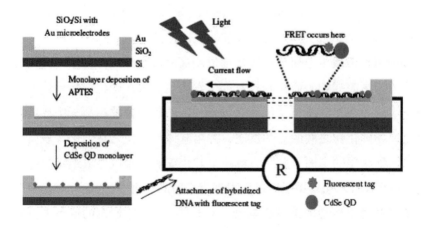

分子开关原理图

东芝公司［日］制成最小的晶体管　由日本东芝公司（Toshiba）开发的这种晶体管，其电极长度只有0.04微米。它采用三个电极控制电流的金属氧化膜结构，能耗很低，用它制作的集成电路，可以制出记录容量提高数百倍的存储器。

富士通研究所［日］制成具有逻辑功能的超高速晶体管　由日本富士通研究所研制的这种超高速晶体管，其结构为铟镓砷化合物半导体的薄膜重叠结构，最大特点是有三个发射体。由于元件本身具有逻辑功能，只需通常十分之一数量的元件即可制成逻辑电路，极大地推进了大规模集成电路的高速化。

德赖福斯［美］制成金刚石晶体管　供职于日本神户制钢所美国分公司的德赖福斯（Dreifus, David L.），用金刚石为原料，制成了一种可以在550摄氏度高温环境下正常工作的场效应晶体管，其耐高温性能超过了当时的任何场效应晶体管。

法国制成塑料晶体管　法国国家科研中心利用印刷技术把多层薄材料组合成半导体，制成了像纸一样薄，用石墨代替金属电极，不含金属的塑料晶体管。这种产品柔韧性极好，经多次卷绕弯曲都不影响其电性能，可以用来开发能卷起来的计算机显示屏、可折叠的计算机。

日本开发出发绿、蓝光二极管　日本日亚化学工业公司（Nichia）利用有机金属化学气相成长法，使含有氮和镓的两种瓦斯气体发生反应，在基板上形成了氮化镓的单结晶，制成了发蓝光的氮化镓发光二极管。随后索尼公司（Sony）也在1994年夏开发出发绿光的氧化物，使用的材料是锌的氧化物。

Oki电子工业公司［日］制成新型光电集成器件　这种光电集成器件由创建于1881年的日本最早的电信产品生产商Oki电子工业公司研制。器件是一个1.55微米的反馈激光器与一个调制器集成在一个铟磷衬底上。器件工作频率为16～20GHz，是当时光通信系统的10倍。其工作电压为2～3伏，而分立器件的工作电压为5伏。器件的光信号质量优于仅靠激光器产生的光信号，由于激光器与调制器集成在一起，很容易控制光信号。

东芝公司［日］制成微滤器式显像管　日本东芝公司（Toshiba）制成适应多媒体要求的图像显示装置即微滤器式显像管，其荧光屏上含有红、黄、蓝三原色荧光物质，可以得到彩色图像。荧光屏表面还配置了滤光器，能遮断多余的外部光，并能使荧光屏表面的反射率减少为旧式显像管的1/3，从而提高了鲜明度。这种显像管还使屏面玻璃透过率从旧式的54%增加到80%以上，辉度和对比度提高40%以上。

飞利浦和索尼两家公司提出高密度多媒体光碟技术规格　1994年12月，荷兰飞利浦（Philips）和日本索尼（Sony）两家公司率先提出高密度多媒体光碟技术规格。次年1月，东芝和另外五家公司（日立、松下、先锋、汤姆逊、时代华纳）提出SD技术规格。

国家半导体公司［美］制成首台以SOT-23-5封装的模拟放大器　由美国国家半导体公司（NS）推出的这种型号为LMC701的放大器，有15V、5V及3V三种工作电压选择，面积为3.05毫米×3.00毫米，其占用空间极小和能耗极低，对笔记本电脑、移动电话等便携式产品的改进和发展提供有力的支持。

日本新技术事业团开发出半导体微细加工新技术　日本新技术事业团通过调整刻蚀液的组成、浓度，并使用"电化学扫描型频道显微镜"观察，研究出一种新的半导体微细加工方法。它先做成表面凹凸只有一个原子高低的平坦半导体硅片和砷化镓，再将半导体片分别浸入氟化氨溶液和盐酸溶液，用显微镜观察浸在液体中的半导体片表面，确定最合适的蚀刻程度。该方法能以原子层为单位对半导体进行微细加工，是制造千兆级存储装置必需的方法。

日本研究成线宽0.1微米同步辐射X射线光刻方法　这种方法采用多层透镜，将投影图缩小到原来的1/32。透镜由钼和硅薄膜组成，可以反射60%以上的软X射线入射光。由于采用了投影图形在薄片上印刷微细线路图，不需要通常印刷方法所必需的极小的掩膜。

乔治亚实验室［美］开发出将高电导率材料用于集成电路技术　由于金、银等高电导率材料不易形成稳定氧化物，因此很难被电路采用，美国乔治亚实验室开发的这一新技术，利用二氧化钛薄膜作中间层，从而使高电导率材料能与芯片连接。这种薄膜还可以用于连接多个集成电路。该实验室还开发出一种新技术，可以在砷化镓半导体材料表面生长出稳定的绝缘薄膜。

日本电气公司［日］制成高速低耗超级芯片　由日本电气公司（NEC）研制的这种芯片，用硅氧化膜制成，芯片宽7.9毫米，长8.84毫米，含20多万个晶体管。电路内部运算结构分8个阶段同时进行，每秒可以进行5亿次运算，耗电量仅为以往芯片的1/30。

美国制成64位微处理器 由美国国际商业机器公司（IBM）、摩托罗拉公司（Motorola）和苹果公司（Apple）合作开发的Power PC微处理器，已研制成该系列中性能最高的型号Power PC620，使Power PC系列步入了64位微处理器的领域。

数字设备公司［美］制成微处理器芯片Alpha Axp21164 由美国的数字设备公司（DEC）研制的这种Alpha Axp21164芯片，是世界上第一个可以作为商品提供的超过每秒10亿指令能力的微处理器，也是第一次突破了300MHz壁垒的芯片。

得克萨斯仪器公司［美］推出多媒体电视图像处理器芯片 由得克萨斯仪器公司（Texas Instruments，TI）研制的这种多媒体电视图像处理器芯片，是一种数字信号处理器，能同时处理动态电视图像信号和高保真音乐信号，芯片含有500万个晶体管，分为5个同时处理数据的并行结构，每秒可运算20亿次，除用于计算机领域，还可用于指纹识别、数字电视和电话会议系统。

克莱夫·布克莱［英］研制出新型超级微处理器 英国的克莱夫·布克莱（CIive Buckley）研制的这种32位新型芯片称为"7600"，采用了缩减指令集结构，比通常芯片结构简单得多，每秒可处理2亿多条指令，其速度为英特尔公司（Intel）"奔腾"（586）处理器的2倍，而成本只有它的3%。

日本东芝公司与美国硅图公司合作制成超高速微处理器MPU 由日本东芝公司与美国硅图公司（SGI）共同开发的超高速微处理器MPU，其整数运算及浮点运算速度均超过传统芯片一倍以上，达每秒3亿次。它将通常集成在一块芯片内的整数运算单元和浮点运算单元制成两块芯片，从而提高了浮点运算速度。同时在整数运算单元内集成了速度很高的高速缓冲存储器，而对浮点运算单元采用了外附大容量辅助存储器，使芯片处理速度大幅度提高。

英特尔公司［美］推出第五代高速电脑芯片 1994年3月，美国英特尔公司（Intel）在世界各地同时宣布推出90MHz和100MHz新奔腾电脑芯片，比1993年夏问世的奔腾芯片快百分之五十，耗电省三分之二，体积小一半。针对一些媒体把奔腾芯片称为586，公司重申第五代芯片命名为奔腾

（Pentium）。

富士通公司［日］研制成64M同步动态随机存取存储器　由日本富士通公司（Fujitsu）研制的64M同步动态随机存取存储器（DRAM），其最高数据传输速度为100兆字节/秒，能与CPU时钟同步进行输出输入，中间不出现间断。而以往的DRAM，每输入一次数据，要暂停工作一次。

美日合作研制成铁电体随机存储器　美国与日本的几家电子公司合作，利用积淀在集成电路硅片上的细小陶瓷薄膜点存储信息，制成了一种名为铁电体随机存储器的新型存储元件。它由微弱的电场

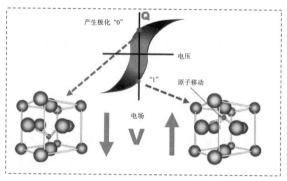

铁电体随机存储器示意图

在这些陶瓷薄膜上书写信号，除非施加相反的电场，否则信号不会消除，断电时仍能保留所存信息。

三菱电机公司［日］制成高速模拟神经电路板　由日本三菱电机公司（Mitsubishi）研制的这种高速模拟神经电路板，可以在每秒20万亿次的浮点运算速度上执行神经网络计算，速度约为当时超级计算机的1000倍，电路板宽55厘米，高3.37厘米，学习速度每秒500亿次。它由18个模拟神经芯片组成，共含有1008个以并行方式工作的神经元。

中美合作开发中文显示加速器　由北京集成电路设计中心与美国图形公司（S3 Graphics Co）、Vistro公司合作开发的中文显示加速器及其图形、图像API（二进制接口）软件，已批量投入市场。中文显示加速器为一芯片，主要包括一个编码汉字检索驱动器，一个可以对汉字字体尺寸、形状和角度进行控制的几何图形驱动器，以及一个汉字字形还原器组成。在芯片中产生的数据可以直接被S3公司的图像显示加速器接收，通过专用集成电路及核心软件协调后，可以产生显示速度比传统汉字显示快20～30倍。

伊斯曼·柯达照相器材公司［美］制成新型照片光盘　由伊斯曼·柯达照相器材公司（Kodak）发明的这种Photo-CD系统，是一种将彩色照片用数字

信息储存在光盘上的系统。可以在瞬间将成百幅图像储存到一张光盘上，能在计算机上显示，还能修改、着色、加深或淡化某些部分。

三洋公司［日］研制出新的CD-ROM光盘系统 日本三洋公司（Sanyo）9月1日推出的这种系统，使用了635纳米波长的激光二极管作传感器，它使CD-ROM的记录点和道间距缩小了一半，单张5.25英寸CD-ROM盘片可以记录2.5GB的数据。

美国宝丽来公司推出Captiva相机 美国宝丽来公司（Polaroid，台湾译为拍立得）推出一款名为Captiva的全自动单镜头反光拍立得相机，其特点是已经曝光的胶片经显影后不是自动从顶部弹出，而是滑到相机背面的储片匣内，可以通过透明窗口即时欣

宝丽来Captiva相机

赏。储片匣总共能存储10张照片，可随时打开观片窗取出照片。它的对焦、曝光、闪光、快门开度等都是根据目标距离和亮度自动调节的，因此使用起来与傻瓜相机一样方便。

国际商业机器公司［美］制成新型磁性"读写头" 美国国际商业机器公司（IBM）利用6年前发现的"巨磁阻"现象，借助电磁阻力敏感的变化，提高了数据存储密度。在磁性镍铁材料层之间夹入超薄金属银层，利用烘烤并暴露到磁场环境中的方式，使通常相互排斥的磁性材料颗粒按照相同的极性方向排列，制成了这种新型的计算机数据存储硬盘的磁性"读写头"，这种读写头可以使硬盘的容量至少扩大20倍。

美国电话电报公司［美］研制出有通信能力的新一代PC机 美国的电报电话公司（AT&T）5月宣布推出6种集通信功能与个人计算能力于一体的新型Globalyst TMPC机，既有笔记本电脑，也有台式机和小型塔式机，非常适合商业用户和家庭用户。它可以使用户在全球范围内访问人员和存取信息。该系统具有文件会议、AT&T数据/传真/话音调制解调器等通信特性。

东芝公司［日］制成快速便携式计算机 日本东芝公司（Toshiba）采用486微处理器，推出了名为"门徒T3400"的新型便携式计算机。该机带有7.8

英寸主动式点阵彩色液晶显示器，能以比被动式点阵彩色液晶显示器更快的速度显示出25.6万种彩色色调。该公司还设计了一种厚度只有常规光盘驱动器的60%、功率2瓦的超薄型驱动器，能以超出常速一倍的速度阅读光盘内的数据，使具有多媒体计算机优点的便携式计算机成为可能。

京都国际先进研究所［日］制成高速翻译机　京都国际先进研究所研制成一种"大规模并行运算"人工智能翻译机，它可以在十分之一秒内把由15个字组成的日语句子翻译成英语，这种翻译机只是对原文作近似翻译而不是精确的翻译，因此在语法上会不太规则。由于它不像一般人工智能翻译机那样要将英日两种文字精确比较，因而提高了翻译速度。

英特尔、康柏、IBM、微软等多家公司联合推出USB　USB是英文通用串行总线（Universal Serial Bus）的缩写，是连接计算机系统与外部设备的一种串口总线标准，也是一种I/O接口的技术规范，用于规范电脑与外部设备的连接和通信，是一种输入输出接口的技术规范，是应用在PC领域的接口技术。USB接口支持设备的即插即用和热插拔功能，USB用一个4针（USB3.0标准为9针）插头作为标准插头，可以连接鼠标、键盘、打印机、扫描仪、摄像头、闪存盘、MP3机、手机、数码相机、移动硬盘、外置光软驱、USB网卡、调制解码器（ADSL Modem）、调制解调器（Cable Modem）等几乎所有的外部设备。由英特尔（Intel）、国际商业机器公司（IBM）、康柏（Compaq）、微软（Microsoft）、日本电气（NEC）、数字（Digital）、北方电信（North Telecom）等七家公司组成的USBIF（USB Implement Forum）于1996年1月共同提出USB1.0规格。其后USB发展迅速，USB1.0传输速度1.5Mbps（1996年1月），USB1.1传输速度12Mbps（1998年9月），USB2.0传输速度480Mbps（2000年4月），USB3.0传输速度5Gbps（2008年1月）。

诺里斯通信公司［美］推出无磁带袖珍录音机　由美国加利福尼亚圣地亚哥市诺里斯通信公司（Norris）研制的这种无磁带袖珍录音机，使用插入式记忆芯片，可以存30分钟、60分钟或120分钟压缩的数字化声音，大小相当于一张信用卡，中心厚度仅有0.5厘米。这种记忆芯片还可以插入新式便携式计算机和个人数字助理的标准槽里。录好的声音可以通过电子邮件传递或附加到计算机图形文件中。

索尼公司［日］推出微型数字摄录机 将摄像机与录像机结合在一起的摄录机，出现于20世纪70年代。随着CCD摄像器件的成熟，摄录机的性能不断提高，售价不断降低。除了专业型外，还生产出各种家用摄录机。1994年，日本索尼公司

索尼袖珍摄录机

（Sony）推出微型数字摄录机。数字化的摄录设备可以直接接入电视机、计算机加以处理、存储，还可以通过互联网远距离传输。

日立公司［日］制成微型数字式摄像机 由日立公司（Hitachi）研制的这种世界上最小的摄像机，只有手掌大小，重仅300克。它采用半导体存储器取代了传统的录像带。用数字方式将图像信号压缩、记忆。存储器容量为400兆字节，存储前已将图像信息压缩到原来的百分之一，可以记录约30分钟的图像。将其与电视机、录像机或个人计算机相连接，即可放出所摄图像。

马丁［澳］发明新型立体电视 澳大利亚电子学家马丁（Martin, Donald Lewis Maunsell）发明的立体电视系统，其摄像机输出的信号通过两条线送入普通电视机，用计算机程序将图像画面分割成6毫米宽的竖条，再合成一个画面，来自左右画面的条带交替排列。另一个计算机程序在电视机前面的液晶板上产生透明或不透明的相互交替的条带，液晶板上的条带与电视屏幕上的相互重叠，分别遮挡左右图像。人脑可以综合处理这种图像，在眼中产生立体感。任何高清晰度的用户，只要再增加两块芯片，就可把普通平面电视升格为立体电视。

索尔［美］发明新型立体电视装置 美国海军指挥控制和海洋侦察中心的索尔（Soule, Parviz）发明的这种装置，观众不用佩戴通常观看立体电视时需要的特殊眼镜，就可以直接看到一个直径46厘米塑料圆球中的电视录像。该装置借助于一系列处于不断振动状态的晶体，在计算机的控制下，把激光束分离成千万个光点，精确投射到内部刻有螺旋线的塑料圆球内壁的相应位置上，构成三维立体图像。

四通公司［中］推出便携式个人打字机 位于北京中关村的四通办公设备公司，1994年7月向社会推出MS-2100个人中英文打字机。该机体积小、重

量轻、打印无噪声，开机即进入编辑状态。备有5种字号，具有繁简转换功能，每秒钟可打印30个汉字。

1995年

塞尔［美］发表《反抗未来：勒德分子及他们在工业革命时期的斗争》　勒德分子（Luddite）是19世纪英国工业革命时期，因为机器代替了人力而失业的技术工人，引申为持有反机械化以及反自动化观点的人。美国新分离论理论家塞尔（Sale，Kirkpatrick 1937—）是一名激进的社会评论家，他痛恨高科技，尤其是计算机。塞尔认为计算机的应用是官僚主义的表现，他在1995出版的《反抗未来：勒德分子及他们在工业革命时期的斗争》（*Rebels Against the Future：The Luddites and Their War on the Industrial Revolution*）一书中，对此做了充分的论述。

比尔·盖茨［美］发表《未来的道路》　1995年11月，美国微软公司董事长比尔·盖茨（Bill Gates，全名：William Henry Gates III 1955—）编写的《未来的道路》出版。书中预言道："终有一天，你不用离开书桌或扶手椅就可以做生意、从事研究、探索世界及各种文化，调出你想看的任何最喜欢的娱乐节目，交朋友以及给你远方的亲戚看照片。""当你听到信息高速公路这个名词而不是看到一条公路时，你可以想象自己进入一个进行各种人类活动的市场。""钱包里装的将是无法伪造的数字钱币而非纸币，它将同商店的计算机相连，这样无须实际交付现金或支票就可完成付款。你将能够在任何时间、任何地方听任何歌曲，所有这些歌曲都来自世界上最大的唱片磁带商店——信息高速公路。"

西欧、北美开播数字式无线电广播　1993年6月，西欧、北美各国及日本决定，于1995年正式推出数字式无线电广播。数字式无线电广播系统通称DAB，它可以克服传统的高频无线电广播在遇到地面物体等阻碍和干扰时，出现的信号减弱、失真甚至消失的现象。用数字式广播和接收，声音高度清晰，高保真，不受干扰，无论居家或在嘈杂的公共场所都可以高质量地收听。

柯达公司［美］、苹果公司［美］推出民用数码相机　数码相机是通过光学系统将影像聚焦在成像元件CCD/CMOS上，通过A/D转换器将每个像素上光电信号转变成数码信号，再经DSP处理成数码图像，存储到存储介质当中。美国柯达公司（kodak）推出的民用数码相机DC40，使用了内置为4MB的内存，像素41万的CCD可以生成756×504的图像，兼容Windows 3.1和DOS。同年，苹果公司（Apple）推出数码相机QuickTake 100，这两款相机都提供了对电脑的串口连接。之后生产传统相机的公司每年都推出各种新型数码相机，CCD的像素也在不断增加，1996年81万，1997年100万，2000年达上千万。

数码相机DC40

QuickTake 100

计算机网Internet迅速发展　1995年，Internet的骨干网已经覆盖了全球91个国家，主机超过400万台。现在Internet已经成为一个开发和使用信息资源的覆盖全球的信息库。在Internet上，包括广告、航空、工农业生产、文化艺术、导航、地图、书店、通信、咨询、娱乐、财贸、商店、旅馆等各种业务类别，覆盖了社会生活的方方面面。

中国最大新闻信息广域网Xinhua Net开通　1995年1月16日，中国新华社与美国思科系统公司（Cisco）在北京宣布，Xinhua Net已建成，全面开通。中国新华社总社和30个分社采用Cisco路由器，建立在新华社专用卫星传输通道上的这一广域网，以不间断的快速网络传播向社会用户提供新闻和经济信息。

中国第一个新闻综合业务网全面开通　该新闻综合业务网由光明日报社与北大方正集团联合建设，它使光明日报的编辑部、广告部等部门的工作全部实行电脑管理，组成一体化的网络系统。从记者写稿、传递稿件、电讯稿件接收入网、编辑编稿、部主任及总编辑审稿签发，到画版组版、图片处理、标题处理，直到发排、出胶片、向外地代印点传递版面等，全部统一在电脑网络上完成。

美国发现能"记忆"数据的新材料　美国科罗拉多大学发现一类在断电情况下仍能保持"记忆"功能的数据存储新材料。这是一种含有钙钛氧化物的新型铁电化合物，具有半导体特性，易于加工成廉价、小型的薄膜器件。这种材料经几十亿次电流断合冲击也不会"疲劳"，意味着在多次覆盖写入数据时不致因材料本身的老化而出现错误。

法兰克福半导体物理研究所［德］研制成锗硅混合高频半导体　德国法兰克福半导体物理研究所用一种真空炉，将硅和锗一层一层地结合在一起制成一种混合半导体，其频率高达60千兆赫。主要用于高性能雷达、高频电磁波通信和光电子技术中。

日本开发出单电子晶体管　日本通产省工业技术院电子综合研究所利用扫描隧道镜（STM）超微细加工技术，制成单电子晶体管。这种晶体管可以在室温下对电子逐个进行计数，为能正确控制电子数目的各种器件的开发提供了条件。

松下公司［日］制成世界上最小的CMOS晶体管　日本松下公司（Panasonic）研制成0.1微米以下的CMOS晶体管，其栅长0.05微米，每个栅的延迟时间为13.1微秒（1.5V电压），达到世界最高速度。这种晶体管的制作采用5000电子伏低加速能量进行离子注入，解决了在同一衬底上制作nMOS和pMOS的扩散困难。还对栅极、漏极进行金属硅化物处理，使寄生电阻减小到五分之一。

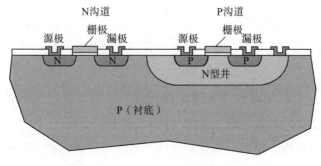

最小的CMOS晶体管

美国推出计算机外接硬盘和光盘 这种计算机外接硬盘和光盘由FIT公司研制。外接硬盘用打印机接口与电脑连接，存储容量260兆～1200兆，数据存取速度与内接硬盘相当。整个硬盘加外接电源变压器仅1～2千克，便于携带。对于扩充电脑硬盘、存储数据和文件资料极为方便。外接光盘能联到PC机或笔记本电脑上，它是只读系统，设有耳机插口和左右声道插口，如电脑装有声卡，则可欣赏多媒体CD。

英特尔公司［美］发布了Pentium Pro处理器（高能奔腾） Pentium Pro是Inter公司首个专门为32位服务器、工作站设计的处理器，可以应用在科学计算和高速辅助设计等领域。Pentium Pro的工作频率有150MHz、166MHz、180MHz、200MHz四种，都具有16KB的一级缓存和256KB的二级缓存。它基于与Pentium完全相同的指令集和兼容性，达到了440MIPS的处理能力，集成了550万个晶体管。Pentium Pro采用"PPGA"封装技术，将一个256KB的二级缓存芯片与Pentium芯片封装在一起，两个芯片之间用高频宽额度内部总线互联，处理器与高速缓存的连接线路被安置在该封装中，使高速缓存能更容易地运行在更高的频率上。

尼康公司［日］研究出新型光刻曝光技术 由日本尼康公司（Nikon）研究出的这种技术，采用深紫外线（deep-UV）曝光和扫描，使4z（x）图像通过缝隙进入缩减的步进光刻机的透镜。这种新技术对较大场尺寸取得进展，而未影响到透镜尺寸。同时由于具有较小而有效的缝隙投影透镜和扫描的均匀性，改善了透镜的畸变和整体聚点的偏移。

夏普公司［日］制成大屏幕LCD 日本夏普公司（Sharp）展示了一种21英寸薄膜晶体管（TFT）显示器样品，它是当时世界最大屏幕的平板显示器（LCD），可以用来生产壁挂电视。

美国得克萨斯仪器公司推出多媒体芯片 美国得克萨斯仪器公司投放市场的多媒体芯片，含有400万个晶体管，采用并行处理，每秒可运行20亿次，能代替原有的电视图像编辑计算机工作站中的5000块集成电路，可以使个人计算机接收、显示、编辑和传输高清晰度电视和高保真音响信号。

日本松下公司推出随身录像电话 日本松下公司推出世界上第一部随身录像电话。新产品可配合公司或工厂举行的电视会议使用，也可以配合保安系统使用。这个录像电话重560克，可以进行双向沟通，在对话时可看到对方的彩色影像。

胜利公司［日］推出数字录像机　这种数字录像机由日本胜利公司（JVC）开发，采用D-VHS的制式标准，由计算机控制的电动机，可精确地调控磁头的角度，使录像机能以较快或较慢的速度放录像带而无任何失真。在播放体育节目或新闻节目时可以加快速度，而荧屏上的字幕仍很清楚，还可以用较少的时间看到慢动作镜头。录像带在慢速情况下最长可录制49小时节目，图像和伴音信息以二进制数据的形式存储，信号处理的灵活性较大，还原失真较小，录像磁带可反复使用，基本上不影响录放质量。

三洋公司［日］研制出新型立体电视　日本三洋公司（Sanyo）利用人的左右眼视觉差，研制出立体电视。这种电视用两架相隔6.5厘米的摄像机同时拍摄，与人左右眼距离几乎相同，播放时使两种图像投射到一个外凸的荧屏上，使两架摄像机拍摄的图像分别传到观众的左右两眼，从而看到立体画面。

纳德［英］发明立体电视　英国电子学家纳德（Nader，L.）发明的立体电视，是利用人眼在观看物体时，视线是聚焦在该物体上，而物前和物后的景物则是虚影的原理。播放时经一定处理使观众视线聚焦观看的物体是实的，而该物前后的物体是虚的，产生了立体效果。

三洋电机公司［日］研制出普通、立体两用电视　由日本三洋公司（Sanyo）研制的这种宽屏幕电视机内配有能将一般电视图像转换为立体画面的电路，它从普通图像中将视觉差稍稍错开，形成左、右眼两种图像，然后以1/120秒的时间差将左右图像交互映出，观者通过佩戴专用眼镜，向左右眼传送不同视点的画面即产生立体感。不戴专用眼镜则可以作为普通电视机使用。

美国生物计算机研究获新进展　美国普林斯顿大学的里查德·利普顿（Richard Lipton）用脱氧核糖核酸材料制成了逻辑判断装置。他选择一些脱氧核糖核酸片断分别代表不同变量，以片断之间的接合和断开序列代表"与"和"或"逻辑判断，然后运用生物技术手段加以控制、探测与分离出生物材料中具有与特定判断相应特征的部分。南加利福尼亚大学的阿德勒曼（Adleman，Leonard Max 1945—）发布的生物计算机，是通过合成具有特定序列的DNA分子在试管中的反应来解决问题，产生的DNA分子序列反映的就是问题的解。

中国制成曙光1000大规模并行计算机　曙光1000大规模并行计算机由中国科学院国家智能计算机研究开发中心研制，1995年5月11日通过鉴定。它由36个结点处理机组成，采用6×6的网络结构，峰值速度每秒25亿次，实际运算速度每秒15.8亿次浮点运算，内存容量1000兆字节，结点机间总通信容量为每秒4800兆字节。它突破了一批大规模并行处理的关键技术，设计的互联芯片、行优化编译器具有独创性。软件总体水平及系统性能与国外相当，但性价比高于国外同类机器。

美国研制出能识别人面貌的计算机　美国奥巴林大学制成一台试验性神经网络计算机系统，它能模拟人脑，结合面部有关数据识别不同的面貌。该系统显示的人貌是由65536个像素组成，计算机先确定鼻、唇、下巴的界限，继而显示出面貌轮廓，再用模糊逻辑和神经网络建立起人面貌的"相貌特征矢量"图形。麻省理工学院的教师们则采用了一种名为"本征面貌"的gestalt式成像技术，能更细腻地表现眼、鼻、嘴的形象，具有形象逼真、识别准确的特点。

美国电话电报公司［美］开发出先进的多媒体功能PC机　1995年4月17日，美国电话电报公司（AT&T）计算机部门推出两种新型高性能PC机globalyst 720和globalyst 730。它们具有两个Pentium处理器，有先进的图形和音频能力，为个人计算机和通信建立了一个新的工业标准。

东芝公司［日］推出奔腾笔记本电脑　1995年5月31日，日本东芝公司（Toshiba）发布了世界第一台奔腾笔记本电脑610CT。它采用90MHz奔腾处理器，16位声卡和大容量硬盘，具有优异的商务处理和多媒体功能。

索尼公司［日］研制出便携式电脑Magic Link Pic-100　日本索尼公司（Sony）推出的Magic Link Pic-100电脑，重1.2磅，有一个LCD触摸屏，512K内存，装有通用全新化操作系统，用笔尖或手指即可操纵。Magic Link集合了传真和调制解调器的功能，传输数据的速率是2400比特/秒，发送传真的速率是9600比特/秒。

深圳桑夏公司［中］研制863SA"笔译通"掌上电脑　863SA"笔译

通"掌上电脑由深圳桑夏公司开发并投放市场。它集计算器、通信簿、记事本、汉英和英汉辞典、世界时钟、万年历、6种文字常用语翻译机、商务信息机等16种功能为一体，是第一台中国自行研究、设计、制造，具

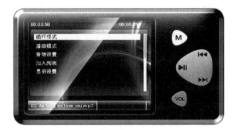

笔译通

有软硬件独立版权的掌上计算机，是最早的全屏幕中文菜单操作和手写汉字输入的个人数字助理掌上电脑（PCA）产品。

泰克公司［美］研制出新一代彩色打印机　美国泰克公司（Tektronix）开发出新的桌面打印技术。这种打印机在固体喷墨技术基础上，以一种快速运行机构提供了在普通纸和透明胶片上打印彩色图像的能力。

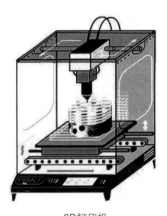

3D打印机

布雷特［美］、安德松［美］研究三维（3D）打印技术　美国麻省理工学院学生布雷特（Bredt，James F.）和安德松（Anderson，Tim）对喷墨打印机的打印方案进行了修改，三维（3D）打印的名称由此产生。他们设计的打印方案是让软件通过电脑辅助设计技术（CAD）完成一系列数字切片，并将这些切片的信息传送到打印机上，打印机把约束溶剂挤压到粉末床上，通过打印一层层的黏合材料来制造三维的物体。三维打印机又称3D打印机（3D Printers），是一种累积制造技术设备。3D打印机与传统打印机的区别，在于它使用的不是墨水而是制造物体的原材料。进入21世纪后，三维打印机的销售逐渐扩大，价格也开始下降。

崔锦泰［美］、袁伯基［美］开发出计算机图像压缩新技术　美国得克萨斯州农工大学数学系华裔教授崔锦泰和袁伯基发明的这种技术，原理与逼近理论相似，采用子波来分解图像，区分高频与低频，去除多余的子波，用数学算法作为解析手段，记住原图像的特征和位。该技术是由休斯敦高级研究所发布的，它可以将一部长30小时的电影录在一张光盘只读存储器上，能

使传真机的传送速度提高30倍。

麦克唐纳〔美〕制成最小的隧道显微镜 美国康奈尔大学的麦克唐纳（MacDonald，Noel C.）和自己的两个学生，在一片硅晶片上制作了一台微型隧道显微镜（STM）。显微镜直径只有0.2毫米，装有3台微电机，两台用来驱动探针往复运动，另一台用于使针端升高或降低。STM用途广泛，在提高新一代计算机存储容量方面极有前景。

日立制作所〔日〕开发出300万伏加速电压电子显微镜 这台电子显微镜由日本日立制作所（Hitachi）设计制作，建于大阪大学超高压电子显微镜中心，1995年6月20日投入运行。显微镜高13.5米，外径3米，重140吨，电子枪发射的电子束经加速后可穿透观察物，拍下表面或断面照片，分辨率为0.14纳米，可观察到单个金属原子，倍率高达百万倍。电子被加速电压提高后可拍摄3～10微米厚的物体断面。

1996年

日本制成光二极管 光二极管是一种超高速光电转换器件，这种二极管用波长1.55微米的光每秒钟可传送10千兆比特信号，光电转换效率在90%以上，创下世界最高的光电转换率，它将成为下一代超光速通信的重要器件。

硅谷创立超微半导体公司〔美〕推出了第一个x86级CPUK5 1969年由杰瑞·桑德斯（Jerry Sanders）在美国硅谷创立的超微半导体公司（Advanced Micro Devices，AMD），独立生产x86级CPU，1996年3月发布，上市时间晚于英特尔公司（Intel）的Pentium。K5的性能非常一般，整数运算能力不如Cyrix的6x86，但是仍比Pentium略强，浮点运算能力比不上Pentium，稍强于Cyrix。这个不成功的产品一度使得AMD的市场份额大量丧失。

美国数据存储技术取得新进展 1996年12月30日，美国的国际商业机器公司（IBM）在加利福尼亚州圣何塞研究和存储系统分部的研究人员，把几个产品级的元器件组合在一起，使硬盘数据存储密度达到37.75亿比特/平方厘米。所用的技术都是在成熟技术基础上进一步改进的版本，包括先进的磁阻记录磁头、超低噪音的硬盘表面磁合金镀层，将所有先进技术及元器件组合在一起，以确保所需的存储密度和读取精度的技术改进。

Parsytec公司［德］制成4000亿次级计算机　德国亚琛的Parsytec公司用16384个Transputer处理器芯片，装成一台每秒可进行4000亿次浮点运算的超级计算机。他们用一种新的方法把这些处理器连接在一起，实现了计算能力的突破。

　　中国公用计算机互联网CHINANET骨干网建成　CHINANET骨干网是中国第一个以TCP/IP Internet working技术覆盖全国各省份（除台湾）的大型数据通信网，是中国国内第一个以提供公共服务为主要目的的计算机广域网，是第一个实现用户全透明漫游的Internet working网络系统，也是第一个在全国实现统一的中、英文用户界面的网络。被称为"中国的Internet"。

　　王晓龙［中］成功开发汉字微软拼音输入法　哈尔滨工业大学深圳研究生院的王晓龙教授，在读硕士研究生的时候就开始了汉字输入技术研究。20世纪90年代初，王晓龙开发的汉字语句输入法软件成型，准确率达90%以上。1996年，王晓龙与美国微软公司达成协议，授权美国微软公司在Windows操作系统上使用该技术，即被广泛使用的汉字微软拼音输入法。

1997年

　　诺基亚［芬兰］、爱立信［典］、摩托罗拉［美］、无线星球［美］联合推出WAP　WAP（无线通信协议）是在数字移动电话、互联网或其他个人数字助理机（PDA）、计算机应用乃至未来的信息家电之间进行通信的全球性开放标准。1997年6月，由诺基亚（Nokia）、爱立信（Ericsson）、摩托罗拉（Motorola）和无线星球（Unwired Planet）共同组成WAP论坛并通过这一标准。WAP可以将Internet的信息及各种业务引入到移动电话、PALM等无线终端中。WAP能够运行于如GSM、GPRS、CDMA等无线网络上。

　　德国弗劳恩霍夫应用固体物理研究所研制出发白光二极管　由德国弗劳恩霍夫应用固体物理研究所研发的发白光的二极管，是先用氮化镓半导体材料制成蓝色发光二极管，再与荧光粉物质进行组合，这种荧光粉在光线照射下具有改变波长的特性，可以产生符合视线要求的白光。荧光粉的组分可以根据不同需要进行调整，可以研制出一系列新的光源。这种白光二极管光亮强、体积小、不易破碎、寿命长，可望取代传统的白炽灯。

国际商业机器公司［美］推出芯片内部连线新技术　美国国际商业机器公司（IBM）开发出利用铜代替铝作芯片内部连线的技术，该技术可以使计算机芯片体积缩小30%，运算速度提高40%，并大幅度降低生产成本。

英特尔公司［美］制成主频400兆赫的芯片　美国英特尔公司（Intel）推出的这种Klamath芯片，运算速度是高速"奔腾"芯片的两倍，芯片集成晶体管750万个，具有可进行多媒体处理的指令系统（MMX），图像和声音信号处理能力大为提高。

英特尔公司［美］推出Pentium II处理器　美国英特尔公司（Intel）推出的Pentium II处理器结合了Intel MMX技术，能以极高的效率处理影片、音效以及绘图资料，首次采用Single Edge Contact（S.E.C）匣形封装，内建了高速快取记忆体。Intel Pentium II处理器晶体管为750万个。

超微半导体公司［美］推出K6处理器　美国的超微半导体公司（AMD）为了与Pentium争占CPU市场，推出32位的K6处理器。K6拥有全新的MMX指令以及64KB L1 Cache（比奔腾MMX多了一倍），整体性能要优于奔腾MMX，接近主频PII的水平。K6与K5相比，可以平行处理更多的指令，并运行在更高的时钟频率上。K6不足处是用到MMX或浮点运算的应用程序时比同样频率的Pentium要差许多。

以色列、德国合作研制高性能软件加密锁　以色列阿拉丁知识系统公司与德国格兰科公司合并后，设计生产的HASP软件加密锁，长39毫米，有很高的集成度，由ASIC芯片控制的内部存储单元，保证了开发商写入的内容不被"黑客"读写、篡改，被访问速度仅几毫秒，丝毫不影响被保护软件的运行速度。加密锁与被保护软件之间的数据传输，是经过加密算法随机变化的，可以防止"黑客"通过软硬件手段截获正确的传输数据。美国国家软件中心对世界著名加密产品测评中，HASP排名第一。

德国马普大气物理研究所研制成高分辨率精密摄像机　该摄像机由德国马普大气物理研究所研制，机身高1米，由可伸缩支架支承，机身借助于步进马达可转动拍摄，并可拍摄83度仰角和72度俯角，在14度广角镜下可拍摄周围10米内的情况。该摄像机有两个15厘米长可伸缩电子眼，核心部件是一套电子耦合装置CCD，能将微弱的光信号转换为电信号。该摄像机曾装在美国

"漫游者"号探测车上，由"火星探路者"飞船送上了火星，不断发回它拍摄的火星照片。

康柏公司［美］研制出无绳键盘计算机 美国康柏公司（Compaq）开发的Presario 3000型计算机的第一个型号Presario 3020正式投产。该机装有166MHz的奔腾处理器，16兆字节的内存，2000兆字节的硬盘，一次可放入4张光盘的只读存储器，具有数字技术效果的立体声喇叭，屏幕采用12英寸平面彩色液晶显示屏。其新颖设计还包括无绳RF鼠标器和无绳键盘。

日本研制出有面部表情的机器人 日本东京科技大学机器人动力学实验室的小原福三与广志蒲屋，历经4年研制出能表达人的厌恶、愤怒、忧愁、害怕、惊讶与愉快等6种面部表情的机器人。

日本研制出有面部表情的机器人

新加坡建成世界上最大的ATM和快速以太网混合网络 美国3Com公司和新加坡电信设备公司为新加坡财政部建成了当时世界上最大的集成ATM和快速以太网的网络。它由29台3Com CoreBuilder 7000 HD高功能交换机和29个3Com 7600TX模块组成ATM主干，连接50台服务器，通过3Com快速以太网网卡支持1500个快速以太网用户。

江村软件公司［日］推出Em Editor软件 江村软件公司（Emurasoft）推出的Em Editor软件是一种简单易用的文本编辑器，以运作轻巧、敏捷而又功能强大、丰富著称。它支持多种配置，自定义颜色、字体、工具栏、快捷键设置，具有选择文本列块的功能（按ALT键拖动鼠标），并允许无限撤销、重做，是替代记事本的最佳编辑器。Em Editor Pro12简体中文版是一款类似于Editplus、UltraEdit的增强型文本编辑器，对中文支持较好，插件扩展能力强，易于使用，可完全替代Windows自带的记事本。

卡巴斯基实验室［俄］发行卡巴斯基反病毒软件 由尤金·卡巴斯基于1997年创办的卡巴斯基实验室（Kaspersky Lab），整合了卡巴斯基实验室最全面的安全保护技术，开发出卡巴斯基PURE 3.0反病毒软件。卡巴斯基

PURE 3.0的界面非常简洁，能够提供终极计算机保护，确保用户使用计算机和互联网的安全，它还能通过一台计算机对多台计算机进行集中安全管理。卡巴斯基PURE3.0包括安全支付技术，具有确保金融交易安全、在线备份和密码管理功能，能够在多台计算机同步和保管用户的密码。2000年，Kaspersky Lab宣布公司的反病毒解决方案使用新商标Kaspersky AV来代替AVP（Anti Viral Toolkit Pro）。

"环球光纤通路"开通　1993年，被称为"环球光纤通路"的项目开始大规模敷设光纤网，光缆从英国一直延伸到日本，中途连接西班牙、意大利、埃及、阿联酋、印度、泰国、马来西亚、中国和韩国等10多个国家和地区，1997年3月完成。这个光纤网是世界上最大的光缆系统，它能够将亚洲的电话、电视和计算机信息在亚洲和欧洲间交互传递。

1998年

英特尔公司［美］制成Celeron微处理器　在Pentium Ⅱ-450问世的同时，美国英特尔公司（Inter）发布了新Celeron微处理器Celeron300A和Celeron333。Celeron的主要特点是在处理器芯片内集成了128KB二级高速缓存，其工作频率与处理器相同。

谷歌公司（Google）［美］创立　在斯坦福大学理攻读计算机博士的拉里·佩奇（Larry Page，全名Lawrence Edward Page 1973—）和谢尔盖·布林（Sergey Brin，俄文名Сергей МихайловичБрин 1973—）共同开发了互联网搜索引擎Google。1998年9月7日，谷歌公司在美国加利福尼亚州创立，很快发展成一家跨国科技企业，致力于互联

佩奇和布林

网搜索、云计算、广告技术等领域，开发并提供大量基于互联网的产品与服务。Google网站于1999年下半年启用，其使命是整合全球信息，供用户使用。Google是第一个被公认为全球最大的搜索引擎。

爱立信［典］、诺基亚［芬］、东芝［日］、国际商业机器公司（美）及英特尔［美］等合作开发短距离无线电通信技术（蓝牙）　蓝牙创始于爱

立信公司（Ericsson），该公司在1994年就进行蓝牙的研发。1998年2月，诺基亚（Nokia）、苹果（Apple）、三星（Samsung）组成一个蓝牙技术联盟小组（SIG），探讨建立一个全球性的小范围无线通信技术，即蓝牙。5月，爱立信、诺基亚、东芝（Toshiba）、IBM和Intel等五家著名公司，在联合开展短程无线通信技术的标准化活动时提出了蓝牙技术，其宗旨是提供一种短距离、低成本的无线传输应用技术。Intel公司负责半导体芯片和传输软件的开发，爱立信公司负责无线射频和移动电话软件的开发，IBM公司和东芝公司负责笔记本电脑接口规格的开发。1999年下半年，微软（Microsoft）、摩托罗拉（Motorola）、三星（Samsung）、朗讯（Lucent）与蓝牙特别小组的五家公司共同发起成立了蓝牙技术推广组织，在全球范围内掀起推广"蓝牙"热潮。

ACD Systems公司［美］首次发行看图工具软件ACDSee　由美国ACD Systems公司推出的这款ACDSee软件，提供了包括数种影像格式转换的影像编辑功能，简单的影像编辑、复制至剪贴簿、旋转或修剪影像、设定桌面，还可以从数码相机输入影像。ACDSee是使用最为广泛的看图工具软件，它能打开包括ICO、PNG、XBM在内的20余种图像格式，能够高品质地快速显示，互联网上的动画图像都可以利用ACDSee来欣赏。ACDSee具有良好的操作界面、简单人性化的操作方式、优质的快速图形解码方式、支持丰富的图形格式、强大的图形文件管理功能等特点。

瑞星公司［中］发行瑞星杀毒软件Rising Antivirus　中国瑞星公司开发的瑞星全功能安全软件，包含防火墙和杀毒软件。真正做到一个软件两种防御的能力，既可以防御网络的攻击，也可以保障信息的安全。可以实现防火墙与杀毒软件紧密合作，设置中有一个"入侵检测"，主要针对网络攻击，如2003蠕虫王攻击、灰鸽子、黑洞远程控制等。

蔡旋［中］开发超级兔子软件　蔡旋（1975—）大学毕业后创办共享软件公司，该公司开发的这款计算机功能辅助软件，能帮助用户辨别硬件真伪、安装硬件驱动、维护系统安全、安装系统补丁及软件升级、优化清理系统、清除系统垃圾、提升电脑速度、保护IE安全、监测危险程序、屏蔽广告弹窗、清理流氓软件、延长SSD硬盘寿命、提升系统速度。

国际商业机器公司［美］研制成运算速度最快的电脑　美国国际商业机

器公司（IBM）1998年10月宣布研制成每秒能进行3.9万亿次运算的超级电脑，创造了高速计算机的新纪录，该机可用于模拟核爆炸试验。

张朝阳［中］创立搜狐网SOHU.COM　1995年张朝阳从美国麻省理工学院毕业回到中国，利用风险投资创建了爱特信信息技术有限公司，1998年正式创立搜狐网SOHU.COM。搜狐网为用户提供24小时不间断的最新资讯及搜索、邮件等网络服务，内容包括全球热点事件、突发新闻、时事评论、热播影视剧、体育赛事、行业动态、生活服务信息等。

电子商务开始兴起　电子商务（Electronic Commerce）指利用计算机、网络技术和远程通信技术，实现商务过程的电子化、数字化和网络化，通过网际网络建构电子平台，进行交易与服务，是运用数字信息技术对企业各项活动进行优化的过程，是新兴的企业营运模式。1997年在温哥华举行的第五次亚太经合组织（APEC）非正式首脑会议上，美国总统克林顿（Clinton, William Jefferson 1946—）提出各国共同促进电子商务发展的议案，国际商业机器公司（IBM）、惠普公司（HP）和互联网技术服务公司（Sun）等国际著名信息技术厂商宣布，1998年为电子商务年。

1999年

克理森［美］发明电脑键盘发电技术　美国康柏公司的软件工程师克理森（Crisan, Adrian），发明了一种使用来自击打电脑键盘时的手指能量，为电池充电的灵巧装置。这个装置的每个键的下方安置有小型永磁铁，四周有线圈环绕，每当一个键被按下，磁铁就在线圈内移动，感应出微小的电流给电容器充电，当电容器积聚了足够多的电量时，它就会给电池充电。由于每块小磁铁不足0.5克重，键盘发电器不会明显改变手感，从动能到电能的转换，没有增加明显的阻力。这种键盘能减少电池体积从而减轻笔记本电脑的重量。只要一次充电，可持续使用10小时。

霍夫曼［德］、赫根［德］制成新型锗晶体管　德国汉诺威大学半导体技术与电器材料研究所的霍夫曼（Hofmann, Karl）和赫根（Hoegen, Michael Horn-von），经4年研究，用一层薄锗材料制成了新型锗晶体管。这种晶体管比当时使用的硅晶体管速度快一倍。

美国推出照片光盘 美国柯达公司（Kodak）和英特尔公司（Intel）推出一项照片光盘服务，当顾客在领取冲印好的照片时还可以得到一张光盘，里面包含了每一张照片的数字版本和一种易于使用的软件，可以用这一软件对照片润色，并通过电子邮件把照片寄出。

英特尔公司［美］制成了Slot1构架PentiumⅢ处理器 美国的英特尔公司（Inter）发布了Slot1构架PentiumⅢ处理器。其核心由950万个晶体管组成。PentiumⅢ处理器使用了更加先进的动态分析技术和PSN序列号识别技术。为提高处理器浮点性能而开发扩展指令集SSE（即SIMD扩展指令集，SIMD的含义为单指令多数据），SSE指令集也叫单指令多数据流扩展，共有70条指令，其中包括提高3D图形运算效率的50条SIMD浮点运算指令、12条MMX整数运算增强指令、8条优化内存中的连续数据块传输指令。

日本松下、东芝和美国闪迪公司研制成SD卡 SD卡（Secure Digital Memory Card）是一种基于半导体闪存记忆的存储卡，是新一代电子记忆设备，由日本松下、东芝和美国的闪迪（SanDisk）公司研制成功。SD卡主要由外部引脚、内部寄存器、接口控制器和内部存储介质

SD卡

四部分组成，是一种具有容量大、读写速度快（数据传输率能达2MB/s）、重新格式化容易、信息传输安全等特点的多功能存储卡。2000年，这几家公司发起成立SD协会（Secure Digital Association，SDA），IBM、Microsoft、Motorola、NEC等知名公司参加，确定了SD卡的尺寸、结构、容量、读取速度等标准。SD卡广泛应用于数码相机、摄录机、多媒体播放器、手机等便携式电子设备。

奥林巴斯公司［日］推出Eye-Trek头盔显示器 这种显示器与数字视盘播放器等视频信号源接通后，在2米距离外可以观看132厘米电视屏幕，同时还能听到立体声伴音。

维视数字图像技术有限公司［美］制成虚拟视网膜显示器 美国维视数字图像技术有限公司（Microvision）研制的这种视网膜显示器，采用了激光器、眼镜片大小的光学器件和微型扫描器，把影像投射到飞行员的视网膜

上。使飞行员在看到浮动在眼前的数字提示和影像时，还能同时看清周围的空域。

索尼公司［日］研制出数字相框　这是一种专门用来显示数字图像（包括静止图像和电视图像）的相框，大小为8.8英寸×6.5英寸×1.6英寸，可以读取存在储条中的文件，图像显示可以采用幻灯片方式，可以从内置扬声器中听到录像片段的伴音。该相框在工作30～60分钟后会自动进入休眠状态。

微软公司［美］推出智能鼠标器Intellimouse Explorer　微软公司（Microsoft）推出的这种智能鼠标器采用了每秒能采集1500幅图像的新型光学跟踪技术，这样的分辨率能察觉到手的最细微的移动，并能使操作者精确地"放置"电脑屏幕上的光标。该鼠标能在几乎任何表面上工作，不再需要鼠标垫。

博士公司［美］推出Videostage音响解码器　美国Bose公司开发的这款解码器芯片，是第一种能把任何音源转换成5.1声道环绕声的技术。该公司出品的Lifestyle II 40和50系列家庭影院中采用这种芯片，能使立体声电视机甚至单声道的VHS录像带实现类似于剧场的音响质量，并通过加强低音和降低高音来突出对话和音响效果。

雷克沙公司［美］推出数码照片传输器　这种Jumpshot工具可以迅速将图像从数码相机下载到计算机中，用户只要把拍摄的照片存放在Lexar Compact-Flash闪存卡中，然后把闪存卡插入Jumpshot电缆线一端的盒子中，把电缆的另一端插入个人计算机的通用串行总线插口就能进行传输。该工具同时适用于麦金托什（Mackintosh）和PC机两类电脑。

英特尔公司［美］推出了Pentium III处理器　美国英特尔公司（Intel）将推出的Pentium III处理器加入70个新指令，晶体管数目约为950万个，加入的网际网络串流SIMD延伸集称为MMX，能大幅提升影像、3D、音乐、影片、语音辨识等的性能，让使用者浏览逼真的线上博物馆与商店，以及下载高品质影片。除了面对企业级的市场外，Pentium III加强了电子商务应用与高阶商务计算的能力，并为更好的多处理器协同工作进行了设计。

AMD公司［美］研制成微处理器Athlon750MHz　美国的AMD公司研制的Athlon750MHz微处理器，在主频和性能上均超过Inter微处理器。2000年2

月，AMD公司推出Athlon750MHz微处理器。4月，AMD公司发布Athlon1GHz微处理器。2003年，AMD公司推出了面向服务器和工作站的Opteron（皓龙）处理器。

大卫·史密斯［美］编出一种可以迅速传播的计算机宏病毒Melissa　美国新泽西州一家电脑公司的网络程序员史密斯（Smith, David L.）编出一种可以迅速传播的宏病毒Melissa，作为电子邮件的附件进行传播。Melissa病毒邮件的标题是Here is that document you asked for, don't show anybody else（这是你要的资料，不要让其他人看见），收件人打开邮件病毒就会自我复制，向用户通信录的前50位发送同样的邮件。Melissa病毒通过E-mail传播，从1999年3月26日首次发现到3月29日，已经传到了10多万个计算机。虽然Melissa病毒不会毁坏文件或其他资源，但是它迅速发出的大量邮件会形成极大的电子邮件信息流，导致邮件服务端程序停止运行。1999年4月2日，美国新泽西州警方宣布Melissa电子邮件病毒的制造者被抓获。

金山网络技术有限公司（中国）发行金山毒霸Kingsoft Antivirus　金山网络旗下研发的云安全智扫反病毒软件，融合了启发式搜索、代码分析、虚拟机查毒等经业界证明成熟可靠的反病毒技术，使其在查杀病毒种类、查杀病毒速度、未知病毒防治等多方面达到先进水平，同时金山毒霸具有病毒防火墙实时监控、压缩文件查毒、查杀电子邮件病毒等多项先进的功能，为个人用户和企事业单位提供完善的反病毒解决方案。

索尼公司［日］推出Digital 8手持摄像机　这种摄像机系列首次把Hi8/8mm格式与新的Digital 8数字视频格式结合在一起，能采用标准的Hi8金属磁带以500线的数字电视清晰度水平摄制家庭录像节目，也可以用来播放当时流行的8mm和Hi8模拟录像带。用link连接器可以实现摄像机与电脑之间的视频文件转移。

佳能公司［日］推出Elura数字摄录机　Elura数字摄录机设计小巧，呈流线型，内部安装一台视频数字记录器，配有12倍变焦的光学镜头，具有数字摄像、数字照片和渐近扫描三种拍摄模式。后一种模式每秒钟可记录30幅静止图像，可以以相当高的清晰度

Elura数字摄录机

慢速显示快速运动的图像。

夏普公司［日］推出网络摄像机　这种只有钱包大小的
View-Cam摄像机是第一种专门为因特网设计的摄像机，它
能拍摄静止和视频图像，并能在机内的液晶显示屏回放。
摄像机利用先进的MPEG-4压缩技术保存文件，下载速度
快。拍摄的影像可以储存在Smart Media卡上，再传输到计
算机中。

网络摄像机

蒂沃公司［美］推出硬盘录像机　美国蒂沃公司（TiVo）研制的硬盘录
像机实际上是一种硬盘视频记录器，可以通过监视使用者的收视习惯来选择
和决定接收所喜爱的节目，还可以录下特定的节目，当暂时不能观看时还可
以把节目顺延30分钟播放。

索尼公司［日］推出直视式高清晰度电视　日本索尼公司（Sony）推出
的34英寸高清晰度平面电视机，是面向市场的第一种直视式数字电视机。它
采用了一种叫作"数字现实生成"的技术，把标准电视信号的分辨率提高一
倍，使图像的清晰度类似于数字电视图像。机内的多图像驱动装置可以使用
户同时收看两套节目。

美国无线电公司推出廉价高清晰度电视　这种型号为MM36100HR的电
视机屏幕与传统电视机的长宽比相同，是4∶3而不是现在高清晰度电视机采
用的16∶9。36100HR采用了一个转换盒，通过缩小画面的相对尺寸，实现了
1080条扫描线的高清晰分辨，其售价远低于宽屏高清晰度电视机。

回声星通信公司［美］推出Dishplayer卫星电视接收器　美国回声星通
信公司（Echostar）推出的Dishplayer卫星电视接收器，是一种带有硬盘驱动
记录器的卫星电视接收器，使接收器具备了可暂停接收电视节目30分钟，又
能从开始停止的地方重新播放，还可以记录下最长8小时的高质量电视节目。
它还具备WebTV功能，可以接入互联网。

索尼公司［日］研制成笔式随身听　日
本Sony公司推出的MP3笔式录放机，俗称随
身听，长约12厘米，宽约2厘米，重48克，
内有64MB储存器，可存80分钟的数字音乐

笔式随身听

信息。

佳能公司［日］推出Powershot S10数码相机　这种相机是世界上最小最轻的2兆像素数码相机，带有内置变焦镜头，能与Type Ⅰ和Type Ⅱ两种闪存卡配合使用，并带高速通用串行总线连接器，以方便电脑下载。相机重9.5盎司，可以方便地放到衣服口袋中。

奥林巴斯公司［日］推出C-2500L数码相机　日本奥林巴斯公司（Olympus）研制的这种单反式数码相机内的2.5兆像素电荷耦合器件传感器，能够以1712×1368像素的分辨率拍摄到极清晰的照片，而奥林巴斯的True Pic技术则使清晰度得到进一步提高，它能在相机内部对照片进行调整。C-2500L也是第一种带有Compact-Flash闪存与Smart Media存储卡联用插槽的相机，还装备了三倍光学变焦镜头、弱光自动聚焦系统及全距离单反式调节装置。

富士公司［日］推出MX-1700数码变焦相机　日本富士公司（Fuji）推出的MX-1700数码变焦相机，装有供数码相机使用的体积最小的全玻璃非球面三倍变焦光学镜头，制造这种镜头是该公司的一项技术突破。相机还配有1.5兆像素的传感器、2英寸彩色液晶显示屏和8MB的Smart Media存储卡等全部必需装备。

尼康D1型数码相机

尼康公司［日］推出D1型专业相机　日本尼康公司（Nikon）推出一种单反式专业数码相机，它设有三维矩阵测距功能及能与80多种F系列相机镜头及附件兼容。D1相机分辨率为2.7兆像素，能快速启动，还能以每秒4.5张的速度进行快速拍摄。

美能达公司［日］推出Vectis相机　日本美能达公司（Minolta）推出的这种相机包裹在一个有金属光泽的能抵御猛烈碰撞的椭圆形机壳中，相机尺寸为4英寸×2英寸×1英寸，重约5盎司。拉开保护外壳，机身会自动弹出，其2倍变焦镜头伸出机身，内置闪光灯也会自动弹出。

佳能公司［日］推出第二代"小精灵"相机　Elph2相机是一种袖珍式高级照相系统，有2倍变焦镜头，相机大小仅为3.4英寸×2.2英寸，厚度不到1英

寸，重6盎司，是当时世界上体积最小的变焦相
机。利用其自动对焦系统、变焦镜头和内置闪
光灯，可以很容易地拍出优质的照片。

Elph2相机

R380掌上电脑

**爱立信公司［典］推
出R380掌上电脑手机** 瑞
典爱立信公司（Ericsson）
推出R380掌上电脑手机，集移动电话与个人数字助理
（PDA）于一身，大小与普通手机相似。翻开按钮键盘，
有一个触摸显示屏，能浏览网页、保存日历、通信或记录
笔记。该机还能辨认主人的笔迹，机中配有喇叭扩音器和语音记录装置。

**三星电子公司［韩］研制成电视手
机** 韩国三星电子公司（Samsung）12月
1日宣布研制出世界上第一部移动式电视
手机SCH-M220，它配有1.8英寸薄膜液晶
高分辨率屏幕，用户可在行进中一边通话
一边观看电视节目。

电视手机SCH

卡西欧公司［日］推出GPS手表 日本卡西欧公司（Casio）推出的这种
手表首次把GPS系统装入手表这样的小型装置中，它能显示所处的经纬度以
及相对于某一预先设定地点的方位和距离，重仅5.2盎司，特别适合于野外活
动使用。

岛野公司［日］推出自行车电子变速器 成立于1921年，以生产自行
车为主的岛野公司，推出自行车电子变速器，这个四档自行车电子变速系统
Auto D能测出道路坡度变化时车轮转速的变
化，自动调高或调低速度档，并通过液晶屏
显示自行车所处的档位。该系统同时还设有
手动控制。

**世嘉公司［日］推出Dreamcast游
戏机** 日本世嘉公司（SEGA）推出的
Dreamcast游戏机采用200MHz的东芝SH-4处

Dreamcast游戏机

理器芯片组和雅马哈的Audio Engine声卡，处理数据速度是当时其他游戏机的10～15倍，使游戏对手变得更加聪明、人物动作更加逼真、图像细节栩栩如生。该系统还带有内置调制解调器，以便进行互联网在线游戏。

索尼公司［日］研制出仿真机器狗　日本索尼公司（Sony）开发的"爱宝"机器狗，能像真狗那样叫、乞食和摇动尾巴。它在完成追球动作时，能尾随目标算计好截球路线，然后四肢协调配合运动逼近目标。

爱普生公司［日］推出高速喷墨打印机　日本爱普生公司（Epson）推出的这种Stylus Color900高速喷墨打印机，是当时速度最快的彩色喷墨打印机，其黑白打印每分钟最快12页，彩色打印每分钟最快10页。它采用了体

Sony 爱宝机器狗

积最小的油墨墨滴（每滴体积3微微升），可打印出效果最好的彩色图片。

惠普公司［美］推出喷墨双面打印机　美国惠普公司（HP）推出的Deskjet 970喷墨双面打印机具有该公司首创的自动双面打印装置，在照片打印模式下具有每英寸2400×1200个打印点的最高分辨率，以及每个打印点最多达29个墨滴的色彩铺覆技术等。

朗科公司［中］推出USB闪存盘　吕正彬、邓国顺和成晓华三人联手开发出全新的小型移动存储设备，这就是后来的U盘。U盘体积小、重量轻、容量大，与传统的存储产品相比，有难以抵挡的优势。邓国顺、成晓华创建深圳市朗科科技有限公司，把U盘当作主打产品。1999年，朗科推出USB闪存盘，由此开启了闪存盘产业。

Handspring公司［美］推出Visor个人数字助手　美国个人数字助理跨国公司（Handspring）推出的Visor个人数字助手，既是蜂窝式移动电话机，又是寻呼机和GPS（全球定位系统）接收机。它装有Palm操作系统，具备PalmⅢ掌上计算机的全部功能。机身背后有一个名为Springboard平台的插槽，此外还可以插入游戏和其他软件盒。

苹果公司［美］推出新型笔记本电脑　美国苹果公司（Apple）推出的

这种iBook电脑，外观呈流线型，内部设计十分精致，配置有300MHz的G3处理器、56Kbps调制解调器、内置式高速以太网接口并有AirPort无线网络卡备选，还配置了32MB内存、光驱和工作时间可达6小时的锂离子电池。

国际商业机器公司［美］推出ThinkPad 570笔记本电脑　ThinkPad 570笔记本电脑采用奔腾300-366MHz处理器及12或13.3英寸彩显，一个"超级底座"（UltraBase）装在又薄又轻（厚1英寸，重4磅）的便携电脑主体下面。"超级底座"内有多项供用户选择的配置，包括光驱、第二个硬盘和大容量磁盘驱动器等。用户外出时，只需把便携式计算机从底座上拆下，就可携带出行。ThinkPad 570兼具台式机与轻型手提机的优点。

索尼公司［日］推出Picture Book笔记本电脑　日本索尼公司（Sony）推出的Picture Book笔记本电脑是一种重仅2.2磅的高性能微型电脑，也是第一种内置数码相机的笔记本电脑。其PCG-C1X型采用266MHz奔腾处理器和4.3GB硬盘。PCG-C1XE型采用266MHz奔腾II处理器、8.1GB硬盘和镜头可旋转的41万像素数码相机。由于有内置数码相机的配置，用电子邮件发送数字图片更为容易方便。

苹果公司［美］推出Power Mac G4电脑　美国苹果公司（Apple）推出的这款电脑是当时速度最快的麦金托什电脑，在具有图形处理功能的个人电脑中，亦属速度最快之列。该机采用的新型Power PC G4芯片，是一种每秒执行10亿次浮点运算的微处理器，使机器能运行从效果极佳的三维游戏到复杂的Photoshop滤镜等对电脑要求极其苛刻的图形应用程序。G4电脑保留

Power Mac G4电脑主机

了Power Mac，还提供可供选择的该公司的Cinema Display宽屏显示器。

美国开发出三维网络技术　美国Meta Creations公司与英特尔公司（Intel）开发的Meta Stream三维网络技术，把网络带入了三维境界。用户利用浏览器插件即可浏览三维图像，还可以对这些图像进行变焦或旋转处理。Meta Stream技术的突出特点在于它对三维图像进行压缩和串联处理，而不是一般的下载，它在网络连接速度较慢的情况下也能正常工作。

2000年

民用电报开始退出历史舞台　随着电话、手机、传真的普及，到20世纪末传统的电报已很少使用，仅留一些礼仪性的电报。到21世纪初各国几乎完全停止了商用及民用电报业务，但是莫尔斯电码在一些特殊业务的无线电通信中还在使用。

传统邮政趋于没落　由于电子信箱、手机、长途电话的普及，一般的信件逐年减少，到20世纪末，信件几乎主要用于证件、包裹等特殊邮件的寄送，邮票发行量随之大减，许多邮票仅作为集邮者收藏而发行，传统的邮政趋于没落。

Pentium 4处理器

英特尔公司［美］发布Pentium 4处理器　美国英特尔公司（Intel）研制的Pentium 4处理器集成了4200万个晶体管，改进版的Pentium 4（Northwood）集成了5500万个晶体管，初始速度达到1.5GHz。Pentium 4提供有144个全新指令的SSE2指令集，用户使用基于Pentium 4处理器的个人计算机，可以创建专业品质的影片，通过因特网传递电视品质的影像，实时进行语音、影像通信，实时3D渲染，快速进行MP3编码解码运算，在连接互联网时运行多个多媒体软件。

笔记本计算机广为流行　笔记本计算机俗称笔记本电脑，便于携带、使用方便、性能优越的笔记本电脑（计算机）广为流行，其中美国的IBM、DELL、Apple、Compaq以及日本的东芝等一批国际知名的计算机公司，均推出屏幕14英寸，采用Intel公司Pentium 4处理器的笔记本电脑。

笔记本电脑

微软公司［美］推出Windows2000　2000年2月，美国微软公司（Microsoft）以10种语言版本，在23个国家同时推出了Windows2000操作系统。

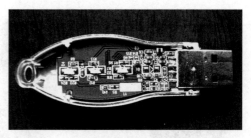

U盘内部结构

　　闪存盘面世　为了解决软盘驱动器的不安全、容量低，移动硬盘的抗震差、不易携带的缺点，2000年前后以色列的M-system、新加坡的Track、韩国的Flash Driver和中国的朗科、鲁文等5家企业开始销售采用闪存（Flash Memory）介质无须物理驱动器的微型高容量移动存储产品闪存盘（SBU flash disk），通过USB接口与电脑连接，实现即插即用。中国深圳朗科公司开发的闪存盘称作优盘，于2002年7月以"用于数据处理系统的快闪电子式外存储方法及其装置"名义获得中国专利，2004年12月7日获得美国专利。其他厂家为了避免版权问题，使用谐音U盘或易盘。闪存盘出现后几经改进，已取代传统的软盘，成为一种新的移动存储工具。

　　李彦宏［中］创建百度中文网站 Baidu.com　百度是中国最大的中文搜索引擎。李彦宏于2000年1月1日在北京中关村创建百度公司，百度拥有世界上最先进的搜索引擎核心技术，有超过千亿的中文网页数据库，在搜索、人工智能、云计算、大数据等技术领域位居世界领先地位。

　　美国研制成机器人护士　由匹兹堡大学和卡内基–梅隆大学设计的这台名叫弗洛的机器人护士，会提醒人们按时吃药并定期检查他们的生命特征，如体温和脉搏等，然后通过电子邮件把这些数据传送给医生。

　　日本电报电话公司（NTT）研制出水下机器人　这台名为"水中探险者"2号的机器人是当时世界上唯一实用化的自律行走式水中机器人，通过遥控它可在海中自由活动。机器人高3米，宽1.3米，重260千克，潜水深度500米，目的是用它来检查、保护海底电缆。

　　本田技术研究所［日］开发出双足步行机器人　这台叫P3的步行机器人可以用两手端着沉重的水槽迈步前进，水槽里的水不晃也不溢出，动作与人十分接近。P3携带有高性能发动机，在手和脚的关节部分装有控制用的电脑，体重130千克，比以前的P2减少了80千克。

本田P1、P2机器人 　　　　　　　　　　本田P3机器人

美日研制出可模拟人的表情的机器人　由美国IBM阿尔马登研究中心与日本IBM等共同研制的机器人"波恩"，有一张与人脸大小相仿的脸，有两道大眉和可开闭的嘴，可以做出各种丰富的表情，还具有可以理解人的语言的声音识别机能，并能用自己的合成声音答话。日本东京理科大学的书绪原研制的一种机器人，借助于人造肌肉和一台摄像机可以模仿人的面部表情。

美国研制出可进化复制的机器人　由布兰代斯大学的研究人员设计的这种机器人，一开始是基本零部件的静态组合体，由计算机学会如何去掉机器人身上无用的或笨重部分，就像自然界中的自然选择一样，经过若干次的"进化"，计算机选出了三个"最合适"的设计，然后用一个三维打印机的喷头喷出热塑性塑料，把机器人实物制造出来。人的作用就是给这些机器人装上小型马达。这些机器人体积小巧，结构简单，由像积木一样的三角形和长方形部件组成。

美国研究出蛇形机器人　蛇形机器人的细长的身体由许多节体组成，它可以像蛇一样盘绕、摆动、爬行。美国航天局计划用它在太空执行任务。因为它具有很强的适应性和坚固性，可以在崎岖、陡峭的地形上行走，而带轮子的车形机器人则很可能

蛇形机器人

被挡住或绊倒。这种机器人有一台主计算机"大脑"，它通过线路与各体节相连，指挥每个体节的小发动机行动。

三菱重工［日］开发出"章鱼"机器人　日本军工企业三菱重工（Mitsubishi Heavy Industries）研制的"章鱼"机器人，有8只脚、72个灵活的球形关节，每个球关节直径4厘米，其内部装有具备通信功能的控制板和超声波电动机以及树脂材料的减速器

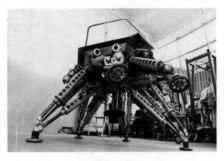

"章鱼"机器人

等。球的表面装有4个接触传感器，它们能感知地面的情况和高低差别。"章鱼"可以一起一伏地前进，也可以直立移动。研究人员期望充分发挥它体形能自由伸缩变化的特长，在管道纵横交错的核电站等场所自由行动，进行维修工作。

国际商业机器公司［美］制成ASCI White计算机　国际商业机器公司（IBM）设计制造世界上功能最强的超级计算机ASCI White，主要用来模拟核武器发射。该机价值1.1亿美元，重106吨，每秒能够运算12.3万亿次，可以存储容量相当于3亿本书或6座美国国会图书馆馆藏的内容，内置8192个微处理器。

ASCI White计算机

参考文献

［1］菅井凖一，等.科学技術史年表［M］.東京：平凡社，1953.

［2］［荷］H.A.G.哈泽.电子元件五十年［M］.顾路祥，等译.北京：科学技术文献出版社，1980.

［3］岩波書店編集部.岩波西洋人名辞典：増補版［M］.東京：岩波書店，1981.

［4］［美］乔治·伽莫夫.物理学发展史［M］.北京：商务印书馆，1981.

［5］伊东俊太郎，等.科学史技術史事典［M］.東京：弘文堂，1983.

［6］山琦俊雄，木本忠昭.电气の技術史［M］.東京：オーム社，1983.

［7］［苏］N.A.阿波京，等.计算机发展史［M］.张修，译.上海：上海科学技术出版社，1984.

［8］［日］伊东俊太郎.简明世界科学技术史年表［M］.姜振寰，等译.哈尔滨：哈尔滨工业大学出版社，1984.

［9］［美］G.W.A.达默.电子发明［M］.李超云，等译.北京：科学出版社，1985.

［10］［英］帕特里克·哈珀，等.二十世纪世界科技发展大事记［M］.吴文堃，等译.北京：科学技术文献出版社，1989.

［11］［德］维尔纳·施泰因.人类文明编年纪事［M］.龚荷花，等译.北京：中国对外翻译出版公司，1992.

［12］赵红州.大科学年表［M］.长沙：湖南教育出版社，1992.

［13］［英］亚·沃尔夫.十六十七世纪科学、技术与哲学史［M］.周昌忠，等译.北京：商务印书馆，1997.

［14］［英］亚·沃尔夫.十八世纪科学、技术与哲学史［M］.周昌忠，等译.北京：商务印书馆，1997.

［15］董光璧.中国近现代科学技术史［M］.长沙：湖南教育出版社，1997.

［16］许良英，李佩珊，等.20世纪科学技术简史［M］.北京：科学出版社，2000.

［17］吴熙敬，等.中国近现代技术史［M］.北京：科学出版社，2000.

［18］Robert Uhlig. James Dyson's History of Great Inventions［M］.London：Constable and Robinson Ltd，2001.

［19］城阪俊吉.エレクトロニクスを中心とした年代別科学技術史［M］.東京：日刊工業新聞社，2001.

［20］［美］乔治·巴萨拉.技术发展简史［M］.周光发，译.上海：复旦大学出版社，2001.

［21］姜振寰.世界科技人名辞典［M］.广州：广东教育出版社，2001.

［22］Patricia Fara. Smithsonian Timelines of Sciense［M］.London：Dorling Kindersey Limited，2003.

［23］Roger Bridgman. Original Title：1000 Inventions and Discoveries［M］.London：Dorling Kindersey Limited，2003.

［24］卢嘉锡，杜石然.中国科学技术史：通史卷［M］.北京：科学出版社，2003.

［25］中村邦光，溝口元.科学技術の歴史［M］.東京：（株）アイ·ケイコ－ポレーション，2005.

［26］［英］G.J.辛格，E.J.霍姆亚德，等.技术史［M］.陈昌曙，姜振寰，潘涛，等译.上海：上海科技教育出版社，2005.

［27］［英］彼得·惠特菲尔德.彩图世界科技史［M］.繁奕祖，译.北京：科学普及出版社，2006.

［28］［美］J.E.麦克莱伦第三，哈罗德·多恩.世界科学技术通史［M］.王鸣阳，译.上海：上海科技教育出版社，2007.

［29］［英］利萨·罗斯纳.科学年表［M］.郭元林，等译.北京：科学出版社，2007.

［30］邹海林，等.计算机科学导论［M］.北京：科学出版社，2008.

［31］潘吉星.中国造纸史［M］.上海：上海人民出版社，2009.

［32］戴吾三，等.影响世界的发明专利［M］.北京：清华大学出版社，2010.

［33］［美］乔利昂·戈达德.科学与发明简史［M］.迟文成，等译.上海：上海科学技术文献出版社，2011.

英语缩略语

3D 电脑、互联网的三维立体技术

3D MAX 三维动画制作软件

A/D 模拟–数字转换

ACDSee 数字图形处理软件

ACM 美国计算机学会

AFC 自动频率控制

ALU 中央处理器执行单元

AM 调幅广播

AMD 超微半导体公司

ANS 高级网络服务公司

ARPA 美国国防部高级研究计划局

ARPAnet 阿帕网

ASCII 美国信息交换标准代码

ASDIC 主动型声呐

ASIC 特种集成电路

AT&T 美国电话电报公司

ATA 美国电视联盟

ATM 异步传输模式

ATO 自动列车运行装置

BARITT 势垒注入渡越二极管

BASF 巴登苯胺制碱公司（德国巴斯夫公司）

BASIC 高阶程式语言

BP 寻呼机

CAD 计算机辅助设计

CAE 计算机工程辅助设计

CALC 船运货物认知负荷控制

CAM 计算机辅助制造

CAT 计算机辅助测试

CBS 哥伦比亚广播公司

CCD 电荷耦合器件

CD 小型光盘

CDC 控制数据公司

CDI 集电极扩散隔离工艺

CDMA 码分多址通信技术

CDMA2000 美国手机标准

CD-RM 可重复擦写光盘

CD-ROM 只读光盘

CGSM 绝对电磁单位制

CMOS 互补金属氧化物半导体

CPU 中央处理器

CRT　阴极射线管

CT　计算机断层扫描

CTR　计算制表记录公司

CVD　气相成长法

D/A　数字–模拟转换

DDC　直接数字控制系统

DEC　数字设备公司

DECCA　台卡导航系统

DIP　集成电路芯片

DNA　脱氧核糖核酸

DOS　键盘操作系统

DRAM　动态随机存取存储器

DRAW　即读光盘

DTL　二极管–晶体管逻辑电路

DVR　数字硬盘录像机

EDA　电子设计自动化

EDSAC　电子延迟存储自动计算机

EDVAC　电子离散变量自动计算机

EEPRO　可擦可编程只读存储器

EMI　百代唱片

ENIAC　电子数字积分计算机

EPLD　可编程可擦器件

ESFI　在绝缘体上生长硅薄膜

ETABS　房屋建筑结构分析设计系统

EU　能量单位

EXCEL　（微软公司开发的）电子表格软件

FET　场效应晶体管

FICO　飞行资料及操作控制

FIM　场强测量仪

FORTRAN　公式翻译（计算机编程语言）

FS　全矩阵显像管屏

GE　通用电气公司

GNP　国民生产总值

GPRS　高速数据处理技术

GPS　全球定位系统

GSM　全球移动通信系统

GUI　图形用户界面

HDTV　高清晰度电视

HEMT　高电子移动度晶体管

HMD　头盔显示器

HP　惠普公司

HST　哈勃望远镜

I/O　输入/输出（操作、程序与计算机间的数据传输）

IC　集成电路

IEEE　标准接口线

IF　真假值判断EXCEL的逻辑函数

IFAC　国际自动控制联合会

IMPATT　崩越二极管

INMARSAT　国际海事卫星组织

IP　国际网络互联协议

IT　信息技术

JFET　场效应晶体管

LC　滤波器

LCD　平板显示器

LED　发光二极管

LIDS　信号与决策系统实验室

LOCOS　局部氧化工艺

LP　密纹唱片

LPE　低通滤波器

LSI　大规模集成电路

MBR　主引导记录

MCA　美国音乐公司

MeV　兆电子伏特

MIMD　多指令多数据流

MMX　多媒体扩展指令集

MOS　金属–氧化物–半导体场效应晶体管

MP3　数字音频编码及无损压缩格式

MPEG　动态图像专家组织

MS-DOS　微软磁盘操作系统

NCFC　中国国家计算机与网络设施

NEC　东京电气公司

NICHIA　日亚化学工业公司

NMOS　金属氧化物半导体

NPL　英国国家物理实验室

NS　国家半导体公司

NSF　美国国家科学基金组织

NTSC　美国国家电视标准委员会

NTT　日本电报电话公司

PACE　加工与控制元件

PAL　相位逐行交变彩色电视制式

PALC　船运旅客认知负荷控制

PALM　即PDA，个人数字助理（掌上电脑）

PATS　自动跟踪系统

PC　个人电脑

PCA　个人数字助理（掌上电脑）

PCM　脉码调制

PDA　个人数字助理（掌上电脑）

PL/M　微型计算机编程语言

PPGA　芯片封装技术

PPI　计划定位指示器

PROLOG　逻辑程序设计语言

QWERTY　现在通用的键盘布局形式，又称柯蒂键盘

RAM　随机存取存储器

RDS　广播数据系统

RF　射频

RISC　精简指令系统计算技术

ROM　只读存储器

RTL　电阻–晶体管逻辑电路

SBM　激光唱盘

SD卡　基于半导体闪存工艺的存储器

SEAC　标准电子自动计算机

SEGA　世嘉公司

SIMD　单指令多数据

SOPC　可编程系统芯片

SOS　在蓝宝石上生长硅薄膜

SOSL　在尖晶石上生长硅薄膜

SSE　单指令多数据扩展

STM　扫描隧道显微镜

SUHL　塞尔瓦尼亚通用高级逻辑

TCP　传输控制协议

TFT　薄膜晶体管

TI　得克萨斯仪器公司

TMR　表决技术

TTL　晶体管–晶体管逻辑电路

TV　电视

UJT　单结晶体管

UNIVAC　通用电子计算机

USB　通用串行总线

VHD　JVC高密度视频唱盘

VHS　家用录像系统

V–MOS　V型槽场效应管

VR　虚拟现实

VRT　磁带录像机

VSAT　甚小孔径通信终端

WAP　无线电国际网络通信协议

WCDMA　欧洲手机标准

WDGSC　国际一般系统与控制论组织

WebTV　高性能新型电视机

WinRAR　压缩文件管理工具

YIG　钇铁石榴石

事项索引

A

B

D

E

W

X

人名索引

A

阿伯拉姆逊 Abramson，M.［美］1949

阿代尔 Ader，C.［法］1881

阿德勒 Adler，R.［美］1950

阿德勒曼 Adleman，L. M.［美］1995

阿尔伯特 Alpert，D. A.［美］1950

阿尔德登 Alderton，R. H.［英］1957

阿尔托姆 Artom，A.［意］1907

阿耳瓦雷茨 Alvarez，L. W.［美］1945

阿拉戈 Arago，D. F.［法］1820，1822

阿列克谢也夫 Алексеев，Н. Ф.［苏］1940

阿姆达尔 Amdahl，G. M.［美］1964

阿姆斯特朗 Armstong，E. H.［美］1901，
 1912，1913，1918，1933，1951

阿普尔顿 Appleton，E. V.［英］1924

阿普尔加思 Applegath，A.［英］1814

阿切尔 Archer，F. S.［英］1850，1851

阿什沃斯 Ashworth，F.［英］1957

阿斯顿 Aston，F. W.［英］1919

阿斯多利亚 Astoria，Q.［美］1938

阿塔纳索夫 Atanasoff，J. V.［美］1938

埃尔门 Elmen，G. W.［美］1917

埃尔斯特 Elster，J. P. L.J.［德］1883，1910

埃克尔斯 Eccles，W. H.［英］1912，
 1919，1924

埃克特 Eckert，J. P.［美］1945，1947，1951

埃迈斯 Emeis，R.［美］1953

埃文斯 Evans，W. R.［美］1948

艾德里安 Adrian，E. D.［英］1924

艾弗森 Iverson，K. E.［美］1962

艾肯 Aiken，H. H.［美］1939，1943，1973

艾伦 Allen，P. G.［美］1975

艾伦 Allen，J. W.［英］1960

艾斯勒 Eisler，P.［英］1941

爱迪生 Edison，Th.［美］1714，1858，
 1877，1879，1882，1883，1888，1890，
 1894，1900，1904

爱皮努斯 Aepinus，F. M. U.［德］1750

爱因斯坦 Einstein，A.［德］1905，1916

爱因托文 Einthoven，W.［荷］1909

安达尔 Amdahl, G. M.［美］1975

安德瑞奇 Andreatch, P.［美］1950

安德瑞斯 Andrews［美］1939

安德森 Anderson, H.［美］1965

安德森 Anderson, O. L.［美］1950

安德松 Anderson, T.［美］1995

安曼 Amman, J.［意］1568

安培 Ampére, A. M.［法］1820, 1822,
　　1827, 1833, 1864

安森 Anson, R.［英］1924

奥布里恩 Obrien［英］1945

奥德纳 Odhner, W. Th.［典］1900

奥尔 Ohl, R. Sh.［美］1949

奥尔森 Olsen, K. H.［美］1965

奥康奈尔 Oconnell, J.［美］1956

奥利弗 Olivier, L.［美］1926

奥斯特 Oersted, H. Ch.［丹］1820, 1821,
　　1864

奥特雷德 Oughtred, W.［英］1622

奥特利 Oatley, Ch. W.［英］1936, 1957

奥辛斯基 Ovshinsky, S. R.［美］1968

B

八木秀次［日］1926

巴贝奇 Babbage, Ch.［英］1822, 1833,
　　1840, 1854, 1939

巴迪乌斯 Badius, A. J.［法］约1507

巴丁 Bardeen, J.［美］1947

巴富尔 Balfour, G.［英］1843

巴克 Buck, H.［美］1906

巴克 Buck, D. A.［美］1955

巴克豪森 Barkhausen, H. G.［德］1919,
　　1929

巴克利 Barkley, O. E.［美］1916, 1950

巴克森德尔 Baxandall, P. J.［英］1952

巴克斯 Backus, J. W.［美］1960

巴罗 Barrow, W. L.［美］1936

巴那贝 Barnaby, J. R.［美］1978

巴纳克 Barnack, O.［德］1913

巴尼特 Barnett, M. A. F.［英］1924

巴索夫 Бáсов, Н. Г.［苏］1951, 1953,
　　1955, 1970

巴兹利 Bardsley, W.［英］1972

柏采留斯 Berzelius, J.J.［典］1824

柏拉图 Plato［希］B. C. 380

柏林纳 Berliner, E.［美］1877, 1887

拜伦 Byron, A. A.［英］1979

班克斯 Banks, J.［英］1800

宝玑 Breguet, A.［法］1793

鲍德温 Baldwin, F. J.［美］1874

鲍尔 Bauer, A. F.［德］1810

鲍尔 Bauer, M.［德］1874

鲍摩尔 Baumol［美］1982

贝阿德 Bayard, R. T.［美］1950

贝恩 Bain, A.［英］1840, 1843, 1848,
　　1864

贝尔 Bell, A.G.［美］1854, 1875, 1876,
　　1877, 1878

贝尔德 Baird, J. L.［英］1884, 1924,
　　1926, 1928, 1929, 1936, 1938, 1942

贝尔曼 Berman, L.［美］1956

贝尔托 Bertaut, F.［法］1956

贝弗拉奇 Beverage, H. A.［美］1928

贝克 Becke［英］1980

贝克勒尔 Becquerel, E. A.［法］1829

贝克维尔 Bakewell, F.［英］1843, 1848

贝克西 Békésy, G. [匈] 1945

贝肯斯 Backus, J. [美] 1954

贝兰 Belin, E. [法] 1907, 1914

贝内特 Bennett, Ch. [英] 1871

贝内特 Bennett, W. R. [美] 1960

贝瑞 Berry, C. E. [美] 1942

贝塞麦 Bessmer, H. [英] 1840

贝希加尔德 Bechgaard, K. [典] 1980

本光太郎 [日] 1917

本尼迪克斯 Benedicks, M. [美] 1915

本尼特 Bennett, A. [英] 1786

本生 Bunsen, R. W. E. [德] 1842

本斯利 Bensley, Th. [英] 1810, 1815

比尔·盖茨 Bill Gates, W. H. [美] 1975, 1995

比勒 Buehler, E. [美] 1952

比林古乔 Biringuccio, V. [意] 1540

比西尼 Busignies, H. G. [法] 1926

彼得森 Pedersen, P. O. [丹] 1903

毕奥 Biot, J. B. [法] 1820

毕绍普 Bishopp, H. [英] 1661

毕昇 [中] 约1041

波波夫 Бобов, А. С. [俄] 1894, 1895, 1904

波得森 Peterson, H. O. [美] 1928

波义尔 Boyle, W. S. [美] 1970

波义尔 Boyle, R. W. [加] 1916

伯格 Burger, F. [典] 1900

伯吉斯 Burgess, J. F. [美] 1975

伯杰 Brger, H. [德] 1929

伯勒斯 Burroughs, S. W. [美] 1885

伯斯基 Пельский, K. [俄] 1900

伯纳斯–李 Berners-Lee, T. [美] 1990

伯特 Bert, P. [美] 1829

伯特莱特 Beutheret, C. [法] 1956

泊松 Poinsot, L. [法] 1811

博贝克 Bobeck, A. H. [美] 1966

博特尔 Potter, J. T. [美] 1919

博伊尔 Boyle, W. S. [美] 1969

博伊西斯 Boethius, A. M. S. [罗马] 5世纪

布尔 Boole, G. [英] 1938

布拉顿 Brattain, W. [美] 1947

布拉格 Bragg, W. L. [英] 1913

布拉耶 Braille, L. [美] 1829

布莱克 Black, H. S. [美] 1927

布赖特 Bright, Ch. [英] 1853, 1857

布兰登堡 Brandenburg, K. [德] 1991

布兰沃特–伊瓦 Blanquart-Evrard, L. D. [法] 1847, 1850

布朗克 Bronk, O. [德] 1902

布朗斯坦 Braunstein, R. [美] 1955

布劳 Blaeuw, W. J. [荷] 约1630

布劳恩 Braun, K. F. [德] 1897, 1899

布雷德利 Bradley, Ch. S. [英] 1885

布雷特 Bredt, J. F. [美] 1995

布雷特 Brett, J. W. [美] 1845

布雷特兄弟 Brett, J. & J. W. [英] 1851

布里奇斯 Bridges, W. B. [美] 1964

布里特 Breit, G. [美] 1924, 1924—1925

布利肯斯德弗 Blickensderfer, G. C. [美] 1902

布林 Brin, S. [美] 1998

布隆伯根 Bloembergen, N. [美] 1953

布隆代尔 Blondel, A. [法] 1892

布卢姆加特 Blumgart, L. H. [美] 1924

布鲁赫 Bruch, W. [德] 1963

恩格尔巴特 Engelbart，D. C.［美］1968

恩格斯 Engels，F.［英］远古

F

法伯 Faber，K.［德］1761

法布里坎特 Фабрикант［苏］1953

法恩斯沃思 Farnsworth，P.［美］1919

法金 Faggin，F.［美］1969，1971

法拉第 Faraday，M.［英］1831，1832，
1836，1837，1839，1850，1864，1865

范·贝兹莱尔 Van Boetzelaer，L. J.
W.［荷］1925

范·德·格拉夫 Van de Graaff，R. J.［美］
20世纪30年代

范·尤特 Van Uitert，L. G.［美］1964

方于鲁［中］1589

菲茨杰拉德 Fitzgerald，G. F.［英］1876

菲利普斯 Phillips，R. S.［美］1948

菲齐克 Physick，H. V.［英］1852

菲舍尔 Fisher［德］1912

斐兹杰惹 FitzGerald，G. F.［爱］1883

费尔德 Field，C. W.［美］1857

费尔特 Felt，D. E.［美］1887

费根鲍姆 Feigenbaum，E. A.［美］1969，
1977

费里 Féry，Ch.［法］1878

费森登 Fessenden，R. A.［美］1896，
1901，1902，1903，1904，1906，1912，
1913，1914

费希尔 Fisher，R. A.［瑞］1939

芬纳 Fenner，C. E.［美］1962

冯·诺伊曼 Von Neumann，J.［美］1945，
1951，1952，1957

冯道［中］932

夫克斯 Fux，H.［德］1994

弗拉纳根 Flanagan，C.［美］1975

弗莱明 Fleming，J. A.［英］1883，1904，
1906，1926

弗莱西希 Flechsig［德］1938

弗兰克 Franke，P.［德］1929

弗雷舍 Fleischer，R.［美］1927

弗勒默 Pfleumer，F.［奥］1920，1931

弗罗施 Frosch，C. J.［美］1957

弗内斯 III Furness III，Th. A.［美］1982

伏特 Volta，A.［意］1775，1800

福尔 Faure，C. A.［法］1859

福尔德里尼 Fourdrinier，H.［英］1802

福克斯 Fox，W.［美］1927

福兰克斯通 Frankston，B. R.［美］1979

福雷 Forrat，F.［法］1956

福斯曼 Forssmann，W.［德］20世纪30年代

福斯特 Foster，G.［美］1945

福斯特 Forster，W.［英］1622

富兰克林 Franklin，B.［美］1732，1747，
1750，1752

富勒 Fuller，C. S.［美］1954，1956

富尼埃 Fournier，P. S.［法］1742

富斯特 Fust，J.［德］1457

G

伽伐尼 Galvani，L.［意］1791

盖茨 Gates，W. H.［美］1975

盖革 Geiger，H. W.［德］1907

盖–吕萨克 Gay-Lussac，J. L.［法］1822，1823

盖斯勒 Geissler，H.［德］1856

盖特尔 Geitel，H. F.［德］1883

亨利 Henry，J.［美］1823，1828，1832

胡佛 Hoover，H. C.［美］1927

胡克 Hooke，R.［英］1876

华莱士 Wallace，M.［美］1932

华燧［中］1490

怀特 White，R. M.［美］1967

惠丁顿 Whiddington，R.［英］1920

惠勒 Wheeler，H. A.［美］1926

惠斯勒 Whistle，G.［英］1914

惠斯通 Wheatstone，C.［英］1837，1840，
　1842，1843，1860

霍顿 Horton，J. W.［美］1928

霍尔 Hall，R. N.［美］1962

霍尔尼 Hoerni，J. A.［美］1959

霍尔斯特 Holst［荷］1928，1935

霍尔斯特德 Halstead，W.［美］1935

霍夫 Hoff，M. E.［美］1968，1971

霍夫曼 Hofmann，K.［德］1999

霍克哈姆 Hockham，G. A.［英］1966

霍克斯比 Hauksbee，F.［英］1709

霍列里斯 Hollerith，H.［美］1887

霍隆亚克 Holonyak，N.［美］1962

霍珀 Hopper，G. M.［美］1943，1951

J

基尔比 Kilby，J.［美］1958，1959

基尔霍夫 Kirchhoff，G. R.［德］1857

基里尔 Кирилл［拜占庭］862

吉本斯 Gibbons，P. E.［英］1960

吉尔 Gill，E. W. B.［英］1922

吉尔伯特 Gilbet，W.［英］1600

吉福德 Gifford，W. Sh.［美］1927

加博尔 Gabor，D.［英］1947

加尔文 Garver［美］1929

加劳德特 Gallaudet，Th. H.［美］1814

加塞 Gasser，H. S.［美］1920

贾凡 Javan，A. M.［美］1960

贾柯赖托 Giacoletto，L. J.［美］1956

江畸玲於奈［日］1958

焦耳 Joule，J. P.［英］1847

杰克逊维尔 Jaksonville，F.［美］1981

金纳斯利 Kinnersley，E.［美］1761

金斯利 Kingsley，J. D［美］1962

居里克 Guericke，O.［德］1654，1660，
　1709

K

卡毕奥 Cabeo，N.［意］1629

卡迪 Cady，W. G.［美］1921

卡恩 Kahn，R. E.［美］1974

卡尔巴特 Carbutt，J.［美］1873

卡尔马斯 Kalmus，H. Th.［美］1932

卡尔森 Carlson，Ch. F.［美］1938，1959

卡尔森 Carlson，R. O.［美］1962

卡克斯顿 Caxton，W.［英］1477

卡莱尔 Carlisle，A.［英］1800

卡里奥 Cailliau，R.［美］1990

卡伦 Callan，F. N. J.［英］1840

卡尼翁 Canion，R.［美］1982

卡曼林–翁内斯 Kamerlingh-Onnes［荷］
　1911

卡帕尼 Kapang，N.［英］1955

卡森 Carson，J. R.［美］1915，1936

卡斯米尔–琼克 Casimir-Jonker［美］1955

卡斯坦 Castaing，R.［法］1948

卡文迪许 Cavendish，H.［英］1772，1773

卡希尔 Cahill, Th.〔美〕1908

开普勒 Kepler, J.〔德〕1615, 1624

凯伊 Kay, A.〔美〕1952

凯克 Keck, P. H.〔美〕1953

凯洛格 Kellog, E. W.〔美〕1924

凯梅尼 Kemeny, J. G.〔美〕1964

坎贝尔 Campbell, G. A.〔美〕1915

坎贝尔-斯温顿 Campbell-Swinton, A. A.〔英〕1908, 1911

坎特罗威茨 Kantrowitz, A. R.〔美〕1958

康夫纳 Kompfner, R.〔美〕1943

康拉德 Conrad, F.〔美〕1920

考尔麦劳厄 Colmerauer, A.〔法〕1972

考珀 Cowper, E.〔英〕1814

柯尼希 Koenig, F. G.〔德〕1810, 1814

柯普 Cope, R. W.〔英〕1820

科恩 Cohen, F. B.〔美〕1983

科恩 Korn, A.〔德〕1843, 1902, 1906, 1907

科克拉姆 Cockeram, H.〔英〕1623

科克伦 Cochrane, Th.〔英〕1851

科克罗夫特 Cockcroft, J. D.〔英〕1932

科马克 Cormack, A. M.〔美〕1969

科姆斯托克 Comstock, D. F.〔美〕1932

科瓦尔斯基 Kowalski, R.〔英〕1972

科瓦奇 Kovacs, G.〔美〕1990

克拉德尼 Chladni, E. F. F.〔德〕1802

克拉克 Clarke, A. Ch.〔英〕1945

克拉克 Clark, J. L.〔英〕1873, 1884, 1891

克拉普 Clapp, P.〔美〕1948

克拉维 Clavier, A. G.〔法〕1929

克莱芬 Clephane, J. O.〔美〕1879

克莱莫克 Kleimock, J. J.〔美〕1960

克莱默 Clymer, G.〔美〕1813

克莱斯特 Kleist, E. G.〔德〕1745

克兰普顿 Crampton, Th. R.〔英〕1851

克兰施米特 Kleinschmidt, E.〔德〕1914

克劳德 Claude, G.〔法〕1910

克雷 Cray, S. R.〔美〕1964, 1969, 1974

克雷蒂安 Chrétien, H. J.〔法〕1924, 1927

克里德 Creed, F. G.〔加〕1897

克里斯蒂安森 Christiansen, W. N.〔澳〕1951

克里斯滕森 Christensen, H.〔美〕1950, 1960

克里斯托菲洛斯 Christofilos, C. N.〔美〕1950

克理森 Crisan, A.〔美〕1999

克利顿 Cleeton, C. E.〔美〕1934

克利克 Klíč, K.〔捷〕1878

克林顿 Clinton, W. J.〔美〕1998

克鲁格 Krüger, F. W.〔德〕1919

克鲁克斯 Crookes, W.〔英〕1876, 1878, 1879, 1897

克鲁斯 Cross, C. F.〔英〕1878

克罗 Cros, Ch.〔法〕1877

克诺尔 Knoll, M.〔德〕1931, 1932, 1936

克斯特 Kerst, D. W.〔美〕1940

克希霍夫 Kirchhoff, G. R.〔德〕1846

肯涅利 Kennelly, A. E.〔美〕1902, 1912, 1924

孔泰 Comte, J. L.〔法〕1792

孔子〔中〕2世纪

库尔茨 Kurtz, Th. E.〔美〕1964

库尔兹 Kurtz, K.〔德〕1919

库克 Cooke，W. F.［英］1837，1840，1842

库利奇 Coolidge，W. D.［美］1908

库仑 Coulomb，Ch. A.［法］1785

库帕 Coope，M.［美］1973

库普里扬诺维奇 Куприяновеч，Л. И.［苏］1957

L

拉比 Rabi，I. I.［美］1939

拉格 Ruegg［美］1968

拉马克 Lamarck，J. B.［法］远古

拉莫尔 Larmor，J.［英］1924

拉姆齐 Ramsay，W.［英］1910

拉尼尔 Lanier，J.［美］1989

拉塔姆 Latham，H.［英］1909

拉扎连科 Лазаренко，Б. Л.［苏］1942

拉支曼 Rajchman，L.［美］1935

莱布兰 Leblanc，M.［法］1896

莱布朗克 Le Blank［法］1880

莱布尼兹 Leibnitz，G. W.［德］1671，1674

莱德贝格 Lederberg，J.［美］1969

莱恩 Lain［法］1994

莱浦塞尔特 Lepselter，M.［美］1964

莱因哈特 Reinhart，F. K.［美］1975

赖斯 Rice，C. W.［美］1924

赖斯 Reis，J. P.［德］1860，1876，1877

赖特 Wright，G. T.［英］1968

赖兴巴赫 Reichenbach，K. L. F.［美］1885

兰德 Land，E. H.［美］1948

兰德尔 Randall，J. T.［英］1939，1940

兰格 Langer，C.［英］1889

兰利 Langley，S. P.［美］1880

兰米尔 Langmuir，I.［美］1912，1914

朗德 Round，H. J.［英］1926

朗之万 Langevin，P.［法］1914，1915，1917

劳 Law，H. B.［美］1949

劳德 Loud，J.［美］1888

劳伦斯 Lawrence，E. O.［美］1929

劳斯特 Lauste，E. A.［美］1927

勒克朗谢 Leclanché，G.［法］1868

勒罗依 LeRoy，J. A.［美］1890

勒纳 Lenard，P.［德］1898

雷伯 Reber，G.［美］1937

雷诺 Reynaud，Ch.［法］1890，1894

雷瑟尔贝盖 Rysselberghe，F.［比］1882

楞次 Lenz，H. F.［俄］1833

李希曼 Richmann，G. W.［俄］1745

里查逊 Richardson，O. W.［美］1911

里德 Ryder，W. T.［美］1958，1964

里德利 Ridley，B. K.［英］1961

里弗斯 Rivers，A. H.［美］1937

里弗斯 Rivers，E.［英］1477

里奇 Ritchie，D.［美］1973

里特尔 Ritter，J. W.［德］1801，1802

理查森 Richardson，O. W.［英］1901

利克里德 Licklider，J. C. R.［美］1960

利林菲尔德 Lilienfeld，J. E.［德］1930

利普顿 Lipton，R.［美］1995

利思 Leith，E. N.［美］1961

利特尔 Little，J. B.［美］1950

利特尔顿 Littleton，J. T.［美］1931

列别捷夫 Лебедев，П.Н.［俄］1895

列维 Levy，L.［法］1912

林语堂［中］1946，1952

刘鹗［中］约B. C. 1500

米尔 Mill，H.［英］1714

米哈伊洛夫 Михайлов，А.В.［苏］1938

米诺托 Minotto，J.［意］1862

米歇尔 Michell，J.［英］1750

密立根 Millikan，R.A.［美］1909

闵乃大［中］1958

敏斯基 Minsky，M.L.［美］1956

缪勒 Muller，H.J.［美］1951

摩尔 Moore，G.［美］1968

莫顿 Morton，G.A.［美］1935

莫尔 Moore，J.B.［美］1928

莫尔 Moore，R.E.［美］1975

莫尔斯 Morse，S.［美］1837，1842，
　　1844，1855

莫兰德 Morland，S.［英］1666

莫雷尔 Morrell，J.H.［英］1922

莫里斯 Morris，R.T.［美］1988

莫奇利 Mauchly，J.W.［美］1942，1945，
　　1947，1980

莫契尔 Mochel，J.M.［美］1931

莫塞基 Moscicki，I.［英］1904

墨里 Murray，D.［新］1901

默根特勒 Mergenthaler，O.［美］1879，
　　1885

默里 Murray，L.G.［英］1795

穆布里奇 Muybridge，E.［英］1872

穆尔托 Murto，B.［美］1982

穆森布洛克 Musschenbrock，P.［荷］1745

穆斯堡尔 Mossbauer，R.L.［德］1958

穆瓦松 Moisson，Ch.［法］1894

N

诺莱 Nollet，J.A.［法］1746

纳尔逊 Nelson，H.［英］1805

纳尔逊 Nelson，H.［美］1961

纳德 Nader，L.［英］1995

奈特 Knight，G.［英］1772

耐普尔 Napier，J.［英］1617

尼科尔森 Nicholson，A.M.［美］1919

尼科尔森 Nicholson，W.［英］1790，1800

尼科尔斯 Nicolls，N.B.［美］1948

尼普科夫 Nipkow，P.G.［德］1884

尼埃普斯 Niépce，J.N.［法］1829

牛顿 Newton，I.［英］1709

纽厄尔 Newell，A.［美］1956，1960

纽科默 Newcomer，H.S.［美］1920

诺比利 Nobili，L.［意］1828

诺思拉普 Northrup，E.F.［美］1918

诺伊格鲍尔 Neugebaue，C.A.［美］1975

诺伊斯 Noyce，R.［美］1959，1968

O

欧龙 Hauron，L.D.［法］1868

欧姆 Ohm，G.S.［德］1826，1832

P

帕尔帖 Peltier，J.A.［法］1821

帕杰 Page，Ch.G.［美］1876

帕卡德 Packard，D.［美］1939

帕克尔 Puckle，O.S.［英］1933

帕克斯 Parkes，A.［英］1861，1869

帕米利 Parmelee，J.M.［美］1887

帕斯卡 Pascal，B.［法］1642，1971

派克 Parker，G.［美］1894

培根 Bacon，R.M.［英］1813

佩策沃尔 Petzval，J.M.［奥］1840

佩尔策 Pelzer，H.［德］1971

佩尔格里奴斯 Peregrinus，P.［法］1269，1600

佩奇 Page，Ch. G.［美］1837

佩奇 Page，L.［美］1998

帕特尔 Patel，K.［美］1964

皮尔金顿 Pilkington［英］1968

皮尔斯 Pierce，G. W.［美］1921，1926

皮尔逊 Pearson，G. L.［美］1949，1952，1954

皮卡德 Pickard，G. W.［美］1907

皮克希 Pixii，H.［法］1832，1833

皮拉尼 Pirani，M. S.［意］1906

珀塞尔 Purcell，E. M.［美］1951

蒲凡 Pfann，W. G.［美］1952

浦耳生 Powlsen，V.［丹］1898，1903

浦品 Pupin，M. I.［美］1901

普朗克 Planck，M. K. E. L.［德］1900

普朗泰 Planté，R. L. G.［法］1859

普罗克洛夫 Проклов，А. М.［苏］1953

普里德姆 Pridham，E. S.［美］1919

普利 Putley，E. H.［英］1960

普吕克 Plücker，J.［德］1858

普罗霍洛夫 Прохоров，А. М.［苏］1951，1955

普平 Pupin，M. I.［美］1941

Q

恰佩克 Čapek，K.［捷］1921

齐默尔曼 Zimmerman，T.［美］1989

祁暄［中］1915

乔布斯 Jobs，S.［美］1975，1976

乔丹 Jordan，F. W.［英］1919

乔丹 Jordan，H.［美］1993

乔姆斯基 Chomsky，N.［美］1956

切克拉尔斯基 Czochralski，J.［波］1917

琼格尔 Junger［典］1900

丘吉尔 Churchill，W.［英］1944

丘奇 Church，W.［美］1822，1840

屈恩 Kcihn，H.［奥］1925

R

热罗姆 Jerome，D.［法］1980

瑞安 Ryan，T. S.［美］1983

S

萨尔诺夫 Sarnoff，D.［美］1916，1920

萨尔瓦 Salva，F.［西］1795，1809

萨伐尔 Savart，F.［法］1820

萨格洛夫 Sargrove，J. A.［英］1947

萨瑟兰 Sutherland，I. E.［美］1963，1965，1968

塞贝克 Seebeck，Th. J.［德］1821

塞尔 Sale，K.［美］1995

塞尔尼克 Zernike，F. F.［荷］1932

塞曼 Zeeman，P.［荷］1892

塞缪尔 Samuel，A.［美］1956

塞尼费尔德 Senefelder，J. A.［德］1796

桑德斯 Sanders，T.［美］1876

桑斯特 Sangster，F.［美］1969

瑟夫 Cerf，V. G.［美］1974

沙伊纳 Scheiner，Ch.［德］1615

舍恩海默 Schoenheimer，R.［德］1933

舍费尔 Schöffer，P.［德］1457

舍瓦利耶 Chevalier，Ch.［法］1839

沈括［中］约1041

施德勒 Staedtler，E.［德］1662

施蒂比茨 Stibitz, G. R. ［美］1939

施迈尔 Schimmel, Th. ［德］1994

施奈德 Schneider ［美］1949

施皮勒 Spiller, E. ［美］1970

施泰格瓦尔特 K. H. ［德］1948

施瓦兹 Schwarz ［美］1945

施韦格尔 Schwigger, J. S. ［德］1820,
    1828

史密斯 Smith, D. L. ［美］1999

史密斯 Smith, G. ［英］1908

史密斯 Smith, G. E. ［美］1969, 1970

史密斯 Smith, L. C. ［美］1904

书绪原 ［日］2000

舒尔策 Schulze, J. H. ［德］1727

舒加特 Shugart, A. ［美］1970

朔特 Schott, G. ［德］1657

朔伊茨 Scheutz, E. ［典］1837

朔伊茨 Scheutz, G. ［典］1837

斯克伦塔 Skrenta, R. ［美］1982

斯科特 Scott, L. ［英］1877

斯尼泽 Snitzer, E. ［美］1961

斯诺克 Snoek, J. L. ［荷］1909, 1941

斯帕克斯 Sparks, M. ［美］1949, 1950

斯佩里 Sperry, E. A. ［美］1914, 1920

斯彭斯 Spencer, P. ［美］1945

斯塔克 Stark, J. ［德］1912

斯塔克 Stark, J. B. ［美］1858

斯塔克韦瑟 Starkweather, G. K. ［美］
    1969, 1971, 1976

斯泰因海尔 Steinheil, C. A. ［德］1836

斯坦尼普 Stanhope, Ch. ［英］1800

斯特恩 Stearns, Ch. H. ［英］1878

斯特恩斯 Stearns, J. B. ［美］1858

斯特格曼 Stegeman ［德］1925

斯特金 Sturgeon, W. ［英］1823

斯特罗杰 Strowger, A. B. ［美］1891

斯通尼 Stoney, G. J. ［英］1891

斯托莱托夫 Столётов, А. Г. ［俄］1890

斯托尼 Stoney, G. J. ［英］1897

斯旺 Swan, J. W. ［英］1859, 1878, 1913

斯沃博达 Svoboda ［捷］1954

苏易简 ［中］986

索尔 Soulé, S. W. ［美］1868

索尔 Soule, P. ［美］1994

索尔梯斯 Soltys, T. J. ［美］1962

索洛金 Sorokin, P. P. ［美］1966

索默林 Sömrneling, S. Th. ［德］1809,
    1832

索思沃斯 Southworth, G. C. ［美］1936

T

塔尔博特 Talbot, W. H. F. ［英］1835,
    1839, 1840, 1844

泰勒斯 Thales ［希］约B. C. 600

泰纳尔 Thenard, L. J. ［法］1823

汤姆生 Thomson, J. J. ［英］1892, 1893,
    1897, 1899

汤姆生 Thomson, W. ［英］1857, 1865,
    1876, 1883

汤斯 Townes, Ch. H. ［美］1951, 1953,
    1958, 1960

唐金 Donkin, B. ［英］1803, 1813

特拉弗斯 Travers, M. W. ［英］1910

特勒根 Tellegen, B. D. H. ［荷］1928

特雷尔 Theure, H. C. ［美］1953, 1960

特罗洛普 Trollope, A. ［英］1853

特斯拉 Tesla, N.［美］1904

铁兹纳 Toszner, S.［波］1958

图夫 Tuve, M. A.［美］1924—1925年

图里 Turi, P.［意］1808

图灵 Turing, A. M.［英］1936, 1943,
　　1945, 1950, 1954

图隆 Toulon［法］1914

托耳曼 Tolman, R. Ch.［美］1924

托马斯 Thomas, R. B.［美］1971

托珀姆 Topham, F.［英］1878

W

瓦尔德 Wald, A.［美］1943

瓦格纳 Wagner, K. W.［德］1915

瓦拉塞克 Valasek, C.［美］1921

瓦里安 Varian, S. F.［美］1937, 1939

瓦里安 Varian, R. H.［美］1937, 1939

瓦特 Watt, J.［英］1779

王安［美］1950

王晓龙［中］1996

王选［中］1979

王永民［中］1983

王祯［中］1298

威德 Weed［美］1950

威尔克斯 Wilkes, M. V.［英］1945,
　　1948, 1951

威尔逊 Wilson, Ch. Th. R.［英］1911

威克斯 Wicks, F.［英］1881

威廉森 Williamson, D. T. N.［英］1947

威廉姆斯 Williams, R. R.［美］1934

维格尔 Viguer, S. A.［法］1873

维廉姆斯 Williams, S. B.［美］1939

维廉姆斯 Williams, F. C.［英］1946

韦伯 Weber, J.［美］1953

韦伯 Weber, W. E.［德］1832, 1836, 1846

韦奇伍德 Wedgwood, Th.［英］1800

韦斯顿 Weston, E.［美］1891

韦依 Way, J. T.［英］1857

维埃耶 Vieille, P. M. E.［法］1899

维尔 Vail, A. L.［美］1837

维姆舒斯 Wimshurst, J.［英］1882

维纳 Wiener, N.［美］1940, 1942, 1948

温德姆 Windom［英］1911

温克勒 Winkler, J. H.［英］1744

温克勒 Winkler, C. A.［德］1886

温特 Went, F. W.［荷］1917

沃格尔 Vogel, P.［瑞］1961

沃格尔 Vogel, H. W.［英］1873

沃克 Walker, W. H.［美］1885

沃勒 Waller, F.［美］1951

沃利尔 Valleyre, G.［法］1727

沃森 Watson, G. N.［英］1918

沃森 Watson, Th. A.［美］1876, 1915

沃森 Watson, Th. J.［美］1924

沃森-瓦特 Watson-Watt, R.［英］1935

沃斯 Wirth, N.［瑞］1971

沃特金斯 Watkins, T. B.［英］1961

沃兹尼亚克 Wozniak, S. G.［美］1975,
　　1976

乌尔班 Urban, C.［英］1908

X

西布里 Sibley, H.［美］1844

西格里斯特 Siegrist［德］1912

西门子 Siemens, K. W.［德］1847

西门子 Siemens, E. W.［德］1847, 1849,

编后记

　　本书收录自远古至2000年的通信、电子、无线电与计算机技术的重要事项。由于电子技术在18世纪前还不够成熟，主要内容是通信，19世纪特别是20世纪后，通信与电子技术联系十分密切，已经很难再分类编排，为此本书将这四类技术涉及的全部事项分为远古—1900年、1901—1950年和1951—2000年三部分加以综合编排，除技术事件外，适当选加了所涉及的重要科学事件。每部分之前设有概述，简要地将这一时期的社会文化与科学技术情况作一介绍，之后的事项按时间顺序排列。每年的事项大体按通信、科学理论与协议、电子元器件、整机的顺序排列。书后附有事项索引和人名索引，每个事项和人名后标注其出现的年代。

　　本书插图主要选自英国辛格（Singer，Ch.）、霍姆亚德（Holmyard，E. J.）等主编的《技术史》和一些专业类技术史著作，以及谷歌、维基等网站。

　　全良博士在20世纪电子技术的收集方面，博士研究生李益翔对事项索引和人名索引的编排方面均给予了许多帮助，美国宾夕法尼亚州立大学的Corey Chen提供并翻译了相关资料。由于全书涉及内容广泛，新技术又层出不穷，差错不足之处在所难免，恭请读者批评指正。